全国计算机技术与软件专业技术资格（水平）考试指定用书

程序员教程

第5版

张淑平　覃桂敏　主编

清华大学出版社

北京

内 容 简 介

本书作为全国计算机技术与软件专业技术资格（水平）考试（简称"软考"）的初级职称指定教材，具有比较权威的指导意义。本书根据《程序员考试大纲》（2018 年审定通过）的重点内容，组织了共 11 章的内容，考生在学习教材内容的同时，还须对照考试大纲，认真学习和复习大纲要求的知识点。

本书是在《程序员考试大纲》的指导下，对《程序员教程（第 4 版）》进行再编后完成的。

本书适合参加相关考试的考生和在校大学生作为教材使用。

图书在版编目(CIP)数据

程序员教程/ 张淑平，覃桂敏主编. —5 版. —北京：清华大学出版社，2018（2024.12 重印）
（全国计算机技术与软件专业技术资格（水平）考试指定用书）
ISBN 978-7-302-49123-1

Ⅰ. ①程⋯　Ⅱ. ①张⋯②覃⋯　Ⅲ. ①程序设计-资格考试-自学参考资料　Ⅳ. ①TP311.1

中国版本图书馆 CIP 数据核字（2017）第 313212 号

责任编辑：杨如林　柴文强
封面设计：常雪影
责任校对：白　蕾
责任印制：沈　露

出版发行：清华大学出版社
网　　　址：https://www.tup.com.cn, https://www.wqxuetang.com
地　　　址：北京清华大学学研大厦 A 座　　　　邮　　编：100084
社 总 机：010-83470000　　　　　　　　　　邮　　购：010-62786544
投稿与读者服务：010-62776969，c-service@tup.tsinghua.edu.cn
质量反馈：010-62772015，zhiliang@tup.tsinghua.edu.cn
印 装 者：三河市君旺印务有限公司
经　　销：全国新华书店
开　　本：185mm×230mm　　印　张：31.75　　防伪页：1　　字　数：672 千字
版　　次：2004 年 7 月第 1 版　　2018 年 2 月第 5 版　　印　次：2024 年 12 月第 16 次印刷
定　　价：118.00 元

产品编号：075519-02

第 5 版前言

全国计算机技术与软件专业技术资格（水平）考试从实施至今已有二十余年，在社会上产生了很大的影响，对我国软件产业的形成和发展做出了重要的贡献。为了适应我国计算机信息技术发展的需求，人力资源和社会保障部、工业和信息产业部决定将考试的级别拓展到计算机信息技术行业的各个方面，以满足社会上对计算机信息技术人才的需要。

编者受全国计算机专业技术资格考试办公室委托，对《程序员教程（第 4 版）》一书进行再编，以适应新的考试大纲要求。在考试大纲中，要求考生掌握的知识面很广，每个章节的内容都能构成相关领域的一门课程，因此编写本书的难度很高。考虑到参加考试的人员已有一定的基础，所以本书中只对考试大纲中所涉及的知识领域的要点加以阐述，但限于篇幅所限，不能详细地展开，请读者谅解。

全书共分 11 章，各章的内容安排如下。

第 1 章　计算机系统基础知识：主要介绍计算机系统硬件组成、数据在计算机中的表示和运算、校验码基础知识、指令系统和多媒体系统基础知识。

第 2 章　操作系统基础知识：主要介绍操作系统的类型和功能等基本概念，进程管理、存储管理、设备管理、文件管理和作业管理等基础知识。

第 3 章　程序设计语言基础知识：主要介绍程序设计语言的类型和特点、程序设计语言的基本成分以及编译、解释等基本的语言翻译基础知识。

第 4 章　数据结构与算法：主要介绍线性表和链表、栈、队列、数组、树、图等基本数据结构以及查找、排序等常用算法。

第 5 章　软件工程基础知识：主要介绍软件工程和项目管理基础、面向对象分析与设计方法、软件需求分析、软件设计、编码和测试、软件系统运行与维护、软件质量管理等基础知识。

第 6 章　数据库基础知识：主要介绍数据库管理系统的主要功能和特征、数据库模式、数据模型和 ER 图、关系运算和 SQL 等基础知识。

第 7 章　网络与信息安全基础知识：主要介绍网络的功能、分类、组成和拓扑结构，基本的网络协议与标准，常用网络设备与网络通信设备的作用和特点、局域网（LAN）和互联网（Internet）基础知识，以及信息安全、网络安全基础知识。

第 8 章　标准化和知识产权基础知识：主要介绍标准化的基本概念和知识产权的概念与特点、计算机软件著作权和商业秘密权基础知识。

第 9 章　C 程序设计：主要介绍 C 程序基础、语句、函数、指针与简单 C 程序中常见错误。

第 10 章　C++程序设计：主要介绍 C++程序基础、类与对象、继承与多态、输入与输出流库、异常处理和常用 STL 模板库。

第 11 章　Java 程序设计：主要介绍 Java 程序语言基础和特点、类与接口、异常、文件和输入/输出流以及 Java 类库等基础知识。

本书第 1 章由张淑平、马志欣编写，第 2 章由王亚平编写，第 3 章和第 4 章由张淑平编写，第 5 章由褚华、霍秋艳编写，第 6 章由王亚平编写，第 7 章由严体华编写，第 8 章由刘强编写，第 9 章由张淑平、覃桂敏编写，第 10 章由张淑平、宋胜利编写，第 11 章由霍秋艳编写，全书由张淑平、覃桂敏统稿。

在本书的编写过程中，参考了许多相关的书籍和资料，编者在此对这些参考文献的作者表示感谢。同时感谢清华大学出版社在本书出版过程中所给予的支持和帮助。

因水平有限，书中难免存在欠妥之处，望读者指正，以利改进和提高。

编　者

2018 年 1 月

目　录

第 1 章 计算机系统基础知识

本章主要介绍计算机系统的基本组成、计算机中数据的表示和运算、计算机系统硬件基础组成、指令系统以及多媒体系统等基础知识。

1.1 计算机系统的基本组成

计算机系统是由硬件系统和软件系统组成的，通过运行程序来协同工作。计算机硬件是物理装置，计算机软件是程序、数据和相关文档的集合。计算机系统的基本组成如图 1-1 所示。

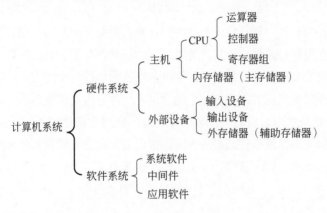

图 1-1　计算机系统的基本组成

1. 计算机硬件

基本的计算机硬件系统由运算器、控制器、存储器、输入设备和输出设备五大部件组成，随着网络技术的发展和应用，通信部件也成为计算机系统的基本组件。运算器和控制器及其相关部件已被集成在一起，统称为中央处理单元（Central Processing Unit，CPU）。CPU 是硬件系统的核心，用于数据的加工处理，能完成各种算术、逻辑运算及控制功能。

运算器是对数据进行加工处理的部件，它主要完成算术和逻辑运算。控制器的主要功能则是从主存中取出指令并进行分析，控制计算机的各个部件有条不紊地完成指令的功能。

存储器是计算机系统中的记忆设备，分为内部存储器（Main Memory，MM，简称内存、主存）和外部存储器（简称外存，辅存）。相对来说，内存速度快、容量小，一般用来临时存储计算机运行时所需的程序、数据及运算结果。外存容量大、速度慢，可用于长期保存信息。寄存器是 CPU 中的存储器件，用来临时存放少量的数据、运算结果和正在执行的指令。与内存储器相比，寄存器的速度要快得多。

习惯上将 CPU 和主存储器的有机组合称为主机。输入/输出（I/O）设备位于主机之外，是计算机系统与外界交换信息的装置。所谓输入和输出，都是相对于主机而言的。输入设备的作用是将信息输入计算机的存储器中，输出设备的作用是把运算结果按照人们所要求的形式输出到外部设备或存储介质上。

2．计算机软件

计算机软件是指为管理、运行、维护及应用计算机系统所开发的程序和相关文档的集合。如果计算机系统中仅有硬件系统，则只具备了计算的基础，并不能真正计算，只有将解决问题的步骤编制成机器可识别的程序并加载到计算机内存开始运行，才能完成计算。

软件是计算机系统中的重要组成部分，通常可将软件分为系统软件、中间件和应用软件。系统软件的主要功能是管理系统的硬件和软件资源，应用软件则用于解决应用领域的具体问题，中间件是一类独立的系统软件或服务程序，常用来管理计算资源和网络通信，提供通信处理、数据存取、事务处理、Web 服务、安全、跨平台等服务。

3．计算机分类

计算机技术的发展异常迅速，将更多的元件集成到单一的半导体芯片上，使得计算机变得更小，功耗更低，速度更快。

（1）个人移动设备（Personal Mobile Device，PMD）。指一类带有多媒体用户界面的无线设备，如智能手机、平板电脑等。

（2）桌面计算机。桌面计算机的产品范围非常广泛，包括低端的上网本、台式计算机、笔记本计算机以及高配置的工作站，核心部件是基于超大规模集成电路技术的 CPU。台式计算机和笔记本计算机属于微型计算机，常用于一般性的办公事务处理等，工作站则是一种高档的微型计算机，通常配有高分辨率的大屏幕显示器及容量很大的内存储器和外部存储器，具备强大的数据运算与图形、图像处理能力，主要面向工程设计、动画制作、科学研究、软件开发、金融管理、信息服务、模拟仿真等专业应用领域。

（3）服务器。不同于桌面计算机，服务器代替了传统的大型机，主要提供大规模和可靠的文件及计算服务，强调可用性、可扩展性和很高的吞吐率。

（4）集群/仓库级计算机。集群机是将一组桌面计算机或服务器用网络连接在一起，运行方式类似于一个大型的计算机。将数万个服务器连接在一起形成的大规模集群称为仓库级计算机。

（5）超级计算机。超级计算机的基本组成在概念上与个人计算机无太大差异，但规格高，性能要强大许多，具有很强的计算能力，但是能耗巨大。我国的超级计算机主要有银河、天河、曙光、神威四个系列。例如，神威·太湖之光由 40 个运算机柜和 8 个网络机柜组成，共有 40960 块处理器，每一块处理器相当于 20 多台常用笔记本计算机的计算能力。

（6）嵌入式计算机。嵌入式计算机是专用的，是针对某个特定的应用，如针对网络、通信、音频、视频或针对工业控制，对功能、可靠性、成本、体积、功耗有严格要求的计算机系统。日常生活中常见的微波炉、洗衣机、数码产品、网络交换机和汽车中都采用嵌入式计算机技术。

1.2　数据的表示及运算

1.2.1　计算机中数据的表示

在计算机内部，数值、文字、声音、图形图像等各种信息都必须经过数字化编码后才能被传送、存储和处理。所谓编码，就是采用少量的基本符号，选用一定的组合原则，来表示大量复杂多样的信息。基本符号的种类和这些符号的组合规则是一切信息编码的两大要素。例如，用 10 个阿拉伯数码表示数字，用 26 个英文字母表示英文词汇等，都是编码的典型例子。

1．进位计数制及其转换

在采用进位计数的数字系统中，如果只用 r 个基本符号表示数值，则称其为 r 进制（Radix-r Number System），r 称为该数制的基数（Radix）。不同数制的共同特点如下。

（1）每一种数制都有固定的符号集。例如，十进制数制的基本符号有十个：0，1，2，…，9。二进制数制的基本符号有两个：0 和 1。

（2）每一种数制都使用位置表示法。即处于不同位置的数符所代表的值不同，与它所在位置的权值有关。例如，十进制数 1234.55 可表示为

$$1234.55 = 1 \times 10^3 + 2 \times 10^2 + 3 \times 10^1 + 4 \times 10^0 + 5 \times 10^{-1} + 5 \times 10^{-2}$$

计算机中常用的进位数制有二进制、八进制、十进制和十六进制，如表 1-1 所示。

表 1-1   常用计数制

进 位 制	二 进 制	八 进 制	十 进 制	十 六 进 制
规则	逢二进一	逢八进一	逢十进一	逢十六进一
基数	$r=2$	$r=8$	$r=10$	$r=16$
数符	0, 1	0, 1, 2, …, 7	0, 1, 2, …, 9	0, 1, 2, …, 9, A, B, …, F
权	2^i	8^i	10^i	16^i
形式表示符	B	O	D	H

可以看出，十进制计数制中权的值恰好是基数 10 的某次幂，其他计数制同理。因此，对任何一种进位计数制，其表示的数都可以写成按权展开的多项式，在此基础上实现不同计数制的相互转换。

1）十进制计数法与二进制计数法的相互转换

在十进制计数制中，$r=10$，基本符号为 0，1，2，…，9。

在二进制计数制中，$r=2$，基本符号为 0 和 1。二进制数中的一个 0 或 1 称为 1 位（bit）。

将十进制数转换成二进制数时，整数部分和小数部分分别转换，然后再合并。十进制整数转换为二进制整数的方法是"除 2 取余"；十进制小数转换为二进制小数的方法是"乘 2 取整"。

【例 1-1】 把十进制数 175.71875 转换为相应的二进制数。

算式	商	余数	算式	乘积
175 / 2	87	1	0.71875 * 2	1.43750
87 / 2	43	1	0.4375 * 2	0.8750
43 / 2	21	1	0.875 * 2	1.750
21 / 2	10	1	0.75 * 2	1.50
10 / 2	5	0	0.5 * 2	1.0
5 / 2	2	1		
2 / 2	1	0		
1 / 2	0	1		

$0.71875_{10} = 0.10111_2$

$175_{10} = 10101111_2$

因此，$175.71875_{10} = 10101111.10111_2$

在熟悉 2 的整幂次情况下，可将十进制数写成按二进制数权的大小展开的多项式，按权值从高到低依次取各项的系数就可得到相应的二进制数。

$$(175.71875)_{10} = 2^7 + 2^5 + 2^3 + 2^2 + 2^1 + 2^0 + 2^{-1} + 2^{-3} + 2^{-4} + 2^{-5}$$
$$= 10101111.10111_2$$

二进制数转换成十进制数的方法是：将二进制数的每一位数乘以它的权，然后相加，即可求得对应的十进制数值。

【例 1-2】 把二进制数 100110.101 转换成相应的十进制数。

$$(100110.101)_2 = 1 \times 2^5 + 0 \times 2^4 + 0 \times 2^3 + 1 \times 2^2 + 1 \times 2^1 + 0 \times 2^0 + 1 \times 2^{-1} + 0 \times 2^{-2} + 1 \times 2^{-3}$$
$$= 32 + 0 + 0 + 4 + 2 + 0 + 0.5 + 0 + 0.125$$
$$= 38.625$$

2）八进制计数法与十进制、二进制计数法的相互转换

八进制计数制的基本符号为 0，1，2，…，7。

十进制数转换为八进制数的方法是：对于十进制整数采用"除 8 取余"的方法转换为八进制整数；对于十进制小数则采用"乘 8 取整"的方法转换为八进制小数。

二进制数转换成八进制数的方法是：从小数点起，每三位二进制位分成一组（不足 3 位时，在小数点左边时左边补 0，在小数点右边时右边补 0），然后写出每一组的等值八进制数，顺序排列起来就得到所要求的八进制数。

【例 1-3】 将二进制数 10101111.10111 转换为相应的八进制数。

$$10\,101111.10111_2 = 010\,101\,111.101\,110_2 = 257.56_8$$

依照同样的思想，将一位八进制数用三位二进制数表示，就可以直接将八进制数转换成二进制数。

二进制、八进制和十六进制数之间的对应关系如表 1-2 所示。

表 1-2　二进制、八进制和十六进制数之间的对应关系

二进制	八进制	二进制	十六进制	二进制	十六进制
000	0	0000	0	1000	8
001	1	0001	1	1001	9
010	2	0010	2	1010	A
011	3	0011	3	1011	B
100	4	0100	4	1100	C
101	5	0101	5	1101	D
110	6	0110	6	1110	E
111	7	0111	7	1111	F

3）十六进制计数法与十进制、二进制计数法的相互转换

在十六进制计数制中，$r=16$，基本符号为 0，1，2，…，9，A，B，…，F。

十进制数可以转换为十六进制数的方法是：十进制的整数部分"除 16 取余"，十进制

数的小数部分"乘 16 取整"。

由于一位十六进制数可以用 4 位二进制数来表示，因此二进制数与十六进制数的相互转换就比较容易。二进制数转换成十六进制数的方法是：从小数点开始，每 4 位二进制数为一组（不足 4 位时，在小数点左边时左边补 0，在小数点右边时右边补 0），将每一组用相应的十六进制数符来表示，即可得到正确的十六进制数。

【例 1-4】 将二进制数 10101111.10111 转换为相应的十六进制数。

$(1010\ 1\ 111.1011\ 1)_2 = AF.B8_{16}$

2．二进制运算规则

（1）加法：二进制加法的进位规则是"逢二进一"。

  0+0=0   1+0=1   0+1=1   1+1=0（有进位）

（2）减法：二进制减法的借位规则是"借一当二"。

  0−0=0   1−0=1   1−1=0   0−1=1（有借位）

（3）乘法：

  0×0=0   1×0=0   0×1=0   1×1=1

3．机器数和码制

各种数据在计算机中表示的形式称为机器数，其特点是采用二进制计数制，数的符号用 0、1 表示，小数点隐含表示而不占位置。机器数对应的实际数值称为数的真值。

对于带符号数，机器数的最高位是表示正、负的符号位，其余位则表示数值。若约定小数点的位置在机器数的最低数值位之后，则是纯整数；若约定小数点的位置在机器数的最高数值位之前（符号位之后），则是纯小数。无符号数是指全部二进制位均代表数值，没有符号位。

为了便于运算，带符号的机器数可采用原码、反码和补码、移码等不同的编码方法。

1）原码表示

数值 X 的原码记为$[X]_原$，如果机器字长为 n（即采用 n 个二进制位表示数据），则最高位是符号位，0 表示正号，1 表示负号，其余的 $n-1$ 位表示数值的绝对值。数值零的原码表示有两种形式：$[+0]_原=00000000$，$[-0]_原=10000000$。

【例 1-5】 若机器字长 n 等于 8，则

$[+1]_原=00000001$ $[-1]_原=10000001$

$[+127]_原=01111111$ $[-127]_原=11111111$

$[+45]_原=00101101$ $[-45]_原=10101101$

$[+0.5]_原=0◇1000000$ $[-0.5]_原=1◇1000000$（其中◇是小数点的位置）

2）反码表示

数值 X 的反码记作 $[X]_反$，如果机器字长为 n，则最高位是符号位，0 表示正号，1 表示负号，其余的 $n-1$ 位表示数值。正数的反码与原码相同，负数的反码则是其绝对值按位求反。数值 0 的反码表示有两种形式：$[+0]_反$=00000000，$[-0]_反$=11111111。

【例 1-6】　若机器字长 n 等于 8，则

$[+1]_反$=00000001　　　　　　$[-1]_反$=11111110

$[+127]_反$=01111111　　　　　$[-127]_反$=10000000

$[+45]_反$=00101101　　　　　　$[-45]_反$=11010010

$[+0.5]_反$=0◊1000000　　　　　$[-0.5]_反$=1◊01111111（其中◊是小数点的位置）

3）补码表示

数值 X 的补码记作 $[X]_补$，如果机器字长为 n，则最高位为符号位，0 表示正号，1 表示负号，其余的 $n-1$ 位表示数值。正数的补码与其原码和反码相同，负数的补码则等于其反码的末尾加 1。在补码表示中，0 有唯一的编码：$[+0]_补$=00000000，$[-0]_补$=00000000。

【例 1-7】　若机器字长 n 等于 8，则

$[+1]_补$=00000001　　　　　　$[-1]_补$=11111111

$[+127]_补$=01111111　　　　　$[-127]_补$=10000001

$[+45]_补$=00101101　　　　　　$[-45]_补$=11010011

$[+0.5]_补$=0◊1000000　　　　　$[-0.5]_补$=1◊1000000（其中◊是小数点的位置）

相对于原码和反码表示，n 位补码表示法有一个例外，当符号位为 1 而数值位全部为 0 时，它表示整数 -2^{n-1}，即此时符号位的 1 既表示负数又表示数值。

设计补码时，有意识地引用了模运算在数理上对符号位的处理，利用模的自动丢弃实现了符号位的自然处理。

用补码表示数时，由于符号位和数值部分一起编码，很难从码值形式直接判断真值的大小。例如，45>-45，而其补码 00101101 在形式上小于 11010011。

4）移码表示

移码表示法是在数 X 上增加一个偏移量来定义的，常用于表示浮点数中的阶码。如果机器字长为 n，在偏移量为 2^{n-1} 时，只要将补码的符号位取反便可获得相应的移码表示。偏移量也可以是其他值。采用移码表示时，码值大者对应的真值就大。

【例 1-8】　若机器字长 n 等于 8，则

$[+1]_移$=10000001　　　　　　$[-1]_移$=01111111

$[+127]_移$=11111111　　　　　$[-127]_移$=00000001

$[+45]_移$=10101101　　　　　　$[-45]_移$=01010011

$[+0]_移$=10000000　　　　　　$[-0]_移$=10000000

4．定点数和浮点数

1）定点数

所谓定点数，就是表示数据时小数点的位置固定不变。小数点的位置通常有两种约定方式：定点整数（纯整数，小数点在最低有效数值位之后）和定点小数（纯小数，小数点在最高有效数值位之前）。

设机器字长为 n，各种码制表示下的带符号数的范围如表 1-3 所示。当机器字长为 n 时，定点数的补码和移码可表示 2^n 个数，而其原码和反码只能表示 2^n-1 个数（0 表示占用了两个编码），因此，定点数所能表示的数值范围比较小，运算中很容易因结果超出范围而溢出。

表 1-3 机器字长为 n 时各种码制表示的带符号数的范围

码　　制	定　点　整　数	定　点　小　数
原码	$-\left(2^{n-1}-1\right)\ \sim\ +\left(2^{n-1}-1\right)$	$-\left(1-2^{-(n-1)}\right)\ \sim\ +\left(1-2^{-(n-1)}\right)$
反码	$-\left(2^{n-1}-1\right)\ \sim\ +\left(2^{n-1}-1\right)$	$-\left(1-2^{-(n-1)}\right)\ \sim\ +\left(1-2^{-(n-1)}\right)$
补码	$-2^{n-1}\ \sim\ +\left(2^{n-1}-1\right)$	$-1\ \sim\ +\left(1-2^{-(n-1)}\right)$
移码	$-2^{n-1}\ \sim\ +\left(2^{n-1}-1\right)$	$-1\ \sim\ +\left(1-2^{-(n-1)}\right)$

2）浮点数

浮点数是小数点位置不固定的数，浮点表示法能表示更大范围的数。

在十进制中，一个实数可以写成多种表示形式。例如，83.125 可写成 $10^3 \times 0.083125$ 或 $10^4 \times 0.0083125$ 等。同理，一个二进制数也可以写成多种表示形式。例如，二进制数 1011.10101 可以写成 $2^4 \times 0.101110101$、$2^5 \times 0.0101110101$ 或 $2^6 \times 0.00101110101$ 等。

一个含小数点的二进制数 N 可以表示为更一般的形式：

$$N = 2^E \times F$$

其中，E 称为阶码，F 为尾数，这种表示数的方法称为浮点表示法。

在浮点表示法中，阶码通常为带符号的纯整数，尾数为带符号的纯小数。浮点数的表示格式一般如下：

阶符	阶码	数符	尾数

很明显，一个数的浮点表示不是唯一的。当小数点的位置改变时，阶码也相应改变，因此可以用多种浮点形式表示同一个数。

浮点数所能表示的数值范围主要由阶码决定，所表示数值的精度则由尾数决定。

为了提高数据的表示精度，当尾数的值不为 0 时，规定尾数域的最高有效位应为 1，这称为浮点数的规格化表示，否则修改阶码同时左移或右移小数点的位置，使其变为规格化数的形式。

简单来说，规格化就是将尾数的绝对值限定在区间[0.5, 1)。

（1）若尾数 $F \geqslant 0$，则其规格化的尾数形式为 $F=01 \times \times \times \cdots \times$，其中×可为 0，也可为 1，即将尾数 F 的范围限定在区间[0.5, 1)。

（2）若尾数 $F<0$，则其规格化的尾数形式为 $F=10 \times \times \times \cdots \times$，其中×可为 0，也可为 1，即将尾数 F 的范围限定在区间（−1, −0.5]。

3）工业标准 IEEE 754

IEEE 754 是由 IEEE 制定的有关浮点数的工业标准，被广泛采用。该标准的表示形式如下：

S	P	M

其中，S 为数的符号位，为 0 时表示正数，为 1 时表示负数；P 为指数（阶码），用移码表示（偏移值为 $2^{p-1}-1$，p 为阶码的位数）；M 为尾数，用原码表示。

对于阶码为 0 或 255 的情况，IEEE 754 标准有特别的规定：若 P 为 0 且 M 为 0，则表示真值±0（正负号和数符位有关）。如果 $P = 255$ 并且 M 是 0，则这个数的真值为±∞（与符号位有关）；如果 $P = 255$ 并且 M 不是 0，则这不是一个数（NaN）。

目前，计算机中主要使用 3 种形式的 IEEE 754 浮点数，如表 1-4 所示。

表 1-4　3 种形式的 IEEE 754 浮点数

参　　数	单精度浮点数	双精度浮点数	扩充精度浮点数
浮点数字长	32	64	80
尾数长度	23	52	64
符号位长度	1	1	1
阶码长度	8	11	15
指数偏移量	+127	+1023	+16 383
可表示的实数范围	$10^{-38} \sim 10^{38}$	$10^{-308} \sim 10^{308}$	$10^{-4932} \sim 10^{4932}$

在 IEEE 754 标准中，对于单精度浮点数和双精度浮点数，约定小数点左边隐含有一位，通常这位数就是 1，因此尾数为 $1.\times \times \cdots \times$。

【例 1-9】　利用 IEEE 754 标准将数 176.0625 表示为单精度浮点数。

解：首先将该十进制数转换成二进制数，即 $(176.0625)_{10} = (10110000.0001)_2$，其次对二进制数进行规格化处理，即 $10110000.0001=1\lozenge01100000001\times2^7$。这就保证了最高位为 1，而且小数点应当在 $\lozenge$ 位置上，将最高位去掉并扩展为单精度浮点数所规定的 23 位尾数，得到 01100000001000000000000。

然后求阶码，上述表示中指数为 7，用移码表示为 10000110（偏移量是 127，因此偏移后的指数值为 7+127=134）。

最后，得到 $(176.0625)_{10}$ 的单精度浮点数表示形式：

0 10000110 01100000001000000000000

5．十进制数与字符的编码表示

数值、文字和英文字母等都被认为是字符，任何字符被录入计算机后，都必须转换成二进制表示形式，称为字符编码。

用 4 位二进制代码表示一位十进制数，称为二-十进制编码，简称 BCD 编码。因为 2^4=16，而十进制数只有 0～9 这 10 个不同的数符，故有多种 BCD 编码。根据 4 位代码中每一位是否有确定的权来划分，可分为有权码和无权码两类。

应用最多的有权码是 8421 码，即 4 个二进制位的权从高到低分别为 8、4、2 和 1。无权码中常用余 3 码和格雷码。余 3 码是在 8421 码的基础上，把每个数的代码加上 0011 后构成的。格雷码的编码规则是相邻的两个代码之间只有一位不同。

常用的 8421BCD 码、余 3 码、格雷码与十进制数的对应关系如表 1-5 所示。

表 1-5　8421BCD 码、余 3 码、格雷码与十进制数的对应关系

十 进 制 数	8421BCD 码	余 3BCD 码	格 雷 码
0	0000	0011	0000
1	0001	0100	0001
2	0010	0101	0011
3	0011	0110	0010
4	0100	0111	0110
5	0101	1000	1110
6	0110	1001	1010
7	0111	1010	1000
8	1000	1011	1100
9	1001	1100	0100

6. ASCII 码

ASCII 码（American Standard Code for Information Interchange，美国标准信息交换代码）已被国际标准化组织 ISO 采纳，成为一种国际通用的信息交换标准代码。基本的 ASCII 码采用 7 二进制位，即 $d_6d_5d_4d_3d_2d_1d_0$ 对字符进行编码：低 4 位组 $d_3d_2d_1d_0$ 用作行编码，高 3 位组 $d_6d_5d_4$ 用作列编码。基本的 ASCII 字符代码表如表 1-6 所示。

表 1-6　7 位 ASCII 代码表

$d_3d_2d_1d_0$ 位（低 4 位）	$d_6d_5d_4$ 位（高 3 位）							
	000	001	010	011	100	101	110	111
0000	NUL	DLE	SP	0	@	P	`	p
0001	SOH	DC1	!	1	A	Q	a	q
0010	STX	DC2	"	2	B	R	b	r
0011	ETX	DC3	#	3	C	S	c	s
0100	EOT	DC4	$	4	D	T	d	t
0101	ENQ	NAK	%	5	E	U	e	u
0110	ACK	SYN	&	6	F	V	f	v
0111	BEL	ETB	,	7	G	W	g	w
1000	BS	CAN	(	8	H	X	h	x
1001	HT	EM	)	9	I	Y	i	y
1010	LF	SUB	*	:	J	Z	j	z
1011	VT	ESC	+	;	K	[	k	{
1100	FF	FS	'	<	L	\	l	|
1101	CR	GS	-	=	M	]	m	}
1110	SO	RS	.	>	N	↑	n	~
1111	DI	US	/	?	O	↓	o	Del

根据 ASCII 码的构成格式，可以很方便地从对应的代码表中查出每一个字符的编码。例如，字符 0 的 ASCII 码值为 0110000（$2^5+2^4=48$），字符 a 的 ASCII 码值为 1100001（$2^6+2^5+2^0=97$）。

7. 汉字编码

在计算机中处理汉字，必须先将汉字代码化，即对汉字进行编码。汉字处理包括汉字的编码输入、汉字的存储和汉字的输出等环节。

西文是拼音文字，基本符号比较少，比较容易编码，在计算机系统中输入、内部处理、存储和输出都可以使用同一代码。汉字种类繁多，编码比拼音文字困难，而且在一个汉字处理系统中，输入、内部处理、存储和输出对汉字代码的要求不尽相同，所以采用的编码也不同。汉字信息处理系统在处理汉字和词语时，关键的问题是要进行一系列的汉字代码转换。

1）输入码

中文的字数繁多，字形复杂，字音多变，常用汉字就有 7000 个左右。为了能直接使用西文标准键盘输入汉字，必须为汉字设计相应的编码方法，汉字的输入码主要分为三类：数字编码、拼音码和字形码。

（1）数字编码。数字编码就是用数字串代表一个汉字的输入，常用的是国标区位码。国标区位码将国家标准局公布的 6763 个两级汉字分成 94 个区，每个区 94 位，区码和位码各两位十进制数字。例如，"中"字位于第 54 区 48 位，区位码为 5448。

汉字在区位码表的排列是有规律的。在 94 个分区中，1～15 区用来表示字母、数字和符号，16～87 区为一级和二级汉字。一级汉字以汉语拼音为序排列，二级汉字以偏旁部首进行排列。使用区位码方法输入汉字时，必须先在表中查找汉字对应的代码，才能输入。数字编码输入的优点是无重码，而且输入码和内部编码的转换比较方便，但是数字码难以记忆。

（2）拼音码。拼音码是以汉语读音为基础的输入方法。由于汉字同音字太多，输入重码率很高，因此，按拼音输入后还必须进行同音字选择，会影响输入速度。

（3）字形编码。字形编码是以汉字的形状确定的编码。汉字总数虽多，但都是由一笔一划组成，全部汉字的部件和笔画是有限的。因此，把汉字的笔画部件用字母或数字进行编码，按笔画书写的顺序依次输入，就能表示一个汉字，五笔字型、表形码等便是这种编码法。五笔字型编码是最常见的输入码。

2）内部码

汉字内部码（简称汉字内码）是汉字在设备和信息处理系统内部存储、处理、传输汉字用的代码。汉字数量多，用一个字节无法区分，采用国家标准局 GB 2312—1980 中规定的汉字国标码，两个字节存放一个汉字的内码，每个字节的最高位置 1，作为汉字机内码。由于两个字节各用 7 位，因此可表示 16 384 个可区别的机内码。以汉字"大"为例，国标码为 3473H，两个字节的高位置 1，得到的机内码为 B4F3H。

GB 18030—2005《信息技术中文编码字符集》是我国最新的内码字符集，与 GB 2312—1980 完全兼容，支持 GB 13000 及 Unicode 的全部统一汉字，共收录汉字 70244 个。

3）字形码

汉字字形码是表示汉字字形的字模数据，通常用点阵、矢量函数等方式表示，用点阵表示字形时，汉字字形码指的就是这个汉字字形点阵的代码。字形码也称字模码，是用点阵表示的汉字字形，它是汉字的输出方式，根据输出汉字的要求不同，点阵的多少也不同。简易型汉字为 16×16 点阵，高精度型汉字为 24×24 点阵、32×32 点阵、48×48 点阵等。

字模点阵的信息量是很大的，所占存储空间也很大，以 16×16 点阵为例，每个汉字就需要 32 字节用于机内存储。字库中存储了每个汉字的点阵代码，当显示输出时才检索字库，输出字模点阵得到字形。

　　汉字的矢量表示法是将汉字看作由笔画组成的图形，提取每个笔画的坐标值，这些坐标值就可以决定每一笔画的位置，将每一个汉字的所有坐标值信息组合起来就是该汉字字形的矢量信息。显然，汉字的字形不同，其矢量信息也就不同，每个汉字都有自己的矢量信息。由于汉字的笔画不同，则矢量信息就不同。所以，每个汉字矢量信息所占的内存大小不一样。同样，将每一个汉字的矢量信息集中在一起就构成了汉字库。当需要汉字输出时，利用汉字字形检索程序根据汉字内码从字模库中找到相应的字形码。

8．Unicode

　　为了统一地表示世界各国的文字，国际标准化组织 1993 年公布了"通用多八位编码字符集"国际标准 ISO/IEC 10646，简称 UCS（Universal Coded Character Set）。另一个是 Unicode（统一码、万国码、单一码）是软件制造商的协会（unicode.org）开发的可以容纳世界上所有文字和符号的字符编码标准，包括字符集、编码方案等。Unicode 2.0 开始采用与 ISO 10646-1 相同的字库和字码。目前这两个项目独立地公布各自的标准。

　　UCS 规定了两种编码格式：UCS-2 和 UCS-4。UCS-2 用两个字节编码，UCS-4 用 4 个字节（实际上只用了 31 位，最高位必须为 0）编码。

　　Unicode 可以通过不同的编码实现，Unicode 标准定义了用于传输和保存的 UTF-8、UTF-16 和 UTF-32 等，其中，UTF 表示 UCS Transformation Format。在网络上广泛使用的 UTF-8 以 8 位（一个字节）为单元对 UCS 进行编码。从 UCS-2 到 UTF-8 的编码对应关系如表 1-7 所示。

表 1-7　UCS-2 到 UTF-8 的编码对应关系

UCS-2 编码（十六进制）	UTF-8 字节流（二进制）
0000 – 007F	0xxxxxxx
0080 – 07FF	110xxxxx 10xxxxxx
0800 – FFFF	1110xxxx 10xxxxxx 10xxxxxx

　　例如，"汉"字的 UCS 编码是 6C49（0110 1100 0100 1001），位于 0800-FFFF 之间，所以采用 3 字节模板，其 UTF-8 编码为 11100110 10110001 10001001，也就是 E6B189。

　　我国相应的国家标准为 GB 13000，等同于国际标准的《通用多八位编码字符集（UCS）》ISO10646.1。

1.2.2　校验码

　　计算机系统运行时，各个部件之间要进行数据交换，为了确保数据在传送过程中正确无误，一是提高硬件电路的可靠性；二是提高代码的校验能力，包括查错和纠错。通常使用校验码的方法来检测传送的数据是否出错，即对数据可能出现的编码分为两类：合法编码和错误编码。合法编码用于传送数据，错误编码是不允许在数据中出现的编码。合理地设计错误编码以及编码规则，使得数据在传送中出现某种错误时就会变成错误编码，这样就可以检测出接收到的数据是否有错。

码距是校验码中的一个重要概念。所谓码距，是指一个编码系统中任意两个合法编码之间至少有多少个二进制位不同。例如，4 位 8421 码的码距为 1，在传输过程中，该代码的一位或多位发生错误，都将变成另外一个合法编码，因此这种代码无差错检验能力。下面简单介绍常用的 3 种校验码：奇偶校验码（Parity Codes）、海明码（Hamming Code）和循环冗余校验（Cyclic Redundancy Check，CRC）码。

1．奇偶校验码

奇偶校验是一种简单有效的校验方法。这种方法通过在编码中增加一个校验位来使编码中 1 的个数为奇数（奇校验）或者偶数（偶校验），从而使码距变为 2。对于奇偶校验，它可以检测代码中奇数位出错的编码，但不能发现偶数位出错的情况，即当合法编码中奇数位发生了错误，也就是编码中的 1 变成 0 或 0 变成 1，则该编码中 1 的个数的奇偶性就发生了变化，从而可以发现错误。8421 码的奇偶校验码如表 1-8 所示。

表 1-8　8421 码的奇偶校验码

十 进 制 数	8421BCD 码	带奇校验位的 8421 码	带偶校验位的 8421 码
0	0000	0000　1	0000　0
1	0001	0001　0	0001　1
2	0010	0010　0	0010　1
3	0011	0011　1	0011　0
4	0100	0100　0	0100　1
5	0101	0101　1	0101　0
6	0110	0110　1	0110　0
7	0111	0111　0	0111　1
8	1000	1000　0	1000　1
9	1001	1001　1	1001　0

从表 1-8 可知，带奇偶校验位的 8421 码由 4 位信息位和 1 位校验位组成，码距为 2，能检查出代码信息中奇数位出错的情况，而错在哪些位是检查不出来的。也就是说，它只能发现错误，而不能校正错误。

常用的奇偶校验码有 3 种：水平奇偶校验码、垂直奇偶校验码和水平垂直校验码。

（1）水平奇偶校验码。对每一个数据的编码添加校验位，使信息位与校验位处于同一行。

（2）垂直奇偶校验码。这种校验码把数据分成若干组，一组数据占一行，排列整齐，再加一行校验码，针对每一列采用奇校验或偶校验。

【例 1-10】 对于 32 位数据 10100101 00110110 11001100 10101011，其垂直奇校验和垂直偶校验如下所示。

编码分类	垂直奇校验码	垂直偶校验码
数据	1 0 1 0 0 1 0 1 0 0 1 1 0 1 1 0 1 1 0 0 1 1 0 0 1 0 1 0 1 0 1 1	1 0 1 0 0 1 0 1 0 0 1 1 0 1 1 0 1 1 0 0 1 1 0 0 1 0 1 0 1 0 1 1
校验位	0 0 0 0 1 0 1 1	1 1 1 1 0 1 0 0

（3）水平垂直校验码。在垂直校验码的基础上，对每个数据再增加一位水平校验位，便构成水平垂直校验码。

【例 1-11】 对于 32 位数据 10100101 00110110 11001100 10101011，其水平垂直奇校验和偶校验如下所示。

奇偶类 分类	水平垂直奇校验码		水平垂直偶校验码	
	水平校验位	数据	水平校验位	数据
数据	1 1 1 0	1 0 1 0 0 1 0 1 0 0 1 1 0 1 1 0 1 1 0 0 1 1 0 0 1 0 1 0 1 0 1 1	0 0 0 1	1 0 1 0 0 1 0 1 0 0 1 1 0 1 1 0 1 1 0 0 1 1 0 0 1 0 1 0 1 0 1 1
垂直校验位	0	0 0 0 0 1 0 1 1	1	1 1 1 1 0 1 0 0

2. 海明码

海明码也是利用奇偶性来检错和纠错的校验方法。海明码的构成方法是：在数据位之间插入 k 个校验位，通过扩大码距来实现检错和纠错。

例如，对于 8 位的数据位，进行海明校验需要 4 个校验位。令数据位为 D_7、D_6、D_5、D_4、D_3、D_2、D_1、D_0，校验位为 P_4、P_3、P_2、P_1，形成的海明码为 H_{12}、H_{11}、…、H_3、H_2、H_1，则编码过程如下。

（1）首先确定数据位与校验位在海明码中的位置，如下所示。

H_{12}　　H_{11}　　H_{10}　　H_9　　H_8　　H_7　　H_6　　H_5　　H_4　　H_3　　H_2　　H_1

D_7　　D_6　　D_5　　D_4　　P_4　　D_3　　D_2　　D_1　　P_3　　D_0　　P_2　　P_1

校验位设置在 2^i 位置，因此 P_1 对应 H_1，P_2 对应 H_2，P_3 对应 H_4，P_4 对应 H_8。

每个校验位只校验数据位中位置号的二进制编码和自身位置号的二进制编码相匹配的数据位。例如，D_3（H_7）的位置号为 7（=4+2+1），因此该数据位由 P_1、P_2 和 P_3 校验。

（2）通过校验关系，确定各校验位的值。

P_1 偶校验：P_1、D_0、D_1、D_3、D_4、D_6

即 $P_1 = D_0 \oplus D_1 \oplus D_3 \oplus D_4 \oplus D_6$

P_2 偶校验：P_2、D_0、D_2、D_3、D_5、D_6

即 $P_2 = D_0 \oplus D_2 \oplus D_3 \oplus D_5 \oplus D_6$

P_3 偶校验：P_3、D_1、D_2、D_3、D_7

即 $P_3 = D_1 \oplus D_2 \oplus D_3 \oplus D_7$

P_4 偶校验：P_4、D_4、D_5、D_6、D_7

即 $P_4 = D_4 \oplus D_5 \oplus D_6 \oplus D_7$

若采用奇校验，则将各校验位的偶校验值取反即可。

（3）检测错误。对使用海明编码的数据进行差错检测很简单，只需作以下计算：

$G_1 = P_1 \oplus D_0 \oplus D_1 \oplus D_3 \oplus D_4 \oplus D_6$

$G_2 = P_2 \oplus D_0 \oplus D_2 \oplus D_3 \oplus D_5 \oplus D_6$

$G_3 = P_3 \oplus D_1 \oplus D_2 \oplus D_3 \oplus D_7$

$G_4 = P_4 \oplus D_4 \oplus D_5 \oplus D_6 \oplus D_7$

若采用偶校验，则 $G_4G_3G_2G_1$ 全为 0 时表示接收到的数据无错误（奇校验则应全为 1）。当 $G_4G_3G_2G_1$ 不全为 0 说明发生了差错，而且 $G_4G_3G_2G_1$ 的十进制值指出发生错误的位置。例如 $G_4G_3G_2G_1$=1010，说明 $H_{10}(D_5)$ 出错了，将其取反即可纠正错误。

【例 1-12】 设数据为 01101001，试采用 4 个校验位求其偶校验方式的海明码。

解：$D_7D_6D_5D_4D_3D_2D_1D_0$=01101001，根据公式

$P_1 = D_0 \oplus D_1 \oplus D_3 \oplus D_4 \oplus D_6 = 1 \oplus 0 \oplus 1 \oplus 0 \oplus 1 = 1$

$P_2 = D_0 \oplus D_2 \oplus D_3 \oplus D_5 \oplus D_6 = 1 \oplus 0 \oplus 1 \oplus 1 \oplus 1 = 0$

$P_3 = D_1 \oplus D_2 \oplus D_3 \oplus D_7 = 0 \oplus 0 \oplus 1 \oplus 0 = 1$

$P_4 = D_4 \oplus D_5 \oplus D_6 \oplus D_7 = 0 \oplus 1 \oplus 1 \oplus 0 = 0$

因此，求得的海明码为：

H_{12}	H_{11}	H_{10}	H_9	H_8	H_7	H_6	H_5	H_4	H_3	H_2	H_1
D_7	D_6	D_5	D_4	P_4	D_3	D_2	D_1	P_3	D_0	P_2	P_1
0	1	1	0	0	1	0	0	1	1	0	1

3．循环冗余校验码

循环冗余校验码广泛应用于数据通信领域和磁介质存储系统中。它利用生成多项式为 k 个数据位产生 r 个校验位来进行编码，其编码长度为 $k+r$。CRC 的代码格式为：

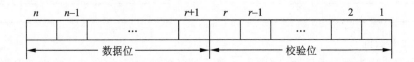

由此可知，循环冗余校验码是由两部分组成的，左边为信息码（数据），右边为校验码。若信息码占 k 位，则校验码就占 $n-k$ 位。其中，n 为 CRC 码的字长，所以又称为（n, k）码。校验码是由信息码产生的，校验码位数越长，该代码的校验能力就越强。在求 CRC 编码时，采用的是模 2 运算。

模 2 加减运算的规则是：按位运算，不发生借位和进位，如下所示：

0+0=0　　1+0=1　　0+1=1　　1+1=0
0−0=0　　1−0 =1　　0−1=1　　1−1=0

1.2.3　逻辑代数及逻辑运算

逻辑代数是 1849 年英国数学家乔治·布尔提出的，它是用代数的方式对逻辑变量进行描述和分析的数学工具，也称为布尔代数。逻辑变量的取值只有"真"和"假"，通常以 1 表示"真"，0 表示"假"。

1．基本的逻辑运算

在逻辑代数中有 3 种最基本的运算："与"运算、"或"运算和"非"运算，其他逻辑运算可由这 3 种基本运算进行组合来表示。

1）"与"运算

"与"运算又称为逻辑乘，其运算符号常用 AND、∩、∧或·表示。设 A 和 B 为两个逻辑变量，当且仅当 A 和 B 的取值都为"真"时，A"与"B 的值为"真"；否则 A"与"B 的值为"假"，如表 1-9 所示。

2）"或"运算

"或"运算也称为逻辑加，其运算符号常用 OR、∪、∨或+表示。设 A 和 B 为两个逻辑变量，当且仅当 A 和 B 的取值都为"假"时，A"或"B 的值为"假"；否则 A"或"B 的值为"真"，如表 1-10 所示。

表1-9 "与"运算规则

A	B	$A \cdot B$
0	0	0
0	1	0
1	0	0
1	1	1

表1-10 "或"运算规则

A	B	$A+B$
0	0	0
0	1	1
1	0	1
1	1	1

3）"非"运算

"非"运算也称为逻辑求反运算，常用 $\overline{A}$ 表示对变量 A 的值求反。其运算规则很简单：$\overline{1}=0$，$\overline{0}=1$。

4）"异或"运算

常用的逻辑运算还有"异或"运算，又称为半加运算，其运算符号常用 XOR 或 $\oplus$ 表示。设 A 和 B 为两个逻辑变量，当且仅当 A、B 的值不同时，A "异或" B 为真。A "异或" B 的运算可由前 3 种基本运算表示，即 $A \oplus B = \overline{A} \cdot B + A \cdot \overline{B}$。

2．常用的逻辑公式

常用的逻辑公式如表 1-11 所示。

表1-11　常用的逻辑公式

交换律	$A+B=B+A$　　　　$A \cdot B=B \cdot A$	重叠律	$A+A=A$　　　$A \cdot A=A$
结合律	$A+(B+C)=(A+B)+C$ $A \cdot (B \cdot C) = (A \cdot B) \cdot C$	互补律	$\overline{A}+A = 1$　　$\overline{A} \cdot A = 0$
		吸收律	$A + \overline{A}B = A + B$
分配律	$A \cdot (B+C)=A \cdot B+A \cdot C$ $A+(B \cdot C) = (A+B) \cdot (A+C)$	0-1 律	$0+A=A$　　　$0 \cdot A=0$ $1+A=1$　　　$1 \cdot A=A$
反演律	$\overline{A+B} = \overline{A} \cdot \overline{B}$　　　$\overline{A \cdot B} = \overline{A} + \overline{B}$	对合律	$\overline{\overline{A}} = A$
其他公式	$AB + A\overline{B} = A$　　　$A + AB = A$ $AB + \overline{A}C + BC = AB + \overline{A}C$	$\overline{A} \oplus B = \overline{A \oplus B} = A \oplus \overline{B}$	

3．逻辑表达式及其化简

1）逻辑表达式与真值表

逻辑表达式就是用逻辑运算符把逻辑变量（或常量）连接在一起表示某种逻辑关系的表达式。常用表格来描述一个逻辑表达式与其变量之间的关系，也就是把变量和表达式的各种取值都一一对应列举出来，称为真值表。

【例 1-13】 用真值表证明 $AB + A\overline{B} = A$ 。

A	B	AB	$A\overline{B}$	$AB + A\overline{B}$
0	0	0	0	0
0	1	0	0	0
1	0	0	1	1
1	1	1	0	1

从表中可以看出，无论 B 取何值，$AB + A\overline{B}$ 的值和 A 的值都是相同的，所以 $AB + A\overline{B} = A$。

2）逻辑表达式的化简

利用逻辑运算的规律和一些常用的逻辑恒等式可以对一个逻辑表达式进行化简。

【例 1-14】 化简逻辑表达式 $(\overline{A}\,\overline{B}C + \overline{A}BC + A\overline{B}C + A\overline{B}\,\overline{C} + \overline{A}\,\overline{B}\,\overline{C} + ABC)$。

解：$(\overline{A}\,\overline{B}C + \overline{A}BC + A\overline{B}C + A\overline{B}\,\overline{C} + \overline{A}\,\overline{B}\,\overline{C} + ABC)$

$= (\overline{A}\,\overline{B}(\overline{C} + C) + (\overline{A} + A)BC + A\overline{B}(\overline{C} + C))$　　　　（结合律、分配律）

$= (\overline{A}\,\overline{B} + BC + A\overline{B})$　　　　（互补律）

$= ((\overline{A} + A)\overline{B} + BC)$　　　　（结合律、分配律）

$= (\overline{B} + BC)$　　　　（互补律）

$= (\overline{B} + C)$　　　　（吸收律）

1.2.4　机器数的运算

1. 机器数的加减运算

在计算机中，可以只设置加法器，而将减法运算转换为加法运算来实现。

1）原码加、减法

当两个相同符号的原码数相加时，只需将数值部分直接相加，运算结果的符号与两个加数的符号相同。若两个加数的符号相异，则应进行减法运算。其方法是：先比较两个数绝对值的大小，然后用绝对值大者的绝对值减去绝对值小者的绝对值，结果的符号取绝对值大者的符号。因此，原码表示的机器数进行减法运算是很麻烦的，所以在计算机中很少被采用。

2）补码加、减法

① 补码加法的运算法则是：和的补码等于补码求和，即$[X+Y]_\text{补}=[X]_\text{补}+[Y]_\text{补}$。

② 补码减法的方法是：差的补码等于被减数的补码加上减数取负后的补码。因此，在补码表示中，可将减法运算转换为加法运算，即$[X–Y]_\text{补}=[X]_\text{补}+[–Y]_\text{补}$。

③ 由$[X]_\text{补}$求$[–X]_\text{补}$的方法是：$[X]_\text{补}$的各位取反（包括符号位），末尾加 1。

【例 1-15】 设二进制整数 $X = +1000100$，$Y = +1110$，求 $X+Y$、$X–Y$ 的值。

解：设用 8 位补码表示带符号数据，由于 X 和 Y 都是正数，所以$[X]_补$=01000100，$[Y]_补$=00001110，那么$[-Y]_补$=11110010。

$$
\begin{array}{r}
01000100 \\
+\ \ 00001110 \\
\hline
01010010
\end{array}
\qquad
\begin{array}{r}
01000100 \\
-\ \ 00001110 \\
\hline
00110110
\end{array}
\qquad
\begin{array}{r}
01000100 \\
+\ \ 11110010 \\
\hline
00110110
\end{array}
$$

（a）$[X]_补+[Y]_补$ （b）$X-Y$ （c）$[X]_补+[-Y]_补$

由于 X 和 Y 均是正数，所以 $X+Y$ 的值就等于$[X]_补+[Y]_补$，即 $X+Y$ = +1010010；由于 X 的绝对值大于 Y 的绝对值，所以 $X-Y$ 的值就等于$[X]_补+[-Y]_补$，即 $X-Y$ = +110110。

【例 1-16】 设二进制整数 X = +110110，Y = -110011，求 $X+Y$、$X-Y$ 的值。

解：设用 8 位补码表示带符号数据，那么，$[X]_补$=00110110，$[Y]_补$=11001101，$[-Y]_补$=00110011。

$$
\begin{array}{r}
00110110 \\
+\ \ 11001101 \\
\hline
1\!\!\!\!\diagup\,00000011
\end{array}
\qquad
\begin{array}{r}
00110110 \\
-\ \ 00110011 \\
\hline
00000011
\end{array}
\qquad
\begin{array}{r}
00110110 \\
+\ \ 00110011 \\
\hline
01101001
\end{array}
$$

自然丢弃   （a）$[X]_补+[Y]_补$ （b）$X+Y=X-|Y|$ （c）$[X]_补+[-Y]_补$

由于 X 是正数、Y 是负数，且 X 的绝对值大于 Y 的绝对值，所以 $X+Y$ 的值就等于 $X-|Y|$，也等于$[X]_补+[Y]_补$，即+11。因此，$X-Y$ 的值就等于 $X+|Y|$，也等于$[X]_补+[-Y]_补$，即+1101001。

因此，补码加减运算的规则如下。

（1）参加运算的操作数用补码表示。

（2）符号位参加运算。

（3）若进行相加运算，则两个数的补码直接相加；若进行相减运算，则将减数连同其符号位一起变反加 1 后与被减数相加。

（4）运算结果用补码表示。

与原码减运算相比，补码减运算的过程要简便得多。在补码加减运算中，符号位和数值位一样参加运算，无须作特殊处理。因此，多数计算机都采用补码加减运算法。

3）溢出及判定

在确定了运算的字长和数据的表示方法后，数据的范围也就确定了。一旦运算结果超出所能表示的数据范围，就会发生溢出。发生溢出时，运算结果肯定是错误的。

只有当两个同符号的数相加（或者是相异符号数相减）时，运算结果才有可能溢出。

【例 1-17】 设正整数 X=+1000001，Y=+1000011，若用 8 位补码表示，则$[X]_补$=01000001，$[Y]_补$=01000011，求$[X+Y]_补$。

解：计算$[X]_补+[Y]_补$

$$\begin{array}{r} 0\,1000001 \\ +\quad 0\,1000011 \\ \hline 1\,0000100 \end{array}$$

两个正数相加的结果为一个负数，结果显然是荒谬的。产生错误的原因就是溢出。

【**例 1-18**】设负整数 $X= -1111000$，$Y= -10010$，字长为 8，则$[X]_补=10001000$，$[Y]_补=11101110$，求$[X+Y]_补$。

解：计算$[X]_补+[Y]_补$

$$\begin{array}{r} 1\,0001000 \\ +\quad 1\,1101110 \\ \hline 1\,0\,1110110 \end{array}$$

两个负数相加，结果为一个正数，显然也是错误的。

常用的溢出检测机制主要有进位判决法和双符号位判决法等如下几种方法。

（1）双符号位判决法。若采用两位表示符号，即 00 表示正号、11 表示负号，则溢出时两个符号位就不一致了，从而可以判定发生了溢出。

若运算结果两符号分别用 S_2 和 S_1 表示，则判别溢出的逻辑表示式为 $VF=S_2 \oplus S_1$。

【**例 1-19**】设正整数 $X=+1000001$，$Y= +1000011$，若用 8 位补码表示，则$[X]_补=00\,1000001$，$[Y]_补=00\,1000011$，求$[X+Y]_补$。

解：计算$[X]_补+[Y]_补$

$$\begin{array}{r} 00\,1000001 \\ +\quad 00\,1000011 \\ \hline 01\,0000100 \end{array}$$

式中，结果的 S_2 和 S_1 不一致，说明运算过程中有溢出。

（2）进位判决法。令 C_{n-1} 表示最高数值位向最高位的进位，C_n 表示符号位的进位，则 $C_{n-1} \oplus C_n =1$ 表示溢出。

（3）根据运算结果的符号位和进位标志判别。该方法适用于两同号数求和或异号数求差时判别溢出。根据运算结果的符号位和进位标志，溢出的逻辑表达式为 $VF = SF \oplus CF$。

（4）根据运算前后的符号位进行判别。若用 Xs、Ys、Zs 分别表示两个操作数及运算结果的符号位，当两个同符号数求和或异符号数求差时，就有可能发生溢出。溢出是否发生可根据运算前后的符号位进行判别，其逻辑表达式为 $VF = Xs \cdot Ys \cdot \overline{Zs} + \overline{Xs} \cdot \overline{Ys} \cdot Zs$。

2．机器数的乘除运算

在计算机中实现乘除法运算，通常有如下 3 种方式。

① 纯软件方案，在只有加法器的低档计算机中，没有乘、除法指令，乘除运算是用程序来完成的。这种方案的硬件结构简单，但作乘除运算时速度很慢。

② 在现有的能够完成加减运算的算术逻辑单元 ALU 的基础上，通过增加少量的实现左、右移位的逻辑电路，来实现乘除运算。与纯软件方案相比，这种方案增加硬件不多，而乘除运算的速度有了较大提高。

③ 设置专用的硬件阵列乘法器（或除法器），完成乘（除）法运算。该方案需付出较高的硬件代价，可获得最快的执行速度。

3．浮点运算

1）浮点加减运算

设有浮点数 $X = M \times 2^i$，$Y = N \times 2^j$，求 $X \pm Y$ 的运算过程如下。

（1）对阶。使两个数的阶码相同。令 $K=|i-j|$，把阶码小的数的尾数右移 K 位，使其阶码加上 K。

（2）求尾数和（差）。

（3）结果规格化并判溢出。若运算结果所得的尾数不是规格化的数，则需要进行规格化处理。当尾数溢出时，需要调整阶码。

（4）舍入。在对结果进行右移时，尾数的最低位将因移出而丢掉。另外，在对阶过程中也会将尾数右移使最低位丢掉。这就需要进行舍入处理，以求得最小的运算误差。舍入处理的方法如下。

① 截断法。将要保留的数据末位右边的数据全都截去，不管数据是 0 还是 1。

② 末位恒 1 法。将要保留的末位数据恒置 1，不管右移丢掉的数据是 0 还是 1。

③ 0 舍 1 入法。舍去的数据为 0 时，保持末位原始状态。若舍去的数据为 1，则将末位加 1。这类似于十进制中的四舍五入。但当数据为 0.1111…1，即在尾数全为 1 的特殊情况下，这种舍入会再次产生溢出。遇到这种情况可用硬件判断，并在舍去 1 时末位不再加 1。

（5）溢出判别。以阶码为准。若阶码溢出（超过最大值），则运算结果溢出；若阶码下溢（小于最小值），则结果为 0，否则结果正确无溢出。

2）浮点乘除运算

浮点数相乘，其积的阶码等于两乘数的阶码相加，积的尾数等于两乘数的尾数相乘。浮点数相除，其商的阶码等于被除数的阶码减去除数的阶码，商的尾数等于被除数的尾数除以除数的尾数。乘除运算的结果都需要进行规格化处理并判断阶码是否溢出。

1.3　计算机的基本组成及工作原理

计算机硬件的基本组成包括运算器、控制器、存储器、输入设备和输出设备五大部分。其中，集成在一起的运算器和控制器称为 CPU。

运算器（Arithmetic and Logic Unit，ALU）是对数据进行加工处理的部件，它既能完成算术运算又能完成逻辑运算，所以称为算术逻辑单元。

控制器的主要功能是从主存中取出指令并进行分析，以控制计算机的各个部件有条不紊地完成指令的功能。

存储器主要由称为内存和外存的存储部件组成，为了提高整个系统的运行速度，计算机中往往还要设置寄存器、高速缓存等存储器。

输入/输出设备是计算机系统与外界交换信息的装置，一般通过总线和接口将主机与 I/O 设备有机地组合在一起。

1.3.1　总线的基本概念

1. 总线的定义与分类

总线是连接多个设备的信息传送通道，实际上是一组信号线。广义地讲，任何连接两个以上电子元器件的导线都可以称为总线。总线通常分为以下几类。

- 芯片内总线。用于集成电路芯片内部各部分的连接。
- 元件级总线。用于一块电路板内各元器件的连接。
- 系统总线，又称内总线。用于计算机各组成部分（CPU、内存和接口等）的连接。
- 外总线，又称通信总线。用于计算机与外设或计算机与计算机之间的连接或通信。

2. 系统总线

系统总线（System Bus）是微机系统中最重要的总线，对整个计算机系统的性能有重要影响。CPU 通过系统总线对存储器的内容进行读写，同样通过系统总线，实现将 CPU 内数据写入外设，或由外设读入 CPU。按照传递信息的功能来分，系统总线分为地址总线、数据总线和控制总线。

系统总线的性能指标主要有带宽、位宽和工作频率等。

系统总线的带宽指的是单位时间内总线上传送的数据量，即每秒钟传送的最大稳态数据传输率。系统总线的位宽指的是总线能同时传送的二进制数据的位数，或数据总线的位数，即32

位、64位等总线宽度的概念。总线的位宽越宽，每秒钟数据传输率越大，总线的带宽越宽。总线的工作时钟频率以 MHz 为单位，工作频率越高，总线工作速度越快，总线带宽越宽。

它们之间的关系是：总线的带宽＝总线的工作频率*总线的位宽/8。

常见的传统系统总线有 ISA、EISA、PCI/AGP 等。

（1）ISA 总线。ISA 是工业标准总线，它可以与更早的 PC 总线兼容。ISA 总线是在 PC 总线 62 个插座信号的基础上，再扩充另一个 36 个信号的插座而构成的。

ISA 总线主要包括 24 条地址线，16 条数据线，以及控制总线（内存读写、接口读写、中断请求、中断响应、DMA 请求和 DMA 响应等），±5V、±12V 电源和地线等。

（2）EISA 总线。EISA 总线是在 ISA 总线的基础上发展起来的 32 位总线。该总线定义了 32 位地址线、32 位数据线以及其他控制信号线、电源线、地线等共 196 个接点。总线传输速率可达 33Mb/s。EISA 总线利用总线插座与 ISA 总线相兼容，插板插在上层为 ISA 总线信号；插板插在下层便是 EISA 总线。

（3）PCI 总线。PCI 总线是目前微型机上广泛采用的内总线。PCI 总线有两种标准：适于 32 位机的 124 个信号的标准和适于 64 位机的 188 个信号的标准。PCI 总线的传输速率至少为 133Mb/s，64 位 PCI 总线的传输速率为 266Mb/s。PCI 总线的工作与处理器的工作是相互独立的，也就是说，PCI 总线时钟与处理器时钟是独立的、非同步的。PCI 总线上的设备是即插即用的。PCI 总线的发展遇到了并行总线的技术瓶颈。

（4）AGP（Accelerated Graphics Port，图形加速端口）是 Intel 公司推出的图形显示卡专用局部总线，AGP 总线直接与主板的北桥芯片相连，且通过该接口让显示芯片与系统主内存直接相连，避免了窄带宽的 PCI 总线形成的系统瓶颈，增加 3D 图形数据传输速度，同时在显存不足的情况下还可以调用系统主内存。所以它拥有很高的传输速率，这是 PCI 等总线无法与其相比拟的。

AGP 标准工作在 32 位总线时有 66MHz 和 133MHz 两种工作频率，最高数据传输率为 266Mb/s 和 533Mb/s，而 PCI 总线理论上的最大传输率仅为 133Mb/s。目前最高规格的 AGP 8X 模式下，数据传输速度达到了 2.1Gb/s。

（5）PCI Express 总线。PCI Express（以下简称 PCI-E）有 PCI Express X1、X2、X4、X8、X12、X16 和 X32 等多种规格，采用点对点串行连接，与 PCI 以及更早期的计算机总线的共享并行架构不同，每个设备都有自己的专用连接，不需要向整个总线请求带宽。相对于传统 PCI 总线在单一时间周期内只能实现单向传输，PCI-E 的双单工连接能提供更高的传输速率和质量。

目前，PCI-E X1 和 PCI-E X16 已成为 PCI-E 主流规格，同时很多芯片组厂商在南桥芯片当中添加对 PCI-E X1 的支持，在北桥芯片当中添加对 PCI-E X16 的支持。除去提供极高数据传输带宽之外，PCI-E 因为采用串行数据包方式传递数据，所以 PCI-E 接口每个针脚可以获得比传统 I/O 标准更多的带宽，这样就可以降低 PCI-E 设备生产成本和体积。另外，PCI-E 也支持高阶电源管理，支持热插拔，支持数据同步传输，为优先传输数据进行带宽优化。

3．外总线

外总线的标准有七八十种之多，此处简单介绍几种。

（1）RS-232C。RS-232C 是一种串行外总线，其主要特点是：传输线比较少，最少只需 3 条线（一条发、一条收、一条地线）即可实现全双工通信。传送距离远，用电平传送为 15m，电流环传送可达千米。有多种可供选择的传送速率，具有较好的抗干扰性。

（2）RS-485。RS-485 采用平衡发送和差分接收，因此具有抑制共模干扰的能力。要求通信距离为几十米到上千米时，广泛采用 RS-485 串行总线标准。

（3）SCSI。小型计算机系统接口（Small Computer System Interface，SCSI）是一种并行外总线，广泛用于连接软硬磁盘、光盘和扫描仪等。该接口总线早期是 8 位的，后来发展到 16 位、32 位。Ultra320 SCSI 单通道的数据传输速率最大可达 320Mb/s，如果采用双通道 SCSI 控制器可以达到 640Mb/s。

（4）USB。通用串行总线是 1994 年底由 Compaq、IBM 和 Microsoft 等众多公司联合提出的，目前得到广泛应用，USB 接口已经成为计算机硬件系统的基本配置。USB 1.0 有两种传送速率：低速为 1.5Mb/s，高速为 12Mb/s。USB2.0 的传送速率为 480Mb/s。USB 最大的优点是支持即插即用并支持热插拔。

（5）IEEE-1394。IEEE-1394 也是一种串行数据传输协议，支持即插即用并支持热插拔，与 USB 相比速度更快，主要用于音频、视频等数据的传输。IEEE-1394 理论上可以连接 64 台设备，传输速率有 100Mb/s、400Mb/s、800Mb/s、1600Mb/s、3.2Gb/s 等规格。

1.3.2　中央处理单元

CPU 是 Central Process Unit（中央处理单元）的缩写，简称为微处理器（Microprocessor），常被称为处理器（Processor）。

1．CPU 的功能

CPU 是计算机工作的核心部件，用于控制并协调各个部件，其基本功能如下所述。

（1）指令控制。CPU 通过执行指令来控制程序的执行顺序，这是 CPU 的重要职能。

（2）操作控制。一条指令功能的实现需要若干操作信号来完成，CPU 产生每条指令的操作信号并将操作信号送往不同的部件，控制相应的部件按指令的功能要求进行操作。

（3）时序控制。CPU 通过时序电路产生的时钟信号进行定时，以控制各种操作按照指定的时序进行。

（4）数据处理。在 CPU 的控制下完成对数据的加工处理是其最根本的任务。

另外，CPU 还需要对内部或外部的中断（异常）以及 DMA 请求做出响应，进行相应的处理。

2．CPU 的组成

CPU 主要由运算器、控制器（Control Unit，CU）、寄存器组和内部总线组成，如图 1-2 所示。

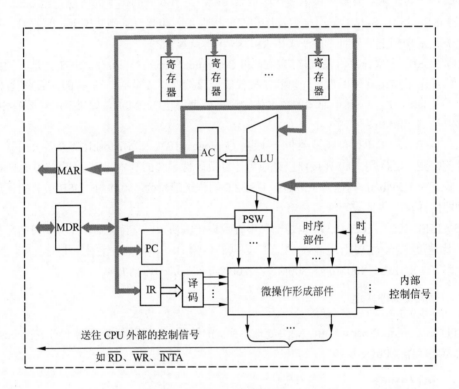

图 1-2　CPU 主要组成框图

1）运算器

运算器（简称 ALU）主要完成算术运算和逻辑运算，实现对数据的加工与处理。不同的计算机的运算器结构不同，但基本都包括算术和逻辑运算单元、累加器（AC）、状态字寄存器（PSW）、寄存器组及多路转换器等逻辑部件。

在运算过程中，寄存器组用于暂存操作数或数据的地址。标志寄存器也称为状态寄存器，用于存放算术、逻辑运算过程中产生的状态信息。

累加器是运算器中的主要寄存器之一，用于暂存运算结果以及向 ALU 提供运算对象。

2）控制器

控制器的主要功能是从内存中取出指令，并指出下一条指令在内存中的位置，将取出的指令送入指令寄存器，启动指令译码器对指令进行分析，最后发出相应的控制信号和定时信息，控制和协调计算机的各个部件有条不紊地工作，以完成指令所规定的操作。

控制器由程序计数器（简称 PC）、指令寄存器（IR）、指令译码器、状态字寄存器（PSW）、时序产生器和微操作信号发生器组成，如图 1-3 所示。

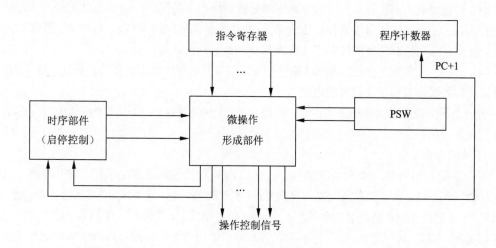

图 1-3   控制器组成框图

控制器各部分的主要作用如下。

- 程序计数器：当程序顺序执行时，每取出一条指令，PC 内容自动增加一个值，指向下一条要取的指令。当程序出现转移时，则将转移地址送入 PC，然后由 PC 指出新的指令地址。

- 指令寄存器：存放正在执行的指令。

- 指令译码器：对现行指令进行分析，确定指令类型和指令所要完成的操作以及寻址方式。

- 时序部件：用于产生时序脉冲和节拍电位以控制计算机各部件有序地工作。

- 状态字寄存器（PSW）：用于保存指令执行完成后产生的条件码，例如运算是否有溢出，结果为正还是为负，是否有进位等。此外，PSW 还保存中断和系统工作状态等信息。

- 微操作信号发生器：根据指令提供的操作信号、时序产生器提供的时序信号，以及各功能部件反馈的状态信号等综合成特定的操作序列，从而完成对指令的执行控制。

控制器的作用是控制整个计算机的各个部件有条不紊地工作，它的基本功能就是从内存取指令和执行指令。

执行指令的过程分为如下几个步骤。

（1）取指令。控制器首先按程序计数器所指出的指令地址从内存中取出一条指令。

（2）指令译码。将指令的操作码部分送指令译码器进行分析，然后根据指令的功能向有关部件发出控制命令。

（3）按指令操作码执行。根据指令译码器分析指令产生的操作控制命令以及程序状态字寄存器的状态，控制微操作形成部件产生一系列 CPU 内部的控制信号和输出到 CPU 外部的控制信号。在这一系列控制信号的控制下，实现指令的具体功能。

（4）形成下一条指令地址。若非转移类指令，则修改程序计数器的内容；若是转移类指令，则根据转移条件修改程序计数器的内容。

通过上述步骤逐一执行一系列指令，就使计算机能够按照这一系列指令组成的程序的要求自动完成各项任务。

3）寄存器组

寄存器是 CPU 中的一个重要组成部分，它是 CPU 内部的临时存储单元。寄存器既可以用来存放数据和地址，也可以存放控制信息或 CPU 工作时的状态。在 CPU 中增加寄存器的数量，可以使 CPU 把执行程序时所需的数据尽可能地放在寄存器中，从而减少访问内存的次数，提高其运行速度。但是，寄存器的数目也不能太多，除了增加成本外，寄存器地址编码增加还会增加指令的长度。CPU 中的寄存器通常分为存放数据的寄存器、存放地址的寄存器、存放控制信息的寄存器、存放状态信息的寄存器和其他寄存器等类型。

- 累加器（Accumulator）：累加器是一个数据寄存器，在运算过程中暂时存放操作数和中间运算结果，不能用于长时间地保存一个数据。
- 通用寄存器组：通用寄存器组是 CPU 中的一组工作寄存器，运算时用于暂存操作数或地址。在程序中使用通用寄存器可以减少访问内存的次数，提高运算速度。
- 标志寄存器：标志寄存器也称为状态字寄存器，用于记录运算中产生的标志信息。状态寄存器中的每一位单独使用，称为标志位。标志位的取值反映了 ALU 当前的工作状态，可以作为条件转移指令的转移条件。典型的标志位有以下几种。
  - ◆ 进位标志位（C）：当运算结果最高位产生进位时将该位置 1。
  - ◆ 零标志位（Z）：当运算结果为零时置 "1"。
  - ◆ 符号标志位（S）：当运算结果为负时置 "1"。

◆　溢出标志位（V）：当运算结果产生溢出时置"1"。

◆　奇偶标志位（P）：当运算结果中"1"的个数为偶数时置"1"。

- 指令寄存器：指令寄存器用于存放正在执行的指令，指令从内存取出后送入指令寄存器。其操作码部分经指令译码器送微操作信号发生器，其地址码部分指明参加运算的操作数的地址形成方式。在指令执行过程中，指令寄存器中的内容保持不变。

- 数据缓冲寄存器（MDR）：用来暂时存放由内存储器读出的一条指令或一个数据字；反之，当向内存存入一个数据字时，也暂时将它们存放在数据缓冲寄存器中。

- 地址寄存器（MAR）：用来保存当前 CPU 所访问的内存单元的地址。由于在内存和CPU 之间存在着操作速度上的差别，所以必须使用地址寄存器来保持地址信息，直到内存的读/写操作完成为止。

- 其他寄存器：根据 CPU 的结构特点还有一些其他寄存器，例如堆栈指示器、变址寄存器和段地址寄存器等。

4）内部总线

CPU 内部总线将运算器、控制器和寄存器组等连接在一起。

3.　双核和多核处理器

推动微处理器性能不断提高的因素主要有两个：半导体工艺技术的飞速进步和体系结构的不断发展。半导体工艺技术的每一次进步都为微处理器体系结构的研究提出了新的问题，开辟了新的领域；体系结构的进展又在半导体工艺技术发展的基础上进一步提高了微处理器的性能。这两个因素是相互影响，相互促进的。多核的出现是技术发展和应用需求的必然产物。

CPU 中最重要的组成部分称为内核或核心（Die），核心是由单晶硅以一定的生产工艺制造出来的，CPU 中所有的计算、接收/存储命令、处理数据都由核心执行。

双核处理器是指在一个处理器上集成两个运算核心，从而提高计算能力。"双核"的概念最早是由 IBM、HP、Sun 等支持 RISC（精简指令系统）架构的高端服务器厂商提出的。双核心处理器技术的引入是提高处理器性能的有效方法。因为处理器实际性能是处理器在每个时钟周期内所能处理的指令数的总量，因此增加一个内核，处理器每个时钟周期内可执行的指令数将增加一倍。

CPU 制造商 AMD 和 Intel 的双核技术在物理结构上有很大不同。AMD 将两个内核做在一个晶元上，通过直连架构进行连接，集成度更高。Intel 则是将放在不同晶元上的两个内核封装在一起，因此人们将 Intel 的方案称为"双芯"，而将 AMD 的方案称为"双核"。

由于仅仅提高单核芯片的速度会产生过多热量且无法带来相应的性能改善，而且即便是没有热量问题，其性价比也令人难以接受，速度稍快的处理器价格要高很多。因此，英特尔工程师们开发了多核芯片，即在一个处理器中集成两个或多个完整的计算引擎（内核），采用分治策略，通过划分任务，线程应用能够充分利用多个执行内核，并可在特定的时间内执行更多任务。

1.3.3　存储系统

1. 存储器的分类

（1）按存储器所处的位置可分为内存和外存。

（2）按构成存储器的材料可分为磁存储器、半导体存储器和光存储器。

- 磁存储器：用磁性介质做成的，如磁芯、磁泡、磁膜、磁鼓、磁带及磁盘等。
- 半导体存储器：根据所用元件又可分为双极型和 MOS 型；根据数据是否需要刷新，又可分为静态（Static Memory）和动态（Dynamic Memory）两类。
- 光存储器：如光盘（Optical Disk）存储器。

（3）按工作方式可分为读写存储器和只读存储器。

- 读写存储器（Random Access Memory，RAM）：既能读取数据也能存入数据的存储器。这类存储器的特点是它存储信息的易失性，即一旦去掉存储器的供电电源，则存储器所存信息也随之丢失。
- 只读存储器：只读存储器所存信息是非易失的，也就是它存储的信息去掉供电电源后不会丢失，当电源恢复后它所存储的信息依然存在。根据数据的写入方式，这种存储器又可细分为 ROM、PROM、EPROM 和 EEPROM 等类型。
    - 固定只读存储器（Read Only Memory，ROM）：这种存储器是在厂家生产时就写好数据的，其内容只能读出，不能改变，故这种存储器又称为掩膜 ROM。这类存储器一般用于存放系统程序 BIOS 和用于微程序控制。
    - 可编程的只读存储器（Programmable Read Only Memory，PROM）：其内容可以由用户一次性地写入，写入后不能再修改。
    - 可擦除可编程只读存储器（Erasable Programmable Read Only Memory，EPROM）：其内容既可以读出，也可以由用户写入，写入后还可以修改。改写的方法是，写入之前先用紫外线照射 15～20 分钟以擦去所有信息，然后再用特殊的电子设备写入信息。
    - 电擦除的可编程只读存储器（Electrically Erasable Programmable Read Only Memory，EEPROM）：与 EPROM 相似，EEPROM 中的内容既可以读出，也可以进行改写。只不过这种存储器是用电擦除的方法进行数据的改写。
    - 闪速存储器（Flash Memory）：简称闪存，其特性介于 EPROM 和 EEPROM 之间，类似于 EEPROM，闪存也可使用电信号进行信息的擦除操作。整块闪存可以在数秒内删除，速度远快于 EPROM。

（4）按访问方式可分为按地址访问的存储器和按内容访问的存储器。

（5）按寻址方式分类可分为随机存储器、顺序存储器和直接存储器。

- 随机存储器（Random Access Memory，RAM）：这种存储器可对任何存储单元存入或读取数据，访问任何一个存储单元所需的时间是相同的。
- 顺序存储器（Sequentially Addressed Memory，SAM）：访问数据所需要的时间与数据所在的存储位置相关，磁带是典型的顺序存储器。
- 直接存储器（Direct Addressed Memory，DAM）：介于随机存取和顺序存取之间的一种寻址方式。磁盘是一种直接存取存储器，它对磁道的寻址是随机的，而在一个磁道内，则是顺序寻址。

2．存储系统的层次结构

不同的存储器，通过适当的硬件、软件有机地组合在一起形成计算机的存储体系。一般情况下，计算机的存储体系结构可用图 1-4 所示的三级结构进行描述。其中高速缓存（Cache）的速度最快，其次是主存储器（MM），处于最底层的辅助存储器（外存储器）速度最慢。若将CPU 内部的寄存器也看作存储器的一个层次，则可将存储系统分为 4 层结构。

存储系统中采用高速缓存可显著地提高计算机系统的工作速度。Cache 在功能上并不是必需的部件，因此在一些简单的计算机中，没有设置高速缓存，那么这种计算机的存储体系就由主存和辅存两级存储器构成。

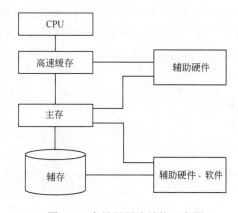

图 1-4　存储器层次结构示意图

3．主存储器

主存储器简称为主存、内存，设在主机内或主机板上，用来存放机器当前运行所需要的程序和数据，以便向 CPU 提供信息。相对于外存，其特点是容量小速度快。

1）主存的种类

主存一般由 RAM 和 ROM 这两种工作方式的存储器组成，其绝大部分存储空间由 RAM 构成。计算机系统中常见的 SDRAM（Synchronous Dynamic Random Access Memory，同步动态随机存取存储器）的发展经历了四代，分别是第一代 SDR SDRAM、第二代 DDR SDRAM（双倍速率 SDRAM）、第三代 DDR2 SDRAM（更高的工作频率）和第四代 DDR3 SDRAM（更低的工作电压）。

2）主存的组成

主存储器主要由存储体、控制线路、地址寄存器、数据寄存器和地址译码电路等部分组成，如图 1-5 所示。

- 地址寄存器：用来存放由地址总线提供的将要访问的存储单元的地址码。地址寄存器的位数 N 决定了其可寻址的存储单元的个数 M，即 $M=2^N$。
- 数据寄存器：用来存放要写入存储体的数据或从存储体中读取的数据。
- 存储体：存放程序和数据的存储空间。
- 译码电路：根据存放在地址寄存器中的地址码，在存储体中找到相应的存储单元。
- 控制线路：根据读写命令，控制主存储器的各部分协作完成相应的操作。

对主存的操作分为读操作和写操作。读出时，CPU 把要读取的存储单元的地址送入地址寄存器，经地址译码线路分析后选中主存的对应存储单元，在控制线路的作用下，将被选存储单元的内容读取到数据寄存器中，读操作完成；写入时，CPU 将要写入的存储单元的地址送入地址寄存器，经地址译码线路分析后选中主存的对应存储单元，在控制线路的作用下，将数据寄存器的内容写入指定的存储单元中，写操作完成。

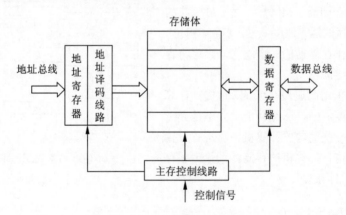

图 1-5 主存储器组成框图

3）主存性能指标

（1）内存容量。内存容量常以字节数表示，目前计算机系统常见的内存容量为 512MB、1GB 和 2GB 等，计算机系统中常见的容量单位为 KB、MB、GB、TB，其关系如下：

1KB=1024B=1024B

1MB=1024KB=1 048 576B

1GB=1024MB=1 073 741 824B

1TB=1024GB=1 099 511 627 777B

更大的容量单位为 PB、EB 等。

1PB=1024TB=1 125 899 906 842 624B

1EB=1024PB=1 152 921 504 606 846 976B

（2）存储时间。存储时间是指存储器从接到读或写的命令起，到读写操作完成为止所需要的时间，分为取数时间和存取周期。取数时间是指存储器从接收读出命令到被读出信息稳定在数据寄存器的输出端为止的时间间隔；存取周期是指两次独立的存或取操作之间所需的最短时间。半导体存储器的存取周期一般为 60～100ns，是指连续两次存储器访问的最小时间间隔。

（3）带宽（Band Width）。宽带是指存储器的数据传送速率，即每秒传送的数据位数，记作 B_m。假设存储器传送的数据宽度为 W 位（即一个存储周期中读取或写入的位数），那么 $B_m = \dfrac{W}{T_m}$（位/秒）。

（4）可靠性。存储器的可靠性用平均故障间隔时间 MTBF 来衡量。MTBF 可以理解为两次故障之间的平均时间间隔。MTBF 越长，表示可靠性越高，即保持正确工作能力越强。

4．高速缓存

1）高速缓存的特点

高速缓存（Cache）用于对存储在主存中、即将使用的数据进行临时复制。Cache 的出现首先是由于 CPU 的速度和性能提高很快而主存速度较低且价格高，其次就是程序执行的局部性特点。即在一段较短的时间内，整个程序的执行仅限于程序中的某一部分。相应地，执行所访问的存储空间也局限于某个内存区域。具体表现为时间局部性和空间局部性。时间局部性是指如果程序中的某条指令一旦执行，则不久之后该指令可能再次被执行；如果某数据被访问，则不久之后该数据可能再次被访问。空间局部性是指一旦程序访问了某个存储单元，则不久之后，其附近的存储单元也将被访问。因此，将速度比较快而容量有限的静态存储器芯片构成 Cache，以尽可能发挥 CPU 的高速度，并且用硬件来实现 Cache 的全部功能。

Cache 的主要特点为：

（1）Cache 位于 CPU 和主存之间，容量较小，一般在几千字节到几兆字节之间。

（2）速度一般比主存快 5～10 倍，由快速半导体存储器制成。

（3）其内容是主存内容的副本（频繁使用的 RAM 位置的内容及这些数据项的存储地址），对程序员来说是透明的。

2）Cache 的组成

Cache 主要由两部分组成：控制部分和存储器部分。控制部分的功能是判断 CPU 要访问的数据是否在 Cache 存储器中，若在即为命中，若不在则没有命中。命中时直接对 Cache 存储器寻址。未命中时，若是读取操作，则从主存中读取数据，并按照确定的替换原则把该数据写入 Cache 存储器中；若是写入操作，则将数据写入主存即可。

5．外存储器

外存储器用来存放暂时不用的程序和数据，外存上的信息以文件的形式存储，相对于内存，外存的容量大、速度慢。CPU 不能直接访问外存中的程序和数据，只有将其以文件为单位调入主存方可访问。外存储器主要由磁表面存储器（如磁盘、磁带）及光盘存储器构成。下面介绍几种常用的外存储器。

1）磁盘存储器

在磁表面存储器中，磁盘的存取速度较快，且具有较大的存储容量，是目前广泛使用的外存储器。

磁盘存储器由盘片、驱动器、控制器和接口组成。盘片用来存储信息。驱动器用于驱动磁头沿盘面作径向运动以寻找目标磁道位置，驱动盘片以额定速率稳定旋转，并且控制数据的写入和读出。控制器接受主机发来的命令，将它转换成磁盘驱动器的控制命令，并实现主机和驱动器之间数据格式的转换及数据传送，以控制驱动器的读/写操作。一个控制器可以控制多台驱动器。接口是主机和磁盘存储器之间的连接部件。

2）硬盘

常见的硬盘有固态硬盘（SSD）、机械硬盘（HDD）和混合硬盘。SSD 采用闪存颗粒来存储，HDD 采用磁性碟片来存储，混合硬盘是把磁性硬盘和闪存集成到一起的一种硬盘。

硬磁盘的主要技术指标如下。

- 存储容量。存储容量是指整个磁盘所能存储的二进制位信息的总量。磁盘的容量有非格式化容量和格式化容量之分。一般情况下，磁盘容量是指格式化容量。

  非格式化容量=位密度×内圈磁道周长×每个记录面上的磁道数×记录面数
  格式化容量=每个扇区的字节数×每道的扇区数×每个记录面的磁道数×记录面数

- 平均访问时间。平均访问时间是指从发出读写命令开始，磁头从某一位置移动到指定位置并开始读写数据所需时间。它包括平均寻道时间和平均等待时间，是两者之和。平均寻道时间是指磁头移动到目标磁道（或柱面）所需要的时间，由驱动器的性能决定，是个常数，由厂家给出。等待时间是指等待读写的扇区旋转到磁头下方所用的时间，一般选用磁道旋转一周所用时间的一半作为平均等待时间。可见，提高磁盘转速可缩短这个时间。

- 数据传输率。包括外部传输率和内部传输率。内部传输率是指磁头找到数据的地址后，单位时间内写入或读出的字节数。

$$数据传输率=每个扇区的字节数×每道扇区数×磁盘的转速$$

3）光盘存储器

是一种采用聚焦激光束在盘式介质上非接触地记录高密度信息的存储装置。

（1）光盘存储器的类型。根据性能和用途，可分为只读型光盘（CD-ROM）、只写一次型（性）光盘（WORM）和可擦除型光盘。只读型光盘上的信息由生产厂家预先用激光在盘片上蚀刻，用户不能改写。只写一次型（性）光盘是指由用户一次写入、可多次读出但不能擦除的光盘。写入方法是利用聚焦激光束的热能，使光盘表面发生永久性变化而实现的。可擦除型光盘是读/写型光盘，它利用激光照射引起介质的可逆性物理变化来记录信息。

（2）光盘存储器的组成及特点。光盘存储器由光学、电学和机械部件等组成。其特点是记录密度高；存储容量大；采用非接触式读/写信息（光头距离光盘通常为 2mm）；信息可长期保存（其寿命达 10 年以上）；采用多通道记录时数据传送率可超过 200Mb/s；制造成本低；对机械结构的精度要求不高；存取时间较长。

（3）光盘存储器与磁盘存储器的比较如下。

① 光盘是非接触式读写信息，比磁盘的头盘间距大 1 万倍左右，所以光盘的耐用性高，使用寿命长。

② 光盘可靠性高，对使用环境要求不高，机械振动上的问题较少，不需要特殊的防震与除尘设备。

③ 光盘的记录密度为磁盘的 10～100 倍，但读取时间比磁盘慢，其读/写速度只有磁盘的几分之一。

④ 光盘易于更换，可做成自动换盘装置。

4）USB 移动硬盘和 USB 闪存盘

USB 移动硬盘的容量大，支持热插拔，即插即用，可像使用本地硬盘一样存取文件。当工作完成后，停止设备，拔下数据线即可。USB 移动硬盘通常由一块 2.5 英寸的笔记本硬盘或普通 3.5 英寸硬盘与相应大小的硬盘盒组成。硬盘盒的作用是将硬盘的数据接口标准（通常是 IDE 接口）转换为 USB 接口标准。USB 移动硬盘的容量等于其内部硬盘的容量，传输速率则与采用的 USB 接口标准相关。

USB 闪存盘又称为 U 盘，是使用闪存（Flash Memory）作为存储介质的一种半导体存储设备，采用 USB 接口标准。闪存盘具备容量更大、速度更快、体积更小、寿命更长等优点，而且容量不断增加、价格不断下降。根据不同的使用要求，U 盘还具有基本型、加密型和启动型等类型，在移动存储领域已经取代了软盘。

6. 云存储

云存储是一种服务，是在云计算概念上延伸和发展出来的，是指通过集群应用、网格技术或分布式文件系统等功能，将网络中大量各种不同类型的存储设备通过应用软件集合起来协同工作，共同对外提供数据存储和业务访问功能的一个系统。当云计算系统运算和处理的核心是大量数据的存储和管理时，云计算系统中就需要配置大量的存储设备，那么云计算系统就转变成为一个云存储系统，所以云存储是一个以数据存储和管理为核心的云计算系统。

使用者使用云存储，并不是使用某一个存储设备，而是使用整个云存储系统带来的一种数据访问服务。

在线资源的即时分享与互动已成为人们日常生活不可或缺的一部分，云存储产品的出现，能够实现手机、平板电脑、台式电脑等智能终端设备的多屏合一、数据共享，极大地方便了人们的工作与生活。越来越多的服务商向个人和企业用户推出了包括存储在内的云计算服务。网盘作为云存储的一种应用模式，众多互联网企业以网盘方式为用户提供着存储服务。

1.3.4 输入/输出技术

输入/输出（Input/Output，I/O）系统是计算机与外界进行数据交换的通道。主机和 I/O 设备间不是简单地用系统总线连接起来就可以，还需要进行控制。随着计算机技术的发展，I/O 设备的种类越来越多，其控制方式各不相同，很难做到由 CPU 来统一控制和管理，各设备的数据格式和传输率差异较大，所以需要一个 I/O 系统负责协调和控制 CPU、存储器和各种外部设备之间的数据通信。

1. 接口的功能及分类

1）接口

广义上讲，接口是指两个相对独立子系统之间的相连部分，也常被称为界面。由于主机与各种 I/O 设备的相对独立性，它们一般是无法直接相连的，必须经过一个转换机构。用于连接主机与 I/O 设备的这个转换机构就是 I/O 接口电路，简称 I/O 接口，如图 1-6 所示。

图 1-6　主机、I/O 接口和 I/O 设备之间的关系

显然，I/O 接口并非仅仅完成设备间物理上的连接，一般来说它还应具有下述主要功能。

（1）地址译码功能。由于一个计算机系统中连接有多台 I/O 设备，相应的接口也有多个，为了能够进行区别和选择，必须给它们分配不同的地址码，这与存储器中对存储单元编址的道理是一样的。

（2）在主机与 I/O 设备间交换数据、控制命令及状态信息等。

（3）支持主机采用程序查询、中断和 DMA 等访问方式。

（4）提供主机和 I/O 设备所需的缓冲、暂存和驱动能力，满足一定的负载要求和时序要求。

（5）进行数据的类型、格式等方面的转换。

2）接口的分类

（1）按数据传送的格式可分为并行接口和串行接口。

并行接口采用并行传送方式，即一次把一个字节（或一个字）的所有位同时输入或输出，同时（并行）传送若干位。并行接口一般指主机与 I/O 设备之间、接口与 I/O 设备之间均以并行方式传送数据。

串行接口采用串行传送方式，数据的所有位按顺序逐位输入或输出。一般情况下，接口与 I/O 设备之间采用串行传送方式，而串行接口与主机之间则采用并行方式。

一般来说，并行接口适用于传输距离较近、速度相对较高的场合，接口电路相对简单；串行接口则适用于传输距离较远、速度相对较低的场合。

（2）按主机访问 I/O 设备的控制方式，可分为程序查询接口、中断接口、DMA 接口，以及更复杂一些的通道控制器、I/O 处理机等。

（3）按时序控制方式可分为同步接口和异步接口。

还可从其他角度进行分类，这里不再详述。

需要说明的是，一个完整的 I/O 接口不仅包括一些硬件电路，也可能包括相关的软件驱动程序模块。这些软件模块有的放在接口的 ROM 中，有的放在主机系统上的 ROM 中，也有的存储在外存中，需要时再装入内存执行。

2．主机与外设间的连接方式

在不同的计算机系统中，主机与 I/O 设备之间的连接模式可能不同，常见的有总线型、星型、通道方式和 I/O 处理机方式等，其中总线方式是互连的基本方式，也是其他连接模式的基础。

总线是一组能为多个部件分时共享的信息传送线，用来连接多个部件并为之提供信息交换通路。所谓共享，是指连接到总线上的所有部件都可通过它传递信息；分时性是指某一时刻只允许一个部件将数据发送到总线上。因此，共享是利用分时实现的。

总线不仅是一组信号线，还包括相关的协议。由于要实现分时共享，所以必须制定相应的规则，称为总线协议。总线协议一般包括信号线定义、数据格式、时序关系、信号电平和控制逻辑等。

3．I/O 接口的编址方式

尽管在微型计算机中存在着许多种内存与接口地址的编址方法，但最常见的还是以下两种方式。

（1）与内存单元统一编址。将 I/O 接口中有关的寄存器或存储部件看作存储器单元，与主存中的存储单元统一编址。这样，内存地址和接口地址统一在一个公共的地址空间里，对 I/O 接口的访问就如同对主存单元的访问一样。

这种编址方法的优点是原则上用于内存的指令全都可以用于接口，这就增强了对接口的操作功能，也无须设置专门的 I/O 操作指令。其缺点是地址空间被分成两部分，其中一部分分配给接口使用，剩余的为内存所用，会导致内存地址不连续。另外，由于对内存操作的指令和对接口操作的指令不加区分，读程序时就需根据参数定义表仔细加以辨认，才能区分指令是对内存操作还是对接口操作。

（2）I/O 接口单独编址。通过设置单独的 I/O 地址空间，为接口中的有关寄存器或存储部件分配地址码，需要设置专门的 I/O 指令进行访问。这种编址方式的优点是不占用主存的地址空间，访问主存的指令和访问接口的指令不同，在程序中很容易使用和辨认。

4．CPU 与外设之间交换数据的方式

1）直接程序控制

直接程序控制方式的主要特点是 CPU 直接通过 I/O 指令对 I/O 接口进行访问操作，主机与外设之间交换信息的每个步骤均在程序中表示出来，整个的输入/输出过程是由 CPU 执行程序来完成的，具体实现时可分为两种方式：立即程序传送方式和程序查询方式。

（1）立即程序传送方式。在这种方式下，I/O 接口总是准备好接收来自主机的数据，或随时准备向主机输入数据，CPU 无须查看接口的状态，就执行输入/输出指令进行数据传送。这种传送方式又称为无条件传送或同步传送。

（2）程序查询方式。在这种方式下，CPU 通过执行程序查询外设的状态，判断外设是否准备好接收数据或准备好了向 CPU 输入的数据。

通常，一个计算机系统中可以存在着多种不同的外设，如果这些外设是用查询方式工作，则 CPU 应对这些外设逐一进行查询，发现哪个外设准备就绪就对该外设服务。

程序查询方式的优点是简单且容易实现，缺点是降低了 CPU 的利用率，CPU 的大量时间消耗在查询外设的状态上；对外部的突发事件无法做出实时响应。

2）中断方式

中断是计算机系统中的一个重要概念。

（1）中断的定义。

中断是这样一个过程：在 CPU 执行程序的过程中，由于某一个外部的或 CPU 内部事件的发生，使 CPU 暂时中止正在执行的程序，转去处理这一事件，当事件处理完毕后又回到原先被中止的程序，接着中止前的状态继续向下执行。这一过程就称为中断。

引起中断的事件就称为中断源。若中断是由 CPU 内部发生的事件引起的，这类中断源就称为内部中断源；若中断是由 CPU 外部的事件引起的，则称为外部中断源。

（2）中断方式下的数据传送。

当 I/O 接口准备好接收数据或准备好向 CPU 传送数据时，就发出中断信号通知 CPU。对中断信号进行确认后，CPU 保存正在执行的程序的现场，转而执行提前设置好的 I/O 中断服务程序，完成一次数据传送的处理。这样，CPU 就不需要主动查询外设的状态，在等待数据期间可以执行其他程序，从而提高了 CPU 的利用率。采用中断方式管理 I/O 设备，CPU 和外设可以并行地工作。

虽然中断方式可以提高 CPU 的利用率，能处理随机事件和实时任务，但一次中断处理过程需要经历保存现场、中断处理和恢复现场等阶段，需要执行若干条指令才能处理一次中断事件。因此，这种方式无法满足高速的批量数据传送要求，所以引入 DMA 方式。

3）直接存储器存取方式

直接存储器存取（Direct Memory Access，DMA）方式的基本思想是通过硬件控制实现主存与 I/O 设备间的直接数据传送，数据的传送过程由 DMA 控制器（DMAC）进行控制，不需要 CPU 的干预。在 DMA 方式下，由 CPU 启动传送过程，即向设备发出"传送一块数据"的命令，在传送过程结束时，DMAC 通过中断方式通知 CPU 进行一些后续处理工作。

DMA 方式简化了 CPU 对数据传送的控制，提高了主机与外设并行工作的程度，实现了快速外设和主存之间成批的数据传送，使系统的效率明显提高。但 DMA 方式也有局限性，由于 DMA 控制器只能控制简单的数据传送操作，因此对外设的管理和某些控制操作仍由 CPU 承担，因此，在外设数量较多、输入/输出频繁的大、中型机中，通常设置通道，使 CPU 摆脱管理和控制外设的沉重负担。

4）通道控制方式

通道是一种专用控制器，它通过执行通道程序进行 I/O 操作的管理，为主机与 I/O 设备提供一种数据传输通道。用通道指令编制的程序存放在存储器中，当需要进行 I/O 操作时，CPU 只要按约定格式准备好命令和数据，然后启动通道即可，通道则执行相应的通道程序，完成所要求的操作。用通道程序也可完成较复杂的 I/O 管理和预处理，从而在很大程度上将 CPU 从繁重的 I/O 管理工作中解脱出来，提高了系统的效率。

随着通道的进一步发展，其结构越来越复杂，功能逐渐变得通用，发展为现在广泛使用的输入/输出处理器（I/O Processor，IOP），这里不再赘述。

1.4　指令系统简介

CPU 所能完成的操作是由其执行的指令决定的，这些指令称为机器指令。CPU 能执行的所有机器指令的集合称为该 CPU 的指令系统。指令系统设计的好坏、功能的强弱，会对整个计算机产生很大的影响，指令系统是计算机中硬件与软件之间的接口。

1. 指令格式

指令是指挥计算机完成各种操作的基本命令。一般来说，一条指令包括两个基本组成部分：操作码和地址码。基本格式如下：

操作码字段 OP	操作数地址码字段 Addr

操作码说明指令的功能及操作性质。地址码用来指出指令的操作对象，它指出操作数或操作数的地址及指令执行结果的地址。

操作码用二进制编码来表示，该字段越长，所能表示的指令就越多。若操作码的长度为 n，则可表示的指令为 2^n 条。根据指令中地址码的数量，指令格式分为以下几种。

（1）三地址指令格式。三地址指令格式为：

OP	A_1	A_2	A_3

其中，OP 为操作码；A_1、A_2、A_3 分别是源操作数 1、源操作数 2 和目的操作数的地址。该类指令实现的操作是：$(A_1)\ OP\ (A_2) \to (A_3)$。

（2）二地址指令格式。二地址指令格式为：

OP	A_1	A_2

二地址指令实现如下操作：$(A_1)\ OP\ (A_2) \to (A_1)$。

（3）一地址指令格式。一地址指令格式为：

OP	A

在一地址指令中，只给出一个操作数的地址。若操作是针对一个操作数的指令，其操作为：$OP\ (A) \to (A)$；若操作是针对两个操作数的一地址指令，通常另一个操作数是隐含的（另一个操作数在累加器 AC 中），其操作为：$(AC)\ OP\ (A) \to (AC)$。

（4）零地址指令格式。零地址指令只有操作码，不含操作数地址。其格式为：

OP

零地址指令在操作上分两种情况：一种是无操作数的控制操作，如空操作指令 NOP、停机指令 HLT 等；另一种是隐含有操作数，在指令中不体现。

2. 寻址方式

寻址方式就是如何对指令中的地址字段进行解释，以获得操作数的方法或获得程序转移地址的方法，操作数的位置可能在指令中、寄存器中、存储器中或 I/O 端口中。常用的寻址方式有立即寻址、直接寻址、寄存器寻址、寄存器间接寻址等。

（1）立即寻址。操作数就包含在指令中。在形成指令的机器代码时，立即数就跟在指令操作码的后面，取出指令时即可得到操作数。例如，8086 指令系统中，指令 ADD AX，3048H 的功能是将寄存器 AX 中的内容和十六进制数值 3048 相加，结果送入 AX 寄存器。指令中的 3048H 是一个操作数，采用立即寻址方式取得该操作数。

（2）直接寻址。操作数存放在内存单元中，指令中直接给出操作数所在存储单元的地址。例如，8086 指令系统中，指令 ADD AX，[2000H]的功能是将寄存器 AX 中的内容和数据段中偏移地址为 2000H 的存储单元中的内容相加，结果送入寄存器 AX。存储单元 2000H 的内容是操作数。

（3）寄存器寻址。操作数存放在某一寄存器中，指令中给出存放操作数的寄存器名。例如指令 ADD AX，3048H，其中第一个操作数放在寄存器 AX 中，取得第一个操作数的寻址方式为寄存器寻址。再如，ARM 指令系统中，MOV R0，#0xFF000 中的 R0 采用寄存器寻址。

（4）寄存器间接寻址。操作数存放在内存单元中，操作数所在存储单元的地址在某个寄存器中。例如，8086 指令系统中，指令 ADD AX，[BX]的功能是从寄存器 BX 中取得第二个操作数在数据段的偏移地址，然后访问内存读取操作数，再与寄存器 AX 中的数据相加，结果存入 AX 寄存器。

（5）间接寻址。操作数存放在内存单元中。这种寻址方式下，指令中给出操作数地址的地址，取出操作数要进行两次访问内存的操作。

（6）基址寻址。操作数存放在内存单元中。指令中操作数地址码给出基址寄存器和一个偏移量（可正可负），操作数的有效地址为基址寄存器的内容加上偏移量。例如，8086 指令系统中，指令 MOV AX,[BX+100H]的源操作数的地址为数据段中偏移量为 BX 的内容加上 100H。再如，指令 MOV [BP-08H],DI 中目的操作数的地址为堆栈段中偏移量为 BP 的内容减去 08H。

（7）变址寻址。操作数存放在内存单元中。操作数的有效地址等于变址寄存器的内容加偏移量。例如，指令 ADD AX，[DI+100H]，其中第二个操作数采用变址寻址方式，DI 是变址寄存器。

3．指令种类

尽管为不同 CPU 所设计的指令系统各不相同，但基本上所有的指令系统都包含以下几种类型的指令。

1）数据传送类指令

这类指令将数据从一个地方传送到另一个地方，主要包括如下指令。

（1）数据传送指令。这类指令中一般有两个操作数地址：源操作数地址和目的操作数地址。传送方式一般包括：

① 将立即数传送到寄存器。

② 将立即数传送到存储单元。

③ 将一个寄存器的内容传送到另一个寄存器。

④ 将寄存器的内容传送到存储单元。

⑤ 将数据从一个存储单元传送到另一个存储单元。

⑥ 将数据由存储单元传送到寄存器。

（2）数据交换指令。主要包括：

① 寄存器与寄存器之间的数据交换。

② 存储器单元与寄存器之间的数据交换。

③ 存储器单元与存储器单元之间的数据交换。

（3）堆栈操作指令。主要包括压入堆栈指令和弹出堆栈指令。

2）输入/输出（I/O）类指令

这类指令用于实现主机与外设间的信息传送，包括数据的输入/输出、主机向外设发出控制命令以及输入外设的状态。通常有 3 种方法来实现输入/输出。

3）算术运算类指令

这类指令支持 CPU 实现加、减、乘、除等算术运算。主要包括加法、减法、乘法、除法、求补、加 1、减 1 和比较等指令。

4）逻辑运算指令

这类指令支持 CPU 实现各种逻辑运算。一般的 CPU 都会设置逻辑运算指令，主要包括与、或、异或、取反等指令。

5）移位操作指令

根据移位的方向，当操作数的各位顺序向左移动一位称为左移，同样，当操作数的各位顺序向右移动一位称为右移。移位指令一般可分为算术移位、逻辑移位和循环移位 3 种类型。

（1）算术移位。算术移位指令对带符号操作数进行移位，其执行过程如图 1-7 所示。

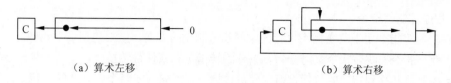

（a）算术左移   （b）算术右移

图 1-7   算术移位操作示意图

左移时从最低位依次向最高位移动，最低位补 0，最高位移入"进位"位 C 中。右移时从最高位向最低位依序移动，最低位移入"进位"位 C，而最高位（即符号位）保持不变。

（2）逻辑移位。逻辑移位指令对无符号操作数进行移位，其执行过程如图 1-8 所示。

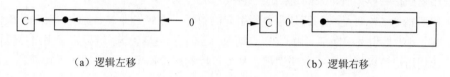

（a）逻辑左移   （b）逻辑右移

图 1-8   逻辑移位操作示意图

逻辑左移指令的执行过程与算术左移相同，低位向高位移动，最低位补 0；而逻辑右移指令与算术右移指令不同，是用 0 填补最高位。

（3）循环移位。循环移位指令分为不带进位的循环移位和带进位的循环移位两种。

不带进位的循环左移指令每做一次移位，总是将操作数的最高位移入进位标志位 C 中，并且还将操作数的最高位移入最低位，从而构成一个环，如图 1-9（a）所示。

不带进位的循环右移指令每做一次移位，总是将操作数的最低位移入进位标志位 C 中，另外还将操作数的最低位移入最高位，从而构成一个环，如图 1-9（b）所示。

（a）不带进位的循环左移   （b）不带进位的循环右移

图 1-9   不带进位的循环移位

带进位的循环移位是将进位标志位 C 包含在内进行循环移位，如图 1-10 所示。

（a）带进位的循环左移   （b）带进位的循环右移

图 1-10   带进位的循环移位

6）程序控制类指令

程序控制类指令用于改变指令执行的顺序和控制流的方向，主要包括以下几种。

（1）跳转指令。跳转指令又可分为无条件跳转指令和条件跳转指令。无条件跳转指令直接使程序的控制流转移到指定的目标，而条件跳转指令则需先判断指令中规定的跳转条件是否满足，当满足规定的条件时，则使程序的控制流转移到指定的目标；否则不跳转。

（2）子程序调用和返回指令。在程序设计时，通常把完成某种独立功能、多次重复使用的代码段定义为一个子程序。编程时，根据需要可调用子程序完成相应的功能。子程序调用指令使控制流从一个程序段跳转到另一个程序段。子程序执行结束后，必须返回到调用它的程序段，因此子程序返回指令根据所记录的返回地址将控制流转回调用它的程序段。

（3）陷阱指令。陷阱是一种意外事件所引起的中断。通常陷阱指令是隐含的，不提供给用户使用。当意外事件引发中断后，由CPU自动执行。但也有些指令系统提供了用户可以使用的陷阱指令，使用户可以用它进行系统调用，从而可以利用操作系统提供的各项功能。

7）串操作类指令

现代计算机经常需要处理大量的字符串信息。因此，一般都会设置字符串操作指令。常见的串操作指令包括串传送指令、串比较指令、串搜索指令、串替换指令、串转换指令和串抽取指令等。

8）处理机控制类指令

这类指令用于对CPU实施控制。例如，对PSW中的标志实现置位或清零、停机指令、开中断指令、关中断指令、空操作指令等。

9）数据转换类指令

有的指令系统中还会设置数据转换指令。例如，将十进制数转换为二进制数、二进制数转换为十进制数、定点数转换为浮点数、浮点数转换为定点数等指令。

1.5　多媒体系统简介

按照国际电话电报咨询委员会（Consultative Committee on International Telephone and Telegraph，CCITT）的定义，媒体可以归类为如下几类。

（1）感觉媒体（Perception Medium）。指直接作用于人的感觉器官，使人产生直接感觉的媒体。如引起听觉反应的声音、引起视觉反应的图像等。

（2）表示媒体（Representation Medium）。指传输感觉媒体的中介媒体，即用于数据交换的编码。如图像编码（JPEG、MPEG）、文本编码（ASCII、GB2312）和声音编码等。

（3）表现媒体（Presentation Medium）。指进行信息输入和输出的媒体。如键盘、鼠标、扫描仪、话筒和摄像机等为输入媒体；显示器、打印机和喇叭等为输出媒体。

（4）交换媒体（Interchange Medium）。指用来在系统之间进行数据交换的媒体，包括存储媒体和传输媒体。存储媒体（Storage Medium）指用于存储表示媒体的物理介质，如硬盘、软盘、磁盘、光盘、ROM 及 RAM 等；传输媒体（Transmission Medium）指传输表示媒体的物理介质，如电缆、光缆和电磁波等。

多媒体技术是指利用计算机技术把文本、图形、图像、声音、动画和电视等多种媒体综合起来，使多种信息建立逻辑连接，并能对它们进行获取、压缩、加工处理、存储，集成为一个具有交互性的系统。

为了加快多媒体信息处理的速度，可以为通用 CPU 增加特殊的多媒体处理指令，例如一些 Intel 处理器的 MMX 扩展指令，也可以设计专用的协处理器比如 GPU 来处理多媒体信息。另一方面，通过系统总线扩展，可以接入各类板卡，集成以 PC 为中心的组合平台。与多媒体信息处理相关的常见板卡有音频卡、视频采集卡、图形图像加速卡等，相关的外部设备有各类光盘驱动器、扫描仪、摄像头、耳麦等。另外，一个完整的多媒体计算机系统还应包括各类多媒体信息处理软件。

1.5.1　数字声音

声音是通过空气传播的一种连续的波，称为声波。声波在时间和幅度上都是连续的模拟信号，声音信号的两个基本参数是幅度和频率。幅度是指声波的振幅，通常用动态范围表示，一般以分贝（dB）为单位来计量。频率是指声波每秒钟变化的次数，用 Hz 表示。

音频信号是指人耳能听得到的频率范围内的信号，即 20Hz～20kHz。人们把频率小于 20Hz 的信号称为次声波信号，频率高于 20kHz 的信号称为超声波信号。通常数字话音信号的频率范围定义在 300～3400Hz，CD 数字声音频率范围定义在 20Hz～20kHz。根据声音所包含的频率成分的构成特征可以将其分成乐音和噪音两种信号。如果一个物体振动所发出的声音具有清晰可辨的音高，这个显著的频率称为基音频率，其他频率成分称为泛音，如果所有的泛音频率都是基音频率的整数倍，称这个复合音为乐音，如钢琴、小提琴等发出的都是乐音；如果包含非整数倍基音频率的泛音，这个音就不具备清晰可辨的音高，这种声音称为噪音。

不同的乐器能够发出相同音高的乐音，但其音色均不相同。乐器的音色是由其基音与泛音的比例、泛音的分布、泛音随时间的衰减变化决定的，因此不同发音源（乐器）的音色一般都不相同。

1. 声音信号的数字化

声音信号是一种模拟信号，在计算机中必须将它转换成为数字声音信号，即用二进制数字的编码形式来表示声音。声音信号数字化的过程可分成如下 3 个步骤。

（1）采样。采样是把时间连续的模拟信号在时间轴上离散化的过程。在某些特定的时刻获取声音信号幅值叫作采样。一般都是每隔相等的一小段时间采样一次，其时间间隔称为采样周期，其倒数称为采作频率。采样定理是选择采样频率的理论依据，即为了能够重构出所有原始信号中的频率分量，采样频率需要大于声音信号最高频率的两倍。

（2）量化。量化处理是把在幅度上连续取值（模拟量）的每一个样本转换为离散值（数字量）表示，即对样本的幅度值进行 A/D 转换（模数转换）。量化后的样本是用二进制数来表示的，二进制数位数的多少反映了度量声音波形幅度的精度，称为量化精度，也称为量化分辨率。例如，每个声音样本若用 16 位（2 字节）表示，则声音样本的取值范围是 0～65535，精度是 1/65536；若只用 8 位（1 字节）表示，则样本的取值范围是 0～255，精度是 1/256。量化精度越高，声音的重构质量越好，需要的存储空间也越多。

（3）编码。经过采样和量化处理后的每个声音采样信号已经是数字形式了，为了便于计算机的存储、处理和传输，还必须按照一定的格式要求进行数据编码，再按照某种规定的格式将数据组织成为文件。还可以选择某一种或者几种方法对它进行数据压缩编码，以减少数据量。

经过数字化处理之后的数字声音的主要参数如表 1-12 所示。

表 1-12   数字化处理之后的数字声音的主要参数

参数	说　明
采样频率	表示每秒内采样的次数。采样的 3 个标准频率分别为 44.1kHz、22.05 kHz 和 11.05 kHz
量化位数	反映度量声音波形幅度的精度。声音信号的量化精度一般为 8 位、12 位或 16 位
声道数目	单声道一次产生一组声音波形数据，双声道则一次同时产生两组声音波形数据
数据率	表示每秒钟的数据量，一般以 bps 作为基本为单位
压缩比	单位时间内的未压缩音频数据量与压缩后的数据量之比

2．声音的表示

计算机中的数字声音有两种表示方法：波形声音信息和非波形描述的声音信息。波形声音信息通过对实际声音的波形信号进行数字化（采样和量化）而获得，它能真实地表示现实世界中任何客观存在的声音。例如，44.1 kHz×16 位的 CD 质量的声音，8 kHz×8 位的数字话音等。波形声音信息的数据量一般都比较大。非波形描述的声音信息使用符号（参数）、脚本及模型等对声音进行描述，然后通过计算机合成的方法重构出所需要的声音信号。例如，MIDI 格式的数字音乐（用符号和脚本描述的乐器演奏过程）、合成语音（用语音生产模型按照参数描述生产真实感的语音）等。虽然符号化的声音表示方法所产生的声音没有自然声那么真实、逼真，但数据量要比波形声音小得多，而且能产生自然界中不存在的声音，其编辑处理方法也与波形声音完全不同。

多媒体系统中对数字声音的处理是与应用密切相关的，涉及多方面的声音信息处理技术，大致包括声音的获取、重建与播放；数字声音的编辑处理；数字声音的存储与检索；数字声音的传输；数字语音与文本的相互转换等。

波形声音信息是对声音波形的直接采样数据，未经压缩的数字音频数据传输率可按下式计算：

$$数据传输率（bps）= 采样频率（Hz）× 量化位数（bit）× 声道数$$

波形声音经过数字化后所需占用的存储空间可用如下公式计算：

$$声音信号数据量（Byte）= 数据传输率（bps）× 持续时间（s）/ 8$$

波形声音的数据量非常大，因此在编码的时候常常要采用压缩的方式来压缩数字数据以减少存储空间和提高传输效率（降低传输带宽）。

【例 1-20】 对话音信号数字化采样，采样频率为 8kHz，量化精度为 8 位，单声道输出，计算每秒钟及每小时的数据量。

解：根据上述公式，每秒钟的数据量为

$$采样频率×量化位数×声道数×时间 = 8kHz×8b×1×1s = 64000b = 7.8125kB$$

这里需要注意，数据传输率中的 1k 表示 1000，而计算机存储容量表示中的 1k 表示 1024。

每小时为 3600 秒，故每小时的数据量为：$3600×7.8125kB = 28125kB ≈ 27.466MB$

【例 1-21】 CD 唱片上所存储的立体声高保真数字音乐的采样频率为 44.1kHz，量化精度为 16 位，双声道，计算其 1 小时的数据量。

解：$44.1kHz×16b×2×3600 秒 = 5080320000b = 635040000B ≈ 605.6MB$

3．声音合成

计算机和多媒体系统中的声音，除了数字波形声音之外，还有一类是使用符号参数来表示的，如果要将声音播放出来，则需要由计算机来合成出对应的声音信号，包括语音合成和音乐合成。

4．MIDI

MIDI（Musical Instrument Digital Interface）是指乐器数字接口国际标准。MIDI 标准规定了电子乐器与计算机之间、电子乐器之间硬件互联及数据通信协议的完整规范。由于 MIDI 标准定义了计算机音乐程序、合成器及其他电子设备交换信息和电子信号的方式，所以可以解决不同电子乐器之间不兼容的问题。符合 MIDI 规范的设备称为 MIDI 设备，通过 MIDI 接口，不同 MIDI 设备之间可进行信息交换。带有 MIDI 接口以及专用的 MIDI 电缆计算机、合成器和其他 MIDI 设备连接在一起，即可构成计算机音乐系统。数据由 MIDI 设备的键盘产生，可通过声音合成器还原为声音。通过计算机可以控制乐器的输出，并能接收、存储和处理经过编码的音乐数据。

MIDI 文件是计算机中用于存储和交换 MIDI 消息的一种数据文件，包含了乐曲演奏过程的完整信息。标准 MIDI 文件格式采用的文件扩展名为.mid，它是音序软件的文件交换标准，也是商业电子音乐作品发行的标准。

MIDI 音乐信息与高保真的波形声音信息相比，虽然其音质决定于最终使用的音乐合成器或使用的音源硬件的波表音色，但它的数据量比波形数据少得多，又易于编辑修改，还可以与波形声音同时播放。

5.　声音文件格式

数字声音在计算机中存储和处理时，其数据必须以文件的形式进行组织，所选用的文件格式必须得到操作系统和应用软件的支持。常见的声音文件格式如下。

（1）Wave 文件（.wav）。Windows 系统中使用的标准音频文件格式，它来源于对声音波形的采样，即波形文件。利用该格式记录的声音文件能够和原声基本一致，质量非常高，但文件数据量大。

（2）Sound 文件（.snd）。NeXT Computer 公司推出的数字声音文件格式，支持压缩。

（3）Audio 文件（.au）。Sun Microsystems 公司推出的广泛应用于 UNIX 系统中的数字声音文件格式。

（4）AIFF 文件（.aif）。Apple 公司 Mac OS 中的标准音频文件格式。

（5）Voice 文件（.voc）。Creative 公司波形音频文件格式，也是声霸卡（Sound Blaster）使用的音频文件格式。每个 VOC 文件由文件头块（Header Block）和音频数据块（Data Block）组成。文件头包含一个标识版本号和一个指向数据块起始的指针。数据块分成各种类型的子块。

（6）MPEG-1 Audio Layer 3 文件（.mp3）。现在最流行的声音文件格式，压缩率大，能够使用极低码率提供接近 CD 音质的声音重放效果。

（7）RealAudio 文件（.ra）。这种格式具有强大的压缩量和极小的失真，它也是为了解决网络传输带宽不足而设计的，因此主要目标是压缩比和容错性，其次才是音质。

（8）MIDI 文件（.mid/.rmi）。它是目前较成熟的非波形采样点音乐格式，MIDI 文件包含的是音乐演奏指令，文件长度非常小。.RMI 可以包括图片标记和文本。

1.5.2　图形与图像

在计算机中，"图"有两种常用的表示形式：一种是被称为"图形"（Graphic）的矢量图，是由叫作矢量的数学对象所定义的直线和曲线等组成的；另一种被称为"图像"（Image），也叫作栅格图像，点阵图像或位图图像，是用像素来代表图像，每个像素都被分配一个特定位置和颜色值。

（1）图形

由矢量表示的图形是用一系列计算机指令来描述和记录的一幅图的内容，即通过指令描述构成一幅图的所有直线、曲线、圆、圆弧、矩形等图元的位置、维数和形状，也可以用更为复杂的形式表示图像中的曲面、光照、材质等效果。矢量图法实质上是用数学的方式（算法和特征）来描述一幅图，在处理图形时根据图元对应的数学表达式进行编辑和处理。在屏幕上显示一幅图形时，首先要解释这些指令，然后将描述图形的指令转换成屏幕上显示的形状和颜色。编辑矢量图的软件通常称为绘图软件，如适于绘制机械图、电路图的 AutoCAD 软件等。矢量图形主要用于表示线框型的图画、工程制图和美术字等。多数 CAD 和 3D 造型软件使用矢量图形作为基本的图形存储格式。

（2）图像

图像是指用像素点来描述的图。图像一般是用摄像机或扫描仪等输入设备捕捉实际场景画面，离散化为空间、亮度、颜色（灰度）的序列值，即把一幅彩色图或灰度图分成许许多多的像素（点），每个像素用若干二进制位来指定该像素的颜色、亮度和属性。位图图像在计算机内存中由一组二进制位组成，这些位定义图像中每个像素点的颜色和亮度。屏幕上一个点也称为一个像素，显示一幅图像时，屏幕上的像素与图像中的点相对应。根据组成图像的像素密度和表示颜色、亮度级别的数目，又可将图像分为二值（黑白）图像、灰度图像和彩色图像等类别。彩色图像还可以分为真彩色图像、伪彩色图像和直接色图像等。图像适合于表现比较细腻，层次较多，色彩较丰富，包含大量细节的图，并可直接、快速地在屏幕上显示出来。通常图像占用的存储空间较大，一般需要进行数据压缩。

描述一幅图像需要使用图像的属性。图像的属性包含分辨率、像素深度、真/伪彩色、图像的表示法和种类等。

1．颜色的基本概念

颜色是创建图像的基础，在计算机上使用颜色需要一套特定的记录和处理颜色的技术。

颜色是通过光被人们感知的，不同的物体受光线照射后，一部分光线被吸收，其余的被反射，被人的眼睛所接收并被大脑感知，成为人们所见的物体的彩色表达。为了能确切地表示某一颜色光的度量，可以用色调、饱和度和亮度 3 个物理量来描述，并称为颜色三要素。

（1）色调。色调是指颜色的类别，如红色、绿色和蓝色等不同颜色，大致对应光谱分布中的主波长。某一物体的色调取决于它本身辐射的光谱成分或在光的照射下所反射的光谱成分对人眼刺激的视觉反应。

（2）饱和度。饱和度是指某一颜色的深浅程度（或浓度）。对于同一种色调的颜色，其饱和度越高，则颜色越浓；饱和度越低，则颜色越淡。高饱和度的彩色光可因掺入白光而降低纯度或变浅，变为低饱和度的彩色光。因此，饱和度可以用某色调的纯色掺入白色光的比例来表达。例如，一束高饱和度的蓝色光投射到屏幕上会被看成深蓝色光，若再将一束白色光也投射到屏幕上并与深蓝色重叠，则深蓝色变成淡蓝色，而且投射的白色光越强，颜色越淡，即饱和度越低。

（3）亮度。亮度是描述光作用于人眼时引起的明暗程度感觉。一般来说，对于发光物体，彩色光辐射的功率大则亮度高，反之则暗。对于不发光的物体，其亮度取决于吸收或者反射光功率的大小。

从理论上讲，任何一种颜色都可以用 3 种基本颜色按不同比例混合得到。自然界常见的各种颜色光，都可由红（Red）、绿（Green）、蓝（Blue）3 种颜色光按不同比例混合来等效表示。同样，绝大多数颜色光也可以分解成红、绿、蓝三种颜色光，这就是色度学中最基本的三基色原理。当然，三基色的选择不是唯一的，可以选择其他三种颜色为三基色。但是，3 种颜色必须是相互独立的，即任何一种颜色都不能由其他两种颜色合成。由于人眼对红、绿、蓝 3 种颜色光最敏感，由这 3 种颜色相配所得的彩色范围也最广，所以一般都选这 3 种颜色作为基色。把 3 种基色光按不同比例相加称为相加混色，由红、绿、蓝三基色进行相加混色的情况如下。

红色+绿色=黄色

红色+蓝色=品红

绿色+蓝色=青色

红色+绿色+蓝色=白色

红色+青色=绿色+品红=蓝色+黄色=白色

凡是两种色光混合而成白光，则这两种色光互为补色。

颜色模型是用来精确标定和生成各种颜色的一套规则和定义。某种颜色模型所能标定的所有颜色就构成了一个颜色空间。颜色空间通常用三维模型表示，空间中的颜色通常使用代表 3 个参数的三维坐标来指定。颜色模型和空间用来表示、存储、显示及打印彩色图像，不同的彩色模型对应不同的应用场合，各有其特点。

（1）RGB 颜色模型。RGB 颜色模型也叫加色模型，彩色显示设备一般都使用 RGB 颜色模型，如彩色荧光屏是通过发射出 3 种不同强度的电子束，使屏幕内侧覆盖的红、绿、蓝荧光粉受激发光而产生出各种不同的颜色。

（2）CMY 颜色模型。RGB 颜色空间中，不同颜色的光是通过相加混合实现的，而彩色印刷的纸张是不能主动发光的，它使用能够吸收特定波长范围的光而反射其他光波的油墨或颜料来实现不同颜色的表现。故使用油墨或颜料进行混合得到不同颜色的模型被称为减色模型，以打印在纸张上油墨的光线吸收特性为基础，白光照射到半透明油墨上时，部分光谱被吸收，部分被反射回眼睛。CMY 模型使用了青色（Cyan）、品红色（Magenta）和黄色（Yellow）颜料，可以用这 3 种颜色的油墨或颜料按不同比例混合来表现不同的颜色。理论上，青色（Cyan）、洋红（Magenta）和黄色（Yellow）色素能合成吸收所有颜色并产生黑色，但实际应用中颜料因含杂质，无法吸收掉所有光谱，故一般会使用专门的黑色颜料来弥补这一不足，也会称其为 CMYK 颜色模型。

（3）YUV 彩色模型。在处理彩色视频信号时，为了兼容黑白电视信号，且可以利用人的视觉特性以降低信号带宽，通常把 RGB 空间表示的彩色图像变换到亮度和色度分离的颜色空间。YUV 颜色模型定义在 PAL 制式的彩色电视系统中，使用亮度信号 Y、色差信号 U（R-Y）和 V（B-Y）编码彩色信号。

2．分辨率和像素深度

（1）显示分辨率和图像分辨率

显示分辨率是指显示屏上能够显示出的像素数目。例如，显示分辨率为 1024×768 表示显示屏分成 768 行（垂直分辨率），每行（水平分辨率）显示 1024 个像素，整个显示屏就含有 796432 个显像点。屏幕能够显示的像素越多，说明显示设备的分辨率越高，显示的图像质量越高。

图像分辨率是指组成一幅图像的像素密度，也是用水平和垂直的像素表示，即用每英寸多少点（dpi）表示数字化图像的大小。例如，用 200dpi 来扫描一幅 2×2.5 英寸的彩色照片，那么得到一幅 400×500 个像素点的图像。它实质上是图像数字化的采样间隔，由它确立组成一幅图像的像素数目。对同样大小的一幅图，如果组成该图的图像像素数目越多，则说明图像的分辨率越高，图像看起来就越逼真；相反，则图像显得越粗糙。因此，不同的分辨率会得到不同的图像清晰度。

（2）像素深度

图像深度是指存储每个像素所用的二进制位数，它也是用来度量图像的色彩分辨率的。像素深度确定彩色图像的每个像素可能有的颜色数，或者确定灰度图像的每个像素可能有的灰度级数。它决定了彩色图像中可出现的最多颜色数，或灰度图像中的最大灰度等级。如一幅图像的图像深度为 b 位，则该图像的最多颜色数或灰度级为 2^b 种。显然，表示一个像素颜色的位数越多，它能表达的颜色数或灰度级就越多。例如，只有 1 个分量的单色图像，若每个像素有 8 位，则最大灰度数目为 $2^8=256$；一幅彩色图像的每个像素用 R、G、B 三个分量表示，若 3 个分量的像素位数分别为 4、4、2，则最大颜色数目为 $2^{4+4+2}=2^{10}=1024$，就是说像素的深度为 10 位，每个像素可以是 2^{10} 种颜色中的一种。表示一个像素的位数越多，它能表达的颜色数目就越多，它的深度就越深。

3．真彩色和伪彩色

真彩色（True Color）是指组成一幅彩色图像的每个像素值中，有 R、G、B 三个基色分量，每个基色分量直接决定显示设备的基色强度，这样产生的彩色称为真彩色。例如，R、G、B 分量都用 8 位来表示，可生成的颜色数就是 2^{24} 种，每个像素的颜色就是由其中的数值直接决定的。这样得到的色彩可以反映原图像的真实色彩，称为真彩色。

为了减少彩色图像的存储空间，在生成图像时，对图像中不同色彩进行采样，产生包含各种颜色的颜色表，即彩色查找表。图像中每个像素的颜色不是由 3 个基色分量的数值直接表达，而是把像素值作为地址索引在彩色查找表中查找这个像素实际的 R、G、B 分量，将图像的这种颜色表达方式称为伪彩色。需要说明的是，对于这种伪彩色图像的数据，除了保存代表像素颜色的索引数据外，还要保存一个色彩查找表（调色板）。色彩查找表可以是一个预先定义的表，也可以是对图像进行优化后产生的色彩表。常用的 256 色的彩色图像使用了 8 位的索引，即每个像素占用一个字节。

4．图像的获取

在多媒体应用中的基本图像可通过不同的方式获得，一般来说，可以直接利用数字图像库的图像；可以利用绘图软件创建图像；可以利用数字转换设备采集图像。

数字转换设备可以把采集到的图像转换成计算机能够记录和处理的数字图像数据。例如，对印刷品、照片或照相底片等进行扫描，用数字相机或数字摄像机对选定的景物进行拍摄等。从现实世界中获取数字图像所使用的设备通常称为图像获取设备。一幅彩色图像可以看作二维连续函数 $f(x, y)$，其彩色 f 是坐标 (x, y) 的函数。从二维连续函数到离散的矩阵表示，同样包含采样、量化和编码的数字化过程。数字转换设备获取图像的过程实质上是信号扫描和数字化的过程，它的处理步骤大体分为如下三步。

（1）采样。在 x、y 坐标上对图像进行采样（也称为扫描），类似于声音信号在时间轴上的采样要确定采样频率一样。在图像信号坐标轴上的采样也要确定一个采样间隔，这个间隔即为图像分辨率。有了采样间隔，就可以逐行对原始图像进行扫描。首先设 y 坐标不变，对 x 轴按采样间隔得到一行离散的像素点 x_n 及相应的像素值。使 y 坐标也按采样间隔由小到大变化，就可以得到一个离散的像素矩阵$[x_n, y_n]$，每个像素点有一个对应的色彩值。简单地说，将一幅画面划分为 $M \times N$ 个网格，每个网格称为一个取样点，用其亮度值来表示。这样，一幅连续的图像就转换为以取样点值组成的一个阵列（矩阵）。

（2）量化。将扫描得到的离散的像素点对应的连续色彩值进行 A/D 转换（量化），量化的等级参数即为图像深度。这样，像素矩阵中的每个点 (x_n, y_n) 都有对应的离散像素值 f_n。

（3）编码。把离散的像素矩阵按一定方式编成二进制码组。最后，把得到的图像数据按某种图像格式记录在图像文件中。

5．图形图像的转换

图形和图像之间在一定的条件下可以转换，如采用栅格化（点阵化）技术可以将图形转换成图像；采用图形跟踪技术可以将图像转换成图形。一般可以通过硬件（输入/输出设备）或软件实现图形和图像之间的转换。

将一张工程图纸用扫描仪输入 Photoshop，它就变成图像信息（点位图）；当用数字化仪将它输入 AutoCAD 后，它就变成图形信息（矢量图）。也就是说，同一个对象既可被作为图形处理，也可以作为图像处理。将一个对象用扫描仪扫进计算机变成图像信息，再用一定的软件（如 Corel-Trace、Photoshop 的轮廓跟踪）人工或自动地勾勒出它的轮廓，这个过程称为矢量化。将图像转换为图形的过程必然会丢失许多细节，所以通常适用于工程绘图领域。

图形和图像都是以文件的形式存放在计算机存储器中，也可以通过应用软件实现文件格式之间的转换，达到图形和图像之间的转换。转换并不表示可以任意互换，实际上许多转换是不可逆的，转换的次数越多，丢失的信息就越多。

描述一幅图像需要使用图像的属性。图像的属性包含分辨率、像素深度、真/伪彩色、图像的表示法和种类等。

6．图像的压缩编码及标准

扫描生成一幅图像时，实际上就是按一定的图像分辨率和一定的图像深度对模拟图片或照片进行采样，从而生成一幅数字化的图像。图像的分辨率越高，图像深度越深，则数字化后的图像效果越逼真，图像数据量越大。如果按照像素点及其深度映射的图像数据大小采样，可用下面的公式估算数据量：

$$图像数据量=图像的总像素×图像深度/8（B）$$

其中，图像的总像素=图像的水平方向像素×垂直方向像素数。

例如，一幅 640×480 的 256 色图像，其文件大小为 640×480×8/8 = 300KB。

可见，数字图像的数据量较大，需要可观的存储空间。更重要的是，在现代通信中，特别是因特网上的各种应用中，图像传输速度是一项很重要的指标。采用压缩编码技术，减少图像的数据量，是提高网络传输速度的重要手段。

数据压缩可分成两类：无损压缩和有损压缩。

（1）无损压缩

无损压缩方法是指压缩前和解压缩后的数据完全一致。常见的无损压缩技术包括熵编码技术（如香农-范诺编码，霍夫曼编码，算术编码）、行程编码技术、无损预测编码技术（如无损 DPCM）及词典编码技术（如 LZ97、LZSS、LZW）等。

无损压缩算法可以直接应用于静态图像数据压缩，重构的图像无任何失真，但压缩效果不理想，压缩率较低。

（2）有损压缩

有损压缩意味着解压缩后的数据与压缩前的数据并非完全相同，在压缩的过程中有不可恢复的信息丢失，但对于多媒体信息的压缩编码允许一定的信息失真，比如人眼和人耳所不敏感的图像或声音信息，允许在可接受的感知失真度之下损失部分信息以获取极高的压缩率。有损压缩技术广泛应用于多媒体信息的压缩编码中。

有损压缩和无损压缩技术并不互斥，通常会联合使用以获得更好的压缩效果。

同一景物表面上各采样点的颜色之间往往存在着连贯性，但是基于离散像素采样来表示景物颜色的方式通常没有利用景物表面颜色的空间连贯性，从而产生了空间冗余。由于数字图像中的数据相关性很强，或者说数据的冗余度很大，因此对数字图像进行大幅度的数据压缩是完全可能的。而且，人眼的视觉有一定的局限性，即使压缩前后的图像有一定失真，只要限制在人眼允许的误差范围之内，也是允许的。

计算机中使用的静态图像压缩编码方法有多种国际标准和工业标准，目前使用最广泛的压缩编码标准就是 JPEG 标准。

JPEG（Joint Photographic Experts Group）是由 ISO 和 IEC 两个组织机构联合组成的一个专家组，负责制定静态和数字图像数据压缩编码标准，这个专家组开发的算法称为 JPEG 算法，并且成为国际上通用的标准，因此又称为 JPEG 标准。JPEG 是一个适用范围很广的静态图像数据压缩标准，适用于连续色调的静态图像编码，既可用于灰度图像又可用于真彩色图像。

7. 图像文件格式

数字图像在计算机中存储时，其文件格式繁多，下面简单介绍几种常用的文件格式。

（1）BMP 文件（.bmp）。BMP（Bitmap-File）图像文件是 Windows 操作系统采用的位图图像文件格式，在 Windows 环境下运行的所有图像处理软件几乎都支持 BMP 图像文件格式。它是一种与设备无关的位图格式，目的是让 Windows 能够在任何类型的显示设备上输出所存储的图像。BMP 采用位映射存储格式，除了图像深度可选以外，一般不采用其他任何压缩，所以占用的存储空间较大。BMP 文件的图像深度可选 1 位、4 位、8 位及 24 位，有黑白、16 色、256 色和真彩色之分。

（2）GIF 文件（.gif）。GIF 是 CompuServe 公司开发的图像文件格式，它以数据块为单位来存储图像的相关信息。GIF 文件格式采用了 LZW（Lempel-Ziv Walch）无损压缩算法按扫描行压缩图像数据。它可以在一个文件中存放多幅彩色图像，每一幅图像都由一个图像描述符、可选的局部彩色表和图像数据组成。如果把存储于一个文件中的多幅图像逐幅读出来显示到屏幕上，可以像播放幻灯片那样显示或者构成简单的动画效果。GIF 的图像深度从 1 位到 8 位，即最多支持 256 种色彩的图像。

GIF 文件格式定义了两种数据存储方式：一种是按行连续存储，存储顺序与显示器的显示顺序相同；另一种是按交叉方式存储。由于显示图像需要较长的时间，使用这种方法存放图像数据，用户可以在图像数据全部收到之前浏览这幅图像的全貌，而不会觉得等待时间太长。目前，GIF 文件格式在 HTML 文档中得到广泛使用。

（3）TIFF 文件（.tif）。TIFF 文件是由 Aldus 和 Microsoft 公司为扫描仪和桌面出版系统研制开发的一种较为通用的图像文件格式。TIFF 是电子出版 CD-ROM 中一个重要的图像文件格式。TIFF 格式非常灵活易变，它又定义了 4 类不同的格式：TIFF-B 适用于二值图像；TIFF-G 适用于黑白灰度图像；TIFF-P 适用于带调色板的彩色图像；TIFF-R 适用于 RGB 真彩图像。无论在视觉上还是其他方面，都能把任何图像编码成二进制形式而不丢失任何属性。

（4）PCX 文件（.pcx）。PCX 文件是 PC Paintbrush（PC 画笔）的图像文件格式。PCX 的图像深度可选为 1 位、4 位、8 位，对应单色、16 色及 256 色，不支持真彩色。PCX 文件采用 RLE 行程编码，文件体中存放的是压缩后的图像数据。因此，将采集到的图像数据写成 PCX 格式文件时，要对其进行 RLE 编码；而读取一个 PCX 文件时首先要对其进行解码，才能进一步显示和处理。

（5）PNG 文件格式。PNG 文件是作为 GIF 的替代品而开发的，它能够避免使用 GIF 文件所遇到的常见问题。它从 GIF 那里继承了许多特征，增加了一些 GIF 文件所没有的特性。用来存储灰度图像时，灰度图像的深度可达 16 位；存储彩色图像时，彩色图像的深度可达 48 位。PNG 文件格式支持无损数据压缩。

（6）JPEG 文件（.jpg）。JPEG 文件采用一种 JPEG 压缩算法，其压缩比约为 1∶5～1∶50，甚至更高。对一幅图像按 JPEG 格式进行压缩时，可以根据压缩比与压缩效果要求选择压缩质量因子。JPG 格式文件的压缩比例很高，非常适用于要处理大量图像的场合。它是一种有损压缩的静态图像文件存储格式，压缩比例可以选择，支持灰度图像、RGB 真彩色图像和 CMYK 真彩色图像。

（7）WMF 文件（.wmf）。WMF 文件只使用在 Windows 中，它保存的不是点阵信息，而是函数调用信息。它将图像保存为一系列 GDI（图形设备接口）的函数调用，在恢复时，应用程序执行源文件（即执行一个个函数调用）在输出设备上画出图像。WMF 文件具有设备无关性，文件结构好，但是解码复杂，其效率比较低。

1.5.3　动画和视频

动画是将静态的图像、图形及图画等按一定时间顺序显示而形成连续的动态画面。从传统意义上说，动画是通过在连续多格的胶片上拍摄一系列画面，并将胶片以一定的速度放映，从而产生动态视觉的技术和艺术。电影放映的标准是每秒放映 24 帧（画面）。计算机动画是采用连续播放静止图像的方法产生景物运动的效果，即使用计算机产生图形、图像运动的技术。画的内容不仅实体在运动，而且色调、纹理、光影效果也可以不断改变。计算机生成的动画不仅可记录在胶片上，而且还可以记录在磁带、磁盘和光盘上，放映时不仅可以使用计算机显示器显示，而且可以使用电视机屏幕显示以及使用投影仪投影到银幕的方法显示。

动画的本质是运动。根据运动的控制方式可将计算机动画分为实时动画和矢量动画两种。根据视觉空间的不同，计算机动画可分为二维动画和三维动画。

1．实时动画和矢量动画

实时动画采用各种算法来实现运动物体的运动控制。采用的算法有运动学算法、动力学算法、反向运动学算法、反向动力学算法和随机运动算法等。在实时动画中，计算机对输入的数据进行快速处理，并在人眼察觉不到的时间内将结果随时显示出来。实时动画的响应时间与许多因素有关，如动画图像大小、动画图像复杂程度、运算速度快慢（计算机）以及图形的计算是采用软件还是硬件等。

矢量动画是由矢量图衍生出的动画形式。矢量图是利用数学函数来记录和表示图形线条、颜色、尺寸、坐标等属性，矢量动画通过各种算法实现各种动画效果，如位移、变形和变色等。也就是说，矢量动画是通过计算机的处理，使矢量图产生运动效果形成的动画。使用矢量动画，可以使一个物体在屏幕上运动，并改变其形状、大小、颜色、透明度、旋转角度以及其他一些属性参数。矢量动画采用实时绘制的方式显示一幅矢量图，当图形放大或缩小时，都保持光滑的线条，不会影响质量，也不会改变文件的容量。

2．二维动画和三维动画

二维动画是对传统动画的一个改进，它不仅具有模拟传统动画的制作功能，而且可以发挥计算机所特有的功能，如生成的图像可以复制、粘贴、翻转、放大缩小、任意移位以及自动计算等。图形、图像技术都是计算机动画处理的基础。图像是指用像素点组成的画面，而图形是指几何形体组成的画面。在二维动画处理中，图像技术有利于绘制实际景物，可用于绘制关键帧、画面叠加、数据生成；图形技术有利于处理线条组成的画面，可用于自动或半自动的中间画面生成。

三维画面中的景物有正面，也有侧面和反面，调整三维空间的视点，能看到不同的内容。二维画面则不然，无论怎么看，画面的内容是不变的。三维与二维动画的区别主要在于采用不同的方法获得动画中的景物运动效果。三维动画的制作过程不同于传统动画制作。根据剧情的要求，首先要建立角色、实物和景物的三维数据模型，再对模型进行光照着色（真实感设计），然后使模型动起来，即模型可以在计算机控制下在三维空间中运动，或近或远，或旋转或移动，或变形或变色等，最后对运动的模型重新生成图像再刷新屏幕，形成运动图像。

建立三维动画物体模型称为造型，也就是在计算机内生成一个具有一定形体的几何模型。在计算机中大致有 3 种形式来记录一个物体的模型。

（1）线框模型。用线条来描述一个形体，一般包括顶点和棱边。例如，用 8 条线来描述一个立方体。

（2）表面模型。用面的组合来描述形体，如用 6 个面来描述一个立方体。

（3）实体模型。任何一个物体都可以分解成若干个基本形体的组合，如一个立方体可以分解为各种形体的组合。这种用基本形体组合物体的模型就是实体模型。

三维动画的处理需要综合使用上述 3 种模型。一般情况下，先用线框模型进行概念设计，再将线框模型处理成表面模型以方便显示，使用实体模型进行动画处理。同一形体的 3 种模型可以相互转换。

物体模型只有通过光和色的渲染，才能产生自然界中常见的真实物体效果，这在动画中称为着色（真实感设计）。对物体着色是产生真实感图形图像的重要过程，它涉及物体的材质、纹理以及照射的光源等方面。

三维动画处理的基本目的是控制形体模型的运动，获得运动显示效果。其处理过程中涉及建立线框模型、表面模型和实体模型。此外，一个好的三维动画应用系统能够将形体置于指定的灯光环境中，使形体的色彩在灯光下生成光线反映和阴影效果。运动物体不仅表现为几何位置改变，还带有光、色、受力、碰撞以及物体本身的变形等。动画控制也称为运动模拟。首先，计算机要确定每个物体的位置和相互关系，建立其运动轨迹和速度，选择运动形式（平移、旋转和扭曲等）。然后，需确定物体形体的变态方式和变异速度。如果光源确定好了以后，调整拍摄的位置、方向、运动轨迹及速度，就可以显示观看画面效果。

三维动画最终要生成一幅幅二维画面，并按一定格式记录下来，这个过程称为动画生成。动画生成后，可以在屏幕上播放，也可以录制在光盘或录像带上。

3. 模拟视频

模拟视频是指由连续的模拟信号组成的视频图像，电视系统传播的信号是模拟信号，电视信号记录的是连续的图像或视像以及伴音（声音）信号。电视信号通过光栅扫描的方法显示在荧光屏（屏幕）上，扫描从荧光屏的顶部开始，一行一行地向下扫描，直至荧光屏的最底部，然后返回到顶部，重新开始扫描。这个过程产生的一个有序的图像信号的集合，组成了电视图像中的一幅图像，称为一帧，连续不断的图像序列就形成了动态视频图像。水平扫描线所能分辨出的点数称为水平分辨率，一帧中垂直扫描的行数称为垂直分辨率。一般来说，点越小，线越细，分辨率越高。每秒钟所扫描的帧数就是帧频，一般在每秒 25 帧时人眼就不会感觉到闪烁。

　　彩色电视系统使用 RGB 作为三基色进行配色，产生 R、G、B 三个输出信号。RGB 信号可以直接传输，也可以转换到亮度和色度分离的颜色空间后再传输。传输信号通常有 3 种方式：分量视频（Component Video）、复合视频（Composite Video）和分离视频（S-video）信号。

　　电视信号的标准也称为电视的制式，目前世界各地使用的标准不完全相同，制式的区分主要在于其帧频、分辨率和信号带宽及载频的不同、彩色空间的转换关系不同等。世界上现行的彩色电视制式主要有 NTSC 制、PAL 制和 SECAM 制 3 种，如表 1-13 所示。美国、加拿大、日本、韩国、中国台湾和菲律宾等国家和地区采用 NTSCM 制式；德国、英国、中国、中国香港和新西兰等国家和地区采用 PAL 制式；法国、东欧、中东一带采用 SECAM 制式。

表 1-13　彩色数字电视制式

TV 制式	帧频（Hz）	行/帧	亮度带宽（MHz）	彩色副载波（MHz）	色度带宽（MHz）	声音载波（MHz）
NTSCM	30	525	4.2	3.58	1.3（I）、0.6（Q）	4.5
PAL	25	625	6.0	4.43	1.3（U）、1.3（V）	6.5
SECAM	25	625	6.0	4.25	>1.0（U）、>1.0（V）	6.5

　　我国电视制式（PAL）采用 625 行隔行扫描光栅，分两场扫描。行扫描频率为 15625Hz，周期为 64 μs；场扫描频率为 50Hz，周期为 20ms；帧频是 25Hz，周期为 40ms。在发送电视信号时，每一行传送图像的时间是 52.2 μs，对应行扫描的正程时间，其余的 11.8 μs 不传送图像，对应行扫描的逆程时间加入行消隐信号和行同步信号，这样不影响行扫描发送或显示图像信息。每一场扫描的行数为 625/2 行，其中 25 行作场回扫，不传送图像。

　　采用隔行扫描比采用逐行扫描所占用的信号传输带宽要减少一半，这样有利于信道的利用，也有利于信号传输和处理。采用每秒 25 帧的帧频（25 Hz）能以最少的信号容量有效地满足人眼的视觉残留特性。

4. 数字视频

　　数字视频信息是指活动的、连续的图像序列，一幅图像称为一帧，帧是构成视频信息的基本单元。视频与动画一样，是由图像帧序列组成，这些帧以一定的速率播放，使观看者得到连续运动的感觉。计算机的数字视频是基于数字技术的图像显示标准，它能将模拟视频信号输入计算机进行数字化视频编辑制成数字视频。

　　视频数字化的目的是将模拟信号经模数转换和彩色空间变换等过程，转换成计算机可以显示和处理的数字信号。由于电视和计算机的显示机制不同，因此要在计算机上显示视频图像需要作许多处理。例如，电视是隔行扫描，计算机的显示器通常是逐行扫描；电视是亮度（Y）和色度（C）的复合编码，而微机的显示器工作在 RGB 空间；电视图像的分辨率和显示屏的分辨率也各不相同等。一般对模拟视频信息进行数字化可以采取如下两种方式。

（1）先从复合彩色电视图像中分离出彩色分量，然后数字化。即将复合视频信号分解得到 YUV、YIQ 或 RGB 彩色空间的分量信号，然后用三路 A/D 转换器同步进行数字化。这种方式称为复合数字化。

（2）先对全彩色电视信号数字化，然后在数字域中进行分离，以获得 YUV、YIQ 或 RGB 分量信号。用这种方法对电视图像数字化时，只需一个高速 A/D 转换器。这种方式称为分量数字化。

视频信息数字化的过程是以一幅幅彩色画面为单位进行的。数字视频使用的彩色模型是 YC_bC_r，此模型接近 YUV 模型，C_b 和 C_r 分别代表蓝色差和红色差信号，即每幅彩色画面有亮度（Y）和色度 3 个分量。由于人眼对色度信号的敏感程度远不如对亮度信号那么灵敏，所以色度信号的取样频率可以比亮度信号的取样频率低一些，以减少数字视频的数据量，这种方式称为色度子采样（Chroma Sub-Sampling）。

国际无线电咨询委员会（International Radio Consultative Committee，IRCC）制定的广播级质量数字电视编码标准，即 ITU-R BT.601（原 CCIR601）标准，为 PAL、NTSC 和 SECAM 电视制式之间确定了共同的数字化参数。该标准规定了彩色电视图像转换成数字图像所使用的采样频率、采样结构和彩色空间转换等。这对多媒体的开发和应用十分重要。

5. 视频压缩编码

数字视频信息的数据量很可观。例如，每帧 352×240 像素点，图像深度为 16 位的图像，其数据量约为 165KB，每秒 30 帧，其数据量就高达 4.8MB，这样大的数据量无论是传输、存储还是处理，对系统都是极大的负担，因此必须对数字视频信息进行压缩编码处理。

视频压缩的目标是在尽可能保证视觉效果的前提下减少视频数据量。视频是连续的静态图像，对于单帧图像压缩编码算法与静态图像的压缩编码算法有共同之处。但是，视频还有其自身的特性，在压缩时必须考虑其运动特性，即帧间的冗余。由于视频信息中各画面内部有很强的信息相关性，相邻帧又有高度的时间相关性，再加上人眼的视觉特性，所以数字视频的数据量可压缩几十倍甚至几百倍。

（1）帧内压缩

帧内压缩也称为空间压缩，仅考虑本帧的数据而不考虑相邻帧之间的冗余信息，即把单独的图像帧当作一般静态图像应用静态图像压缩算法实现数据压缩。数字视频可以采用每帧图像都使用帧内编码的方法实现数据压缩，如 M-JPEG 编码。仅采用帧内压缩方法一般达不到很高的压缩比。

（2）帧间压缩

视频具有时间上连续的特性，可以利用帧间信息冗余，即视频数据的连续前后两帧具有很大的相关性，或者说前后两帧信息变化很小的特点实现高效的数据压缩。帧间压缩通常采用基于运动补偿的帧间预测编码技术。

H.261 视频通信编码标准是由原国际电话电报咨询委员会于 1998 年提出的电话/会议电视的建议标准。该标准又称为 P×64K 标准，其中 P 是取值为 1～30 的可变参数，P=1 或 2 时支持 1/4 通用中间格式（Quarter Common Intermediate Format，QCIF）的帧率较低的视频电话传输；P=6 时支持通用中间格式（Common Intermediate Format，CIF）的帧率较高的电视会议数据传输。P×64K 视频压缩算法也是一种混合编码方案，即帧内基于 DCT 的变换编码和带有运动补偿的帧间预测编码方法的混合。在低传输率时（P=1 或 P=2，即 64Kbps 或 128Kbps），除 QCIF 外还可以使用亚帧技术，即每间隔一帧（或数帧）处理一帧，压缩比例可达 50∶1 左右。之后推出的 H.263 标准用于低位速率通信的电视图像编码。

MPEG（Moving Pictures Experts Group）系列标准是由 ISO 和 IEC 两个组织机构联合组成的一个活动图像专家组所制定的。第一个标准于 1990 年形成，即 MPEG-1 标准，目标传输率最高为 1.5Mb/s 的普通电视质量的视频及其伴音信号的压缩编码技术，标准分成系统、视频、音频等 5 个部分。第二个标准 MPEG-2 的目标则是实现一个覆盖面更广的通用视音频压缩编码方法。在扩展模式下，MPEG-2 可以对 HDTV 信号进行压缩。1999 年发布了 MPEG-4 多媒体应用标准，之后又推出了 MPEG-7 多媒体内容描述接口标准、MPEG-21 多媒体应用框架标准等。每个新标准的产生都极大地推动了多媒体技术的发展和更广泛的应用。

6. 视频文件格式

（1）Flic 文件（.fli/.flc）

Flic 文件是 Autodesk 公司在其出品的 Autodesk Animator/Animator Pro/3D Studio 等 2D/3D 动画制作软件中采用的彩色动画文件格式。其中，.fli 是最初基于 320×200 分辨率的动画文件格式；.flc 是.fli 的进一步扩展，采用了更高效的数据压缩技术，其分辨率也不再局限于 320×200。Flic 文件采用行程编码（RLE）算法和 Delta 算法进行无损的数据压缩，具有较高的数据压缩率。

（2）AVI 文件（.avi）

AVI（Audio Video Interleaved）是 Microsoft 公司开发的一种符合 RIFF 文件规范的数字音频与视频文件格式，Windows 操作系统直接支持。AVI 格式允许视频和音频交错在一起同步播放，AVI 文件并未限定压缩标准。因此，AVI 文件格式只是作为控制界面上的标准，用不同压缩算法生成的 AVI 文件，必须使用相同的解压缩算法才能播放出来。

（3）Quick Time 文件（.mov/.qt）

Quick Time 是 Apple 公司开发的一种音频、视频文件格式，用于保存音频和视频信息，具有先进的视频和音频功能，提供跨平台支持。Quick Time 支持 RLE、JPEG 等数据压缩技术。目前的 Quick Time 进一步扩展了原有功能，能够通过 Internet 提供实时的数字化信息流、工作流与文件回放功能。此外，Quick Time 还采用了 Quick Time VR（QTVR）技术的虚拟现实技术。Quick Time 以其领先的多媒体技术和跨平台特性、较小的存储空间要求、技术细节的独立性以及系统的高度开放性，得到广泛的认可和应用。

（4）MPEG 文件（.mpeg/.mpg/.dat/mp4）

MPEG 文件格式是指使用 MPEG 标准算法压缩的视频文件。在 PC 上有统一的标准格式，兼容性相当好。.mp4 是采用 MPEG-4 中的视频编码技术进行视频编码的文件格式。

（5）RealVideo 文件（.rm/.rmvb）

RealVideo 文件是 Real Networks 公司开发的一种流式视频文件格式，包含在 Real Networks 公司所制定的音频视频压缩规范 RealMedia 中，主要用来在低速率的广域网上实时传输活动视频影像。可以根据网络数据传输速率的不同而采用不同的压缩比率，从而实现影像数据的实时传输和实时播放。RealVideo 除了可以以普通的视频文件形式播放之外，还可以与 RealVideo 服务器相配合，实现流式媒体传输。

第 2 章 操作系统基础知识

2.1 操作系统概述

操作系统(Operating System，OS)是计算机系统中必不可少的核心系统软件，其他软件（如编辑程序、汇编程序、编译程序、数据库管理系统等系统软件，以及大量的应用软件）是建立在操作系统的基础上，并在操作系统的统一管理和支持下运行。操作系统是用户与计算机之间的接口，用户可以通过操作系统提供的功能访问计算机系统中的软硬件资源。

1. 操作系统的作用、特征与功能

操作系统有效地组织和管理系统中的各种软、硬件资源，合理地组织计算机系统工作流程，控制程序的执行，并且向用户提供一个良好的工作环境和友好的接口。

操作系统的 4 个特征是并发性、共享性、虚拟性和不确定性。从传统的资源管理的观点来看，操作系统的功能可分为五大部分：进程管理、文件管理、存储管理、设备管理和作业管理。

（1）进程管理。实质上是对处理机的执行"时间"进行管理，采用多道程序等技术将 CPU 的时间合理地分配给每个任务。主要包括进程控制、进程同步、进程通信和进程调度。

（2）文件管理。主要包括文件存储空间管理、目录管理、文件的读写管理和存取控制。

（3）存储管理。是对主存储器"空间"进行管理，主要包括存储分配与回收、存储保护、地址映射（变换）和主存扩充。

（4）设备管理。实质是对硬件设备的管理，包括对输入输出设备的分配、启动、完成和回收。

（5）作业管理。包括任务、界面管理、人机交互、图形界面、语音控制和虚拟现实等。

操作系统提供系统命令级的接口，供用户组织和控制自己的作业运行。操作系统还提供编程一级接口，供用户程序和系统程序调用操作系统功能。

2. 操作系统分类及特点

操作系统分为批处理操作系统、分时操作系统、实时操作系统、网络操作系统、分布式操作系统、微机操作系统和嵌入式操作系统等。

1）批处理操作系统

批处理操作系统分为单道批处理和多道批处理。

单道批处理操作系统是一种早期的操作系统，"单道"的含义是指一次只有一个作业装入内存执行。作业由用户程序、数据和作业说明书（作业控制语言）三部分组成。当一个作业运行结束后，随即自动调入同批的下一个作业，从而节省了作业之间的人工干预时间，提高了资源的利用率。

多道批处理操作系统允许多个作业装入内存执行，在任意一个时刻，作业都处于开始点和终止点之间。每当运行中的一个作业由于输入/输出操作需要调用外部设备时，就把 CPU 交给另一道等待运行的作业，从而将主机与外部设备的工作由串行改变为并行，进一步避免了因主机等待外设完成任务而浪费宝贵的 CPU 时间。多道批处理系统主要有 3 个特点：多道、宏观上并行运行、微观上串行运行。

2）分时操作系统

在分时操作系统中，一个计算机系统与多个终端设备连接。分时操作系统是将 CPU 的工作时间划分为许多很短的时间片，轮流为各个终端的用户服务。例如，一个带 20 个终端的分时系统，若每个用户每次分配一个 50 ms 的时间片，则每隔 1s 即可为所有的用户服务一遍。因此，尽管各个终端上的作业是断续地运行的，但由于操作系统每次对用户程序都能做出及时的响应，因此用户感觉整个系统均归其一人占用。

分时系统主要有 4 个特点：多路性、独立性、交互性和及时性。

3）实时操作系统

实时是指计算机对于外来信息能够以足够快的速度进行处理，并在被控对象允许的时间范围内做出快速反应。实时系统对交互能力要求不高，但要求可靠性有保障。为了提高系统的响应时间，对随机发生的外部事件应及时做出响应并对其进行处理。

实时系统分为实时控制系统和实时信息处理系统。实时控制系统主要用于生产过程的自动控制，如数据自动采集、武器控制、火炮自动控制、飞机自动驾驶和导弹的制导系统等。实时信息处理系统主要用于实时信息处理，如飞机订票系统、情报检索系统等。

实时系统与分时系统除了应用的环境不同，主要有以下三点区别。

（1）系统的设计目标不同。分时系统是设计成一个多用户的通用系统，交互能力强；而实时系统大都是专用系统。

（2）交互性的强弱不同。分时系统是多用户的通用系统，交互能力强；而实时系统是专用系统，仅允许操作并访问有限的专用程序，不能随便修改，且交互能力差。

（3）响应时间的敏感程度不同。分时系统是以用户能接收的等待时间为系统的设计依据，而实时系统是以被测物体所能接受的延迟为系统设计依据。因此，实时系统对响应时间的敏感程度更强。

4）网络操作系统

网络操作系统是使联网计算机能方便而有效地共享网络资源，为网络用户提供各种服务的软件和有关协议的集合。因此，网络操作系统的功能主要包括高效、可靠的网络通信；对网络中共享资源（在 LAN 中有硬盘、打印机等）的有效管理；提供电子邮件、文件传输、共享硬盘和打印机等服务；网络安全管理；提供互操作能力。

主要的网络操作系统有 UNIX、Linux 和各种版本的 Windows Server 系统。

5）分布式操作系统

分布式计算机系统是由多个分散的计算机经连接而成的计算机系统，系统中的计算机无主、次之分，任意两台计算机可以通过通信交换信息。通常，为分布式计算机系统配置的操作系统称为分布式操作系统。

分布式操作系统能直接对系统中各类资源进行动态分配和调度、任务划分、信息传输协调工作，并为用户提供一个统一的界面，标准的接口，用户通过这一界面实现所需要的操作和使用系统资源，使系统中若干台计算机相互协作完成共同的任务，有效控制和协调诸任务的并行执行，并向系统提供统一、有效的接口的软件集合。

分布式操作系统是网络操作系统的更高级形式，它保持网络系统所拥有的全部功能，同时又有透明性、可靠性和高性能等特性。

6）微型计算机操作系统

微型计算机操作系统简称微机操作系统，常用的有 Windows、Mac OS 和 Linux。Windows 操作系统是 Microsoft 公司开发的图形用户界面、多任务、多线程操作系统。Mac OS 操作系统是美国苹果计算机公司为其 Macintosh 计算机设计的操作系统。Linux 是一套免费使用并可自由传播的类 UNIX 操作系统，由世界各地成千上万的程序员设计和实现，其目的是建立不受任何商品化软件版权制约的、全世界都能自由使用的 UNIX 兼容产品。

7）嵌入式操作系统

嵌入式操作系统运行在嵌入式智能芯片环境中，对整个智能芯片以及它所操作、控制的各种部件装置等资源进行统一协调、处理、指挥和控制。其主要特点：

（1）微型化。从性能和成本角度考虑，希望占用资源和系统代码量少，如内存少、字长短、运行速度有限、能源少（用微小型电池）。

（2）可定制。从减少成本和缩短研发周期考虑，要求嵌入式操作系统能运行在不同的微处理器平台上，能针对硬件变化进行结构与功能上的配置，以满足不同应用需要。

（3）实时性。嵌入式操作系统主要应用于过程控制、数据采集、传输通信、多媒体信息及关键要害领域需要迅速响应的场合，所以对实时性要求高。

（4）可靠性。系统构件、模块和体系结构必须达到应有的可靠性，对关键要害应用还要提供容错和防故障措施。

（5）易移植性。为了提高系统的易移植性，通常采用硬件抽象层（Hardware Abstraction Level，HAL）和板级支撑包（Board Support Package，BSP）的底层设计技术。

嵌入式实时操作系统有很多，常见的有 VxWorks、μClinux、PalmOS、WindowsCE、μC/OS-II 和 eCos 等。

促使操作系统发展的因素主要有 3 个方面：第一，硬件的不断地升级与新的硬件产品出现，需要操作系统提供更多更复杂的支持；第二，新的服务需求，操作系统为了满足系统管理者和用户需求，需要不断扩大服务范围；第三，修补操作系统自身的错误，操作系统在运行的过程中其自身的错误也会不断地被发现，因此需要不断地修补操作系统自身的错误（即所谓的"补丁"）。需要说明的是，在修补的过程中也可能会产生新的错误。

2.2　进程管理

进程管理也称为处理机管理，其核心是如何合理地分配处理机的时间，提高系统的效率。在计算机系统中有多个并发执行的程序，采用"程序"这个静态的概念已经不能描述程序执行时动态变化的过程，所以引入了"进程"。

2.2.1　基本概念

1．程序执行时的特征

前趋图是一个有向无循环图，由结点和有向边组成，结点代表各程序段的操作，而结点间的有向边表示两个程序段操作之间存在的前趋关系（"→"）。程序段 P_i 和 P_j 的前趋关系表示成 $P_i \rightarrow P_j$，其中 P_i 是 P_j 的前趋，P_j 是 P_i 的后继，其含义是 P_i 执行结束后 P_j 才能执行。例如，图 2-1 为一个包含 3 个程序段的前驱图，其中输入是计算的前驱，计算是输出的前驱。

图 2-1　3 个程序段的前驱图

程序顺序执行时的主要特征有顺序性、封闭性和可再现性。其中，顺序性是指程序的各程序段严格按照规定的顺序执行；封闭性是指程序运行时系统内的资源只受该程序控制而改变，执行结果不受外界因素的影响；可再现性是指只要程序执行环境和初始条件相同，程序多次执行的结果相同。

若在计算机系统中采用多道程序设计技术，则主存中的多道程序可处于并发执行状态。对于图 2-1 中有 3 个程序段的作业，虽然其中有前趋关系的各程序段不能在 CPU 和输入输出各部件上并行执行，但是同一个作业内没有前趋关系的程序段或不同作业的程序段可以分别在 CPU 和各输入输出部件上并行执行。

例如，某计算机系统中有一个 CPU、一台输入设备和一台输出设备，每个作业具有 3 个程序段：输入 I_i、计算 C_i 和输出 P_i（$i=1,2,3$）。图 2-2 为 3 个作业的各程序段并发执行的前驱图。

从图 2-2 中可以看出，I_2 与 C_1 并行执行，I_3、C_2 与 P_1 并行执行，C_3 与 P_2 并行执行。其中，I_2、I_3 受到 I_1 的间接制约，C_2、C_3 受到 C_1 的间接制约，P_2、P_3 受到 P_1 的间接制约；而 C_1、P_1 受到 I_1 的直接制约，C_2、P_2 受到 I_2 的直接制约，C_3、P_3 受到 I_3 的直接制约。

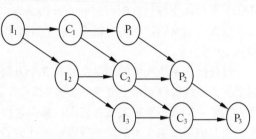

图 2-2　各程序段并发执行的前驱图

程序并发执行时的主要特征如下。

（1）失去了程序的封闭性。

（2）程序和机器执行程序的活动不再一一对应。

（3）并发程序间具有相互制约性。

2．进程的组成

进程（Process）是程序的一次执行。进程通常由程序、数据和进程控制块（Process Control Block，PCB）组成。其中，PCB 是进程存在的唯一标志，其主要内容如表 2-1 所示。

表 2-1　PCB 的内容

信　息	含　义
进程标识符	标明系统中的各个进程
状态	说明进程当前的状态
位置信息	指明程序及数据在内存或外存的物理位置
控制信息	参数、信号量和消息等
队列指针	链接同一状态的进程
优先级	进程调度的依据
现场保护区	将处理机的现场保护到该区域以便再次调度时能继续正确运行

进程的程序部分描述了进程需要完成的功能。假设一个程序能被多个进程同时共享执行，那么这部分就应该以可再入码的形式编制，它是程序执行时不可修改的部分。进程的数据部分包括程序执行时所需的数据及工作区，这部分只能为一个进程所专用，是进程的可修改部分。

3．进程的状态及其状态间的切换

1）三态模型

在多道程序系统中，进程的运行是走走停停，在处理器上交替运行，状态也不断地发生变化，因此进程一般有 3 种基本状态：运行、就绪和阻塞，如图 2-3 所示，也称三态模型。

- 运行：当一个进程在处理机上运行时，称该进程处于运行状态。显然，对于单处理机系统，处于运行状态的进程只有一个。
- 就绪：一个进程获得了除处理机外的一切所需资源，一旦得到处理机即可运行，则称此进程处于就绪状态。
- 阻塞：也称等待或睡眠状态，一个进程正在等待某一事件发生（例如，请求 I/O 而等待 I/O 完成等）而暂时停止运行，这时即使把处理机分配给该进程，它也无法运行，故称该进程处于阻塞状态。

2）五态模型

事实上，对于一个实际的系统，进程的状态及其转换将更复杂。例如，引入新建态和终止态构成了五态模型，如图 2-4 所示。

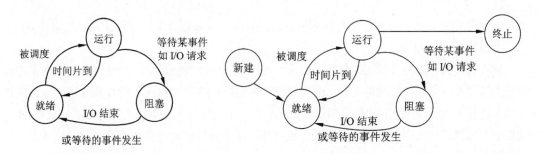

图 2-3 进程的三态模型　　　　　图 2-4 进程的五态模型

图 2-4 中，新建态对应于进程刚刚被创建且没有被提交的状态，并等待系统完成创建进程的所有必要信息。因为创建进程时分为两个阶段，第一个阶段为一个新进程创建必要的管理信息，第二个阶段让该进程进入就绪状态。由于有了新建态可以增加调度的灵活性，即操作系统可以根据系统的性能和内存容量的限制推迟新建态进程的提交。

类似地，进程的终止也可分为两个阶段，第一个阶段等待操作系统进行善后处理，第二个阶段释放内存。设置终止态的目的是防止系统进行善后处理时引起资源分配不当等问题。

2.2.2　进程控制

进程控制是指对系统中所有进程从创建到消亡的全过程实施有效的控制。在操作系统中通过设置一套控制机构对进程实施控制，其主要功能包括创建一个新进程，撤销一个已经运行完的进程，改变进程的状态，实现进程间的通信。进程控制是由操作系统内核（Kernel）中的原语实现的。

原语（Primitive）是指由若干条机器指令组成的、用于完成特定功能的程序段。原语的特点是在执行时不能被分割，即原子操作要么都做，要么都不做。内核中所包含的原语主要有进程控制原语、进程通信原语、资源管理原语以及其他原语。属于进程控制方面的原语有进程创建原语、进程撤销原语、进程挂起原语、进程激活原语、进程阻塞原语以及进程唤醒原语等。不同的操作系统，内核所包含的功能不同，但大多数操作系统的内核都包含支撑功能和资源管理的功能。

2.2.3　进程通信

在多道程序环境的系统中，存在多个可并发执行的进程，因此进程间必然存在资源共享和相互合作的问题。进程通信是指各个进程交换信息的过程。

1．同步与互斥

通常，同步是合作进程间的直接制约问题，互斥是申请临界资源进程间的间接制约问题。

1）进程间的同步

多个并发执行的进程都以各自独立的、不可预知的速度向前推进，但是有时需要在某些确定点上协调相互合作进程间的工作。例如，进程 A 向缓冲区送数据，进程 B 从缓冲区取数据加工，当进程 B 要取数据加工时，必须是进程 A 完成了向缓冲区送数据的操作，否则进程 B 必须停下来等待进程 A 的操作结束。可见，进程间的同步是指进程间完成一项任务时直接发生相互作用的关系。

2）进程间的互斥

在多道程序系统环境中，各进程可以共享各类资源，但有些资源一次只能供一个进程使用，称为临界资源（Critical Resource，CR），如打印机、共享变量等。进程间的互斥是指系统中各进程互斥使用临界资源。

3）临界区管理的原则

临界区（Critical Section，CS）是进程中对临界资源实施操作的那段程序。对互斥临界区管理的 4 条原则如下。

- 有空即进。当无进程处于临界区时，允许进程进入临界区，并且只能在临界区运行有限的时间。
- 无空则等。当有一个进程在临界区时，其他需要进入临界区的进程必须等待，以保证进程互斥地访问临界资源。
- 有限等待。对要求访问临界资源的进程，应保证进程等待有限时间后进入临界区，以免陷入"饥饿"状态。

- 让权等待。当进程不能进入自己的临界区时，应立即释放处理机，以免进程陷入"忙等"状态。

2. 信号量机制

信号量机制是荷兰学者 Dijkstra 于 1965 年提出，该机制是一种有效的进程同步与互斥工具。目前信号量机制有了很大的发展，主要有整型信号量、记录型信号量和信号量集机制。本章只介绍整型信号量。

1）整型信号量与 PV 操作

信号量是一个整型变量，根据控制对象的不同被赋予不同的值。信号量分为如下两类。

- 公用信号量。实现进程间的互斥，初值为 1 或资源的数目。
- 私用信号量。实现进程间的同步，初值为 0 或某个正整数。

信号量 S 的物理意义：若 S≥0，表示某资源的可用数；若 S<0，则其绝对值表示阻塞队列中等待该资源的进程数。

对系统中的每个进程，其工作的正确与否不仅取决于它自身的正确性，而且与它在执行中能否与其他相关进程正确地实施同步互斥有关。

PV 操作是实现进程同步与互斥的常用方法。P 操作和 V 操作是低级通信原语，在执行期间不可分割。其中，P 操作表示申请一个资源，V 操作表示释放一个资源。

P 操作的定义：S:=S−1，若 S≥0，则执行 P 操作的进程继续执行；若 S<0，则置该进程为阻塞状态（因为无可用资源），并将其插入阻塞队列。P 操作可用如下过程表示，其中 Semaphore 表示所定义的变量是信号量。

```
Procedure P(Var S:Semaphore);
        Begin
            S:=S−1;
            If S<0 then W(S)          {执行 P 操作的进程插入等待队列}
        End;
```

V 操作的定义：S:=S+1，若 S>0，则执行 V 操作的进程继续执行；若 S≤0，则从阻塞状态唤醒一个进程，并将其插入就绪队列，然后执行 V 操作的进程继续。V 操作可用如下过程表示。

```
Procedure V(Var S:Semaphore);
        Begin
            S:=S+1;
            If S≤0 then R(S)          {从阻塞队列中唤醒一个进程}
        End;
```

2）利用 PV 操作实现进程的互斥

令信号量 mutex 的初值为 1，进入临界区时执行 P 操作，退出临界区时执行 V 操作。这样，进入临界区的代码段如下：

```
P(mutex)
    临界区
V(mutex)
```

【例 2-1】　两个并发执行的程序段完成交通流量的统计，其中"观察者"P1 识别通过的车辆数，"报告者"P2 定时将观察者的计数值清"0"。用 PV 操作实现的交通流量统计程序如下：

P1	P2
L1: if 有车通过 then	L2:begin
begin	P(mutex);
P(mutex);	PRINT COUNT;
COUNT:=COUNT+1;	COUNT:=0;
V(mutex);	V(mutex);
end	end
GOTO L1;	GOTO L2;

3）利用 PV 操作实现进程的同步

进程的同步是由于进程间的合作而引起的相互制约问题。实现进程同步的一种方法是将一个信号量与消息相联系，当信号量的值为 0 时表示希望的消息未产生，否则表示希望的消息已经来到。假定用信号量 S 表示某条消息，进程可以通过调用 P 操作测试消息是否到达，调用 V 操作通知消息已准备好。典型的应用是单缓冲区的生产者和消费者同步问题。

【例 2-2】　生产者进程 P1 不断地生产产品送入缓冲区，缓冲区可以存放一件产品。消费者进程 P2 不断地从缓冲区中取出产品消费。利用 PV 操作实现进程 P1 与 P2 之间的同步问题，需要设置几个信号量，信号量初值为多少？

本题需要设置两个信号量 S1 和 S2。其中：S1 表示缓冲区是否空闲，初值=1，表示缓冲区空可以将产品送入缓冲区；S2 表示缓冲区有无产品，初值=0（初始时缓冲区是无产品的）。

P1 和 P2 的同步过程如图 2-5 所示。

【例 2-3】　假设有一个生产者和一个消费者，缓冲区可存放 n 件产品。生产者不断地生产产品，消费者不断地消费产品。如何用 PV 操作实现生产者和消费者的同步？

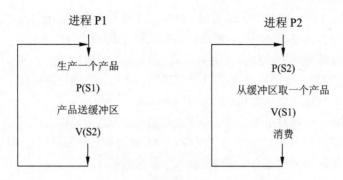

图 2-5 单缓冲区的同步控制

本题可以通过设置 3 个信号量 S、S1 和 S2，用 PV 操作实现生产者和消费者的同步。其中，S 是一个互斥信号量，初值为 1，因为缓冲区是一个互斥资源，所以需要进行互斥控制；S1 表示缓冲区中空闲单元数（大于 0 表示可以将产品放入），初值为 n；S2 表示缓冲区的产品数，初值为 0，其同步过程如图 2-6 所示。

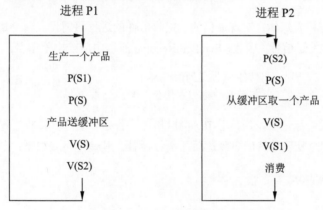

图 2-6 n 个缓冲区的同步控制

3．高级通信

根据进程间交换信息量的多少和效率的高低，进程通信的方式分为低级方式和高级方式。PV 操作属于低级通信方式，若用 PV 操作实现进程间通信，则存在如下问题。

（1）编程难度大，通信对用户不透明，即需要用户利用低级通信工具实现进程间的同步与互斥，而且，PV 操作使用不当还容易引起死锁。

（2）效率低，生产者每次只能向缓冲区放一个消息，消费者只能从缓冲区取一个消息。

为了提高通信效率，能传递大量数据，减轻程序的复杂度，系统引入了高级通信方式。高级通信方式主要分为共享存储模式、消息传递模式和管道通信。

（1）共享存储模式。相互通信的进程共享某些数据结构（或存储区），实现进程之间的通信。

（2）消息传递模式。进程间的数据交换以消息为单位，程序员直接利用系统提供的一组通信命令（原语）来实现通信。如 Send(A)、Receive(A)。

（3）管道通信。管道是用于连接一个读进程和一个写进程，以实现它们之间通信的共享文件（pipe 文件也称管道文件）。向管道提供输入的发送进程（即写进程），以字符流的形式将大量的数据送入管道；而接收进程可从管道接收大量的数据。

4．直接和间接通信

直接通信是将消息直接发送给指定进程，因此，Send 和 Receive 原语中应指出进程名字。其调用格式如下：

| Send(Who,Message) | 发送消息给指定进程或一组进程 |
| Receive(Who,Message) | 从约定进程接收消息 |

间接通信是以信箱为媒体来实现通信的，接收信件的进程只需设立一个信箱，若干个进程都可以向同一个进程发送信件。因此，Send 和 Receive 原语中应给出信箱名。其调用格式如下：

| Send(N,M) | 将信件 M 发送到信箱 N 中 |
| Receive(N,X) | 从信箱 N 中取一封信存入 X |

有些系统还提供带标记的发送，用 Tag 可以指定进程是否要等到接收进程取到信息再继续运行。一般接收进程总是要等待消息到达后才继续运行。其调用格式如下：

Send(Who,Message,tag)

2.2.4　进程调度

1．三级调度

在某些操作系统中，一个作业从提交到完成需要经历高、中、低三级调度。

（1）高级调度。又称为"长调度""作业调度""接纳调度"，它决定处于输入池中的哪个后备作业可以调入主系统做好运行的准备，成为一个或一组就绪进程。系统中一个作业只需经过一次高级调度。

（2）中级调度。又称为"中程调度""对换调度"，它决定处于交换区中的就绪进程哪个可以调入内存，以便直接参与对 CPU 的竞争。在内存资源紧张时，为了将进程调入内存，必须将内存中处于阻塞状态的进程调出至交换区，以便为调入进程腾出空间。这相当于使处于内存的进程和处于盘交换区的进程交换了位置。

（3）低级调度。又称"短程调度"或"进程调度"，它决定处于内存中的就绪进程哪个可以占用 CPU，是操作系统中最活跃、最重要的调度程序，对系统的影响很大。

2．进程调度方式

进程调度方式是指当有更高优先级的进程到来时如何分配 CPU。调度方式分为可剥夺和不可剥夺两种。可剥夺式是指当有更高优先级的进程到来时，强行将正在运行进程的 CPU 分配给高优先级的进程；不可剥夺式是指当有更高优先级的进程到来时，必须等待正在运行进程自动释放占用的 CPU，然后将 CPU 分配给高优先级的进程。

3．进程调度算法

常用的进程调度算法有先来先服务、时间片轮转、优先级调度和多级反馈调度算法。

1）先来先服务（First Come First Served，FCFS）

FCFS 按照作业提交或进程变为就绪状态的先后次序分配 CPU，即每当进入进程调度时，总是将就绪队列队首的进程投入运行。FCFS 调度法比较有利于长作业，有利于 CPU 繁忙的作业；而不利于 I/O 繁忙的作业。FCFS 算法主要用于宏观调度。

2）时间片轮转

时间片轮转算法主要用于微观调度，其设计目标是提高资源利用率。通过时间片轮转，提高进程并发性和响应时间特性，从而提高资源利用率。时间片的长度可从几个"ms"到几百"ms"，选择的方法一般有如下两种。

（1）固定时间片。分配给每个进程相等的时间片，使所有进程都公平执行，是一种实现简单又有效的方法。

（2）可变时间片。根据进程不同的要求对时间片的大小实时修改，可以更好地提高效率。

3）优先级调度

优先级调度算法是让每一个进程都拥有一个优先数，通常数值大的表示优先级高，系统在调度时总选择优先级高的占用 CPU。优先级调度分为静态优先级和动态优先级。

（1）静态优先级。进程的优先级在创建时确定，直到进程终止都不会改变。确定优先级的因素有进程类型（系统进程优先级较高）、对资源的需求（如对 CPU 和内存需求较少的进程优先级较高）和用户要求（如紧迫程度和付费多少）。

（2）动态优先级。在创建进程时赋予一个优先级，在进程运行过程中还可以改变，以便获得更好的调度性能。例如，在就绪队列中，随着等待时间增长，优先级将提高。这样，对于优先级较低的进程在等待足够的时间后，其优先级提高到可被调度执行。进程每执行一个时间片，就降低其优先级，从而当一个进程持续执行时，其优先级会降低到让出 CPU。

4）多级反馈调度

多级反馈队列算法是时间片轮转算法和优先级算法的综合与发展。其优点是照顾短进程以提高系统吞吐量、缩短了平均周转时间；照顾 I/O 型进程以获得较好的 I/O 设备利用率和缩短响应时间；不必估计进程的执行时间，动态调节优先级。

2.2.5 死锁

在计算机系统中有各种互斥资源（如磁带机、打印机和绘图仪等）和软件资源（如进程表、临界区等），若两个进程互相要求对方已占用的资源，或同时进入临界区则会出现问题。所谓死锁，是指两个以上的进程互相都要求使用对方已经占有的资源而导致无法继续运行的现象。

1. 死锁举例

进程推进顺序不当、同类资源分配不当、PV 操作使用不当等情况都可能造成死锁。

【例 2-4】 进程推进顺序不当引起的死锁。设系统中有一台读卡机 A，一台打印机 B，它们被进程 P1 和 P2 共享，进程 P1 和 P2 并发执行时按下列顺序请求和释放资源。其中，Request(A) 表示请求读卡机，Request(B) 表示请求打印机；Release(A) 表示释放读卡机，Release(B) 表示释放打印机。请分析，若按 P1<a> P2<a> P1<b> P2<b>的次序执行，则系统会发生死锁。

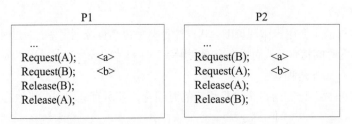

分析：P1<a>表示 P1 进程执行 Request(A)，由于读卡机未被占用，所以请求可以得到满足；进程 P2 执行 Request(B)时，由于打印机未被占用，所以请求也可以得到满足；接着进程 P1 执行 Request(B)时，由于打印机被占用，所以请求得不到满足，P1 等待；进程 P2 执行 Request(A)时，由于读卡机被占用，所以请求得不到满足，P2 也等待。此时，双方都在请求对方已占有的资源，系统发生死锁。

【例 2-5】 同类资源分配不当引起死锁。若系统中有 m 个资源被 n 个进程共享使用，当每个进程都要求 k 个资源，而 $m<nk$，即资源数小于进程所要求的总数时，可能会引起死锁。例如，$m=5$，$n=3$，$k=3$，若系统采用的分配策略是轮流地为每个进程分配，则第一轮系统先为每个进

程分配 1 台，还剩下 2 台；第二轮系统再为两个进程各分配 1 台，此时，系统中已无可供分配的资源，使得各个进程都处于等待状态而导致系统发生死锁。

【例 2-6】 PV 操作使用不当引起的死锁，如图 2-7 所示。若信号量 S1=S2=0 时，则系统会发生死锁。分析：从图 2-7 中可以看出，P2 从缓冲区取产品之前，先执行 P(S2)，由于 S2 初值为 0，执行 P(S2)操作后 S2= −1，故 P2 等待；P1 将产品送到缓冲区后，执行 P(S1)，由于 S1 初值为 0，执行 P(S1)操作后= S1 −1，故 P1 也等待。这样，P1、P2 进程都无法继续运行下去，产生死锁。

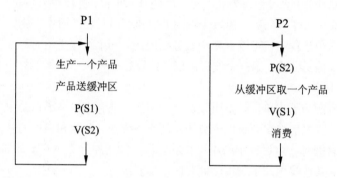

图 2-7　PV 操作引起的死锁

2. 产生死锁的原因及条件

可以看出，产生死锁的原因是竞争资源或非法的进程推进顺序。当系统中有多个进程共享的资源不足以同时满足它们的需求时，引起这些进程对资源的竞争导致死锁。由于非法的进程推进顺序，进程在运行的过程中，请求和释放资源的顺序不当，导致进程死锁。

产生死锁的 4 个必要条件为互斥条件、请求保持条件、不可剥夺条件和环路条件。

（1）互斥条件。进程对其所要求的资源进行排他性控制，即一次只允许一个进程使用。

（2）请求保持条件。零星的请求资源，即已获得部分资源又请求资源被阻塞。

（3）不可剥夺条件。进程已获得的资源在未使用完之前不能被剥夺，只能在使用完时由自己释放。

（4）环路条件。当发生死锁时，在进程资源有向图中必然构成环路，其中每个进程占有了下一个进程申请的一个或多个资源，如图 2-8 所示。

进程资源有向图由方框、圆圈和有向边三部分组成。其

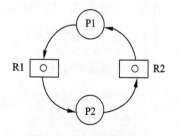

图 2-8　进程资源有向图

中方框表示资源，圆圈表示进程。请求资源：○→□，箭头由进程指向资源；分配资源：○←□，箭头由资源指向进程。

2.2.6　线程

传统的进程有两个基本属性：可拥有资源的独立单位，可独立调度和分配的基本单位。由于在进程的创建、撤销和切换中，系统必须为之付出较大的时空开销，因此在系统中设置的进程数目不宜过多，进程切换的频率不宜太高，这就限制了并发程度的提高。引入线程后，将传统进程的两个基本属性分开，线程作为调度和分配的基本单位，进程作为独立分配资源的单位。用户可以通过创建线程来完成任务，以减少程序并发执行时付出的时空开销。

例如，在文件服务进程中，可设置多个服务线程，当一个线程受阻时，第二个线程可以继续运行，当第二个线程受阻时，第三个线程可以继续运行……从而显著地提高了文件系统的服务质量及系统的吞吐量。

这样，对拥有资源的基本单位，不用频繁对其切换，进一步提高了系统中各程序的并发程度。需要说明的是，线程是进程中的一个实体，是被系统独立分配和调度的基本单位。线程基本上不拥有资源，只拥有一点运行中必不可少的资源（如程序计数器、一组寄存器和栈）。它可与同属一个进程的其他线程共享进程所拥有的全部资源。

线程可创建另一个线程，同一个进程中的多个线程可并发执行。线程也具有就绪、运行和阻塞 3 种基本状态。由于线程具有许多传统进程所具有的特性，故称为"轻型进程"（Light-Weight Process）；传统进程称为"重型进程"（Heavy-Weight Process）。

2.3　存储管理

存储器管理的对象是主存储器（主存、内存）。存储器是计算机系统中的关键性资源，是存放各种信息的主要场所。如何对存储器实施有效的管理，不仅直接影响到存储器的利用率，而且还对系统性能有重大的影响。存储管理的主要功能包括分配和回收主存空间、提高主存的利用率、扩充主存、对主存信息实现有效保护。

2.3.1　基本概念

1．存储器的结构

存储器的功能是保存数据，存储器的发展方向是高速度、大容量和小体积。

一般存储器的结构有"寄存器-主存-外存"结构和"寄存器-缓存-主存-外存"结构，如图 2-9 所示。存储组织的功能是在存储技术和 CPU 寻址技术许可的范围内组织合理的存储结构，使得各层次的存储器都处于均衡的繁忙状态。

（1）虚拟地址。对程序员来说，数据的存放地址是由符号决定的，故称为符号名地址，或者名地址。它是从 0 号单元开始编址，并顺序分配所有的符号名所对应的地址单元。由于符号名地址不是主存中的真实地址，因此也称为相对地址、程序地址、逻辑地址或称虚拟地址。

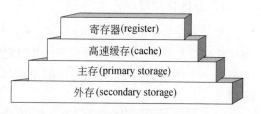

图 2-9　存储器的层次结构

（2）地址空间。程序中由符号名组成的空间称为名空间。源程序经过汇编或编译后形成二进制的目标程序。在目标程序中，程序指令和数据的位置按照字或字节单位根据它们的相对顺序来确定，称为相对地址。把程序中由相对地址组成的空间叫做逻辑地址空间，逻辑地址空间通过地址再定位机构转换到绝对地址空间，绝对地址空间也叫物理地址空间。

简单地说，逻辑地址空间（简称地址空间）是逻辑地址的集合，物理地址空间（简称存储空间）是物理地址的集合。

2．地址重定位

将逻辑地址转换成主存物理地址的过程称为地址重定位。在可执行文件装入时，需要解决可执行文件中地址（指令和数据）与主存地址的对应关系，由操作系统中的装入程序（Loader）和地址重定位机构来完成。地址重定位分为静态地址重定位和动态地址重定位。

（1）静态地址重定位。是指程序装入主存时已经完成了逻辑地址到物理地址的变换，在程序执行期间不会再发生变化。静态地址重定位的优点是无须硬件地址变换机构的支持，它只要求程序本身是可重定位的，只对那些要修改的地址部分具有某种标识，由专门设计的程序来完成。在早期的操作系统中，多数都采用这种方法。静态重定位的缺点是必须给作业分配一个连续的存储区域，在作业的执行期间不能扩充存储空间，也不能在主存中移动，多个作业难以共享主存中的同一程序副本和数据。

（2）动态地址重定位。是指在程序运行期间完成逻辑地址到物理地址的变换。其实现机制要依赖硬件地址变换机构，如基地址寄存器（BR）。动态地址重定位的优点是在程序执行期间可以换入和换出主存；程序可以在主存中移动，把主存中的碎片集中起来，可以充分利用空间；不必给程序分配连续的主存空间，可以较好地利用较小的主存块，可以实现共享。

2.3.2　存储管理方案

存储管理的主要目的是解决多个用户使用主存的问题。其管理方案主要包括分区存储管理、分页存储管理、分段存储管理、段页式存储管理以及虚拟存储管理。

1．分区存储管理

分区存储管理是早期的存储管理方案，其基本思想是把主存的用户区划分成若干个区域，每个区域分配给一个用户作业使用，并限定它们只能在自己的区域中运行，这种主存分配方案就是分区存储管理方式。按分区的划分方式不同，可分为固定分区、可变分区和可重定位分区。

（1）固定分区。固定分区是一种静态分区方式，在系统生成时已将主存划分为若干个分区，每个分区的大小可不等。操作系统通过主存分配情况表管理主存。这种方法的突出问题是已分配区中存在未用空间，原因是程序或作业的大小不可能刚好等于分区的大小，故造成了空间的浪费。通常将已分配分区内的未使用空间叫作零头或内碎片。

（2）可变分区。可变分区是一种动态分区方式，存储空间的划分是在作业装入时进行的，故分区的个数可变，分区的大小刚好等于作业的大小。可变分区分配需要两种管理表格：已分配表，记录已分配分区的情况；未分配表，记录未分配区的情况。请求和释放分区主要有 4 种算法：最佳适应算法、最差适应算法、首次适应算法和循环首次适应算法。

引入可变分区后虽然主存分配更灵活，也提高了主存利用率，但是由于系统在不断地分配和回收中，必定会出现一些不连续的小的空闲区，尽管这些小的空闲区的总和超过某一个作业要求的空间，但是由于不连续而无法分配，产生了未分配区的无用空间，通常称为碎片。解决碎片的方法是拼接（或称紧凑），即向一个方向（例如向低地址端）移动已分配的作业，使那些零散的小空闲区连成一片。

（3）可重定位分区。可重定位分区是解决碎片问题简单而又行之有效的方法。其基本思想是：移动所有已分配好的分区，使之成为连续区域。如同队列有一个队员出列，指挥员叫大家"靠拢"一样。分区"靠拢"的时机是用户请求空间得不到满足时或某个作业执行完毕时。由于靠拢是需要代价的，所以通常是在用户请求空间得不到满足时进行。需要注意的是，当进行分区"靠拢"时会导致地址发生变化，所以有地址重定位问题。

2．分区保护

分区保护的目的是防止未经核准的用户访问分区，常用如下两种方式。

（1）上界/下界寄存器保护。上界寄存器中存放的是作业的装入地址，下界寄存器装入的是作业的结束地址，形成的物理地址必须满足如下条件：

上界寄存器 ≤ 物理地址 ≤ 下界寄存器

（2）基址/限长寄存器保护。基址寄存器中存放的是作业的装入地址，限长寄存器装入的是作业的长度，形成的物理地址必须满足如下条件：

基址寄存器 ≤ 物理地址 < 基址寄存器+限长寄存器

2.3.3　分页存储管理

尽管分区管理方案是解决多道程序共享主存的可行方案,但是该方案的主要问题是用户程序必须装入连续的地址空间中,若没有满足用户要求的连续空间时,则需要进行分区靠拢操作,这就要耗费系统时间。为此,引入了分页存储管理方案。

1. 纯分页存储管理

1)分页原理

将一个进程的地址空间划分成若干个大小相等的区域,称为页。相应地,将主存空间划分成与页相同大小的若干个物理块,称为块或页框。为进程分配主存时,可将进程中若干页分别装入多个不相邻接的块中。

2)地址结构

分页系统的地址结构如图 2-10 所示,由两部分组成:前一部分为页号 P;后一部分为偏移量 W,即页内地址。图中的地址长度为 32 位,其中 0~11 位为页内地址(每页的大小为 4KB),12~31 位为页号,所以允许的地址空间大小最多为 1MB 个页。

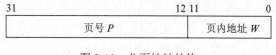

图 2-10　分页地址结构

3)页表

将进程的每一页离散地分配到内存的多个物理块中后,系统应保证能在内存中找到每个页面所对应的物理块。为此,系统为每个进程建立了一张页面映射表,简称页表,如图 2-11 所示。每个页在页表中占一个表项,记录程序中的某页在内存中对应的物理块号。进程在执行时,系统通过查找页表,就可以找到每页所对应的物理块号,实现页号到物理块号的地址映射。

4)地址变换机构

地址变换机构的基本任务是利用页表把用户程序中的逻辑地址变换成内存中的物理地址,即将用户程序中的页号变换成内存中的物理块号。页表寄存器用来存放页表的起始地址和页表的长度。在进程未执行时,每个进程对应的页表的起始地址和长度存放在进程的 PCB 中,当该进程被调度时,就将它们装入页表寄存器。进行地址变换时,系统将页号与页表长度进行比较,如果页号大于等于页表寄存器中的页表长度 L(页号从 0 开始),则产生越界中断。如未出现越界,则根据页表寄存器中的页表的起始地址和页号计算出该页在页表项中的位置,得到该页的物理块号,将此物理块号装入物理地址寄存器中。与此同时,将有效地址(逻辑地址)寄存器中页内地址直接装入物理地址寄存器的块内地址字段中,完成从逻辑地址到物理地址的变换。

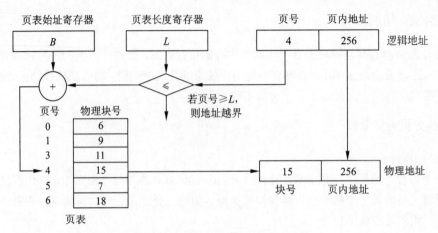

图 2-11　页表存储管理的地址映射

2. 快表

从地址映射的过程可以发现，页式存储管理至少需要两次访问内存，第一次是访问页表，得到数据的物理地址；第二次是存取数据。若采用间接寻址访问数据，还需要再进行地址变换。为了提高访问内存的速度，可以在地址映射机构中增加一组高速寄存器，用来保存页表，这种方法需要大量的硬件开销。另一种方法是在地址映射机构中增加一个小容量的联想存储器，联想存储器由一组高速存储器组成，称为快表，用来保存当前访问频率高的少数活动页的页号及相关信息。

联想存储器存放的只是当前进程最活跃的少数几页的物理块号，当用户程序要访问数据时，在联想存储器中找出该数据所在逻辑页号对应的物理块号，与页内地址拼接形成物理地址；若找不到对应的物理页号，则地址映射仍通过内存的页表进行。事实上，查找联想存储器和查找内存页表是并行进行的，一旦在联想存储器中找到相符的逻辑页号时，就停止查找内存页表。若找到相符的逻辑页号时，就通过查找内存页表得到物理页号。

2.3.4　分段存储管理

1. 分段存储管理方式的引入

段是信息的逻辑单位，因此分段系统的一个突出优点是易于实现段的共享，即允许若干个进程共享一个或多个段，可简单地实现段的保护。

在实现程序和数据的共享时，常常以信息的逻辑单位为基础。分页系统中的每一页只是存放信息的物理单位，其本身没有完整的意义，因而不便于实现信息共享，而段却是信息的逻辑单位，有利于信息的共享和保护。

在实际系统中，有些数据段会不断地增长，而事先却无法知道数据段会增长到多大，分段存储管理方式可以较好地解决这个问题。

2．分段的基本原理

在分段存储管理方式中，作业的地址空间被划分为若干段，每段是一组完整的逻辑信息，如主程序段、子程序段、数据段及堆栈段等，每段都有自己的名字，都是从零开始编址的一段连续的地址空间，各段长度不等。分段系统的地址结构如图 2-12 所示，逻辑地址由段号（名）和段内地址两部分组成，在该地址结构中，允许一个作业最多有 64K 段，每段的最大长度为64KB。

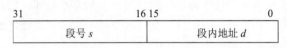

图 2-12　分段系统的地址结构

段式存储管理的地址变换机构如图 2-13 所示。

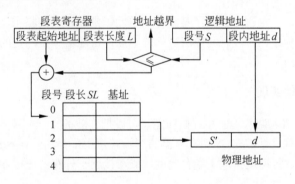

图 2-13　段式存储管理的地址变换机构

在分段式存储管理系统中，为每段分配一个连续的分区，进程中的各段可以离散地分配到内存的不同分区。在系统中为每个进程建立一张段映射表，简称为"段表"。每段在表中占有一表项，其中记录了该段在内存中的起始地址（又称为"基址"）和段的长度，如图 2-13 所示。利用段表寄存器中的段表长度与逻辑地址中的段号比较，若段号超过段表长度则产生越界中断。进程在执行中，通过查找段表找到每个段所对应的内存区，实现逻辑段到物理内存区的映射。

2.3.5　虚拟存储管理

前面介绍的存储管理方案中，必须为每个作业分配足够的空间，以便装入全部信息。当主存空间不能满足作业要求时，作业便无法装入主存执行。

如果一个作业的部分内容装入主存便可开始启动运行，其余部分暂时留在磁盘上，需要时再装入主存。这样，可以有效地利用主存空间。从用户角度看，该系统所具有的主存容量将比实际主存容量大得多，人们把这样的存储器称为虚拟存储器。虚拟存储器是为了扩大主存容量而采用的一种设计方法，其容量是由计算机的地址结构决定的。

1．程序局部性原理

P. Denning 在 1968 年指出，程序在执行时将呈现出局部性规律，即在一段时间内，程序的执行仅局限于某个部分。相应地，它所访问的存储空间也局限于某个区域内。程序的局限性表现在时间局限性和空间局限性两个方面。

（1）时间局限性。如果程序中的某条指令一旦执行，则不久的将来该指令可能再次被执行；如果某个存储单元被访问，则不久以后该存储单元可能再次被访问。产生时间局限性的典型原因是程序中存在着大量的循环操作。

（2）空间局限性。一旦程序访问了某个存储单元，则在不久的将来，其附近的存储单元也最有可能被访问，即程序在一段时间内所访问的地址，可能集中在一定的范围内，其典型原因是程序是顺序执行的。

2．虚拟存储器的实现

虚拟存储器具有请求调入功能和置换功能，可以把作业的一部分装入主存使其开始运行，能从逻辑上对主存容量进行扩充。虚拟存储器的逻辑容量由主存和外存容量之和以及 CPU 可寻址的范围来决定，其运行速度接近于主存速度，成本接近于外存。虚拟存储器实现主要有以下 3 种方式。

（1）请求分页系统。在分页系统的基础上，增加了请求调页功能和页面置换功能所形成的页式虚拟存储系统。它允许只装入若干页的用户程序和数据（而非全部程序），就可以启动运行，以后再通过调页功能和页面置换功能，陆续把将要使用的页面调入主存，同时把暂不运行的页面置换到外存上，置换时以页面为单位。

（2）请求分段系统。在分段系统的基础上，增加了请求调段和分段置换功能所形成的段式虚拟存储系统。它允许只装入若干段（而非全部段）的用户程序和数据，就可以启动运行，以后再通过调段功能和置换功能将不运行的段调出，同时调入将要运行的段，置换是以段为单位。

（3）请求段页式系统。在段页式系统的基础上，增加了请求调页和页面置换功能所形成的段页式虚拟存储系统。

3．请求分页管理的实现

请求分页是在纯分页系统的基础上，增加了请求调页功能、页面置换功能所形成的页式虚拟存储系统，是目前常用的一种虚拟存储器的方式。

请求分页的页表机制是在纯分页的页表机制上形成的，由于只将应用程序的一部分调入主存，还有一部分仍在外存上，故需在页表中再增加若干项，如状态位、访问字段、辅存地址等供程序（数据）在换进、换出时参考。

在请求分页系统中，每当所要访问的页面不在主存时，便产生一个缺页中断，请求调入所缺的页。缺页中断与一般中断的主要区别在于：缺页中断在指令执行期间产生和处理中断信号，而一般中断在一条指令执行结束后，下一条指令开始执行前检查和处理中断信号；缺页中断返回到被中断指令的开始重新执行该指令，而一般中断返回到下一条指令执行；一条指令在执行期间，可能会产生多次缺页中断。

4．页面置换算法

在进程运行过程中，如果发生缺页而内存中又无空闲块时，为了保证进程能正常运行，就必须从内存中调出一页程序或数据送入磁盘的对换区。但究竟将哪个页面调出，需要根据一定的页面置换算法来确定。置换算法的好坏将直接影响系统的性能，不适当的算法可能会导致刚被换出的页很快又被访问，需重新调入，使得系统频繁地更换页面，以致一个进程在运行中把大部分时间花费在页面置换工作上，称该进程发生了"抖动"（Thrashing，也称颠簸）。请求分页系统的核心问题是选择合适的页面置换算法。常用的页面置换算法如下所述。

1）最佳（Optimal）置换算法

该算法选择那些永不使用的，或者是在最长时间内不再被访问的页面置换出去。但是要确定哪一个页面是未来最长时间内不再被访问的，很难估计。

【例 2-7】　假定系统为某进程分配了 3 个物理块，进程访问页面的顺序为 0，7，6，5，7，4，7，3，5，4，7，4，5，6，5，7，6，0，7，6。进程运行时先将 0，7，6 三个页面装入内存，如表 2-2 所示。

表 2-2　最佳置换算法应用示例

访问页面	0	7	6	5	7	4	7	3	5	4	7	4	5	6	5	7	6	0	7	6
物	0	0	0	5	5	5	5	5	5	5	5	5	5	5	5	5	5	0	0	0
理		7	7	7	7	7	7	3	3	3	7	7	7	7	7	7	7	7	7	7
块			6	6	6	4	4	4	4	4	4	4	4	6	6	6	6	6	6	6
缺页	x	x	x	x		x		x			x			x				x		

当进程访问页面 5 时，产生缺页中断，根据最佳置换算法，页面 0 将在第 18 次才被访问，是三页中将最久不被访问的页面，所以被淘汰。接着访问页面 7 时，发现已在内存中，而不会产生缺页中断，依此类推。表 2-2 中 X 表示产生了缺页中断，可以看出，采用最佳置换算法，产生了 9 次缺页中断，发生了 6 次页面置换。

2）先进先出（FIFO）置换算法

该算法总是淘汰最先进入内存的页面，即选择在内存中驻留时间最久的页面予以淘汰。该算法实现简单，只需把一个进程中已调入内存的页面按先后次序链接成一个队列即可。该算法简单直观，但是性能差，会发生 Belady 异常现象。所谓 Belady 现象，是指如果对一个进程未分配它所要求的全部页面，有时就会出现分配的页面数增多但缺页率反而提高的异常现象。例如，对页面访问序列为 A B C D A B E A B C D E，物理块从 3 块增加到 4 块，缺页次数增加。

【例 2-8】 假定系统中某进程访问页面的顺序为 0，7，6，5，7，4，7，3，5，4，7，4，5，6，5，7，6，0，7，6，利用 FIFO 算法进行页面置换的结果如表 2-3 所示。

表 2-3 先进先出算法应用示例

访问页面	0	7	6	5	7	4	7	3	5	4	7	4	5	6	5	7	6	0	7	6
物	0	7	6	5	5	4	7	3	5	4	7	7	7	6	5	5	5	0	7	6
理		0	7	6	6	5	4	7	3	5	4	4	4	7	6	6	6	5	0	7
块			0	7	7	6	5	4	7	3	5	5	5	4	7	7	7	6	5	0
缺页	x	x	x	x		x	x	x	x	x	x			x	x			x	x	x

从表 2-3 中可以看出，产生了 15 次缺页中断，发生了 12 次页面置换。

3）最近最少使用（Least Recently Used，LRU）置换算法

该算法是选择最近最少使用的页面予以淘汰，系统在每个页面设置一个访问字段，用以记录这个页面自上次被访问以来所经历的时间 T，当要淘汰一个页面时，选择 T 最大的页面。

【例 2-9】 假定系统中某进程访问页面的顺序如例 2-7 所示，利用 LRU 算法对上例进行页面置换的结果如表 2-4 所示。

表 2-4 最近最少使用算法应用示例

访问页面	0	7	6	5	7	4	7	3	5	4	7	4	5	6	5	7	6	0	7	6
物	0	7	6	5	7	4	7	3	5	4	7	4	5	6	5	7	6	0	7	6
理		0	7	6	5	7	4	7	3	5	4	7	4	5	6	5	7	6	0	7
块			0	7	6	5	5	4	7	3	5	5	7	4	4	6	5	7	6	0
缺页	x	x	x	x		x		x	x	x	x			x		x		x		

从表 2-4 中可以看出，产生了 12 次缺页中断，发生了 9 次页面置换。

4）最近未用（Not Used Recently，NUR）置换算法

NRU 算法是将最近一段时间未引用过的页面换出。这是一种 LRU 的近似算法。该算法为每个页面设置一位访问位，将内存中的所有页面通过链接指针连成一个循环队列。当某页被访问时，其访问位置 1。在选择一页淘汰时，就检查其访问位，如果是 0，就选择该页换出；若为 1，则重新置为 0，暂不换出该页，在循环队列中检查下一个页面，直到找到访问位为 0 的页面为止。该算法只有一位访问位，只能用它表示该页是否已经使用过，若未使用过，则可将其置换出去。

2.4　设备管理

设备管理是操作系统中最繁杂而且与硬件紧密相关的部分，不但要管理实际 I/O 操作的设备（如磁盘机、扫描仪、打印机、键盘和鼠标），还要管理诸如设备控制器、DMA 控制器、中断控制器和 I/O 处理机（通道）等支持设备。设备管理包括各种设备分配、缓冲区管理和实际物理 I/O 设备操作，通过管理达到提高设备利用率和方便用户的目的。

2.4.1　设备管理概述

设备是计算机系统与外界交互的工具，具体负责计算机与外部的输入输出工作，所以称为外部设备（简称外设）。在计算机系统中，将负责管理设备和输入输出的机构称为输入输出系统（IO 系统），IO 系统由设备、控制器、通道、总线和输入输出软件组成。

1．设备的分类

显示器、鼠标、键盘、打印机、扫描仪、绘图仪和路由器等是现代计算机中系统常见的设备。可以将设备进行不同的分类。

（1）按数据组织分类，分为块设备（Block Device）和字符设备（Character Device）。块设备以数据块为单位来组织和传送数据信息，如磁盘。字符设备是指以单个字符为单位来传送数据信息的设备，如交互式终端、打印机等。

（2）从资源分配角度分类，分为独占设备、共享设备和虚拟设备。独占设备是指在一段时间内只允许一个用户（进程）访问的设备，大多数低速的 I/O 设备，如用户终端、打印机等属于这类设备。共享设备是指在一段时间内允许多个进程同时访问的设备，典型的共享设备是磁盘。虚拟设备是指通过虚拟技术将一台独占设备变换为若干台供多个用户（进程）共享的逻辑设备，可以利用假脱机技术（Spooling 技术）实现虚拟设备。

（3）按数据传输率分类，分为低速设备、中速设备和高速设备。典型的低速设备有键盘、

鼠标和语音的输入等，其传输速率为每秒钟几个字节到数百个字节。中速设备是指传输速率在每秒钟数千个字节至数十千个字节的设备，典型的设备有行式打印机、激光打印机等。高速设备是指传输速率在数百千个字节至数兆字节的设备，典型的设备有磁带机、磁盘机和光盘机等。

2．设备管理的目标与任务

1）设备管理的目标

设备管理的目标主要是如何提高设备的利用率，为用户提供方便统一的界面。提高设备的利用率就是提高 CPU 与输入输出设备之间的并行操作程度，采用的技术主要包括中断技术、DMA 技术、通道技术和缓冲技术。方便统一的界面是指用户能独立于具体设备的复杂物理特性之外而方便地使用设备。所谓统一，是指对不同的设备尽量使用统一的操作方式。这就要求用户操作的是简便的逻辑设备，而具体的物理设备操作由操作系统去实现，这种性能常常被称为设备的独立性。

2）设备管理的任务

在多道程序环境下，当多个进程竞争使用设备时，按一定策略分配和管理各种设备，控制设备的各种操作，完成 I/O 设备与主存之间的数据交换。

设备管理的主要功能是动态地掌握并记录设备的状态、设备分配和释放、缓冲区管理、实现物理 I/O 设备的操作、提供设备使用的用户接口和设备的访问与控制。

2.4.2　设备管理技术

设备管理技术主要包括通道、DMA、缓冲和 Spooling 技术。

1．通道技术

引入通道的目的是使数据的传输独立于 CPU，将 CPU 从烦琐的 I/O 工作中解脱出来。设置通道后，CPU 只需向通道发出输入输出命令，通道收到命令后，从内存中取出本次输入输出要执行的通道程序加以执行，当通道完成输入输出任务后，才向 CPU 发出中断信号。

由于通道价格昂贵，因此计算机系统中的通道数量有限，这往往会成为输入输出的"瓶颈"问题。一个单通路的 I/O 系统中主存和设备之间只有一条通路。一旦某通道被设备占用，即使另一通道空闲，连接该通道的其他设备只有等待。解决"瓶颈"问题的最有效方法是增加设备到主机之间的通路，使得主存和设备之间有两条以上的通路。

2．DMA 技术

直接内存存取（Direct Memory Access，DMA）是指数据在内存与输入输出设备之间实现直接成块传送，即在内存与输入输出设备之间传送一个数据块的过程中，只需要 CPU 在开始（即向设备发出"传送一块数据"的命令）与结束（CPU 通过轮询或中断得知过程是否结束和下次操作是否准备就绪）时进行处理，实际操作过程由 DMA 硬件直接执行完成，CPU 在此传送过程中可执行别的任务。例如，需要打印 2048 个字节的数据，在 DMA 方式下，若一次 DMA 可传送 512 个字节，则只需要执行 4 次输出指令和处理 4 次打印机中断。若一次 DMA 可传送字节数大于等于 2048 个字节，则只需要执行一次输出指令和处理一次打印机中断。

3．缓冲技术

缓冲技术（Buffer Technology）可提高外设利用率，尽可能使外设处于忙状态。缓冲技术可以采用硬件缓冲和软件缓冲。硬件缓冲是利用专门的硬件寄存器作为缓冲，软件缓冲通过操作系统来管理。引入缓冲的主要目的如下。

（1）缓和 CPU 与输入输出设备间速度不匹配的矛盾。

（2）减少对 CPU 的中断频率，放宽对中断响应时间的限制。

（3）提高 CPU 和输入输出设备之间的并行性。

在所有的输入输出设备与处理机（内存）之间，都使用了缓冲区来交换数据，所以操作系统必须组织和管理好这些缓冲区。缓冲可分为单缓冲、双缓冲、多缓冲和环形缓冲。

4．Spooling 技术

Spooling（Simultaneous Peripheral Operation On-Line，外部设备联机并行操作）是关于慢速字符设备如何与计算机主机交换信息的一种技术，通常称为"假脱机技术"。Spooling 技术用一类物理设备模拟另一类物理设备，使独占使用的设备变成多台虚拟设备，它也是一种速度匹配技术。Spooling 系统由"预输入程序""缓输出程序""井管理程序"以及输入和输出井组成。其中，输入井和输出井用于存放从输入设备输入的信息以及作业执行的结果，是系统在辅助存储器上开辟的存储区域。Spooling 系统的组成和结构如图 2-14 所示。

Spooling 系统的工作过程是：操作系统初启后激活 Spooling 预输入程序，使它处于捕获输入请求的状态，一旦有输入请求消息，Spooling 输入程序立即得到执行，把装在输入设备上的作业输入硬盘的输入井中，并填写好作业表以便作业在执行中要求输入信息时，可以随时找到它们的存放位置。当作业需要输出数据时，可以先将数据送到输出井，当输出设备空闲时，由 Spooling 输出程序把硬盘上输出井的数据送到慢速的输出设备上。

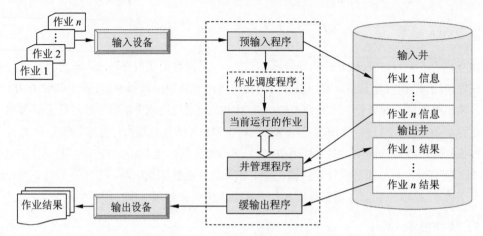

图 2-14　Spooling 系统的组成和结构

Spooling 系统中拥有一张作业表，用来登记进入系统的所有作业的作业名、状态和预输入表位置等信息。每个用户作业拥有一张预输入表用来登记该作业的各个文件的情况，包括设备类、信息长度及存放位置等。输入井中的作业有如下 4 种状态。

- 输入状态：作业的信息正从输入设备上预输入。
- 收容状态：作业预输入结束但未被选中执行。
- 执行状态：作业已被选中运行，运行过程中，它可从输入井中读取数据信息，也可向输出井写信息。
- 完成状态：作业已经撤离，由系统进行善后处理。

2.4.3　磁盘调度

磁盘是可被多个进程共享的设备。当有多个进程请求访问磁盘时，为了保证信息的安全，系统每一时刻只允许一个进程启动磁盘进行 I/O 操作，其余的进程只能等待。因此，操作系统应采用一种适当的调度算法，使各进程对磁盘的平均访问时间最小。磁盘调度分为两类：移臂调度和旋转调度。系统先进行移臂调度，然后进行旋转调度。由于访问磁盘最耗时的是寻道时间，因此，磁盘调度的目标是使磁盘的平均寻道时间最少。

1．磁盘驱动调度

常用的磁盘调度算法有先来先服务、最短寻道时间优先、扫描算法和单向扫描调度算法等。

（1）先来先服务（First-Come-First-Service，FCFS）。先来先服务是最简单的磁盘调度算法，它根据进程请求访问磁盘的先后次序进行调度。此算法的优点是公平、简单，且每个进程的请求都能依次得到处理，不会出现某进程的请求长期得不到满足的情况。但此算法由于未对寻道进行优化，致使平均寻道时间可能较长。

（2）最短寻道时间优先（Shortest Seek Time First，SSTF）。SSTF 算法选择进程时，要求其访问的磁道与当前磁头所在的磁道距离最近，使得每次的寻道时间最短，但这种调度算法却不能保证平均寻道时间最短。

（3）扫描算法（SCAN）。SCAN 算法不仅考虑到欲访问的磁道与当前磁道的距离，更优先考虑的是磁头的当前移动方向。例如，当磁头正在由里向外移动时，SCAN 算法所选择的下一个访问对象应是其欲访问的磁道，既在当前磁道之外，又是距离最近的。这样由里向外地访问，直至再无更外的磁道需要访问时，才将磁臂换向，由外向里移动。这时，同样也是每次选择在当前磁道之内，且距离最近的进程来调度。这样，磁头逐步地向里移动，直至再无更里面的磁道需要访问。这种算法中磁头移动的规律颇似电梯的运行，故又常称为电梯调度算法。

（4）单向扫描调度算法（CSCAN）。CSCAN 算法是对扫描调度算法进行了改进。SCAN 算法存在的问题：当磁头刚从里向外移动过某一磁道时，恰有一进程请求访问此磁道，这时该进程必须等待，待磁头从里向外，然后再从外向里扫描完所有要访问的磁道后，才处理该进程的请求，致使该进程的请求被严重地推迟。为了减少这种延迟，CSCAN 算法规定磁头只做单向移动。

2．旋转调度算法

当移动臂定位后，有多个进程等待访问该柱面时，应当如何决定这些进程的访问顺序？这就是旋转调度要考虑的问题。显然，系统应该选择延迟时间最短的进程对磁盘的扇区进行访问。当有若干等待进程请求访问磁盘上的信息时，旋转调度应考虑如下情况。

（1）进程请求访问的是同一磁道上的不同编号的扇区。

（2）进程请求访问的是不同磁道上的不同编号的扇区。

（3）进程请求访问的是不同磁道上具有相同编号的扇区。

对于（1）与（2），旋转调度总是让首先到达读写磁头位置下的扇区先进行传送操作；对于（3），旋转调度可以任选一个读写磁头位置下的扇区进行传送操作。

2.5　文件管理

操作系统中的文件系统专门负责管理外存储器上的信息，使用户可以"按名"高效、快速和方便地存储信息。

2.5.1　基本概念

1．文件

文件（File）是具有符号名的、在逻辑上具有完整意义的一组相关信息项的集合。例如，一个源程序、一个目标程序、编译程序、一批待加工的数据、各种文档等都可以各自组成一个文件。

信息项是构成文件内容的基本单位，可以是一个字符，也可以是一个记录，记录可以等长，也可以不等长。文件包括文件体和文件说明。文件体是文件真实的内容；文件说明是操作系统为了管理文件所使用的信息，主要包括文件名、文件内部标识、文件的类型、文件存储地址、文件的长度、访问权限、建立时间和访问时间等内容。

文件是一种抽象机制，它隐藏了硬件和实现细节，提供了将信息保存在磁盘上并进行读取的手段，使用户不必了解信息存储的方法、位置以及存储设备的实际操作方式。操作系统根据文件名对文件进行控制和管理。在不同的操作系统中，文件的命名规则有所不同，即文件名字的格式和长度因系统而异。

2．文件系统

文件系统是操作系统中实现文件统一管理的一组软件和相关数据的集合，专门负责管理和存取文件信息的软件机构。文件系统包括如下功能。

（1）按名存取，即用户可以"按名存取"，而不是"按地址存取"。

（2）统一的用户接口，即在不同设备上提供同样的接口，方便用户操作和编程。

（3）并发访问和控制，即在多道程序系统中支持对文件的并发访问和控制。

（4）安全性控制，即在多用户系统中的不同用户对同一文件可有不同的访问权限。

（5）优化性能，即采用相关技术提高系统对文件的存储效率、检索和读写性能。

（6）差错恢复，即能够验证文件的正确性，并具有一定的差错恢复能力。

3．文件分类

文件按照性质和用途、保存期限和保护方式等通常可进行如下分类。

（1）按文件性质和用途可将文件分为系统文件、库文件和用户文件。

（2）按信息保存期限可将文件分为临时文件、档案文件和永久文件。

（3）按文件的保护方式可将文件分为只读文件、读写文件、可执行文件和不保护文件。

（4）UNIX系统将文件分为普通文件、目录文件和设备文件（也称特殊文件）。

文件分类的目的是对不同文件进行管理，提高系统效率以及用户界面友好性。当然，根据文件的存取方法和物理结构不同，还可以将文件分为不同的类型。

2.5.2　文件的结构和组织

文件的结构是指文件的组织形式。从用户角度看到的文件组织形式称为文件的逻辑结构，文件系统的用户只要知道所需文件的文件名，而无须知道这些文件究竟存放在什么地方，就可存取文件中的信息。从实现的角度看文件在文件存储器上的存放方式，称为文件的物理结构。

1.　文件的逻辑结构

文件的逻辑结构可分为两大类：一类是有结构的记录式文件，它是由一个以上的记录构成的文件，故又称为记录式文件；另一类是无结构的流式文件，它是由一串顺序字符流构成的文件。

1）有结构的记录式文件

在记录式文件中，所有的记录通常都是描述一个实体集的，有着相同或不同数目的数据项，记录的长度可分为定长和不定长两类。

（1）定长记录。指文件中所有记录的长度相同。所有记录中的各个数据项都处在记录中相同的位置，具有相同的顺序及相同的长度，文件的长度用记录数目表示。定长记录的特点是处理方便，开销小。

（2）变长记录。指文件中各记录的长度不相同。这是因为：一个记录中所包含的数据项数目可能不同，如书的著作者、论文中的关键词；数据项本身的长度不定，如病历记录中的病因、病史，科技情报记录中的摘要等。但是，不论是哪一种结构，在处理前每个记录的长度是可知的。

2）无结构的流式文件

文件体为字节流，不划分记录。无结构的流式文件通常采用顺序访问方式，并且每次读写访问可以指定任意的数据长度，其长度以字节为单位。对流式文件访问，是利用读写指针指出下一个要访问的字符。可以把流式文件看作记录式文件的一个特例。在 UNIX 系统中，所有的文件都被看作流式文件，即使是有结构的文件也被视为流式文件，系统不对文件进行格式处理。

2.　文件的物理结构

文件的物理结构是指文件的内部组织形式，即文件在物理存储设备上的存放方法。由于文件的物理结构决定了文件在存储设备上的存放位置，所以文件的逻辑块号到物理块号的转换也是由文件的物理结构决定的。根据用户和系统管理上的需要，可采用多种方法来组织文件，下面介绍几种常见的文件物理结构。

（1）连续结构。连续结构也称顺序结构，它将逻辑上连续的文件信息（如记录）依次连续存放在连续编号的物理块上。只要知道文件的起始物理块号和文件的长度，就可以很方便地进行文件的存取。连续结构的优点是对文件中的记录进行批量存取时，其存取效率是最高的。连续结构的缺点是不便于记录的增加或删除操作，而且在交互应用的场合，如果用户（程序）要求随机地查找或修改单个记录，此时系统需要逐个地查找各个记录，这样采用连续结构所表现出来的性能就可能很差，尤其是当文件较大时情况更为严重。

（2）链接结构。链接结构也称串联结构，它是将逻辑上连续的文件信息（如记录）存放在不连续的物理块上，每个物理块设有一个指针指向下一个物理块。因此，只要知道文件的第一个物理块号，就可以按链指针查找整个文件。

（3）索引结构。采用索引结构时，将逻辑上连续的文件信息（如记录）存放在不连续的物理块中，系统为每个文件建立一张索引表。索引表记录了文件信息所在的逻辑块号对应的物理块号，并将索引表的起始地址放在与文件对应的文件目录项中。

（4）多个物理块的索引表。索引表是在文件创建时由系统自动建立的，并与文件一起存放在同一文件卷上。根据一个文件大小的不同，其索引表占用物理块的个数不等，一般占一个或几个物理块。多个物理块的索引表可有两种组织方式：链接文件和多重索引方式。

在 UNIX 文件系统中采用三级索引结构，文件系统中 i-node 是基本的构件，它表示文件系统树型结构的结点。UNIX 文件索引表项分 4 种寻址方式：直接寻址、一级间接寻址、二级间接寻址和三级间接寻址。

2.5.3　文件目录

为了实现"按名存取"，系统必须为每个文件设置用于描述和控制文件的数据结构，它至少要包括文件名和存放文件的物理地址，这个数据结构称为文件控制块（FCB），文件控制块的有序集合称为文件目录。换句话说，文件目录是由文件控制块组成的，专门用于文件检索。文件控制块也称为文件的说明或文件目录项（简称目录项）。

1．文件控制块

文件控制块中包含以下三类信息。

（1）基本信息类。如文件名、文件的物理地址、文件长度和文件块数等。

（2）存取控制信息类。文件的存取权限，如读、写、执行（RWX）权限等。

（3）使用信息类。如文件建立日期、最后一次修改日期、最后一次访问日期、当前使用的信息、打开文件的进程数，以及在文件上的等待队列等。

需要说明的是，文件控制块的信息因操作系统不同而异，UNIX 文件系统中，FCB 的各项信息为文件类型和存取权限、链接数、文件主、组名、文件长度、最后一次修改日期、文件名。

文件目录是由文件控制块组成的，专门用于文件的检索。文件目录可以存放在文件存储器固定位置，也可以以文件的形式存放在磁盘上，将这种特殊的文件称为目录文件。

2．目录结构

文件目录结构的组织方式直接影响文件的存取速度，关系到文件共享性和安全性，因此组织好文件的目录是设计文件系统的重要环节。常见的目录结构有 3 种：一级目录结构、二级目录结构和多级目录结构。

（1）一级目录结构。一级目录的整个目录组织是一个线性结构，在整个系统中只需建立一张目录表，系统为每个文件分配一个目录项（文件控制块）。一级目录结构简单，但缺点是查找速度慢，不允许重名和不便于实现文件共享等。

（2）二级目录结构。二级目录结构是为了克服一级目录结构存在的缺点而引入的，它是由主文件目录（Master File Directory，MFD）和用户目录（User File Directory，UFD）组成的。在主文件目录中，每个用户文件目录都占有一个目录项，其目录项中包括用户名和指向该用户目录文件的指针。用户目录由用户所有文件的目录项组成。

二级目录结构基本上克服了单级目录的缺点，其优点是提高了检索目录的速度，较好地解决了重名问题。采用二级目录结构虽然能有效地将多个用户隔离开，但当多个用户之间要相互合作去共同完成一个大任务，且一个用户又需去访问其他用户的文件时，这种隔离便成为一个缺点，因为这种隔离使各用户之间不便于共享文件。

（3）多级目录结构。为了解决二级目录存在的问题，在多道程序设计系统中常采用多级目录结构，这种目录结构像一棵倒置的有根树，所以也称为树型目录结构。从树根向下，每一个结点是一个目录，叶结点是文件。Windows 和 UNIX 等操作系统均采用多级目录结构。

采用多级目录结构的文件系统中，用户要访问一个文件，必须指出文件所在的路径名，路径名是从根目录开始到该文件的通路上所有各级目录名拼起来得到的。各目录名之间，目录名与文件名之间需要用分隔符隔开。例如，在 Windows 中分隔符为"\"，在 UNIX 中分隔符为"/"。绝对路径名是指从根目录开始的完整文件名，即它是由从根目录开始的所有目录名以及文件名构成的。

2.5.4　存取方法、存取控制

1．文件的存取方法

文件的存取方法是指读写文件存储器上的一个物理块的方法，通常分为顺序存取和随机存取。顺序存取是指对文件中的信息按顺序依次读写的方式；随机存取是指可以按任意的次序随机地读写文件中的信息。

（1）顺序存取法。在提供记录式文件结构的系统中，顺序存取法严格按物理记录排列的顺序依次读取。如果当前读取的是 R_i 记录，则下一次要读取的记录自动地确定为 R_{i+1}。在只提供无结构的流式文件中，顺序存取法是按读写的位移（Offset）从当前位置开始读写，每读完一段信息，读写位移自动加上这段信息的长度，以便读下一段信息。

（2）直接存取法。直接存取法允许用户随意存取文件中任意一个物理记录。对于无结构的流式文件，采用直接存取法，必须事先移动到待读写信息的位置上再进行读写。

（3）按键存取法。按键存取法是直接存取法的一种，它不是根据记录的编号或地址来存取文件中的记录，而是根据文件中各记录的某个数据项内容来存取记录的，这种数据项称为"键"。

2．文件存储空间的管理

外部存储器简称外存或辅助存储器，该存储器具有大容量的存储空间，被多个用户共享的特点。用户经常要在磁盘上存储文件和删除文件，若要用户掌握磁盘空间哪些已使用、哪些未使用，显然是非常困难的。文件系统就是对磁盘空间进行管理。外存空闲空间管理的数据结构通常称为磁盘分配表（Disk Allocation Table，DAT）。常用的空闲空间的管理方法有位示图、空闲区表和空闲块链 3 种。

（1）空闲区表。将外存空间上一个连续未分配区域称为"空闲区"。操作系统为磁盘外存上所有空闲区建立一张空闲表，每个表项对应一个空闲区，空闲表中包含序号、空闲区的第一块号、空闲块的块数和状态等信息，如表 2-5 所示。它适用于连续文件结构。

表 2-5　空闲区表

序　　号	第一个空闲块号	空 闲 块 数	状　　态
1	18	5	可用
2	29	8	可用
3	105	19	可用
4	—	—	未用

（2）位示图。这种方法是在外存上建立一张位示图（Bitmap），记录文件存储器的使用情况。每一位对应文件存储器上的一个物理块，取值 0 和 1 分别表示空闲和占用。文件存储器上的物理块依次编号为 0，1，2，…。假如系统中字长为 32 位，那么在位示图中的第一个字对应文件存储器上的 0，1，2，…，31 号物理块；第二个字对应文件存储器上的 32，33，34，…，63 号物理块，依此类推。

位示图的大小由磁盘空间的大小（物理块总数）决定，其描述能力很强，适合各种物理结构。例如，大小为 120GB 的磁盘，物理块的大小为 4MB，那么，位示图的大小为

$$120 \times 1024 \div 4 \div 8 = 3840 \text{ 字节}$$

（3）空闲块链。每个空闲物理块中有指向下一个空闲物理块的指针，所有空闲物理块构成一个链表，链表的头指针放在文件存储器的特定位置上（如管理块中）。不需要磁盘分配表，节省空间。每次申请空闲物理块只需根据链表的头指针取出第一个空闲物理块，根据第一个空闲物理块的指针可找到第二个空闲物理块，依此类推即可。

（4）成组链接法。在 UNIX 系统中，将空闲块分成若干组，每 100 个空闲块为一组，每组的第一个空闲块登记了下一组空闲块的物理盘块号和空闲块总数，假如一个组的第一个空闲块号等于 0 的话，意味着该组是最后一组，无下一组空闲块。

2.5.5　文件的使用

文件系统将用户的逻辑文件按一定的组织方式转换成物理文件存入存储器，由文件系统为每个文件与其在磁盘上的存放位置建立起对应关系。当用户使用文件时，文件系统通过用户给出的文件名，查出对应文件的存放位置，读出文件的内容。在多用户环境下，为了文件安全和保护起见，操作系统为每个文件建立和维护关于文件主、访问权限等方面的信息。为此，操作系统在操作级（命令级）和编程级（系统调用和函数）向用户提供文件的服务。其中，在操作级向用户提供的命令有目录管理类命令、文件操作类命令（如复制、删除和修改）和文件管理类命令（如设置文件权限）等；在编程级向用户提供的常用的系统调用如表 2-6 所示。

表 2-6　系统调用

系统调用	功能	系统调用	功能
create（文件名，参数表）	创建文件	close（文件名）	关闭文件
delete（文件名）	撤销文件	read（文件名，参数表）	读文件
open（文件名，参数表）	打开文件	write（文件名，参数表）	写文件

2.5.6　文件的共享和保护

1. 文件的共享

文件共享是指不同用户进程使用同一文件，它不仅是不同用户完成同一任务所必需的功能，而且还可以节省大量的内存空间，减少由于文件复制而增加的访问外存的次数。文件共享有多种形式，采用文件名和文件说明分离的目录结构有利于实现文件共享。在 UNIX 系统中允许多用户基于索引结点的共享，或利用符号链接共享同一个文件。

符号链接是通过建立新的文件（或目录）与原来文件（或目录）的路径名映射。当访问一个符号链接时，系统通过该映射找到原文件的路径，并对其进行访问。

采用符号链接可以跨越文件系统，只需提供该文件所在的地址，以及在该机器中的文件路径，可以通过计算机网络连接到世界上任何地方的机器中的文件。符号链接的缺点是其他用户读取符号链接的共享文件比读取硬链接的共享文件需要增加读盘操作的次数。因为其他用户去读符号链接的共享文件时，系统中根据给定的文件路径名，逐个分量地去查找目录，通过多次读盘操作才能找到该文件的索引结点。

2．文件的保护

文件系统对文件的保护常采用存取控制方式进行。所谓存取控制，就是不同的用户对文件的访问规定不同的权限，以防止文件被未经文件主同意的用户访问。文件的保护方式主要有存取控制矩阵、存取控制表、用户权限表、口令和密码等。

（1）存取控制矩阵。存取控制矩阵是一个二维矩阵，其中的一维列出计算机的全部用户，另一维列出系统中的全部文件，矩阵中每个元素 A_{ij} 表示第 i 个用户对第 j 个文件的存取权限。通常存取权限有可读 R、可写 W、可执行 X 以及它们的组合，如表 2-7 所示。

表 2-7　存取控制矩阵

用户＼文件	ALPHA	BETA	REPORT	SQRT	…
张军	RWX	…	R-X	…	
李晓钢	R-X	…	RWX	R-X	…
王伟	…	RWX	R-X	R-X	
赵凌	…	…	R-X	RWX	
⋮	…				

存取控制矩阵在概念上是简单清楚的，但实现上却有困难。当一个系统用户数和文件数很大时，二维矩阵要占很大的存储空间，验证过程也将耗费许多系统时间。

（2）存取控制表。存取控制矩阵由于太大而往往无法实现。一个改进的办法是按用户对文件的访问权力的差别对用户进行分类，由于某一文件往往只与少数几个用户有关，所以这种分类方法可使存取控制表大为简化。UNIX 系统使用了存取控制表方法。

（3）用户权限表。改进存取控制矩阵的另一种方法是以用户或用户组为单位将用户可存取的文件集中起来存入表中，这称为用户权限表。表中每个表目表示该用户对应文件的存取权限，这相当于存取控制矩阵一行的简化。

（4）密码。在创建文件时，由用户提供一个密码，在文件存入磁盘时用该密码对文件内容加密。进行读取操作时，要对文件进行解密，只有知道密码的用户才能读取文件。

2.5.7　系统的安全与可靠性

1．系统的安全

系统的安全涉及两类不同的问题：一类涉及技术、管理、法律、道德和政治等问题；另一类涉及操作系统的安全机制。随着计算机应用范围扩大，在所有稍具规模的系统中，都从多个级别上来保证系统的安全性。一般可从 4 个级别：系统级、用户级、目录级和文件级上对文件进行安全性管理。

（1）系统级。系统级安全管理的主要任务是不允许未经核准的用户进入系统，从而也防止了他人非法使用系统中的各类资源（包括文件）。系统级管理的主要措施有注册和登录。

（2）用户级。用户级安全管理是通过对所有用户分类和对指定用户分配访问权。不同的用户对不同文件设置不同的存取权限来实现。例如，在 UNIX 系统中将用户分为文件主、组用户和其他用户。有的系统将用户分为超级用户、系统操作员和一般用户。

（3）目录级。目录级安全管理是为了保护系统中各种目录而设计的，它与用户权限无关。为保证目录的安全，规定只有系统核心才具有写目录的权利。

（4）文件级。文件级安全管理是通过系统管理员或文件主对文件属性的设置来控制用户对文件的访问。通常可设置只执行、隐含、只读、读/写、共享和系统等属性。用户对文件的访问，将由用户访问权、目录访问权限及文件属性三者的权限所确定。或者说是有效权限和文件属性的交集。例如，对于只读文件，尽管用户的有效权限是读写，但都不能对只读文件进行修改、更名和删除。对于一个非共享文件，将禁止在同一时间内由多个用户对它们进行访问。

2．文件系统的可靠性

文件系统的可靠性是指系统抵抗和预防各种物理性破坏和人为破坏的能力。比起计算机的损坏，文件系统被破坏的后果更加严重。例如，将开水泼在键盘上引起的故障，尽管伤脑筋但毕竟可以修复，而文件系统破坏了在很多情况下是无法恢复的。特别是对于那些程序文件、客户档案、市场计划或其他数据文件丢失的客户来说，这不亚于一场大的灾难。尽管文件系统无法防止设备和存储介质的物理损坏，但至少应能保护信息。

（1）转储和恢复。文件系统中无论是硬件还是软件，都会发生损坏和错误。例如，自然界的闪电、电压的突变、火灾和水灾等均可能引起软、硬件的破坏。为了使文件系统万无一失，应当采用相应的措施。最简单和常用的措施是通过转储操作，形成文件或文件系统的多个副本。这样一旦系统出现故障，利用转储的数据使得系统恢复成为可能。常用的转储方法有静态转储和动态转储、海量转储和增量转储。

（2）日志文件。在计算机系统的工作过程中，操作系统把用户对文件的插入、删除和修改的操作写入日志文件。一旦发生故障，利用日志文件进行系统故障恢复，并可协助后备副本进行介质故障恢复。

（3）文件系统的一致性。影响文件系统的可靠性因素之一是文件系统的一致性问题。很多文件系统是先读取磁盘块到内存，在内存进行修改，修改完毕再写回磁盘。若读取某磁盘块并修改后再将信息写回磁盘前系统崩溃，则文件系统就可能会出现不一致性状态。如果这些未被写回的磁盘块是索引结点块、目录块或空闲块，后果则更严重。通常的解决方案是采用文件系统的一致性检查，包括块的一致性检查和文件的一致性检查。

2.6　作业管理

作业是系统为完成一个用户的计算任务（或一次事务处理）所做的工作总和。例如，对用户编写的源程序，需要经过编译、连接、装入以及执行等步骤得到结果，这其中的每一个步骤称为一个作业步。操作系统中用来控制作业进入、执行和撤销的一组程序称为作业管理程序。操作系统可以进一步为每个作业创建作业步进程，完成用户的工作。

2.6.1　作业管理

1．作业控制

可以采用脱机和联机两种控制方式控制用户作业的运行。在脱机控制方式中，作业运行的过程是无须人工干预的，因此，用户必须将自己想让计算机干什么的意图用作业控制语言（JCL）编写成作业说明书，连同作业一起提交给计算机系统。在联机控制方式中，操作系统向用户提供了一组联机命令，用户可以通过终端输入命令，将自己想让计算机干什么的意图告诉计算机，以控制作业的运行过程，此过程需要人工干预。

作业由程序、数据和作业说明书三部分组成。作业说明书包括作业基本情况、作业控制、作业资源要求的描述，它体现用户的控制意图。其中，作业基本情况包括用户名、作业名、编程语言和最大处理时间等；作业控制包括作业控制方式、作业步的操作顺序、作业执行出错处理；作业资源要求的描述包括处理时间、优先级、主存空间、外设类型和数量、实用程序要求等。

2．作业的状态及其转换

作业的状态分为 4 种：提交、后备、执行和完成。其状态及转换如图 2-15 所示。

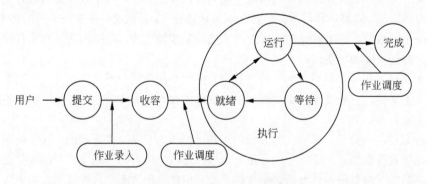

图 2-15　作业的状态及其转换

（1）提交。作业提交给计算机中心，通过输入设备送入计算机系统的过程称为提交状态。

（2）后备。通过 Spooling 系统将作业输入到计算机系统的后备存储器（磁盘）中，随时等待作业调度程序调度时的状态。

（3）执行。一旦作业被作业调度程序选中，为其分配了必要的资源，并建立相应的进程后，该作业便进入了执行状态。

（4）完成。当作业正常结束或异常终止时，作业进入完成状态。此时，由作业调度程序对该作业进行善后处理。如撤销作业的作业控制块，收回作业所占的系统资源，将作业的执行结果形成输出文件放到输出井中，由 Spooling 系统控制输出。

3．作业控制块和作业后备队列

作业控制块（JCB）是记录与该作业有关的各种信息的登记表。JCB 是作业存在的唯一标志，主要包括用户名、作业名和状态标志等信息。

作业后备队列由若干个 JCB 组成。由于在输入井中有较多的后备作业，为了便于作业调度程序调度，通常将作业控制块排成一个或多个队列，而这些队列称为作业后备队列。

2.6.2　作业调度

1．调度算法的选择

选择的调度算法应与系统的整个设计目标一致。例如，批量处理系统应注重提高计算机系统的效率，尽量增加系统的处理能力；分时系统应保证用户能接受的响应时间；实时系统首先必须保证及时响应和处理与时间有关的事件，其次才考虑系统资源的利用率。因此，调度算法的选择应考虑如下因素。

（1）均衡使用系统资源。使"I/O 繁忙"的作业和"CPU 繁忙"的作业搭配起来执行。

（2）平衡系统和用户的要求。确定算法时要尽量缓和系统和用户之间的矛盾。

（3）缩短作业的平均周转时间。在多用户环境下，作业"立即执行"往往难以做到，但是应保证进入系统的作业在规定的截止时间内完成，而且系统应设法缩短作业的平均周转时间。

2．作业调度算法

（1）单道批量处理。在单道批量处理中，通常采用下述 3 种算法。

- 先来先服务。按作业到达先后次序进行调度，即启动等待时间最长的作业。
- 短作业优先。以要求运行时间长短进行调度，即先启动运行时间最短的作业。
- 响应比高者优先。响应比高的作业优先启动。响应比 R_p 定义为

$$R_p = \frac{作业响应时间}{作业执行时间}$$

其中，作业响应时间为作业进入系统后的等候时间与作业的执行时间之和，即

$$R_p = 1 + \frac{作业等待事件}{作业执行时间}。$$

响应比高者优先算法在每次调度前都要计算所有备选作业（在作业后备队列中）的响应比，然后选择响应比最高的作业执行。该算法比较复杂，系统开销大。

（2）多道批量处理。在多道批量处理系统中，通常采用优先级调度算法和均衡调度算法进行作业调度。

优先级调度算法的基本思想是：为了照顾时间要求紧迫的作业，或者为了照顾"I/O 繁忙"的作业，以充分发挥外设的效率；或者在一个兼顾分时操作和批量处理的系统中，为了照顾终端会话型作业，以便获得合理的响应时间，需要采用基于优先级的调度策略，即高优先级优先，由用户指定优先级，优先级高的作业先启动。

均衡调度算法的基本思想是：根据系统的运行情况和作业本身的特性对作业进行分类。作业调度程序轮流地从这些不同类别的作业中挑选作业执行。这种算法力求均衡地使用系统的各种资源，即注意发挥系统效率，又使用户满意。例如，将出现在输入井中的作业分成 A、B、C 三个队列。

A 队：短作业，其计算时间小于某个值，无特殊外设要求。

B 队：要用到磁带的作业，它们要使用一条或多条私用磁带。

C 队：长作业，其计算时间超过一定值。

3. 作业调度算法性能的衡量指标

在一个以批量处理为主的系统中，通常用平均周转时间或平均周转系数来衡量调度性能的优劣。假设作业 $J_i(i=1,2,\cdots,n)$ 的提交时间为 t_{si}，执行时间为 t_{ri}，作业完成时间为 t_{oi}，则作业 J_i 的周转时间 T_i 和周转系数 W_i 分别定义为

$$T_i = t_{oi} - t_{si} \quad (i=1,2,\cdots,n)$$
$$W_i = T_i / t_{ri} \quad (i=1,2,\cdots,n)$$

n 个作业的平均周转时间 T 和平均周转系数 W 分别定义为

$$T = \frac{1}{n}\sum_{i=1}^{n} T_i, \quad W = \frac{1}{n}\sum_{i=1}^{n} W_i$$

从用户的角度来说，总是希望自己的作业在提交后能立即执行，这意味着当等待时间为 0 时，作业的周转时间最短，即 $T_i = t_{ri}$。但是，作业的执行时间 t_{ri} 并不能直观地衡量出系统的性能，而周转系数 W_i 却能直观反映系统的调度性能。从整个系统的角度，不可能满足每个用户的

这种要求，而只能是系统的平均周转时间或平均周转系数最小。

【例 2-10】 作业 J1，J2 和 J3 的提交时间和运行时间如表 2-8 所示（时间单位：小时）。采用先来先服务调度算法和短作业优先调度算法，

表 2-8 作业 J1,J2 和 J3 的提交时间和运行时间

作　业	提交时间/小时	运行时间/小时
J1	8.0	2.0
J2	8.4	1.0
J3	9.0	0.1

（1）请说明采用先来先服务调度算法作业调度次序，并计算平均周转时间。

（2）请说明短作业优先调度算法作业调度次序，并计算平均周转时间。

解：（1）先来先服务调度算法是按照作业提交的先后次序依次选择作业，3 个作业的调度次序为 J1→J2→J3，如图 2-16 所示（图中黑点表示作业到达的时间）。

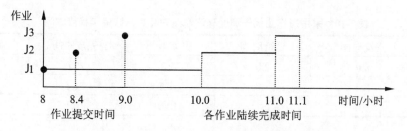

图 2-16 3 个作业的先来先服务调度过程示意图

采用先来先服务调度算法的开始时间、完成时间及等待时间如表 2-9 所示。从表 2-9 可以得出，平均周转时间 $T=(2+2.6+2.1)/3=2.23$ 小时。

表 2-9 采用先来先服务调度算法作业的开始、结束和等待时间

作业	提交时间	运行时间	开始时间	完成时间	等待时间
J1	8.0	2.0	8.0	10.0	2.0
J2	8.4	1.0	10.0	11.0	2.6
J3	9.0	0.1	11.0	11.1	2.1

（2）采用短作业优先调度算法时，作业调度是根据作业的运行时间，优先选择计算时间短且资源能得到满足的作业。由于 J1，J2，J3 是依次到来的，所以当开始时系统中只有 J1，于是 J1 先被选中。在 10.0 时刻，J1 运行完成，这时系统中有两道作业在等待调度（J2 和 J3），按照短作业优先调度算法，J3 只要运行 0.1 个时间单位，而 J2 要运行 1 个时间单位，于是 J3 被优

先选中，所以 J3 先运行。待 J3 运行完毕，再运行 J2。3 个作业调度的次序是 J1→J3→J2，如图 2-17 所示。

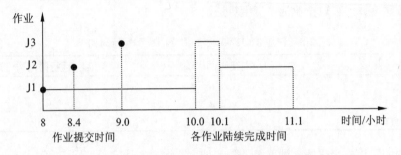

图 2-17　3 个作业的短作业优先调度过程示意图

采用短作业优先调度算法的开始时间、完成时间及等待时间如表 2-10 所示。从表 2-10 可以得出，平均周转时间 $T = (2 + 2.7 + 1.1)/3 = 1.93$ 小时。

表 2-10　采用短作业优先调度算法作业的开始、结束和等待时间

作业号	提交时间	运行时间	开始时间	完成时间	周转时间
J1	8.0	2.0	8.0	10.0	2.0
J2	8.4	1.0	10.1	11.1	2.7
J3	9.0	0.1	10.0	10.1	1.1

显然，作业的平均周转时间越短，意味着这个作业在系统中停留的时间越短，因而系统的利用率也就越高。另外，也能使用户都感到比较满意。因此，用平均周转时间和平均周转系数来衡量调度性能比较合理。就平均周转时间和平均周转系数来说，最短作业优先算法最小，先来先服务算法最大，响应比高者优先算法居中。

2.6.3　人机界面

用户界面（User Interface）是计算机中实现用户与计算机通信的软件、硬件部分的总称。用户界面也称用户接口，或人机界面。

用户界面的硬件部分包括用户向计算机输入数据或命令的输入装置，以及由计算机输出供用户观察或处理的输出装置。用户界面的软件部分包括用户与计算机相互通信的协议、约定、操纵命令及其处理软件。计算机用户界面的发展过程可分为 4 个阶段：控制面板式、字符用户、图形用户及新一代用户界面。

（1）控制面板式用户界面。在计算机发展早期，用户通过控制台开关、板键或穿孔纸带向

计算机送入命令或数据，而计算机通过指示灯及打印机输出运行情况或结果。这种界面的特点是要求人去适应现在看来十分笨拙的计算机。

（2）字符用户界面。字符用户界面是基于字符型的。用户通过键盘或其他输入设备输入字符，由显示器或打印机输出字符。字符用户界面的优点是功能强、灵活性好、屏幕开销少；缺点是操作步骤烦琐，对非专业技术人员，掌握操作方法较费时。

（3）图形用户界面。随着文字、图形、声音和图像等多媒体技术的出现，各种图形用户界面应运而生，用户可使用图形、图像和声音同计算机进行交互，操作更为自然和方便。形声兼备的多媒体技术进一步推广、发展与完善。现代界面的关键技术在超文本。超文本的"超"体现在它不仅是包括文本，还包括图像、音频和视频等多媒体信息，即将文本的概念扩充到超文本，超文本的最大特点是具有指向性。

（4）新一代用户界面。虚拟现实技术将用户界面发展推向一个新阶段，人将作为参与者，以自然的方式与计算机生成的虚拟环境进行通信。以用户为中心、自然、高效、高带宽、非精确和无地点限制等是新一代用户界面的特征。多媒体、多通道及智能化是新一代用户界面的技术支持。语音、自然语言、手势、头部跟踪、表情和视线跟踪等新的、更加自然的交互技术，将为用户提供更方便的输入技术。计算机将通过多种感知通道来理解用户的意图，实现用户的要求。计算机不仅以二维屏幕向用户输出，而且以真实感（立体视觉、听觉、嗅觉和触觉等）的计算机仿真环境向用户提供真实的体验。

第 3 章　程序设计语言基础知识

程序设计语言是为了书写计算机程序而设计的符号语言，用于对计算过程进行描述、组织和推导。程序设计语言的广泛使用始于 1957 年出现的 FORTRAN，其发展和演化已经超越了运行程序的机器。

3.1　程序设计语言概述

本节主要介绍程序设计语言的基本概念、基本成分和一些典型语言的特点及其适用范围。

3.1.1　程序设计语言的基本概念

1. 低级语言和高级语言

计算机硬件只能识别由 0、1 字符序列组成的机器指令，因此机器指令是最基本的计算机语言。用机器语言编制程序效率低、可读性差，也难以理解、修改和维护。因此，人们设计了汇编语言，用容易记忆的符号代替 0、1 序列，来表示机器指令中的操作码和操作数。例如，用 ADD 表示加法、SUB 表示减法等。虽然使用汇编语言编写程序的效率和程序的可读性有所提高，但汇编语言是面向机器的语言，其书写格式在很大程度上取决于特定计算机的机器指令。机器语言和汇编语言被称为低级语言。

人们开发了功能更强、抽象级别更高的语言以支持程序设计，因此就产生了面向各类应用的程序设计语言，即高级语言，常见的有 Java、C、C++、C#、Python、PHP 等。这类语言与人们使用的自然语言比较接近，大大提高了程序设计的效率。

2. 编译程序和解释程序

目前，尽管人们可以借助高级语言与计算机进行交互，但是计算机仍然只能理解和执行由 0、1 序列构成的机器语言，因此高级程序设计语言需要翻译，担负这一任务的程序称为"语言处理程序"。由于应用的不同，程序语言的翻译也是多种多样的。它们大致可分为汇编程序、解释程序和编译程序。

用某种高级语言或汇编语言编写的程序称为源程序，源程序不能直接在计算机上执行。如果源程序是用汇编语言编写的，则需要一个称为汇编程序的翻译程序将其翻译成目标程序后才能执行。如果源程序是用某种高级语言编写的，则需要对应的解释程序或编译程序对其进行翻译，然后在机器上运行。

解释程序也称为解释器，它可以直接解释执行源程序，或者将源程序翻译成某种中间表示形式后再加以执行；而编译程序（编译器）则首先将源程序翻译成目标语言程序，将目标程序与库函数链接后形成可执行程序，然后在计算机上运行可执行程序。这两种语言处理程序的根本区别是：在编译方式下，机器上运行的是与源程序等价的目标程序，源程序和编译程序都不再参与目标程序的执行过程；而在解释方式下，解释程序和源程序（或其某种等价表示）要参与到程序的运行过程中，运行程序的控制权在解释程序。解释器翻译源程序时不产生独立的目标程序，而编译器则需将源程序翻译成独立的目标程序。

3．程序设计语言的定义

一般地，程序设计语言的定义都涉及语法、语义和语用 3 个方面。

（1）语法。语法是指由程序设计语言基本符号组成程序中的各个语法成分（包括程序）的一组规则，其中由基本字符构成的符号（单词）书写规则称为词法规则，由符号（单词）构成语法成分的规则称为语法规则。程序设计语言的语法可通过形式语言进行描述。

（2）语义。语义是程序设计语言中按语法规则构成的各个语法成分的含义，可分为静态语义和动态语义。静态语义是指编译时可以确定的语法成分的含义，而运行时刻才能确定的含义是动态语义。一个程序的执行效果说明了该程序的语义，它取决于构成程序的各个组成部分的语义。

（3）语用。语用表示了构成语言的各个记号和使用者的关系，涉及符号的来源、使用和影响。

语言的实现还涉及语境问题。语境是指理解和实现程序设计语言的环境，这种环境包括编译环境和运行环境。

3.1.2　程序设计语言的分类和特点

1．程序设计语言发展概述

程序设计语言的发展是一个不断演化的过程，其根本的推动力就是对抽象机制的更高要求，以及对程序设计活动更好地支持。具体地说，就是把机器能够理解的语言提升到也能够很好地模仿人类思考问题的形式。

FORTRAN（"FORmula TRANslator" 的缩写）是第一个高级程序设计语言，在数值计算领域积累了大量高效而可靠的程序代码。FORTRAN 语言的最大特性是接近数学公式的自然描述，具有很高的执行效率，目前广泛地应用于并行计算和高性能计算领域。

　　ALGOL（ALGOrithmic Language）诞生于晶体管计算机流行的年代，ALGOL60 是程序设计语言发展史上的一个里程碑，主导了 20 世纪 60 年代程序语言的发展，并为后来软件自动化及软件可靠性的发展奠定了基础。ALGOL60 有严格的公式化说明，采用巴科斯范式 BNF 来描述语言的语法。ALGOL60 引进了许多新的概念，如局部性概念、动态、递归等。

　　PASCAL 语言是一种结构化程序设计语言，由瑞士苏黎世联邦工业大学的沃斯（N.Wirth）教授设计，于 1971 年正式发表。PASCAL 是从 ALGOL 60 衍生的，但功能更强且容易使用，该语言在高校计算机软件教学中曾经处于主导地位。

　　C 语言是 20 世纪 70 年代发展起来的一种通用程序设计语言，其主要特色是兼顾了高级语言和汇编语言的特点，简洁、丰富、可移植。UNIX 操作系统及其上的许多软件都是用 C 编写的。C 提供了高效的执行语句并且允许程序员直接访问操作系统和底层硬件，适用于系统级编程和实时处理应用。

　　C++是在 C 语言的基础上于 20 世纪 80 年代发展起来的，与 C 兼容。在 C++中，最主要的是增加了类机制，使其成为一种面向对象的程序设计语言。C++具有更强的表达能力，提供了表达用户自定义数据结构的现代高级语言特性，其开发平台还提供了实现基本数据结构和算法的标准库，使得程序员能够改进程序的质量，并易于代码的复用，从而可以进行大规模的程序开发和系统组织。

　　Java 产生于 20 世纪 90 年代，其初始用途是开发网络浏览器的小应用程序，但是作为一种通用的程序设计语言，Java 得到非常广泛的应用。Java 保留了 C++的基本语法、类和继承等概念，删掉了 C++中一些不好的特征，因此与 C++相比，Java 更简单，其语法和语义更合理。

　　各种程序设计语言都在不断地发展之中。目前，程序设计语言及编程环境向着面向对象及可视化编程环境方向发展，出现了许多新的语言及开发工具。

　　C#（C Sharp）是由 Microsoft 公司开发的一种面向对象的、运行于.NET Framework 的高级程序设计语言，相对于 C++，这个语言在许多方面进行了限制和增强。

　　Objective-C 继承了 C 语言的特性，是扩充 C 的面向对象编程语言，其与流行的编程语言风格差异较大。由于 GCC（GNU Compiler Collection，GNU 编译器套装）含 Objective-C 的编译器，因此可以在运行 GCC 的系统中编译。该语言主要由 Apple 公司维护，是 MAC 系统下的主要开发语言。与C#类似，Objective-C 仅支持单一父类继承，不支持多重继承。

　　Ruby 是松本行弘（Yukihiro Matsumoto，常称为 Matz）大约在 1993 年设计的一种解释性、面向对象、动态类型的脚本语言。在 Ruby 语言中，任何东西都是对象，包括其他语言中的基本数据类型，比如整数；每个过程或函数都是方法；变量没有类型；任何东西都有值（不管是数学或者逻辑表达式还是一个语句，都会有值），等等。Ruby 体现了表达的一致性和简单性，它不仅是一门编程语言，更是表达想法的一种简练方式。

PHP（Hypertext Preprocessor）是一种在服务器端执行的、嵌入 HTML 文档的脚本语言，其语言风格类似于 C 语言，由网站编程人员广泛运用。PHP 可以快速地执行动态网页，其语法混合了 C、Java、Perl 以及 PHP 自创的语法。由于在服务器端执行，PHP 能充分利用服务器的性能。另外，PHP 支持几乎所有流行的数据库以及操作系统。

Python 是一种面向对象的解释型程序设计语言，可以用于编写独立程序、快速脚本和复杂应用的原型。Python 也是一种脚本语言，它支持对操作系统的底层访问，也可以将 Python 源程序翻译成字节码在 Python 虚拟机上运行。虽然 Python 的内核很小，但它提供了丰富的基本构建块，还可以用 C、C++和 Java 等进行扩展，因此可以用它开发任何类型的程序。

JavaScript 是一种脚本语言，被广泛用于 Web 应用开发，常用来为网页添加动态功能，为用户提供更流畅美观的浏览效果。通常，将 JavaScript 脚本嵌入在 HTML 中来实现自身的功能。

Delphi 是一种可视化开发工具，在 Windows 环境下使用，其在 Linux 上的对应产品是 Kylix，其主要特性为基于窗体和面向对象的方法、高速的编译器、强大的数据库支持、与 Windows 编程紧密结合以及成熟的组件技术。它采用面向对象的编程语言 Object Pascal 和基于构件的开发结构框架。

Visual Basic.NET 是基于微软.NET Framework 的面向对象的编程语言。用.NET 语言（包括 VB.NET）开发的程序源代码不是直接编译成能够直接在操作系统上执行的二进制本地代码，而是被编译成为中间代码 MSIL（Microsoft Intermediate Language），然后通过.NET Framework 的通用语言运行时（CLR）来执行。程序执行时，.Net Framework 将中间代码翻译成为二进制机器码后，使它得以运行。因此，如果计算机上没有安装.Net Framework，这些程序将不能够被执行。

标记语言（Markup Language）用一系列约定好的标记来对电子文档进行标记，以实现对电子文档的语义、结构及格式的定义。这些标记必须容易与内容区分，并且易于识别。SGML、XML、HTML、MathML、WML、SVG、CML 和 XHTML 等都是标记语言。

2. 程序设计范型

程序设计语言的分类没有统一的标准，从不同的角度可以进行不同的划分。从最初的机器语言、汇编语言、结构化程序设计语言发展到目前流行的面向对象语言，程序设计语言的抽象程度越来越高。根据程序设计的方法将程序设计语言大致分为命令式程序设计语言、面向对象的程序设计语言、函数式程序设计语言和逻辑型程序设计语言等范型。

1）命令式程序设计语言

命令式语言是基于动作的语言，在这种语言中，计算被看成动作的序列。程序就是用语言提供的操作命令书写的一个操作序列。用这类语言编写程序，就是描述解题过程中每一步的过程，程序的运行过程就是问题的求解过程，因此也称为过程式语言。FORTRAN、ALGOL、COBOL、C 和 Pascal 等都是命令式程序设计语言。

结构化程序设计语言本质上也属于命令式程序设计语言，其编程的特点如下。

（1）用自顶向下逐步精化的方法编程。

（2）按模块组装的方法编程。

（3）程序只包含顺序、判定（分支）及循环结构，而且每种结构只允许单入口和单出口。

结构化程序的结构简单清晰、模块化强，描述方式接近人们习惯的推理式思维方式，因此可读性强，在软件重用性、软件维护等方面都有所进步，在大型软件开发中曾发挥过重要的作用。目前仍有许多应用程序的开发采用结构化程序设计技术和方法。C、Pascal 等都是典型的结构化程序设计语言。

2）面向对象的程序设计语言

面向对象的程序设计语言始于从模拟领域发展起来的 Simula，在该语言中首次提出了对象和类的概念。C++、Java 和 Smalltalk 都是面向对象程序设计语言，封装、继承和多态是面向对象编程的基本特征。

3）函数式程序设计语言

函数式语言是一类以 λ-演算为基础的语言，其基本概念来自于 LISP，这是一个在 1958 年为了人工智能应用而设计的语言。函数是一种对应规则（映射），它使定义域中每个元素和值域中唯一的元素相对应。例如：

函数定义 1：Square[x]:=x*x

函数定义 2：Plustwo[x]:=Plusone[Plusone[x]]

函数定义 3：fact[n]:=if n=0 then 1 else n*fact[n-1]

在函数定义 2 中，使用了函数复合，即将一个函数调用嵌套在另一个函数定义中。在函数定义 3 中，函数被递归定义。由此可见，函数可以看成一种程序，其输入就是定义中左边括号中的量，它也可将输入组合起来产生一个规则，组合过程中可以使用其他函数或该函数本身。这种用函数和表达式建立程序的方法就是函数式程序设计。函数型程序设计语言的优点之一就是对表达式中出现的任何函数都可以用其他函数来代替，只要这些函数调用产生相同的值。

函数式语言的代表 LISP 在许多方面与其他语言不同，其中最为显著的是，该语言中的程序和数据的形式是等价的，这样数据结构就可以作为程序执行，同样程序也可以作为数据修改。在 LISP 中，大量地使用递归。

4）逻辑型程序设计语言

逻辑型语言是一类以形式逻辑为基础的语言，其代表是建立在关系理论和一阶谓词理论基础上的 PROLOG。PROLOG 代表 Programming in Logic。PROLOG 程序是一系列事实、数据对象或事实间的具体关系和规则的集合。通过查询操作把事实和规则输入数据库，用户通过输入查询来执行程序。在 PROLOG 中，关键操作是模式匹配，通过匹配一组变量与一个预先定义的模式并将该组变量赋给该模式来完成操作。以值集合 S 和 T 上的二元关系 R 为例，R 实现后，可以询问：

- 已知 a 和 b，确定 R(a,b)是否成立。
- 已知 a，求所有使 R(a,y)成立的 y。
- 已知 b，求所有使 R(x,b)成立的 x。
- 求所有使 R(x,y)成立的 x 和 y。

逻辑型程序设计具有与传统的命令式程序设计完全不同的风格。PROLOG 数据库中的事实和规则是一些 Hore 子句。Hore 子句的形式为"P:-P_1, P_2, …, P_n."，其中 $n \geqslant 0$, P_i（$1 \leqslant i \leqslant n$）为形如 R_i（…）的断言，R_i 是关系名。该子句表示规则：若 P_1, P_2, …, P_n 均为真（成立），则 P 为真。当 $n=0$ 时，Hore 子句变成"P."，这样的子句称为事实。一旦有了事实与规则后，就可以提出询问。

PROLOG 有很强的推理功能，适用于编写自动定理证明、专家系统和自然语言理解等问题的程序。

3.1.3　程序设计语言的基本成分

程序设计语言的基本成分包括数据、运算、控制和传输等。

1. 程序设计语言的数据成分

程序中的数据对象总是对应着应用系统中某些有意义的东西，数据表示则指示了程序中值的组织形式。数据类型用于描述数据对象，还用于在基础机器中完成对值的布局，同时还可用于检查表达式中对运算的应用是否正确。

数据是程序操作的对象，具有类型、名称、作用域、存储类别和生存期等属性，在程序运行过程中要为它分配内存空间。数据名称由用户通过标识符命名，标识符常由字母、数字和称为下划线的特殊符号"_"组成；类型说明数据占用内存空间的大小和存放形式；作用域则说明可以使用数据的代码范围；存储类别说明数据在内存中的位置；生存期说明数据占用内存的时间范围。从不同角度可将数据进行不同的划分。

（1）常量和变量。按照程序运行时数据的值能否改变，将数据分为常量和变量。程序中的数据对象可以具有左值和（或）右值。左值指存储单元（或地址、容器），右值是值（或内容）。变量具有左值和右值，在程序运行的过程中其右值可以改变；常量只有右值，在程序运行的过程中其右值不能改变。

（2）全局量和局部量。按作用域可将变量分为全局变量和局部变量。一般情况下，系统为全局变量分配的存储空间在程序运行的过程中一般是不改变的，而为局部变量分配的存储单元是动态改变的。

（3）数据类型。按照数据组织形式的不同可将数据分为基本类型、用户定义类型、构造类型及其他类型。以 C/C++为例，其数据类型如下。

- 基本类型：整型（int）、字符型（char）、实型（float、double）和布尔类型（bool）。
- 特殊类型：空类型（void）。
- 用户定义类型：枚举类型（enum）。
- 构造类型：数组、结构、联合。
- 指针类型：type *。
- 抽象数据类型：类类型。

其中，布尔类型和类类型是 C++在 C 语言的基础上扩充的。

2．程序设计语言的运算成分

程序设计语言的运算成分指明允许使用的运算符号及运算规则。大多数高级程序设计语言的基本运算可以分成算术运算、关系运算和逻辑运算等类型，有些语言如 C（C++）还提供位运算。运算符号的使用与数据类型密切相关。为了明确运算结果，运算符号要规定优先级和结合性，必要时还要使用圆括号。

3．程序设计语言的控制成分

控制成分指明语言允许表述的控制结构，程序员使用控制成分来构造程序中的控制逻辑。理论上已经证明，可计算问题的程序都可以用顺序、选择和循环这 3 种控制结构来描述。

（1）顺序结构。顺序结构用来表示一个计算操作序列。计算过程从所描述的第一个操作开始，按顺序依次执行后续的操作，直到序列的最后一个操作，如图 3-1 所示。顺序结构内也可以包含其他控制结构。

（2）选择结构。选择结构提供了在两种或多种分支中选择其中一种的逻辑。基本的选择结构是指定一个条件 P，然后根据条件的成立与否决定控制流走 A 还是走 B，只能从两个分支中选择一个来执行，如图 3-2（a）所示。选择结构中的 A 或 B 还可以包含顺序、选择和重复结构。程序设计语言中通常还提供简化了的选择结构，如图 3-2（b）所示，以及描述多分支的选择结构。

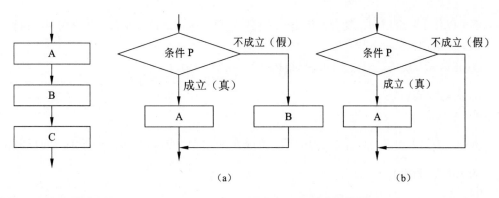

图 3-1　顺序结构示意图　　　　　　　　　图 3-2　选择结构示意图

（3）循环结构。循环结构描述了重复计算的过程，通常由 3 个部分组成：初始化、需要重复计算的部分和重复的条件。其中，初始化部分有时在控制的逻辑结构中不进行显式的表示。重复结构主要有两种形式：while 型重复结构和 do…while 型重复结构。while 型结构的逻辑含义是先判断条件 P，若成立，则进行需要重复的计算 A，然后再去判断重复条件；否则，控制就退出重复结构，如图 3-3（a）所示。do…while（或 repeat…until）型结构的逻辑含义是先执行循环体 A，然后再判断条件 P，若成立则继续执行循环体 A 的过程并判断条件；否则，控制就退出重复结构，如图 3-3（b）所示。

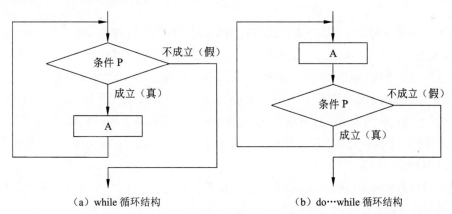

（a）while 循环结构　　　　　　　　　（b）do…while 循环结构

图 3-3　循环结构示意图

C/C++提供的控制语句如下。

（1）复合语句。复合语句用于描述顺序控制结构。复合语句由一系列用"{"和"}"括起来的声明和语句组成，其主要作用是将多条语句组成一个可执行单元。语法上允许出现语句的地方都可以使用复合语句。复合语句是一个整体，要么全部执行，要么一条语句也不执行。

（2）if 语句和 switch 语句。

① if 语句实现的是双分支的选择结构，其一般形式为：

if (表达式) 语句 1;
else 语句 2;

其中，语句 1 和语句 2 可以是任何合法的 C/C++语句，当语句 2 为空语句时，可以简化为：

if (表达式) 语句 1;

使用 if 语句时，需要注意 if 和 else 的匹配关系。C/C++语言规定，else 总是与离它最近的尚没有 else 的 if 相匹配。

② switch 语句描述了多分支的选择结构，其一般形式为：

switch (表达式) {
    case 常量表达式 1: 语句 1;
    case 常量表达式 2: 语句 2;
    ...
    case 常量表达式 n: 语句 n;
    default: 语句 n+1;
}

执行 switch 语句时，首先计算表达式的值，然后用所得的值与列举的常量表达式的值依次比较，若常量表达式 1 至常量表达式 n 都不能与表达式的值相匹配，就执行在 default 部分的"语句序列 n+1"，然后结束 switch 语句。若所得的值与常量表达式 i(i=1,2,…,n)的值相同，则执行"语句序列 i"，当 case i 的语句序列 i 中没有 break 语句时，则执行随后的语句序列 i+1，语句序列 i+2……直到语句序列 n+1 执行完成后，才退出 switch 语句；或者遇到了 break 而跳出 switch 语句。要使得程序在执行完"语句序列 i"后结束整个 switch 语句，在语句序列 i 中应包含控制流能够到达的 break 语句。

表达式可以是任何类型的，常用的是字符型或整型表达式。多个常量表达式可以共用一个语句组。语句组可以包括任何可执行语句，且无须用"{"和"}"括起来。

（3）循环语句。C/C++语言提供了 3 种形式的循环语句用于描述重复执行的控制结构。

① while 语句。while 语句描述了先判断条件再执行重复计算的控制结构，while 语句的一般形式是：

while (条件表达式) 循环体语句;

其中，循环体语句是内嵌的语句，当循环体语句多于一条时，应使用"{"和"}"括起来。执行 while 语句时，先计算条件表达式的值，当值为非 0 时，就执行循环体语句，然后重新计算条件表达式的值后再进行判断，否则就结束 while 语句的执行过程。

② do…while 语句。do…while 语句描述了先执行需要重复的计算再判断条件的控制结构，其一般格式是：

```
do
    循环体语句;
while (条件表达式);
```

执行 do…while 语句时，先执行内嵌的循环体语句，然后再计算条件表达式的值，若值为非 0，则再次执行循环体语句和计算条件表达式并判断，直到条件表达式的值为 0 时，才结束 do…while 语句的执行过程。

③ for 语句。for 语句的基本格式是：

```
for(表达式 1; 表达式 2; 表达式 3)    循环体语句;
```

用 while 语句等价地表示为：

```
表达式 1:
while(表达式 2){
        循环体语句;
        表达式 3;
}
```

for 语句的使用很灵活，其内部的 3 个表达式都可以省略，但用于分隔三个表达式的分号";"不能遗漏。

此外，C 语言中还提供了实现控制流跳转的 return、break、continue、goto 语句。

程序设计语言的传输成分指明语言允许的数据传输方式，如赋值、数据的输入和输出等。

4．函数

函数是程序模块的主要成分，它是一段具有独立功能的程序。C 程序由一个或多个函数组成，每个函数都有一个名字，其中有且仅有一个名字为 main 的函数，作为程序运行时的起点。函数的使用涉及 3 个概念：函数定义、函数声明和函数调用。

1）函数定义

函数的定义描述了函数做什么和怎么做，包括两部分：函数首部和函数体。函数定义的一般格式是：

```
返回值的类型    函数名(形式参数表)    //函数首部
{
      函数体;
}
```

函数首部说明了函数返回值的数据类型、函数的名字和函数运行时所需的参数及类型。函数所实现的功能在函数体部分描述。如果函数没有返回值，则函数返回值的类型声明为 void。函数名是一个标识符，函数名应具有一定的意义（反映函数的功能）。形式参数表列举了函数要求调用者提供的参数的个数、类型和顺序，是函数实现功能时所必需的。若形式参数表为空，可用 void 说明。

C 程序中所有函数的定义都是独立的。在一个函数的定义中不允许定义另外一个函数，也就是不允许函数的嵌套定义。有些语言（如 PASCAL）允许在函数内部定义函数。

2）函数声明

函数应该先声明后引用。如果程序中对一个函数的调用在该函数的定义之前进行，则应该在调用前对被调用函数进行声明。函数原型用于声明函数。函数声明的一般形式为：

```
返回值类型  函数名(参数类型表);
```

使用函数原型的目的是告诉编译器传递给函数的参数个数、类型以及函数返回值的类型，参数表中仅需要依次列出函数定义时参数的类型。函数原型可以使编译器更彻底地检查源程序中对函数的调用是否正确。

3）函数调用

当在一个函数（称为调用函数）中需要使用另一个函数（称为被调用函数）实现的功能时，便以名字进行调用，称为函数调用。在使用一个函数时，只要知道如何调用就可以了，并不需要关心被调用函数的内部实现。因此，程序员需要知道被调函数的名字、返回值和需要向被调函数传递的参数（个数、类型、顺序）等信息。

函数调用的一般形式为：

```
函数名(实参表);
```

在 C 程序的执行过程中，通过函数调用使得被调用的函数执行。函数体中若调用自己，则称为递归调用。

C 语言采用传值方式将实参传递给形参。调用函数和被调用函数之间交换信息的方法主要有两种：一种是由被调用函数把返回值返回给主调函数，另一种是通过参数带回信息。函数调用时实参与形参间交换信息的方法有传值调用和引用调用两种。

（1）传值调用（Call by Value）。若实现函数调用时实参向形参传递相应类型的值，则称为是传值调用。这种方式下形参不能向实参传递信息。

函数 swap 的定义：定义一个交换两个整型变量值的函数 swap()。

```
void swap(int x,int y)    {          /*要求调用该函数时传递两个整型的值*/
    int temp;
    temp=x;   x=y;    y=temp;
}
```

函数调用：swap(a,b);

因为是传值调用，swap 函数运行后只能交换 x 和 y 的值，而实参 a 和 b 的值并没有交换。

在 C 语言中，要实现被调用函数对实际参数的修改，必须用指针作形参。即调用时需要先对实参进行取地址运算，然后将实参的地址传递给指针形参。本质上仍属于传值调用。

函数 swap 的定义：定义一个交换两个整型变量值的函数 swap()。

```
void swap(int *px,   int *py)    {      /*交换*px 和*py*/
    int temp;
    temp=*px;    *px=*py;    *py=temp;
}
```

函数调用：swap(&a,&b);

由于形参 px、py 分别得到了实参变量 a、b 的地址，所以 px 指向的对象*px 即为 a，py 指向的对象*py 就是 b，因此在函数中交换*px 和*py 的值实际上就是交换实参 a 和 b 的值，从而实现了调用函数中两个整型变量值的交换。这种方式是通过数据的间接访问来完成运算要求的。

（2）引用调用。引用是 C++中增加的数据类型，当形参为引用类型时，函数中对形参的访问和修改实际上就是针对相应实参所作的访问和改变。例如：

```
void swap(int &x, int &y)    {    /*交换 x 和 y*/
    int temp;
    temp=x;    x=y;    y=temp;
}
```

函数调用：swap(a,b);

引用调用方式下调用 swap(a,b)时，x、y 就是 a、b 的别名，因此，函数调用完成后，交换

了 a 和 b 的值。

3.2 语言处理程序基础

语言处理程序是一类系统软件的总称，其主要作用是将高级语言或汇编语言编写的程序翻译成某种机器语言程序，使程序可在计算机上运行。语言处理程序主要有汇编程序、编译程序和解释程序 3 种基本类型。

3.2.1 汇编程序基础

1．汇编语言

汇编语言是为特定计算机设计的面向机器的符号化程序设计语言。用汇编语言编写的程序称为汇编语言源程序。因为计算机不能直接识别和运行符号语言程序，所以要用专门的汇编程序进行翻译。用汇编语言编写程序要遵循所用语言的规范和约定。

汇编语言源程序由若干条语句组成，一个程序中可以有三类语句：指令语句、伪指令语句和宏指令语句。

（1）指令语句。指令语句又称为机器指令语句，将其汇编后能产生相应的机器代码，这些代码能被 CPU 直接识别并执行相应的操作。基本的指令如 ADD、SUB 和 AND 等，书写指令语句时必须遵循相应的格式要求。

指令语句可分为传送指令、算术运算指令、逻辑运算指令、移位指令、转移指令和处理机控制指令等类型。

（2）伪指令语句。伪指令语句指示汇编程序在汇编源程序时完成某些工作，例如给变量分配存储单元地址，给某个符号赋一个值等。伪指令语句与指令语句的区别是：伪指令语句经汇编后不产生机器代码，而指令语句经汇编后要产生相应的机器代码。另外，伪指令语句所指示的操作是在源程序被汇编时完成，而指令语句的操作必须是在程序运行时完成。

（3）宏指令语句。在汇编语言中，还允许用户将多次重复使用的程序段定义为宏。宏的定义必须按照相应的规定进行，每个宏都有相应的宏名。在程序的任意位置，若需要使用这段程序，只要在相应的位置使用宏名，就相当于使用了这段程序。因此，宏指令语句就是宏的引用。

2．汇编程序

汇编程序的功能是将汇编语言所编写的源程序翻译成机器指令程序。汇编程序的基本工作包括：将每一条可执行汇编语句转换成对应的机器指令；处理源程序中出现的伪指令和宏指令。由于汇编指令中形成操作数地址的部分可能在后面才能确定，所以汇编程序一般需要扫描两次源程序才能完成翻译过程。

第一次扫描的主要工作是定义符号的值并创建一个符号表 ST。ST 记录了汇编时所遇到的符号的名和值。另外，有一个固定的机器指令表 MOT1，其中记录了每条机器指令的记忆码和指令的长度。在汇编程序翻译源程序的过程中，为了计算各汇编语句中标号的地址，需要设立一个位置计数器或单元地址计数器 LC（Location Counter），其初值一般为 0。在扫描源程序时，每处理完一条机器指令或与存储分配有关的伪指令（如定义常数语句、定义存储语句），LC 的值就增加相应的长度。这样，在汇编过程中，LC 的内容就是下一条被汇编的指令的偏移地址。若正在汇编的语句是有标号的，则该标号的值就取 LC 的当前值。

此外，在第一次扫描中，还需要对与定义符号值有关的伪指令进行处理。为了叙述方便，不妨设立伪指令表 POT1。POT1 表的每一个元素只有两个域：伪指令助记符和相应的子程序入口。下面的步骤（1）～（5）描述了汇编程序第一次扫描源程序的过程。

（1）单元计数器 LC 置初值 0。
（2）打开源程序文件。
（3）从源程序中读入第一条语句。
（4）while(当前语句不是结束语句) {
　　　if(当前语句有标号)则将标号和单元计数器 LC 的当前值填入符号表 ST；
　　　if(当前语句是可执行的汇编指令语句)则查找 MOT1 表获得当前指令的长度 K，并令 LC = LC+K;
　　　if(当前指令是伪指令)则查找 POT1 表并调用相应的子程序；
　　　if(当前指令的操作码是非法记忆码)则调用出错处理子程序；
　　　从源程序中读入下一条语句；
　　}
（5）关闭源程序文件。

第二次扫描的任务是产生目标程序。除了使用前一次扫描所生成的符号表 ST 外，还要使用机器指令表 MOT2，该表中的元素有机器指令助记符、机器指令的二进制操作码（Binary-code）、格式（Type）和长度（Length）等。此外，还要设立一个伪指令表 POT2，供第二次扫描时使用，POT2 的每一个元素仍有两个域：伪指令记忆码和相应的子程序入口。在第二次扫描中，伪指令有着完全不同的处理。

在第二次扫描中，可执行汇编语句应被翻译成对应的二进制代码机器指令。这一过程涉及两个方面的工作：一是把机器指令助记符转换成二进制机器指令操作码，这可通过在 MOT2 中进行查找操作来实现；二是求出操作数区各操作数的值（用二进制表示）。在此基础上，可以装配出用二进制代码表示的机器指令。

3.2.2　编译程序基础

1．编译过程概述

编译程序的功能是把某高级语言书写的源程序翻译成与之等价的目标程序（汇编语言程序或机器语言程序）。编译程序的工作过程可以分为 6 个阶段，如图 3-4 所示。实际的编译器中可能会将其中的某些阶段结合在一起进行处理。下面简要介绍各阶段实现的主要功能。

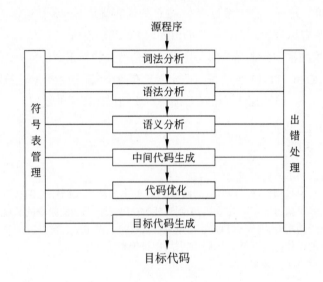

图 3-4　编译器的工作阶段示意图

1）词法分析

词法分析阶段是编译过程的第一阶段，这个阶段的任务是对源程序从前到后（从左到右）逐个字符地扫描，从中识别出一个个"单词"符号。源程序可以被看成是一个多行的字符串。"单词"符号是程序设计语言的基本语法单位，如关键字（或称保留字）、标识符、常数、运算符和分隔符（标点符号、左右括号）等。词法分析程序输出的"单词"常以二元组的方式输出，即单词种类和单词自身的值。

词法分析过程依据的是语言的词法规则，即描述"单词"结构的规则。例如，对于某 PASCAL 源程序中的一条声明语句和赋值语句：

$$VAR\ X,Y,Z:real;$$
$$X:=Y+Z*60;$$

词法分析阶段将构成这条语句的字符串分割成如下的单词序列。

（1）保留字　　VAR　　　　（2）标识符　　　X　　　　（3）逗号　　　　,

（4）标识符　　Y　　　　　（5）逗号　　　　,　　　　（6）标识符　　　Z

（7）冒号　　　:　　　　　（8）标准标识符　real　　（9）分号　　　　;

（10）标识符　　X　　　　（11）赋值号　　　:=　　　（12）标识符　　　Y

（13）加号　　　+　　　　（14）标识符　　　Z　　　（15）乘号　　　　*

（16）常数　　　60　　　　（17）分号　　　　;

对于标识符 X、Y、Z，其单词种类都是 id（标识符），字符串"X""Y""Z"都是单词的值；而对于单词 60，常数是该单词的种类，60 是该单词的值。这里，用 id1、id2 和 id3 分别代表 X、Y 和 Z，强调标识符的内部标识由于组成该标识符的字符串不同而有所区别。经过词法分析后，声明语句 VAR X,Y,Z:real; 表示为 VAR id1,id2,id3:real;，赋值语句 X:=Y+Z*60; 表示为 id1:=id2+id3*60;。

2）语法分析

语法分析的任务是在词法分析的基础上，根据语言的语法规则将单词符号序列分解成各类语法单位，如"表达式""语句""程序"等。语法规则就是各类语法单位的构成规则。通过语法分析确定整个输入串是否构成一个语法上正确的程序。如果源程序中没有语法错误，语法分析后就能正确地构造出其语法树；否则就指出语法错误，并给出相应的诊断信息。

词法分析和语法分析本质上都是对源程序的结构进行分析。

对语句 id1:=id2+id3*60 进行语法分析后形成的语法树如图 3-5 所示。

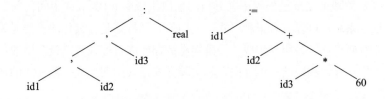

图 3-5　语法树示意图

3）语义分析

语义分析阶段主要分析程序中各种语法结构的语义信息，包括检查源程序是否包含静态语义错误，并收集类型信息供后面的代码生成阶段使用。只有语法和语义都正确的源程序才能被翻译成正确的目标代码。

语义分析的一个主要工作是进行类型分析和检查。程序设计语言中的一个数据类型一般包含两个方面的内容：类型的载体及其上的运算。例如，整除取余运算符只能对整型数据进行运算，若其运算对象中有浮点数就认为是类型不匹配的错误。

在确认源程序的语法和语义之后，就可对其进行翻译，同时改变源程序的内部表示。对于声明语句，需要记录所遇到的符号的信息，因此应进行符号表的填查工作。在图 3-6（a）所示的符号表中，每行存放一个符号的信息。第一行存放标识符 X 的信息，其类型为 real，为它分配的逻辑地址是 0；第二行存放 Y 的信息，其类型为 real，为它分配的逻辑地址是 4。对于可执行语句，则检查结构合理的语句是否有意义。对语句 id1:=id2+id3*60 进行语义分析后的语法树如图 3-6（b）所示，其中增加了一个语义处理结点 inttoreal，用于将一个整型数转换为浮点数。

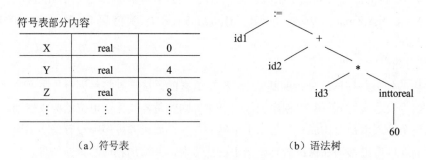

（a）符号表　　　　　　　　　　（b）语法树

图 3-6　语义分析后的符号表和语法树示意图

4）中间代码生成

中间代码生成阶段的工作是根据语义分析的输出生成中间代码。"中间代码"是一种简单且含义明确的记号系统，可以有若干种形式，它们的共同特征是与具体的机器无关。中间代码的设计原则主要有两点：一是容易生成，二是容易被翻译成目标代码。最常用的一种中间代码是与汇编语言的指令非常相似的三地址码，其实现方式常采用四元式。四元式的形式为：

运算符, 运算对象 1, 运算对象 2, 运算结果

例如，对语句 X:=Y+Z*60，可生成以下四元式序列：

① (inttoreal, 60, −, t1)

② (*,　　id3, t1, t2)

③ (+,　　id2, t2, t3)

④ (:=,　　t3, -,id1)

其中，$t1$、$t2$、$t3$ 是编译过程中形成的临时变量，用于存放中间运算结果。

语义分析和中间代码生成所依据的是语言的语义规则。

5）代码优化

由于编译器将源程序翻译成中间代码的工作是机械的、按固定模式进行的，因此，生成的中间代码往往在计算时间上和存储空间上有很大的浪费。当需要生成高效的目标代码时，就必须进行优化。优化过程可以在中间代码生成阶段进行，也可以在目标代码生成阶段进行。由于中间代码是不依赖于具体机器的，此时所作的优化一般建立在对程序的控制流和数据流分析的基础之上，与具体的机器无关。优化所依据的原则是程序的等价变换规则。例如，在生成语句 X:=Y+Z*60 的四元式后，60 是编译时已知的常数，把它转换为 60.0 的工作可以在编译时完成，没有必要生成一个四元式，同时 t3 仅仅用来将其值传递给 id1，也可以化简掉，因此上述的中间代码可优化成下面的等价代码：

① (*, id3, 60.0, t1)

② (+, id2, t1, id1)

这只是优化工作中的一个简单示例，真正的优化工作还要涉及公共子表达式的提取、循环优化等更多的内容和技术。

6）目标代码生成

目标代码生成是编译器工作的最后一个阶段。这一阶段的任务是把中间代码变换成特定机器上的绝对指令代码、可重定位的指令代码或汇编指令代码，这个阶段的工作与具体的机器密切相关。例如，使用两个寄存器 R1 和 R2，可对上述的四元式生成下面的目标代码：

① MOVF   id3,   R2

② MULF   #60.0,   R2

③ MOVF   id2,   R1

④ ADDF   R2,   R1

⑤ MOV   R1,   id1

这里用#表明 60.0 为常数。

7）符号表管理

符号表的作用是记录源程序中各个符号的必要信息，以辅助语义的正确性检查和代码生成，在编译过程中需要对符号表进行快速有效地查找、插入、修改和删除等操作。符号表的建立可以始于词法分析阶段，也可以放到语法分析和语义分析阶段，但符号表的使用有时会延续到目标代码的运行阶段。

8）出错处理

用户编写的源程序不可避免地会有一些错误，这些错误大致可分为静态错误和动态错误。

动态错误也称动态语义错误，它们发生在程序运行时，例如变量取零时作除数、引用数组元素下标越界等错误。静态错误是指编译时所发现的程序错误，可分为语法错误和静态语义错误，如单词拼写错误、标点符号错误、表达式中缺少操作数、括号不匹配等有关语言结构上的错误称为语法错误；而语义分析时发现的运算符与运算对象类型不合法等错误属于静态语义错误。

在编译时发现程序中的错误后，编译程序应采用适当的策略修复它们，使得分析过程继续下去，以便在一次编译过程中尽可能多地找出程序中的错误。

对于编译过程的各个阶段，在逻辑上可以把它们划分为前端和后端两部分。前端包括从词法分析到中间代码生成各阶段的工作，后端包括中间代码优化和目标代码的生成及优化等阶段。以中间代码为分水岭，把编译器分成了与机器有关的部分和与机器无关的部分。如此一来，对于同一种程序设计语言的编译器，开发出一个前端之后，就可以针对不同的机器开发相应的后端，前后端有机结合后就形成了该语言的一个编译器。当语言有改动时，只会涉及前端部分的维护。对于不同的程序设计语言，分别设计出相应的前端，然后将各个语言的前端与同一个后端相结合，就可得到各个语言在某种机器上的编译器。

2．词法分析

词法分析过程的本质是对构成源程序的字符串进行分析，是一种对象为字符串的运算。语言中具有独立含义的最小语法单位是符号（单词），如标识符、无符号常数与界限符等。词法分析的任务是把构成源程序的字符串转换成单词符号序列。

1）字母表、字符串、字符串集合及运算

- 字母表 $\sum$：元素的非空有穷集合。例如，$\sum = \{a, b\}$。
- 字符：字母表 $\sum$ 中的一个元素。例如，$\sum$ 上的 a 或 b。
- 字符串：字母表 $\sum$ 中字符组成的有穷序列。例如，a、ab、aaa 都是 $\sum$ 上的字符串。
- 字符串的长度：字符串中的字符个数。例如，$|aba|=3$。
- 空串 ε：由 0 个字符组成的序列。例如，$|\varepsilon|=0$。
- 连接：字符串 S 和 T 的连接是指将串 T 接续在串 S 之后，表示为 $S \cdot T$，连接符号 "·" 可省略。显然，对于字母表 $\sum$ 上的任意字符串 S，$S \cdot \varepsilon = \varepsilon \cdot S = S$。
- 空集：用符号 Φ 表示。
- $\sum^*$：指包括空串 ε 在内的 $\sum$ 上所有字符串的集合。例如，设 $\sum = \{a, b\}$，$\sum^* = \{\varepsilon, a, b, aa, bb, ab, ba, aaa, \cdots\}$。
- 字符串的方幂：把字符串 α 自身连接 n 次得到的串，称为字符串 α 的 n 次方幂，记为 α^n。$\alpha^0 = \varepsilon, \alpha^n = \alpha\alpha^{n-1} = \alpha^{n-1}\alpha$（$n>0$）。
- 字符串集合的运算：设 A，B 代表字母表 $\sum$ 上的两个字符串集合。

- ◆ 或（合并）：$A \cup B = \{\alpha \mid \alpha \in A 或 \alpha \in B\}$。
- ◆ 积（连接）：$AB = \{\alpha\beta \mid \alpha \in A 且 \beta \in B\}$。
- ◆ 幂：$A^n = A \cdot A^{n-1} = A^{n-1} \cdot A(n > 0)$，并规定 $A^0 = \{\varepsilon\}$。
- ◆ 正则闭包+：$A^+ = A^1 \cup A^2 \cup A^3 \cup \cdots$
- ◆ 闭包*：$A^* = A^0 \cup A^+$。显然，$\Sigma^* = \Sigma^0 \cup \Sigma^1 \cup \Sigma^2 \cup \cdots$

2）正规表达式和正规集

词法规则可用 3 型文法（正规文法）或正规表达式描述，它产生的集合是语言基本字符集 Σ（字母表）上的字符串的一个子集，称为正规集。

对于字母表 Σ，其上的正规式及其表示的正规集可以递归定义如下。

（1）ε 是一个正规式，它表示集合 $L(\varepsilon) = \{\varepsilon\}$。

（2）若 a 是 Σ 上的字符，则 a 是一个正规式，它所表示的正规集为 $L(a) = \{a\}$。

（3）若正规式 r 和 s 分别表示正规集 $L(r)$ 和 $L(s)$，则：

① $r|s$ 是正规式，表示集合 $L(r) \cup L(s)$。

② $r \cdot s$ 是正规式，表示集合 $L(r)L(s)$。

③ r^* 是正规式，表示集合 $(L(r))^*$。

④ (r) 是正规式，表示集合 $L(r)$。

仅由有限次地使用上述 3 个步骤定义的表达式才是 Σ 上的正规式。

运算符"|""•""*"分别称为"或""连接"和"闭包"。在正规式的书写中，连接运算符"•"可省略。运算符的优先级从高到低顺序排列为"*""•""|"。

设 $\Sigma = \{a, b\}$，在下表中列出了 Σ 上的一些正规式和相应的正规集。

正　规　式	正　规　集
ab	字符串 ab 构成的集合
$a|b$	字符串 a、字符串 b 构成的集合
a^*	由 0 个或多个 a 构成的字符串集合
$(a|b)^*$	所有由所有字符 a 和 b 构成的串的集合
$a(a|b)^*$	以 a 为首字符的 a、b 字符串的集合
$(a|b)^* abb$	以 abb 结尾的 a、b 字符串的集合

若两个正规式表示的正规集相同，则认为二者等价。两个等价的正规式 U 和 V 记为 $U = V$。例如，$b(ab)^* = (ba)^*b$，$(a|b)^* = (a^*b^*)^*$。

3）有限自动机

有限自动机是一种识别装置的抽象概念，它能准确地识别正规集。有限自动机分为两类：确定的有限自动机和不确定的有限自动机。

（1）确定的有限自动机（Deterministic Finite Automata，DFA）。一个确定的有限自动机是个五元组：(S, Σ, f, s_0, Z)，其中：

① S 是一个有限集合，它的每个元素称为一个状态。

② Σ 是一个有穷字母表，它的每个元素称为一个输入字符。

③ f 是 $S \times \Sigma \rightarrow S$ 上的单值部分映像。$f(A, a) = Q$ 表示当前状态为 A、输入为 a 时，将转换到下一状态 Q。称 Q 为 A 的一个后继状态。

④ $s_0 \in S$，是唯一的开始状态。

⑤ Z 是非空的终止状态集合，$Z \subseteq S$。

一个 DFA 可以用两种直观的方式表示：状态转换图和状态转换矩阵。状态转换图是一个有向图，简称转换图。DFA 中的每个状态对应转换图中的一个结点；DFA 中的每个转换函数对应图中的一条有向弧，若转换函数为 $f(A, a) = Q$，则该有向弧从结点 A 出发，进入结点 Q，字符 a 是弧上的标记。

【例 3-1】 DFA $M1 = (\{s_0, s_1, s_2, s_3\}, \{a, b\}, f, s_0, \{s_3\})$，其中 f 为：

$f(s_0, a) = s_1$，$f(s_0, b) = s_2$，$f(s_1, a) = s_3$，$f(s_1, b) = s_2$，$f(s_2, a) = s_1$，$f(s_2, b) = s_3$，$f(s_3, a) = s_3$

与 DFA $M1$ 对应的状态转换图如图 3-7（a）所示，其中，状态 s_3 表示的结点是终态结点。状态转换矩阵可以用一个二维数组 M 表示，矩阵元素 $M[A, a]$ 的行下标表示状态，列下标表示输入字符，$M[A, a]$ 的值是当前状态为 A、输入字符为 a 时，应转换到的下一状态。与 DFA $M1$ 对应的状态转换矩阵如图 3-7（b）所示。在转换矩阵中，一般以第一行的行下标对应的状态作为初态，而终态则需要特别指出。

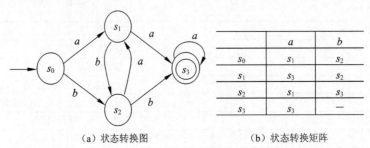

	a	b
s_0	s_1	s_2
s_1	s_3	s_2
s_2	s_1	s_3
s_3	s_3	—

（a）状态转换图　　　　　　　　　（b）状态转换矩阵

图 3-7　确定的有限自动机示意图

对于 Σ 中的任何字符串 ω，若存在一条从初态结点到某一终止状态结点的路径，且这条路径上所有弧的标记符连接成的字符串等于 ω，则称 ω 可由 DFA M 识别（接受或读出）。若一个 DFA M 的初态结点同时又是终态结点，则空字 ε 可由该 DFA 识别（或接受）。DFA M 所能识别的语言 $L(M) = \{\, \omega \mid \omega$ 是从 M 的初态到终态的路径上的弧上标记所形成的串 $\}$。

例如，对于字符串"ababaa"，在图 3-7（a）所示的状态转换图中，识别"ababaa"的路径是 $s_0{\to}s_1{\to}s_2{\to}s_1{\to}s_2{\to}s_1{\to}s_3$。由于从初态结点 s_0 出发，存在到达终态结点 s_3 的路径，因此该 DFA 可识别串"ababaa"。而"abab"和"baab"不能被该 DFA 接受。对于字符串"abab"，从初态结点 s_0 出发，经过路径 $s_0{\to}s_1{\to}s_2{\to}s_1{\to}s_2$，当串结束时还没有到达终态结点 s_3；而对于串"baab"，经过路径 $s_0{\to}s_2{\to}s_1{\to}s_3$，虽然能到达终态结点 s_3，但串尚未结束又不存在与下一字符"b"相匹配的弧。

（2）不确定的有限自动机（Nondeterministic Finite Automata，NFA）。一个不确定的有限自动机也是一个五元组，它与确定有限自动机的区别如下。

① f 是 $S{\times}\Sigma{\to}2^S$ 上的映像。对于 S 中的一个给定状态及输入符号，返回一个状态的集合。即当前状态的后继状态不一定是唯一确定的。

② 有向弧上的标记可以是 ε。

【例 3-2】已知有 NFA $N=(\{s_0, s_1, s_2, s_3\}, \{a, b\}, f, s_0, \{s_3\})$，其中 f 为：

$f(s_0, a)= s_0, f(s_0, a)= s_1, f(s_0, b)= s_0, f(s_1, b)= s_2, f(s_2, b)= s_3$

与 NFA $M2$ 对应的状态转换图和状态转换矩阵如图 3-8 所示。

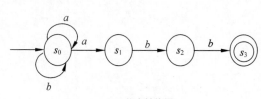

	a	b
s_0	$\{s_0, s_1\}$	$\{s_0\}$
s_1	—	$\{s_2\}$
s_2	—	$\{s_3\}$
s_3	—	—

（a）状态转换图　　　　　　（b）状态转换矩阵

图 3-8　NFA 的状态转换图和转换矩阵

显然，DFA 是 NFA 的特例。实际上，对于每个 NFA M，都存在一个 DFA N，且 $L(M)=L(N)$。词法分析器的任务是把构成源程序的字符流翻译成单词符号序列。手工构造词法分析器的方法是先用正规式描述语言规定的单词符号，然后构造相应有限自动机的状态转换图，最后依据状态转换图编写词法分析器（程序）。

3．语法分析

程序设计语言的语法常采用上下文无关文法描述。文法不仅规定了单词如何组成句子，而且刻画了句子的组成结构。形式文法是一个规则（或称产生式）系统，它规定了单词在句子中的位置和顺序，也描述了句子的层次结构。

下面以一个简单算术表达式的文法为例进行说明，其中，E 代表算术表达式。

E→E + T | T   （1）

T→T * F | F   （2）

F→(E) | N   （3）

D→0|1|2|3|4|5|6|7|3|4|5|6   （4）

N→DN | D   （5）

"→"读作"定义为"，上述产生式规定简单算术表达式的运算符号为"加（+）""乘（*）"，运算符号写在运算对象的中间，运算对象是非负整数，"乘"运算的优先级高于"加"运算，表达式或运算对象可加括号。

有了以上文法，对于算术表达式 2+3*4，其结构可从上面的文法推导得出，如图 3-9（a）所示（分析树），简化的语法树如图 3-9（b）所示。

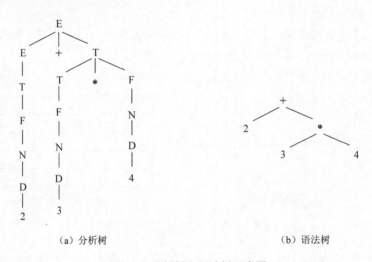

（a）分析树   （b）语法树

图 3-9   分析树和语法树示意图

3.2.3   解释程序基础

解释程序是另一种语言处理程序，在词法、语法和语义分析方面与编译程序的工作原理基本相同，但是在运行用户程序时，它直接执行源程序或源程序的内部形式。因此，解释程序不产生源程序的目标程序，这是它和编译程序的主要区别。图 3-10 显示了以解释方式实现高级语言的 3 种方式。

源程序被直接解释执行的处理方式如图 3-10 中的标记 A 所示。这种解释程序对源程序进行逐个字符的检查，然后执行程序语句规定的动作。例如，如果扫描到字符串序列：

GOTO　L

解释程序就开始搜索源程序中标号 L 后面紧跟冒号 ":" 的出现位置。这类解释程序通过反复扫描源程序来实现程序的运行，效率很低。

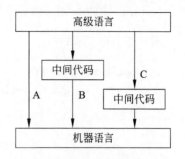

图 3-10　解释器类型示意图

解释程序也可以先将源程序翻译成某种中间代码形式，然后对中间代码进行解释来实现用户程序的运行，这种翻译方式如图 3-10 中的标记 B 和 C 所示。通常，在中间代码和高级语言的语句间存在一一对应的关系。解释方式 B 和 C 的不同之处在于中间代码的级别，在方式 C 下，解释程序采用的中间代码更接近于机器语言。在这种实现方案中，高级语言和低级中间代码间存在着 "1：n" 的对应关系。PASCAL-P 解释系统是这类解释程序的一个实例，它在词法分析、语法分析和语义分析的基础上，先将源程序翻译成 P-代码，再由一个非常简单的解释程序来解释执行这种 P-代码。这类系统具有比较好的可移植性。

下面简要描述解释程序的基本结构。这类系统通常可以分成两部分：第一部分是分析部分，包括与编译过程相同的词法分析、语法分析和语义分析程序，经语义分析后把源程序翻译成中间代码，中间代码常采用逆波兰表示形式。第二部分是解释部分，用来对第一部分产生的中间代码进行解释执行。下面简要介绍第二部分的工作原理。

设用数组 MEM 模拟计算机的内存，源程序的中间代码和解释部分的各个子程序都存放在数组 MEM 中。全局变量 PC 是一个程序计数器，它记录了当前正在执行的中间代码的位置。这种解释部分的常见结构可以由下面两部分组成。

（1）PC:=PC+1;

（2）执行位于 opcode-table[MEM[PC]] 的子程序（解释子程序执行后返回到前面）。

用一个简单例子来说明其工作原理。设两个实型变量 A 和 B 进行相加的中间代码是：

```
start:  Ipush
            A
        Ipush
            B
        Iaddreal
```

其中，中间代码 Ipush 和 Iaddreal 实际上都是 opcode-table 表的索引值（即位移），而该表的单元中存放着对应的解释子程序的起始地址，A 和 B 都是 MEM 中的索引值。解释部分开始执行时，PC 的值为 start-1。

```
opcode-table[Ipush]=push
```

opcode-table[Iaddreal]=addreal

解释部分可表示如下：

```
interpreter-loop:    PC:=PC+1;
                     goto opcode-table[MEM[PC]];
           push:     PC:=PC+1;
                     stackreal(MEM[MEM[PC]]);
                     goto    interpreter-loop;
           addreal:  stackreal(popreal()+popreal());
                     goto    interpreter-loop;
           …（其余各解释子程序）
```

其中，stackreal()表示把相应值压入栈中，而 popreal()表示取得栈顶元素值并弹出栈顶元素。上面的解释部分基于栈实现了将两个数值相加并将结果存入栈中的处理。

对于高级语言的编译和解释翻译方式，可从以下几个方面进行比较。

（1）效率。编译比解释方式可能取得更高的效率。

一般情况下，在解释方式下运行程序时，解释程序可能需要反复扫描源程序。例如，每一次引用变量都要进行类型检查，甚至需要重新进行存储分配，从而降低了程序的运行速度。在空间上，以解释方式运行程序需要更多的内存，因为系统不但需要为用户程序分配运行空间，而且要为解释程序及其支撑系统分配空间。

在编译方式下，编译程序要生成源程序的目标代码并进行优化，该过程比解释方式需要更多的时间。虽然与仔细写出的机器程序相比，一般由编译程序创建的目标程序运行的时间更长，需要占用的存储空间更多，但源程序只需要被编译程序翻译一次，就可以多次运行。因此总体来讲，编译方式比解释方式可能取得更高的效率。

（2）灵活性。由于解释程序需要反复检查源程序，这也使得解释方式能够比编译方式更灵活。当解释器直接运行源程序时，"在运行中"修改程序就成为可能，如增加语句或者修改错误等。另外，当解释器直接在源程序上工作时，它可以对错误进行更精确地定位。

（3）可移植性。源程序是由解释器控制来运行的，可以提前将解释器安装在不同的机器上，从而使得在新环境下无须修改源程序使之运行。而编译方式下则需要针对新机器重新生成源程序的目标代码才能运行。

由于编译方式和解释方式各有特点，因此现有的一些编译系统既提供编译的方式，也提供解释的方式，甚至将两种方式结合在一起。例如，在 Java 虚拟机上发展的一种 compiling-just-in-time 技术，就是当一段代码第一次运行时进行编译，其后运行时就不再进行编译了。

第 4 章　数据结构与算法

数据结构描述数据元素的集合及元素间的关系和运算。在数据结构中，元素之间的相互关系称为数据的逻辑结构。按照逻辑关系的不同将数据结构分为线性结构和非线性结构，其中，线性结构包括线性表、栈、队列、串，非线性结构主要包括树和图。数据元素及元素之间关系的存储形式称为存储结构，有顺序存储和链接存储两种基本方式。

算法对给定问题的求解过程进行描述，设计合理的数据结构可使算法的实现简单而高效。

4.1　线性结构

线性结构的特点是数据元素之间是一种线性关系，即数据元素"一个接一个地排列"，这种数据结构主要用于描述具有单一前驱和后继的数据关系。

4.1.1　线性表

线性表是最基本的线性结构的一种抽象，主要的基本运算有插入、删除和查找，常采用顺序存储和链式存储两种存储方式来实现。

1．线性表的定义

一个线性表是 n 个元素构成的有限序列（$n \geqslant 0$），可表示为（a_1, a_2, $\cdots$, a_n）。对于长度大于 0 的线性表，其特点是：

（1）存在唯一的一个称作"第一个"的元素。

（2）存在唯一的一个称作"最后一个"的元素。

（3）除第一个元素外，序列中的每个元素均只有一个直接前驱。

（4）除最后一个元素外，序列中的每个元素均只有一个直接后继。

2．线性表的存储结构

线性表的存储结构分为顺序存储和链式存储两种基本方式。

（1）线性表的顺序存储

线性表的顺序存储是指用一组地址连续的存储单元依次存储线性表中的数据元素，从而使逻辑上相邻的两个元素在物理位置上也相邻，如图 4-1 所示。在这种存储方式下，元素间的逻辑关系无须占用额外的存储空间来表示。

一般地，以 LOC(a_1)表示线性表中第一个元素的存储位置，d 表示每个元素所占存储单元的个数，则在顺序存储结构中，第 i 个元素 a_i 的存储位置为

$$\text{LOC}(a_i) = \text{LOC}(a_1) + (i-1) \times d$$

在这种存储方式下，按照序号对表中任一元素进行访问时，先根据上式计算元素的存储位置，然后直接访问元素。

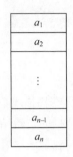

线性表采用顺序存储的优点是可以随机存取表中的元素，按序号查找元素的速度很快。缺点是插入和删除操作需要移动元素，插入前要移动元素以挪出空的存储单元，然后再插入元素；删除时同样需要移动元素，以填充被删除的元素空出来的存储单元。

图 4-1   线性表的顺序存储

显然，在表长为 n 的线性表中插入一个新元素时，共有 $n+1$ 个可能的插入位置。在位置 1（元素 a_1 所在位置）插入时需要移动 n 个元素，在位置 $n+1$（元素 a_n 所在位置之后）插入时不需要移动元素，因此，等概率下插入一个元素时平均的移动元素数目 E_{insert} 为

$$E_{\text{insert}} = \sum_{i=1}^{n+1} P_i \times (n-i+1) = \frac{1}{n+1} \sum_{i=1}^{n+1} (n-i+1) = \frac{n}{2}$$

其中，P_i 表示在第 i 个元素（a_i）前插入元素的概率。

在表长为 n 的线性表中删除一个元素时，共有 n 个可删除的元素，删除 a_1 时需要移动其后的 $n-1$ 个元素，删除 a_n 时不需要移动元素，因此，等概率下删除一个元素时平均的移动元素数目 E_{delete} 为

$$E_{\text{delete}} = \sum_{i=1}^{n} q_i \times (n-i) = \frac{1}{n} \sum_{i=1}^{n} (n-i) = \frac{n-1}{2}$$

其中，q_i 表示删除第 i 个元素(a_i)的概率。

（2）线性表的链式存储

在链式存储方式下，用结点来存储数据元素，表中元素的结点地址可以连续，也可以不连续，因此，数据元素和元素之间的逻辑关系都要存储。链表中结点的基本结构如下所示。

数据域	指针域

其中数据域用于存储数据元素的值，指针域则存储当前元素的直接前驱或（和）直接后继的位置信息，指针域中的信息称为指针（或链）。

n 个结点通过指针连成一个链表，若结点中只有一个指针域，则称为线性链表（或单链表），如图 4-2 所示。

图 4-2　线性表的单链表存储

在链式存储结构中，只要得到指向第一个结点的指针（称为头指针，如图 4-2 中的 Head），就可以顺序访问到表中的任意一个元素。实现单链表时，为了简化对链表状态的判定和处理，引入一个头结点，将其作为链表的第一个结点并令头指针指向该结点（头结点的数据域一般不用，或者用来存储链表的长度信息）。

在链式存储方式下进行插入和删除，其实质都是对相关指针进行修改。

若线性表中的元素类型为整型，则单链表的结点类型可定义为：

```
typedef struct node{
        int data;                   /*数据域*/
        struct node *next;          /*指针域*/
}NODE, *LinkList;
```

在单链表中，指针 p 指向某个结点时，p->next 表示 p 所指结点的指针域（实质上是一个指针变量），p->data 表示 p 所指结点的数据域（实质上是一个整型变量）。

在单链表 p 所指结点（图 4-3 中元素 a 所在结点）后插入新元素结点（s 所指结点，图 4-3（a）中元素 c 所在结点）时，操作如下。

① s->next = p->next;　　 /*s 所指结点的指针域改为指向 p 所指结点的后继结点*/

② p->next = s;　　　　　　 /*p 所指结点的指针域改为指向 s 所指结点*/

在图 4-3（b）中，若需删除元素 b，则令 p 结点的指针域指向其后继的后继结点（即图 4-3（b）中元素 c 所在结点），从而将元素 b 所在的结点从链表中摘除。当链表中的结点不需要时，应将其所占空间归还给系统，较为完善的操作序列如下。

① q = p->next;　　　　　　 /*备份被删除结点的指针*/

② p->next = p->next->next;　 /*修改结点间的链接关系，从链表中摘除要删除的结点*/

③ free(q);　　　　　　　　 /*释放被删除结点的空间*/

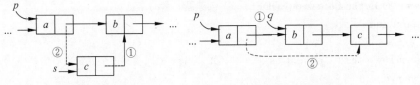

（a）单链表中插入结点　　　　　　（b）单链表中删除结点

图 4-3　在单链表中插入和删除结点时的指针变化示意图

若要删除 p 所指向的结点，在其存在后继结点的情况下，可根据元素的前驱后继关系来处理，则变通的操作如下。

① p->data = p->next->data;

② s = p->next;

③ p->next = p->next->next;

④ free(s);

下面给出单链表上进行查找、插入和删除运算的实现过程。

【函数】单链表的查找运算。

```
LinkList Find_List(LinkList L,int k) /*L 为带头结点单链表的头指针*/
/*在表 L 中查找第 k 个元素，若找到，则返回该元素结点的指针；否则，返回空指针 NULL*/
{    LinkList p;   int i;              /*i 用作元素个数计数器*/
     i = 1; p = L->next;              /*初始时，令 p 指向第一个元素结点*/
     while (p && i < k) {             /*顺指针查找到 p 指向第 k 个元素结点或 p 为空指针为止*/
       p = p->next;   i++;
     }
     if (p && i == k) return p;       /*存在第 k 个元素且指针 p 指向该元素结点*/
     return NULL;                     /*第 k 个元素不存在*/
   } /* Find_List */
```

【函数】单链表的插入运算。

```
int Insert_List (LinkList L, int k, int elem) /*L 为带头结点单链表的头指针*/
   /*将元素 elem 插入表中的第 k 个元素之前，若成功则返回 0，否则返回–1*/
{
     LinkList p,s;     /*p 的作用是指向第 k–1 个元素结点，s 用来指向新申请的结点*/
      /*将元素 elem 插入第 k 个元素之前等同于将元素插入在第 k–1 个元素之后*/
     if (k == 1)    p = L;                   /*元素 elem 需要插入在第 1 个元素之前*/
     else    p = Find_List(L,k–1);           /*查找表中的第 k–1 个元素并令 p 指向该元素结点*/
     if (!p)   return –1;                     /*表中不存在第 k–1 个元素，插入操作失败*/
     s = (NODE *)malloc(sizeof(NODE));        /*创建新元素的结点*/
     if (!s) return –1;
     s->data = elem;
     s->next = p->next;   p->next = s;        /*元素 elem 插入第 k–1 个元素之后*/
     return 0;
} /* Insert_List */
```

【函数】单链表的删除运算。

```
int Delete_List (LinkList L, int k)          /*L 为带头结点单链表的头指针*/
/*删除表中的第 k 个元素结点，若成功则返回 0；否则，返回–1*/
{
    LinkList p,s;                            /*p 的作用是指向待删除结点的前驱结点*/
    /*删除第 k 个元素相当于使第 k–1 个元素结点中的指针指向第 k+1 个元素的结点*/
    if (k == 1)   p = L;                     /*需要删除第一个元素结点*/
    else    p = Find_List(L,k–1);            /*查找表中的第 k-1 个元素并令 p 指向该元素结点*/
    if(!p||!p→next)   return –1;             /*表中不存在第 k 个元素，删除操作失败*/
    s = p->next;                             /*令 s 指向待删除的第 k 个元素结点*/
    p->next = s->next;    free(s);           /*删除结点并释放其空间*/
    return 0;
} /* Delete_List */
```

线性表采用链表作为存储结构时，只能顺序地访问元素，而不能对元素进行随机存取。但其优点是插入和删除操作不需要移动元素。

根据结点中指针域的设置方式，还有双向链表、循环链表和静态链表等链表结构。

- 双向链表：每个结点包含两个指针，分别指示当前元素的直接前驱和直接后继，可在两个方向上遍历链表中的元素。
- 循环链表：表尾结点中的指针指向链表的第一个结点，可从表中任意结点开始遍历整个链表。
- 静态链表：借助数组来描述链式存储结构。

若在双向链表的结点中设置了 front 和 next 指针域分别指示当前结点的直接前驱和直接后继，则在双向链表中插入 s 指向的新结点时，指针的变化情况如图 4-4（a）所示，其操作过程如下。

① s -> front = p -> front;

② p -> front -> next = s;   /*s -> front -> next = s;* /

③ p -> front = s;

④ s -> next = p;

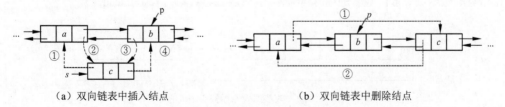

（a）双向链表中插入结点　　　　　　　　（b）双向链表中删除结点

图 4-4　双向链表中插入和删除结点时的指针变化示意图

在双向链表中删除一个 p 所指结点时，指针的变化情况如图 4-4（b）所示，其操作过程如下。

① p -> front -> next = p -> next;

② p -> next -> front = p -> front;

③ free(p);

静态链表中的一个结点是数组中的一个元素，例如，假设线性表（10，20，30，40，50）存储在静态链表 slist 中，其定义如下：

#define N 100

typedef struct {

　　　　int data;

　　　　int next;

}NodeType;

NodeType　slist[N];　　//下标为 0 的元素作为头结点

可如下设置元素之间的链接关系来表示线性表（10，20，30，40，50）。

slist[0].next = 2;

slist[2].data = 10; slist[2].next = 5;

slist[5].data = 20; slist[5].next = 1;

slist[1].data = 30; slist[1].next = 4;

slist[4].data = 40; slist[4].next = 3;

slist[3].data = 50; slist[3].next = 0;　　　//链表的表尾

3．线性表的应用

【例 4-1】　选首领。N 个游戏者围成一圈，从第一个人开始顺序报数 1，2，3。凡报到 3 者退出圈子，最后留在圈中的人为首领。

解：创建一个包含 N 个结点的单循环链表来模拟 N 个人围成的圈，如图 4-5（a）所示，其中结点的数据域存放游戏者的编号，该链表不设头结点，头指针为 head。

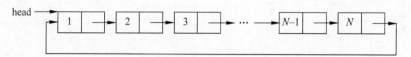

（a）单循环链表模拟 N 个游戏者围成的圈

图 4-5　选首领问题的存储结构示意图

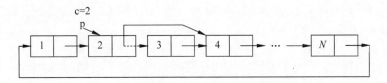

（b）c 计数到 2 时，下一个游戏者出圈

图 4-5（续）

　　在程序中，以删除结点模拟人退出圈子，整型变量 c（初值为 1）用于计数，指针变量 p 初始时的指向与 head 相同。运行时，从 p 所指向的结点开始计数，p 沿链表中的指针每次向后指一个结点，c 值随之递增 1。当 c 计数到 2 时，就删除下一个结点（因其计数值将等于 3），如图 4-5（b）所示，然后将 c 重新设置为 0。另外设置一个计数器 k，其初值为参加游戏的人数。当 k 大于 1 时继续游戏，每当删除一个结点时，k 值就减 1，当 k 等于 1 时，游戏结束，此时链表中还有一个结点，该结点中对应的游戏者即为首领。

　　【程序】选首领。

```c
#include <stdio.h>
#include <stdlib.h>
typedef struct node{
    int    id;                /*游戏者的编号*/
    struct node *next;
}NODE,*LinkList;
LinkList    create_list(int n)
/*创建一个结点数为 n 的单循环链表，返回值为游戏编号为 1 的结点的指针*/
{    LinkList head, p;
    int k;
    head = (NODE *)malloc(sizeof(NODE)); /*创建循环链表的第一个结点*/
    if (!head) {
        printf("memory allocation error!\n"); return NULL;
    }
    head->id = 1;    head->next = head;
    for(k = n; k > 1; --k) {/*头插法创建循环链表的其余 n–1 个结点*/
        p = (NODE *)malloc(sizeof(NODE));
        if (!p) {
            printf("memory allocation error!\n");    return NULL;
        }
        p->id = k;    p->next = head->next;    head->next = p;
```

```
        }/*for*/
        return head;
    }/* create_list */

void play(LinkList head,int n) /*选首领*/
{ LinkList p,s;
    int c = 0,k;
    p = head; c = 1;    k = n;
    while (k > 1){
        if (c == 2)    /*当 c 等于 2 时，p 指向的结点的后继即为将被删除的结点*/
            {    s = p->next; p->next = s->next;
                printf("%4d",s->id);    free(s);
                c = 0;    k--;
        }/*if*/
        c++;    p = p->next;
    }/*while*/
    printf("\n%4d was the winner.", p->id);        /*输出最后留在圈子内的游戏者编号*/
}/*play*/

void output(LinkList head) /*输出链表中结点的数据*/
{    LinkList p;
    p = head;
    do { printf("%4d",p->id);    p = p->next;
    }while (p != head);
    printf("\n");
}/*output*/

int main(void)
{ LinkList headptr;
    int n;
    printf("input the number of players:");    scanf("%d",&n);
    headptr = create_list(n);                            /*创建单循环链表*/
    if (headptr) {
        output(headptr);                                /*输出单循环链表中结点的信息*/
        play(headptr,n);
    }
    return 0;
}
```

4.1.2 栈和队列

栈和队列是程序中常用的两种数据结构，它们的逻辑结构与线性表相同，其特点在于运算受到了限制：栈按"后进先出"的规则进行操作，队列按"先进先出"的规则进行操作，故称运算受限的线性表。

1. 栈

1）栈的定义及基本运算

栈是只能通过访问它的一端来实现数据存储和检索的一种线性数据结构。换句话说，栈的修改是按先进后出的原则进行的。因此，栈又称为先进后出（FILO，或后进先出）的线性表。在栈中，进行插入和删除操作的一端称为栈顶（Top），相应地，另一端称为栈底（Bottom）。不含数据元素的栈称为空栈。

栈的基本运算如下。

① 初始化栈 initStack(S)：创建一个空栈 S。

② 判栈空 isEmpty(S)：当栈 S 为空栈时返回"真"，否则返回"假"。

③ 入栈 push(S,x)：将元素 x 加入栈顶，并更新栈顶指针。

④ 出栈 pop(S)：将栈顶元素从栈中删除，并更新栈顶指针。

⑤ 读栈顶元素 top(S)：返回栈顶元素的值，但不修改栈顶指针。

2）栈的存储结构

（1）栈的顺序存储。栈的顺序存储是指用一组地址连续的存储单元作为栈的存储空间，同时设置指针 top 指示栈顶元素的位置。采用顺序存储结构的栈也称为顺序栈。在顺序存储方式下，需要预先定义或申请栈的存储空间，也就是说栈空间的容量是有限的。因此在顺序栈中，当一个元素入栈时，需要判断是否栈满，若栈满（即栈空间中没有空闲单元），则元素入栈会发生上溢现象。

（2）栈的链式存储。为了克服顺序存储的栈可能存在上溢的不足，可以用链表存储栈中的元素。用链表作为存储结构的栈也称为链栈。由于栈中元素的插入和删除仅在栈顶一端进行，因此不必另外设置头指针，链表的头指针就是栈顶指针。链栈的表示如图 4-6 所示。

3）栈的应用

栈的典型应用包括表达式求值、括号匹配等，在计算机语言的实现以及将递归过程转变为非递归过程的处理中，栈有重要的作用。

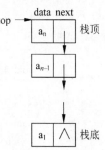

图 4-6　链栈示意图

【例 4-2】 表达式求值。

计算机在处理算术表达式时，可将表达式先转换为后缀形式，然后利用栈进行计算。例如，表达式"46+5*(120–37)"的后缀表达式形式为"46 5 120 37 – * +"。

计算后缀表达式时，从左至右扫描表达式：若遇到运算对象，则压入栈中；遇到运算符，则从栈顶弹出运算对象进行计算，并将运算结果压入栈中。重复以上过程，直到后缀表达式结束。例如，后缀表达式"46 5 120 37 – * +"的计算过程如下。

（1）依次将 46，5，120，37 压入栈中。

（2）遇到"–"，弹出 37 和 120，计算 120–37，得 83，将其压入栈中。

（3）遇到"*"，弹出 83 和 5，计算 5*83，得 415，将其压入栈中。

（4）遇到"+"，弹出 415 和 46，计算 46+415，得 461，将其压入栈中。

（5）表达式结束，计算完成，栈顶为计算结果。

假设表达式中仅包含数字、空格和算术运算符号（"+"）、减（"–"）、乘（"*"）、除（"\"），其中所有项均以空格分隔。函数 calExpr(char expr[],int *result)的功能是基于栈计算后缀形式的表达式（以串形式存入字符数组 expr）的值，并通过参数 result 带回该值。函数的返回值为–1 或 0，分别表示表达式有错误或无错误。栈的基本操作的函数原型说明如下。

void initStack(STACK *s)：初始化栈。

void push(STACK *s, int e)：将一个整数压栈，栈中元素数目增 1。

void pop(STACK *s)：栈顶元素出栈，栈中元素数目减 1。

int top(STACK s)：返回非空栈的栈顶元素值，栈中元素数目不变。

int isEmpty(STACK s)：若 s 是空栈，则返回 1；否则返回 0。

【函数】

```
int calExpr(char expr[], int *result)
{
    STACK s;    int tnum, a,b;    char *ptr;
    initStack(&s);
    ptr = expr;                    /*字符指针指向后缀表达式串的第一个字符*/
    while (*ptr!='\0') {
        if (*ptr==' ') {           /*当前字符是空格，则取下一字符*/
            ptr++;   continue;
        }
        else if (isdigit(*ptr)) {   /*当前字符是数字，则将数字串转换为数值*/
            tnum = 0;
            while (*ptr>='0'&& *ptr<='9') {
                tnum = tnum * 10 + *ptr – '0';
                ptr++;
            }
```

```
                push(&s,tnum);
            }
        else                    /*当前字符是运算符或其他符号*/
        if ( *ptr=='+' || *ptr=='−' || *ptr =='*' || *ptr =='/' ){
            if (!isEmpty(s)) {
                a = top(s); pop(&s);            /*取运算符的第二个运算数，存入 a*/
                if (!isEmpty(s)) {
                    b = top(s); pop(&s);        /*取运算符的第一个运算数，存入 b*/
                }
                else    return −1;
            }
            else    return −1;          /*栈空*/
            switch (*ptr) {
                case '+': push(&s,b+a);    break;
                case '−': push(&s,b−a);    break;
                case '*': push(&s,b*a);    break;
                case '/': push(&s,b/a);    break;
            }
        }
        else
            return −1;                          /*非法字符*/
        ptr++;                                  /*下一字符*/
    } /* while */
    if (!isEmpty(s)) {
        *result = top(s);    pop(&s);           /*取运算结果*/
        if (!isEmpty(s))    return −1;
        return 0;
    }
    return −1;
}
```

2．队列

1）队列的定义及基本运算

队列是一种先进先出（FIFO）的线性表，只允许在队列的一端插入元素，而在另一端删除元素。在队列中，允许插入元素的一端称为队尾（Rear），允许删除元素的一端称为队头（Front）。

队列的基本运算如下。

① 初始化队列 initQueue(Q)：创建一个空的队列 Q。

② 判队空 isEmpty(Q)：当队列为空时返回"真"值，否则返回"假"值。

③ 入队 enQueue(Q,x)：将元素 x 加入队列 Q 的队尾，并更新队尾指针。

④ 出队 deQueue(Q)：将队头元素从队列 Q 中删除，并更新队头指针。

⑤ 读队头元素 frontQueue(Q)：返回队头元素的值，但不更新队头指针。

2）队列的存储结构

（1）队列的顺序存储。队列的顺序存储是指利用一组地址连续的存储单元存放队列中的元素。由于队中元素的插入和删除限定在两端进行，因此设置队头指针和队尾指针，分别指示出当前的队首元素和队尾元素。

设顺序队列 Q 的容量为 6，其队头指针为 front，队尾指针为 rear，头、尾指针和队列中元素之间的关系如图 4-7 所示。

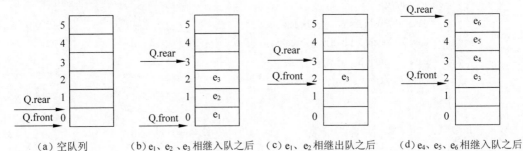

（a）空队列　（b）e_1、e_2、e_3 相继入队之后　（c）e_1、e_2 相继出队之后　（d）e_4、e_5、e_6 相继入队之后

图 4-7　队列的头、尾指针与队列中元素之间的关系

在顺序队列中，为了降低运算的复杂度，元素入队时只修改队尾指针，元素出队时只修改队头指针。由于顺序队列的存储空间容量是提前设定的，所以队尾指针会有一个上限值，当队尾指针达到该上限时，就不能只通过修改队尾指针来实现新元素的入队操作了。若将顺序队列假想成一个环状结构（通过整除取余运算实现），则可维持入队、出队操作运算的简单性，如图 4-8 所示，称为循环队列。

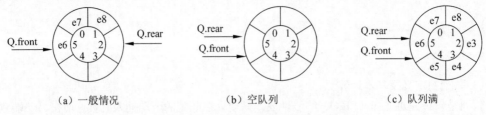

（a）一般情况　（b）空队列　（c）队列满

图 4-8　循环队列的头、尾指针示意图

设循环队列 Q 的容量为 MAXSIZE，初始时队列为空，且 Q.rear 和 Q.front 都等于 0，如

图 4-9（a）所示。元素入队时修改队尾指针，即令 Q.rear = (Q.rear+1)% MAXSIZE，如图 4-9（b）所示。元素出队时修改队头指针，即令 Q.front = (Q.front+1)% MAXSIZE，如图 4-9（c）所示。

　　根据队列操作的定义，当出队操作导致队列变为空时，就有 Q.rear==Q.front，如图 4-9（d）所示；若入队列操作导致队列满，则也有 Q.rear==Q.front，如图 4-9（e）所示。在队列空和队列满的情况下，循环队列的队头、队尾指针指向的位置是相同的，此时仅根据 Q.rear 和 Q.front 之间的关系无法判定队列的状态。为了区别队空和队满的情况，可采用两种处理方式：其一是设置一个标志域，以区别头、尾指针的值相同时队列是空还是满；其二是牺牲一个元素空间，约定以"队列的尾指针所指位置的下一个位置是头指针"表示队列满，如图 4-9（f）所示，而头、尾指针的值相同时表示队列为空。

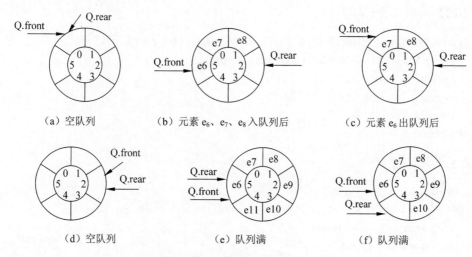

图 4-9　循环队列的头、尾指针示意图

设队列中的元素类型为整型，则循环队列的类型定义为：

```
#define   MAXQSIZE   100
typedef   struct  {
    int  *base;        /*循环队列的存储空间首地址*/
    int  front,rear;   /*队头、队尾指针*/
}SqQueue;
```

【函数】创建一个空的循环队列。

```
int initQueue(SqQueue *Q)
/*创建容量为 MAXQSIZE 的空队列，若成功则返回 0；否则返回–1*/
```

```
{    Q->base = (int *)malloc(MAXQSIZE*sizeof(int));
     if (!Q->base) return –1;
     Q->front = 0; Q->rear = 0; return 0;
}/*initQueue*/
```

【函数】判断队列是否为空。

```
int isEmpty(SqQueue Q)
{    /*若队列 Q 为空则返回 1，否则返回 0*/
     return Q->front == Q->rear ;
}/*isEmpty*/
```

【函数】元素入循环队列。

```
int enQueue(SqQueue *Q,int e) /*元素 e 入队，若成功则返回 0；否则返回–1*/
{    if ( (Q->rear+1)% MAXQSIZE == Q->front) return –1;
     Q->base[Q->rear] = e;
     Q->rear = (Q->rear + 1)% MAXQSIZE;
     return 0;
}/*enQueue*/
```

【函数】元素出循环队列。

```
int deQueue(SqQueue *Q,int *e)
/*若队列不空，则删除队头元素，由参数 e 带回其值并返回 0；否则返回–1*/
{    if (Q->rear == Q->front) return –1;
     *e = Q->base[Q->front];
     Q->front = (Q->front + 1) % MAXQSIZE ;
     return 0;
}/*deQueue*/
```

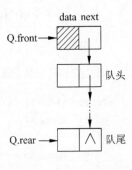

图 4-10　链队列示意图

（2）队列的链式存储。队列的链式存储也称为链队列。为了便于操作，可给链队列添加一个头结点，并令头指针指向头结点，如图 4-10 所示。在这种情况下，队列为空的判定条件是头指针和尾指针相同，且均指向头结点。

3）队列的应用

队列常应用于需要排队的场合，如操作系统中处理打印任务的打印队列、离散事件的计算机模拟等。

4.1.3 串

字符串是一串文字及符号的简称，是一种线性表。字符串中的元素是字符，计算机中非数值问题处理的对象经常是字符串，如在汇编和高级语言的编译程序中，源程序和目标程序都是字符串；在事务处理程序中，姓名、地址等一般也是作为字符串处理的。

1．串的定义及基本运算

串是仅由字符构成的有限序列，是取值受限的线性表。一般记为 $S='a_1a_2\cdots a_n'$，其中 S 是串名，单引号括起来的字符序列是串值。

（1）基本术语

- 串长：即串的长度，指字符串中的字符个数。
- 空串：长度为 0 的串，空串不包含任何字符。
- 空格串：由一个或多个空格组成的串。虽然空格是一个空白符，但它也是一个字符，计算串长度时要将其计算在内。
- 子串：由串中任意长度的连续字符构成的序列称为子串。含有子串的串称为主串。子串在主串中的位置指子串首次出现时，该子串的第一个字符在主串的位置。空串是任意串的子串。
- 串相等：指两个串长度相等且对应序号的字符也相同。
- 串比较：两个串比较大小时以字符的 ASCII 码值作为依据。比较操作从两个串的第一个字符开始进行，字符的 ASCII 码值大者所在的串为大；若其中一个串结束，则以较长的串为大。

（2）串的基本操作

① 赋值操作 StrAssign(s,t)：将串 t 的值赋给串 s。

② 连接操作 Concat(s,t)：将串 t 接续在串 s 的尾部，形成一个新串。

③ 求串长 StrLength(s)：返回串 s 的长度。

④ 串比较 StrCompare(s,t)：比较两个串的大小，返回值–1、0 和 1 分别表示 s<t、 s=t 和 s>t 三种情况。

⑤ 求子串 SubString(s,start,len)：返回串 s 中从 start 开始的、长度为 len 的字符序列。

2．串的存储结构

串可以采用顺序存储或链式存储。

（1）串的顺序存储。串的顺序存储是指用一组地址连续的存储单元来存储串值的字符序列。由于串中的元素为字符，所以可通过程序语言提供的字符数组定义串的存储空间，也可以根据串长的需要动态申请字符串的空间。

（2）串的链式存储。字符串也可以采用链表作为存储结构，当用链表存储串中的字符时，需要考虑存储密度问题，每个结点中可以存储一个字符，也可以存储多个字符。用结点大小为4的链表表示字符串"abcdefghij"如图4-11所示。

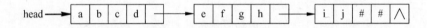

图 4-11   串的链表存储方式

在链式存储结构中，结点大小的选择和顺序存储方法中数组空间大小的选择一样重要，它直接影响串运算的效率。

4.2   数组

数组可看作线性表的推广，其特点是数据元素仍然是一个表。这里主要介绍多维数组的逻辑结构和存储结构、特殊矩阵和矩阵的压缩存储。

1. 数组

1）数组的定义及基本运算

一维数组是长度固定的线性表，数组中的每个数据元素类型相同，结构一致。多维数组是定长线性表在维数上的扩张，即线性表中的元素又是一个线性表。

以二维数组 $\mathbf{A}[m][n]$ 为例，可将其看成是一个定长的线性表，它的每个元素也是一个定长线性表，如图4-12所示。

$$A_{m \times n} = \begin{bmatrix} a_{11} & a_{12} & a_{13} & \cdots & a_{1n} \\ a_{21} & a_{22} & a_{23} & \cdots & a_{2n} \\ \vdots & \vdots & \vdots & \ddots & \vdots \\ a_{m1} & a_{m2} & a_{m3} & \cdots & a_{mn} \end{bmatrix}$$

图 4-12 $m \times n$ 的二维数组

可将 A 看作一个行向量形式的线性表：

$$A_{m \times n} = \left[[a_{11}a_{12} \cdots a_{1n}], [a_{21}a_{22} \cdots a_{2n}], \cdots, [a_{m1}a_{m2} \cdots a_{mn}] \right]$$

也可将 A 看作列向量形式的线性表：

$$A_{m \times n} = \left[\left[a_{11} a_{21} \cdots a_{m1} \right], \left[a_{12} a_{22} \cdots a_{m2} \right], \cdots, \left[a_{1n} a_{2n} \cdots a_{mn} \right] \right]$$

对于 n 维数组 $\mathbf{A}[b_1, b_2, \cdots, b_n]$，设其每一维的下界都为 1，$b_i$ 是第 i 维的上界。从数据结构的逻辑关系角度来看，$\mathbf{A}$ 中的每个元素 $\mathbf{A}[j_1, j_2, \cdots, j_n]$ $(1 \le j_i \le b_i)$ 都被 n 个关系所约束。在每个关系中，除第一个和最后一个元素外，其余元素都只有一个直接前驱和一个直接后继。因此就单个关系而言，这 n 个关系中的每个关系都是线性的。

数组的特点如下。

（1）数据元素数目固定。一旦定义了一个数组，就不再有元素的增减变化。

（2）数据元素具有相同的类型。

（3）数据元素的下标关系具有上下界的约束且下标有序。

在数组中通常进行下面两种操作。

（1）取值操作。给定一组下标，读取其对应的数据元素。

（2）赋值操作。给定一组下标，存储或修改与其相对应的数据元素。

几乎所有的高级程序设计语言都提供了数组类型。实际上，在语言中把数组看成是具有共同名字的同一类型的多个变量的集合。

2）数组的顺序存储

由于数组一般不作插入和删除运算，也就是说，一旦定义了数组，则数组中的数据元素个数和元素之间的关系就不再发生变动，因此数组适合于采用顺序存储结构。

二维数组的存储有以行为主序和以列为主序的两种方法，如图 4-13 所示。

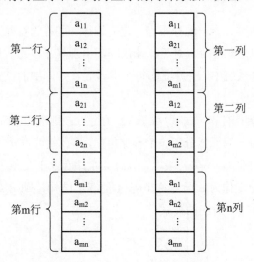

图 4-13　二维数组的两种存储方式

设 L 表示数组元素的存储宽度（即每个数据元素占用的存储单元数目），m、n 为数组的行数和列数，那么以行为主序存储的数组元素地址计算公式为

$$\text{Loc}(a_{ij}) = \text{Loc}(a_{11}) + ((i-1) \times n + (j-1)) \times L$$

同理，以列为主序存储的数组元素地址计算公式为

$$\text{Loc}(a_{ij}) = \text{Loc}(a_{11}) + ((j-1) \times m + (i-1)) \times L$$

对于数组，一旦确定了它的维数和各维的长度，便可为它分配存储空间。反之，只要给出一组下标便可求得相应数组元素的存储位置。也就是说，在数据的顺序存储结构中，数据元素的位置是其下标的线性函数。

2．矩阵

矩阵是很多科学与工程计算领域研究的数学对象。在数据结构中主要讨论如何在尽可能节省存储空间的情况下，使矩阵的各种运算高效地进行。

在一些矩阵中，存在很多值相同的元素或者是零元素，为了节省存储空间，可以对这类矩阵进行压缩存储。压缩存储的含义是为多个值相同的元素只分配一个存储单元，对零元不分配存储单元。假如值相同的元素或零元在矩阵中的分布有一定的规律，则称此类矩阵为特殊矩阵。若矩阵中非零元素远远少于零元素且分布没有规律，则称为稀疏矩阵。

（1）特殊矩阵

若矩阵中元素（或非零元素）的分布有一定的规律，则称为特殊矩阵。常见的特殊矩阵有对称矩阵、三角矩阵和对角矩阵等。对于特殊矩阵，由于其非零元的分布都有一定的规律，所以可将其压缩存储在一维数组中，并建立起每个非零元在矩阵中的位置与其在一维数组中的位置之间的对应关系。

若矩阵 $A_{n \times n}$ 中的元素具有 $a_{ij} = a_{ji}$（$1 \leqslant i, j \leqslant n$）的特点，则称为 n 阶对称矩阵。

若为对称矩阵中的每一对元素分配一个存储单元，那么就可将 n^2 个元素压缩存储到能存放 $n(n+1)/2$ 个元素的存储空间中。不失一般性，以行为主序存储下三角（包括对角线）中的元素。假设以一维数组 $B[n(n+1)/2]$ 作为 n 阶对称矩阵 A 的存储结构，则 $B[k](0 \leqslant k < n(n+1)/2)$ 与矩阵元素 a_{ij}（a_{ji}）之间存在着一一对应的关系。

$$k = \begin{cases} \dfrac{i(i-1)}{2} + j - 1, & \text{当 } i \geqslant j \\[2mm] \dfrac{j(j-1)}{2} + i - 1, & \text{当 } i < j \end{cases}$$

对角矩阵是指矩阵中的非零元素都集中在以主对角线为中心的带状区域中，即除了主对角线上和直接在对角线上、下方若干条对角线上的元素外，其余的矩阵元素都为零。一个 n 阶的三对角矩阵如图 4-14 所示。

若以行为主序将 n 阶三对角矩阵 $\boldsymbol{A}_{n\times n}$ 的非零元素存储在一维数组 $B[k]$($0\leqslant k<3\times n-2$)中，则元素位置之间的对应关系为

$$k = 3\times(i-1)-1+j-i+1 = 2i+j-3 \qquad (1\leqslant i,j\leqslant n)$$

其他特殊矩阵可作类似的推算，这里不再赘述。

（2）稀疏矩阵

在一个矩阵中，若非零元素的个数远远少于零元素的个数，且非零元素的分布没有规律，则称为稀疏矩阵。

对于稀疏矩阵，存储非零元素时必须同时存储其位置（即行号和列号），所以三元组(i,j,a_{ij})可唯一确定矩阵中的一个元素。由此，一个稀疏矩阵可由表示非零元素的三元组序列及其行、列数唯一确定。

一个 6 行 7 列的稀疏矩阵如图 4-15 所示，其三元组表为((1,2,12),(1,3,9),(3,1,−3),(3,6,14), (4,3,24), (5,2,18),(6,1,15),(6,4,−7))。

$$\boldsymbol{A}_{n\times n}=\begin{bmatrix} a_{1,1} & a_{1,2} & & & & \\ a_{2,1} & a_{2,2} & a_{2,3} & & & 0 \\ & a_{3,2} & a_{3,3} & a_{3,4} & & \\ & & \cdots & \cdots & \cdots & \\ & & & a_{i,i-1} & a_{i,i} & a_{i,i+1} \\ 0 & & & \cdots & \cdots & \cdots \\ & & & & a_{n,n-1} & a_{n,n} \end{bmatrix}$$

图 4-14　三对角矩阵示意图

$$\boldsymbol{M}_{6\times 7}=\begin{bmatrix} 0 & 12 & 9 & 0 & 0 & 0 & 0 \\ 0 & 0 & 0 & 0 & 0 & 0 & 0 \\ -3 & 0 & 0 & 0 & 0 & 14 & 0 \\ 0 & 0 & 24 & 0 & 0 & 0 & 0 \\ 0 & 18 & 0 & 0 & 0 & 0 & 0 \\ 15 & 0 & 0 & -7 & 0 & 0 & 0 \end{bmatrix}$$

图 4-15　稀疏矩阵示意图

稀疏矩阵的三元组表是一个线性表，可采用顺序存储或链式存储。

4.3　树与二叉树

树结构是一种非常重要的非线性结构，该结构中一个数据元素可以有两个或两个以上的直接后继元素，可以用来描述客观世界中广泛存在的层次关系。

4.3.1 树的基本概念

树是 $n(n \geq 0)$ 个结点的有限集合。当 $n=0$ 时称为空树。在任一非空树（$n>0$）中，有且仅有一个称为根的结点；其余结点可分为 $m(m \geq 0)$ 个互不相交的有限集 T_1，T_2，…，T_m，其中每个集合又都是一棵树，并且称为根结点的子树。

树的定义是递归的，它表明了树本身的固有特性，也就是一棵树由若干棵子树构成，而子树又由更小的子树构成。该定义只给出了树的组成特点，若从数据结构的逻辑关系角度来看，树中元素之间有明确的层次关系。对树中的某个结点，它最多只和上一层的一个结点（即其双亲结点）有直接关系，而与其下一层的多个结点（即其子树结点）有直接关系，如图 4-16 所示。通常，凡是分等级的分类方案都可以用具有严格层次关系的树结构来描述。

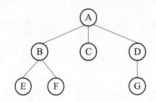

图 4-16   树结构示意图

- 双亲、孩子和兄弟：结点的子树的根称为该结点的孩子，相应地，该结点称为其子结点的双亲。具有相同双亲的结点互为兄弟。例如，图 4-16 中，结点 A 是树根，B、C、D 是 A 的孩子结点，B、C、D 互为兄弟；E、F 互为兄弟，B 是 E 和 F 的双亲。

- 结点的度：一个结点的子树的个数记为该结点的度。例如，图 4-16 中，B 的度为 2，C 的度为 0，D 的度为 1。

- 叶子结点：也称为终端结点，指度为零的结点。例如，图 4-16 中，E、F、C、G 都是叶子结点。

- 内部结点：度不为零的结点称为分支结点或非终端结点。除根结点之外，分支结点也称为内部结点。例如，图 4-16 中，B、D 都是内部结点。

- 结点的层次：根为第一层，根的孩子为第二层，依此类推，若某结点在第 i 层，则其孩子结点就在第 $i+1$ 层。例如，图 4-16 中，A 在第 1 层，B、C、D 在第 2 层，E、F 和 G 在第 3 层。

- 树的高度：一棵树的最大层数记为树的高度（或深度）。例如，图 4-16 所示的树高度为 3。

- 有序（无序）树：若将树中结点的各子树看成是从左到右有次序关系，即不能交换次序，则称该树为有序树，否则称为无序树。

- 森林：是 $m(m \geq 0)$ 棵互不相交的树的集合。

4.3.2　二叉树

二叉树是 $n(n \geq 0)$ 个结点的有限集合，它或者是空树（$n=0$），或者是由一个根结点及两棵不相交的、分别称为左子树和右子树的二叉树所组成。

尽管树和二叉树的概念之间有许多联系，但它们是两个不同的概念。树和二叉树之间最主要的区别是：二叉树中结点的子树要区分左子树和右子树，即使在结点只有一棵子树的情况下也要明确指出该子树是左子树还是右子树。另外，二叉树中结点的最大度为 2，而树中不限制结点的度数，如图 4-17 所示。

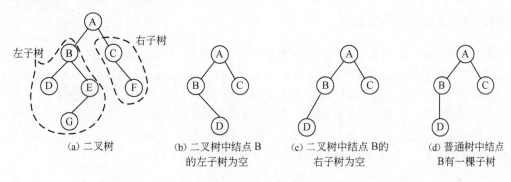

图 4-17　二叉树与普通树

具有 3 个结点的树有两种，如图 4-18 所示。具有 3 个结点的二叉树如图 4-19 所示。

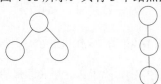

图 4-18　具有 3 个结点的树

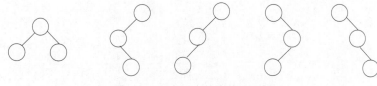

图 4-19　具有 3 个结点的二叉树

1. 二叉树的性质

性质 1：二叉树第 i 层（$i \geq 1$）上至多有 2^{i-1} 个结点。

可用归纳法证明性质 1。

性质 2：深度为 k 的二叉树至多有 $2^k - 1$ 个结点（$k \geq 1$）。

由性质 1，每一层的结点数都取最大值即得 $\sum\limits_{i=1}^{k} 2^{i-1} = 2^k - 1$，因此性质 2 得证。

性质 3：对任何一棵二叉树，若其终端结点（叶子）数为 n0，度为 2 的结点数为 n2，则 n0=n2+1。

对二叉树中结点的度求和即得到分支的数目，而二叉树中结点总数恰好比分支数目多 1，由此可对性质 3 进行证明。

2. 满二叉树和完全二叉树

若深度为 k 的二叉树有 $2^k - 1$ 个结点，则称其为满二叉树。可以对满二叉树中的结点进行连续编号，约定编号从根结点起，自上而下、自左至右依次进行。即根结点的编号为 1，其左孩子结点编号为 2，右孩子结点编号为 3，依此类推，编号为 i 的结点的左孩子编号为 $2i$、右孩子编号为 $2i+1$。这样，深度为 k、有 n 个结点的二叉树，当且仅当其每一个结点都与深度为 k 的满二叉树中编号为 $1 \sim n$ 的结点一一对应时，称为完全二叉树。高度为 3 的满二叉树和完全二叉树如图 4-20（a）~（d）所示，显然，满二叉树也是完全二叉树。

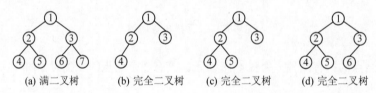

(a) 满二叉树　　　(b) 完全二叉树　　　(c) 完全二叉树　　　(d) 完全二叉树

图 4-20　满二叉树和完全二叉树示意图

在一个高度为 h 的完全二叉树中，除了第 h 层（即最后一层），其余各层都是满的。在第 h 层上的结点必须从左到右依次放置，不能留空。图 4-21 所示的二叉树都不是完全二叉树，其中，（a）中 4 号结点、（b）中 5 号结点、（c）中 6 号结点的左边有空结点。

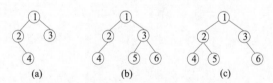

(a)　　　　　　(b)　　　　　　(c)

图 4-21　非完全二叉树

显然，具有 n 个结点的完全二叉树的高度为 $\lfloor \log_2 n \rfloor + 1$。

3．二叉树的存储结构

二叉树可采用顺序存储结构和链式存储结构。

1）二叉树的顺序存储结构

用一组地址连续的存储单元存储二叉树中的结点时，必须将树中的结点排成一个适当的线性序列，并且结点在这个序列中的相互位置能反映出结点之间的逻辑关系。

在完全二叉树中，对于编号为 i 的结点，则有：

- 若 $i=1$ 时，则该结点为根结点，无双亲；若 $i>1$ 时，则该结点的双亲结点为 $\lfloor i/2 \rfloor$。
- 若 $2i \leqslant n$，则该结点的左孩子编号为 $2i$，否则无左孩子。
- 若 $2i+1 \leqslant n$，则该结点的右孩子编号为 $2i+1$，否则无右孩子。

完全二叉树的顺序存储结构如图 4-22（a）所示。

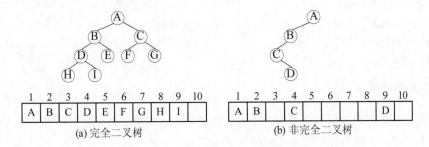

图 4-22　二叉树的顺序存储

显然，顺序存储结构对完全二叉树而言既简单又节省空间，而对于一般二叉树则不适用。因为在顺序存储结构中，以结点在存储单元中的位置来表示结点之间的关系，因此对于一般的二叉树来说，也必须按照完全二叉树的形式存储，也就是要添上一些实际并不存在的"虚结点"，这将造成空间的浪费，如图 4-22（b）所示。

在最坏情况下，一个高度为 h 且只有 h 个结点的二叉树（单枝树）却需要 $2^h - 1$ 个存储单元。因此，在考虑存储空间利用率的情况下，一般的二叉树不适合采用顺序存储。

2）二叉树的链式存储结构

由于二叉树中结点包含有数据元素、左子树根、右子树根及双亲等信息，因此可以用三叉链表或二叉链表（即一个结点含有 3 个指针或两个指针）来存储二叉树，链表的头指针指向二叉树的根结点，如图 4-23 所示。

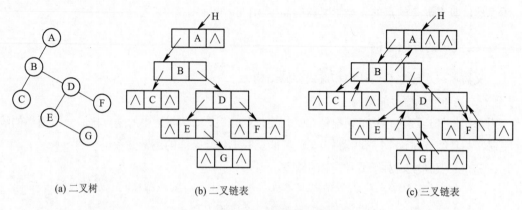

(a) 二叉树　　　　　　(b) 二叉链表　　　　　　(c) 三叉链表

图 4-23　二叉树的链表存储结构

设结点中的数据元素为整型，则二叉链表的结点类型定义如下：

```
typedef struct BiTnode{
    char    data;                       /*结点的数据域*/
    struct BiTnode *lchild,*rchild;     /*左孩子指针域和右孩子指针域*/
}BiTnode,*BiTree;
```

4. 二叉树的遍历

遍历是按某种策略访问树中的所有结点，且对每个结点仅访问一次的过程。遍历运算是二叉树的基本运算，其他运算可建立在遍历运算的基础上。

由于二叉树所具有的递归性质，一棵非空的二叉树可以看作是由根结点、左子树和右子树三部分构成，因此若能依次遍历这三部分的信息，也就遍历了整棵二叉树。按照遍历左子树要在遍历右子树之前进行的约定，依据访问根结点位置的不同，可得到二叉树的先序、中序和后序3种遍历方法。

先序遍历二叉树的操作定义如下。若二叉树为空，则进行空操作。否则：

（1）访问根结点。

（2）先序遍历根的左子树。

（3）先序遍历根的右子树。

【函数】二叉树的先序遍历算法。

```
void preOrder(BiTree root)
{   if (root == NULL) return;          /*遇到空树（子树）时返回*/
    else {   printf("%c ",root->data);  /*访问根结点*/
             preOrder(root->lchild);    /*先序遍历根结点的左子树*/
```

```
        preOrder(root->rchild);              /*先序遍历根结点的右子树*/
    }/*if*/
}/*preOrder*/
```

中序遍历二叉树的操作定义如下。若二叉树为空，则进行空操作。否则：

（1）中序遍历根的左子树。

（2）访问根结点。

（3）中序遍历根的右子树。

【函数】二叉树的中序遍历算法。

```
void inOrder(BiTree root)
{    if (root == NULL) return;                /*遇到空树（子树）时返回*/
     else {   inOrder(root->lchild);          /*中序遍历根结点的左子树*/
              printf("%c ",root->data);       /*访问根结点*/
              inOrder(root->rchild);          /*中序遍历根结点的右子树*/
     }/*if*/
}/*inOrder*/
```

实际上，将中序遍历算法中对根结点的访问操作放在右子树的遍历之后，就得到后序遍历算法。遍历二叉树的过程实质上是按一定规则，将树中的结点排成一个线性序列的过程。

遍历二叉树的基本操作就是访问结点，不论按照哪种次序遍历，对含有 n 个结点的二叉树，遍历算法的时间复杂度都为 $O(n)$。因为在遍历的过程中，每进行一次递归调用，都是将函数的"活动记录"压入栈中，因此，栈的容量恰为树的高度。在最坏情况下，二叉树是有 n 个结点且高度为 n 的单枝树，遍历算法的空间复杂度也为 $O(n)$。

对二叉树还可以进行层序遍历。设二叉树的根结点所在层数为 1，二叉树的层序遍历就是从树的根结点出发，首先访问第 1 层的树根结点，然后从左到右依次访问第二层上的结点，其次是第三层上的结点，依此类推，自上而下、自左至右逐层访问树中各层结点的过程就是层序遍历。

4.3.3　树和森林

可以采用孩子兄弟表示法（又称为二叉链表表示法）来表示树（或森林），也就是在链表的结点中设置两个指针域，分别指向当前结点的第一个孩子结点和下一个兄弟结点，如图 4-24 所示。

树的孩子兄弟表示法为实现树、森林与二叉树的相互转换奠定了基础。

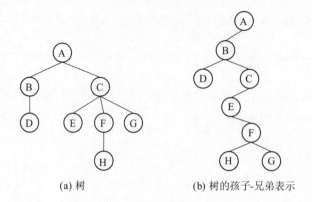

(a) 树   (b) 树的孩子-兄弟表示

图 4-24   树的孩子兄弟表示

1. 树和森林与二叉树的相互转换

利用树的孩子兄弟表示法，可以在树、森林和二叉树之间可以互相进行转换，即任何一个森林或一棵树可以对应一棵二叉树，而任一棵二叉树也能对应到一个森林或一棵树上。

（1）树和森林转换为二叉树

一棵树可转换成唯一的一棵二叉树。在树的孩子兄弟表示法中，从物理结构上看与二叉树的二叉链表表示法相同，因此就可以用同一存储结构的不同解释将一棵树转换为一棵二叉树，即在转换所得的二叉树中，父结点与其左孩子之间反映的是父子关系，而右孩子关系则体现的是所对应树中的兄弟关系，如图 4-25 所示。其中，原树中结点 B 与 C 的兄弟关系在二叉树中表示为 C 是 B 的右孩子，D、E 间的兄弟关系表示为 E 是 D 的右孩子。

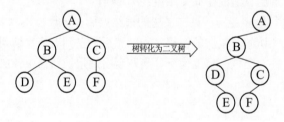

树转化为二叉树

图 4-25   树转换为二叉树

由于树根没有兄弟，所以树转换为二叉树后，二叉树的根结点一定没有右子树。

同理，将一个森林转换为一棵二叉树的方法是：先将森林中的每一棵树转换为二叉树，再将第二棵树作为第一棵树的右子树，第三棵树作为第二棵树的右子树，依此类推，如图 4-26 所示。

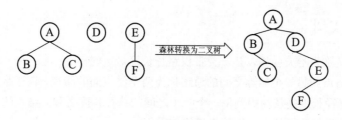

图 4-26　森林转换为二叉树

（2）二叉树转换为树（或森林）

将二叉树中结点的左孩子解释为父子关系，右孩子解释为兄弟关系，即可将二叉树转换为唯一的树或森林，如图 4-27 所示。

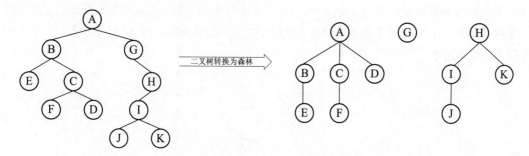

图 4-27　二叉树转换为树（或森林）

2．树和森林的遍历

由于树中每个结点可以有两棵以上的子树，因此遍历树的方法有两种：先根遍历和后根遍历。

树的先根遍历是先访问树的根结点，然后依次先根遍历根的各棵子树。对树的先根遍历等同于对转换所得的二叉树进行先序遍历。

树的后根遍历是先依次后根遍历树根的各棵子树，然后访问树根结点。树的后根遍历等同于对转换所得的二叉树进行中序遍历。

按照森林和树的相互递归的定义，可以得出森林的两种遍历的方法。

先序遍历森林：若森林非空，首先访问森林中第一棵树的根结点，其次先序遍历第一棵子树根结点的子树森林，最后先序遍历除第一棵树之外剩余的树所构成的森林。

中序遍历森林：若森林非空，首先中序遍历森林中第一棵树的子树森林，其次访问第一棵树的根结点，最后中序遍历除第一棵树之外剩余的树所构成的森林。

4.3.4　最优二叉树

最优二叉树又称为哈夫曼树，是一类带权路径长度最短的树。

从树中一个结点到另一个结点之间的通路称为两个结点间的路径，该通路上分支数目称为路径长度。树的路径长度是从树根到每一个叶子之间的路径长度之和。结点的带权路径长度为从该结点到树根之间的路径长度与该结点权值的乘积。

树的带权路径长度为树中所有叶子结点的带权路径长度之和，记为

$$WPL = \sum_{k=1}^{n} w_k l_k$$

其中，n 为带权叶子结点数目，w_k 为叶子结点的权值，l_k 为叶子结点到根的路径长度。

最优二叉树是指权值为 w_1，w_2，…，w_n 的 n 个叶子结点的二叉树中带权路径长度最小的二叉树。例如，在图 4-28 中所示的具有 4 个叶子结点的二叉树中，图 4-28（b）所示二叉树的带权路径长度最小。

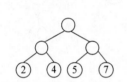
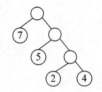
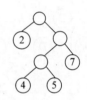

（a）WPL= (2+4+5+7)×2 = 36　　（b）WPL= (2+4)×3+5×2+7×1 =35　　（c）WPL= (4+5)×3+7×2+2 = 43

图 4-28　不同带权路径长度的二叉树

构造最优二叉树的哈夫曼方法如下。

（1）根据给定的 n 个权值 $\{w_1, w_2, …, w_n\}$ 构成 n 棵二叉树的集合 $F=\{T_1, T_2, …, T_n\}$，其中每棵树 T_i 中只有一个带权为 w_i 的根结点，其左、右子树均空。

（2）在 F 中选取两棵根结点的权值最小的二叉树作为左、右子树，构造一棵新的二叉树，置新构造二叉树的根结点的权值为其左、右子树根结点的权值之和。

（3）从 F 中删除这两棵树，同时将新得到的二叉树加入 F 中。

重复（2）、（3）步，直到 F 中只含一棵树时为止，这棵树便是最优二叉树（哈夫曼树）。

最优二叉树的一个应用是通信过程中的编码和译码。

对给定的字符集 $D=\{d_1, d_2, …, d_n\}$ 及权值集合 $W=\{w_1, w_2, …, w_n\}$，构造其哈夫曼编码的方法为：以 d_1，d_2，…，d_n 作为叶子结点，w_1，w_2，…，w_n 作为叶子结点的权值，构造出一棵最优二叉树，然后将树中每个结点的左分支标上 0，右分支标上 1，则每个叶子结点代表

的字符的编码就是从根到叶子的路径上 0 或 1 标记组成的串。

例如，设有字符集{*a,b,c,d,e*}及对应的权值集合{0.25,0.30,0.12,0.25,0.08}，先取字符 *c* 和 *e*
对应的二叉树分别作为左、右子树构造一棵二叉树（根结点的权值为 *c* 和 *e* 的权值之和），如
图 4-29（a）所示，然后与 *d* 对应的二叉树（也可以是 *a*）分别作为左、右子树构造一棵二叉树，
如图 4-29（b）所示，之后取字符 *a* 和 *b* 对应的二叉树分别作为左、右子树构造一棵二叉树，
如图 4-29（c）所示，按照构造最优二叉树的哈夫曼方法，最后得到的最优二叉树（哈夫曼树）
如图 4-29（d）所示。其中，字符 *a* 的编码为 10，字符 *b*、*c*、*d*、*e* 的编码分别为 11、001、01、
000。

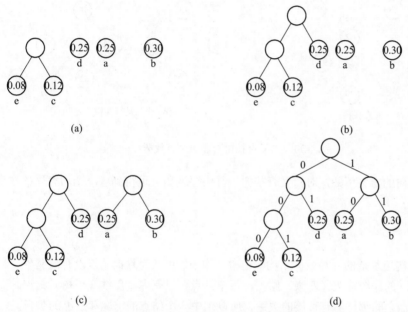

图 4-29　哈夫曼树的构造及编码示例

译码时就从树根开始，若编码序列中当前位为 0，则进入当前结点的左子树；为 1 则进入
右子树，到达叶子结点时一个字符就翻译出来了，然后再从树根开始重复上述过程，直到编码
序列结束。例如，若编码序列 101110000001 对应的字符编码采用的是图 4-29（d）所示的树来
构造的，则可翻译出字符序列"abaec"。

4.3.5　二叉查找树

二叉查找树又称为二叉排序树或二叉检索树，它或者是一棵空树，或者是具有如下性质的
二叉树。

（1）若它的左子树非空，则左子树中所有结点的值均小于根结点的值。

（2）若它的右子树非空，则右子树中所有结点的值均大于根结点的值。

（3）左、右子树也是二叉查找树。

一棵二叉查找树如图4-30（a）所示，而图4-30（b）所示的二叉树不是二叉查找树，因为46比54小，它应该在结点54的左子树上作为38的右孩子结点。

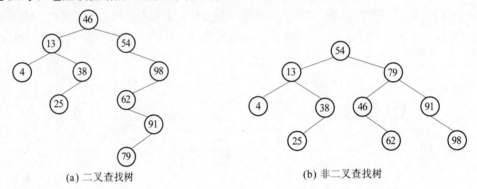

(a) 二叉查找树　　　　　　　　　　　　　　　(b) 非二叉查找树

图4-30　二叉查找树与非二叉查找树

从二叉查找树的定义可知，对二叉查找树进行中序遍历，可得到一个递增有序的序列。

4.4　图

图是比树结构更复杂的一种数据结构。在树结构中，可认为除根结点没有前驱外，其余的每个结点只有唯一的一个前驱（双亲）结点，每个结点可以有多个后继（子树）结点。而在图中，任意两个结点之间都可能有直接的关系，所以图中一个结点的前驱和后继的数目是没有限制的。图结构被用于描述各种复杂的数据对象，在自然科学、社会科学和人文科学等许多领域有非常广泛的应用。

1．基本概念

图 G 是由集合 V 和 E 构成的二元组，记作 $G=(V, E)$，其中 V 是图中顶点的非空有限集合，E 是图中边的有限集合。从数据结构的逻辑关系角度来看，图中任一顶点都有可能与图中其他顶点有关系，而图中所有顶点都有可能与某一顶点有关系。在图中，数据元素用顶点表示，数据元素之间的关系用边表示。

- 有向图：若图中每条边都是有方向的，则称为有向图。从顶点 v_i 到 v_j 的有向边 $<v_i, v_j>$ 也称为弧，起点 v_i 称为弧尾；终点 v_j 称为弧头。在有向图中，$<v_i, v_j>$ 与 $<v_j, v_i>$ 分别表示两条弧，如图 4-31（a）中的<1,3>和<3,1>。

- 无向图：若图中的每条边都是无方向的，顶点 v_i 和 v_j 之间的边用（v_i, v_j）表示。在无向图中，（v_i, v_j）与（v_j, v_i）表示的是同一条边。5 个顶点的一个无向图如图 4-31（b）所示。

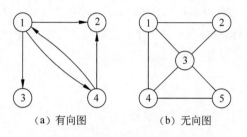

（a）有向图　　　　　（b）无向图

图 4-31　有向图和无向图示意图

- 完全图：若一个无向图具有 n 个顶点，而每一个顶点与其他 $n–1$ 个顶点之间都有边，则称为无向完全图。显然，含有 n 个顶点的无向完全图共有 $n(n–1)/2$ 条边。类似地，有 n 个顶点的有向完全图中弧的数目为 $n(n–1)$，即任意两个不同顶点之间都存在方向相反的两条弧。

- 度、出度和入度：顶点 v 的度是指关联于该顶点的边的数目，记作 $D(v)$。若 G 为有向图，顶点的度表示该顶点的入度和出度之和。顶点的入度是以该顶点为终点的有向边的数目，而顶点的出度指以该顶点为起点的有向边的数目，分别记为 $ID(v)$ 和 $OD(v)$。例如，图 4-31（a）中，顶点 1，2，3，4 的入度分别为 1，2，1，1，出度分别为 3，0，0，2。图 4-31（b）中，顶点 1，2，3，4，5 的度分别为 3，2，4，3，2。

- 路径：在无向图 G 中，从顶点 v_p 到顶点 v_q 的路径是指存在一个顶点序列 v_p, v_{i1}, v_{i2}, …, v_{in}, v_q，使得（v_p, v_{i1}），（v_{i1}, v_{i2}），…，（v_{in}, v_q）均属于 $E(G)$。若 G 是有向图，其路径也是有方向的，它由 $E(G)$ 中的有向边<v_p, v_{i1}>，<v_{i1}, v_{i2}>，…，<v_{in}, v_q>组成。路径长度是路径上边或弧的数目。第一个顶点和最后一个顶点相同的路径称为回路或环。若一条路径上除了 v_p 和 v_q 可以相同外，其余顶点均不相同，这种路径称为一条简单路径。

- 子图：若有两个图 $G = (V, E)$ 和 $G' = (V', E')$，$V' \subseteq V$ 且 $E' \subseteq E$，则称 G' 为 G 的子图。

- 连通图：在无向图 G 中，若从顶点 v_i 到顶点 v_j 有路径，则称顶点 v_i 与顶点 v_j 是连通的。如果无向图 G 中任意两个顶点都是连通的，则称其为连通图。图 4-31（b）所示的无向图是连通图。

- 强连通图：在有向图 G 中，如果对于每一对顶点 v_i，$v_j \in V$ 且 $v_i \neq v_j$，从顶点 v_i 到顶点

v_j 和从顶点 v_j 到顶点 v_i 都存在路径，则称图 G 为强连通图。图 4-31（a）所示的有向图不是强连通图。以顶点 1 和顶点 3 为例，顶点 1 至顶点 3 存在路径，而顶点 3 至顶点 1 没有路径。

- 网：边（或弧）具有权值的图称为网。

从图的逻辑结构来看，图中的顶点之间不存在全序关系（即无法将图中的顶点排列成一个线性序列），任何一个顶点都可被看成第一个顶点；另一方面，任一顶点的邻接点之间也不存在次序关系。为便于运算，为图中每个顶点赋予一个序号。

2．图的存储结构

邻接矩阵和邻接表是图的两种基本存储结构。

1）邻接矩阵表示法

邻接矩阵表示法是利用一个矩阵来表示图中顶点之间的关系。对于具有 n 个顶点的图 $G=(V, E)$ 来说，其邻接矩阵是一个 n 阶方阵，且满足：

$$A[i][j] = \begin{cases} 1, & \text{若}(v_i, v_j)\text{或}<v_i, v_j>\text{是 } E \text{ 中的边} \\ 0, & \text{若}(v_i, v_j)\text{或}<v_i, v_j>\text{不是 } E \text{ 中的边} \end{cases}$$

有向图和无向图的邻接矩阵如图 4-32 中的矩阵 A 和 B 所示。

由邻接矩阵的定义可知，无向图的邻接矩阵是对称的，而有向图的邻接矩阵则不一定具有该性质。

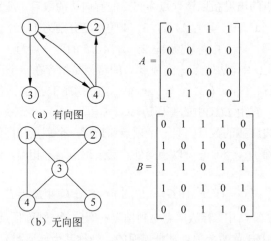

（a）有向图

（b）无向图

图 4-32　有向图和无向图的邻接矩阵存储示意图

在邻接矩阵中，可判定任意两个顶点之间是否有边（或弧）相连，并且容易求得各个顶点的度。对于无向图，顶点 v_i 的度是邻接矩阵中第 i 行（或列）的值不为 0 的元素数目（或元素的和）；对于有向图，第 i 行的元素的非零元素数目为顶点 v_i 的出度 $OD(v_i)$，第 j 列的非零元素数目为顶点 v_j 的入度 $ID(v_j)$。

类似地，网（赋权图）的邻接矩阵可定义为

$$A[i][j] = \begin{cases} W_{ij}, & \text{若} (v_i, v_j) \text{或} <v_i, v_j> \text{是 } E \text{ 中的边} \\ \infty, & \text{若} (v_i, v_j) \text{或} <v_i, v_j> \text{不是 } E \text{ 中的边} \end{cases}$$

图 4-33 所示的是网及其邻接矩阵 C。

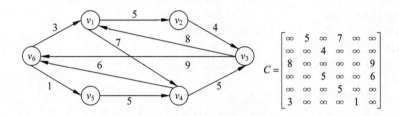

图 4-33　一个网及其邻接矩阵表示

若图用邻接矩阵表示，则图的数据类型可定义为：

```
#define MaxN    50                      /*图中顶点数目的最大值*/
typedef int AdjMatrix[MaxN][MaxN];      /*邻接矩阵*/
```

或

```
typedef double AdjMatrix[MaxN][MaxN];   /*网（赋权图）的邻接矩阵*/
typedef struct {
    int Vnum, Enum;                     /*图中实际的顶点数目和边的数目*/
    AdjMatrix    Arcs;
}Graph;
```

2）邻接链表表示法

邻接链表是为图的每个顶点建立一个单链表，第 i 个单链表中的结点表示依附于顶点 v_i 的边（对于有向图是以 v_i 为尾的弧）。邻接链表中的结点有表结点和表头结点两种类型，如下所示。

表结点

adjvex	nextarc	info

表头结点

data	firstarc

其中各参数的含义如下。

- adjvex：指示与顶点 v_i 邻接的顶点的序号。
- nextarc：指示下一条边或弧的结点。
- info：存储和边或弧有关的信息，如权值等。
- data：存储顶点 v_i 的名或其他有关信息。
- firstarc：指示链表中的第一个结点。

这些表头结点通常以数组方式存储，以便随机访问任一顶点及其邻接表。若图用邻接链表来表示，则对应的数据类型可定义如下：

```
#define MaxN   50              /*图中顶点数目的最大值*/
typedef struct ArcNode{        /*邻接链表的表结点*/
    int adjvex;                /*邻接顶点的编号*/
    double weight;             /*边(弧)上的权值*/
    struct ArcNode *nextarc;   /*下一个邻接顶点的结点指针*/
}EdgeNode;
typedef struct VNode{          /*邻接链表的头结点*/
    char    data;              /*顶点表示的数据，以一个字符表示*/
    struct ArcNode *firstarc;  /*指向第一条依附于该顶点的弧(边)的指针*/
}AdjList[MaxN];
typedef struct {
    int Vnum, Enum;            /*图中实际的顶点数目和边的数目*/
    AdjList    Vertices;
}Graph;
```

显然，对于有 n 个顶点、e 条边的无向图来说，其邻接链表需要 n 个头结点和 $2e$ 个表结点，如图 4-34 所示。对于无向图的邻接链表，顶点 v_i 的度恰为第 i 个邻接链表中表结点的数目。

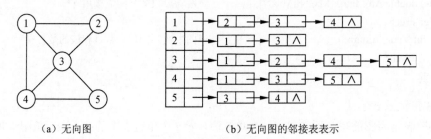

(a) 无向图　　　　　　　　　　(b) 无向图的邻接表表示

图 4-34　无向图的邻接表表示

图 4-35（b）是图 4-35（a）所示有向图的邻接表。从中可以看出，由于第 i 个邻接链表中表结点的数目只是顶点 v_i 的出度，因此必须逐个扫描每个顶点的邻接表，才能求出一个顶点的入度。为此，可以建立一个有向图的逆邻接链表，如图 4-35（c）所示。

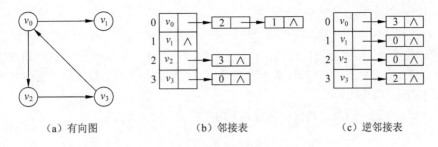

（a）有向图　　　　　（b）邻接表　　　　　（c）逆邻接表

图 4-35　有向图的邻接表及逆邻接表表示

4.5　查找

查找是非数值数据处理中一种常用的基本运算，查找运算的效率与查找表所采用的数据结构和查找方法密切相关。

查找表是指由同一类型的数据元素（或记录）构成的集合。由于"集合"中的数据元素之间存在着完全松散的关系，因此，查找表是一种非常灵活的数据结构，可以将查找表构造为静态的或者动态的。

（1）静态查找表。在静态查找表上不进行修改表结构的操作，对查找表经常要进行的两种操作如下。

① 查询某个"特定"的数据元素是否在查找表中。

② 检索某个"特定"的数据元素的各种属性。

（2）动态查找表。动态查找表是动态变化的，除了查询和检索，对查找表经常要进行的另外两种操作如下。

① 在查找表中插入一个数据元素。

② 从查找表中删除一个数据元素。

若在查找过程中同时插入查找表中不存在的数据元素，或者从查找表中删除已存在的某个数据元素，则称此类查找表为动态查找表。

（3）关键码。关键码是数据元素（或记录）的某个数据项的值，用它来识别（标识）这个数据元素（或记录）。主关键码是指能唯一标识一个数据元素的关键码。次关键码是指能标识多个数据元素的关键码。

根据给定的某个值，在查找表中确定是否存在一个其关键码等于给定值的记录或数据元素。若表中存在这样的一个记录，则称查找成功，此时或者给出整个记录的信息，或者指出记录在查找表中的位置；若表中不存在关键码等于给定值的记录，则称查找不成功，此时的查找结果用一个"空记录"或"空指针"表示。

对于查找算法来说，其基本操作是"将记录的关键码与给定值进行比较"。因此，通常以"查找表中的关键码和给定值进行过比较的记录个数的平均值"作为衡量查找算法的依据。

为确定记录在查找表中的位置，需和给定值进行比较的关键码个数的期望值称为查找算法在查找成功时的平均查找长度。

对于含有 n 个记录的表，查找成功时的平均查找长度定义为

$$ASL = \sum_{i=1}^{n} P_i C_i$$

其中，P_i 为对表中第 i 个记录进行查找的概率，且 $\sum_{i=1}^{n} P_i = 1$，一般情况下，均认为查找每个记录的概率是相等的，即 $P_i=1/n$；C_i 为找到表中其关键码与给定值相等的记录时（为第 i 个记录），和给定值已进行过比较的关键码个数。显然，C_i 随查找表和查找方法的不同而不同。

4.5.1　顺序查找与折半查找

当仅在查找表中进行查找运算而不修改查找表时，可先构造一个静态查找表，然后进行顺序查找或折半查找等操作。

1．顺序查找

顺序查找是从表中的第一个（或最后一个）记录开始，将给定值与查找表中的记录逐个进行比较，若找到一个记录的关键码与给定值相等，则查找成功；若整个表中的记录均比较过，仍未找到关键码等于给定值的记录，则查找失败。

顺序查找的方法对于顺序存储和链式存储方式的线性表都适用。

从顺序查找的过程可见，若需查找的记录正好是表中的第一个记录时，仅需与一个记录进行比较；若查找成功时找到的是表中的最后一个记录，则需要和 n 个记录都进行比较。一般情况下，$C_i=n-i+1$，因此在等概率情况下，顺序查找成功时的平均查找长度为

$$ASL_{ss} = \sum_{i=1}^{n} P_i C_i = \frac{1}{n} \sum_{i=1}^{n} (n-i+1) = \frac{n+1}{2}$$

也就是说，成功查找的平均比较次数约为表长的一半。若所查记录不在表中，则至少进行 n 次比较才能确定查找失败。

与其他查找方法相比，顺序查找方法在 n 值较大时，其平均查找长度较大，查找效率较低。但这种方法也有优点，那就是算法简单且适应面广，对查找表的存储结构没有要求，无论记录是否按关键码有序排列均可应用。

2．折半查找

折半查找也称为二分查找，该方法是将给定值与中间位置记录的关键码比较，若相等，则查找成功；若不等，则缩小范围，直至新的查找区间中间位置记录的关键码等于给定值或者查找区间没有元素时（表明查找不成功）为止。

设查找表的元素存储在一维数组 r[1..n] 中，那么在表中的元素已经按关键码非递减排序的情况下，进行折半查找的方法是：首先将 key 与表 r 中间位置（下标为 mid）的记录的关键码进行比较，若相等，则查找成功。若 key>r[mid].key，则说明待查记录只可能在后半个子表 r[mid+1..n] 中，下一步应在后半个子表中再进行折半查找；若 key<r[mid].key，说明待查记录只可能在前半个子表 r[1..mid−1] 中，下一步应在 r 的前半个子表中进行折半查找，这样可快速缩小范围，直到查找成功或子表为空时失败为止。

【函数】设有一个整型数组中的元素是按非递减的方式排列的，在其中进行折半查找的算法如下。

```
int Bsearch_1(int r[],int low,int high,int key)
/*元素存储在 r[low..high]，用折半查找的方法在数组 r 中找值为 key 的元素*/
/*若找到则返回该元素的下标，否则返回–1*/
{   int mid;
    while(low <= high) {
        mid = (low+high)/2 ;
        if (key == r[mid]) return mid;
        else if (key < r[mid]) high = mid-1;
        else low = mid+1;
    }/*while*/
    return –1;
}/*Bsearch_1*/
```

【函数】设有一个整型数组中的元素是按非递减的方式排列的，在其中进行折半查找的递归算法如下。

```
int Bsearch_rec(int r[],int low,int high,int key)
/*元素存储在 r[low..high]，用折半查找的方法在数组 r 中找值为 key 的元素*/
/*若找到则返回该元素的下标，否则返回–1*/
{   int mid;
    if (low <= high) {
        mid = (low+high)/2 ;
```

```
        if (key == r[mid]) return mid;
        else if (key < r[mid]) return Bsearch_rec(r, low, mid-1, key);
        else return Bsearch_rec(r, mid+1, high, key);
    }/*if*/
    return –1;
}/*Bsearch_rec*/
```

折半查找过程可以用一棵二叉树描述，称为折半查找判定树。其构造方法是：以当前查找区间的中间位置上的记录作为根，左子表和右子表中的记录分别作为根的左子树和右子树结点。例如，具有 11 个结点的折半查找判定树如图 4-36 所示。

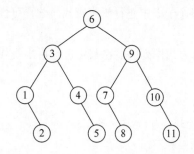 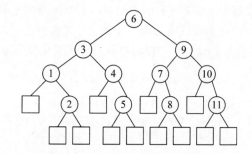

图 4-36　具有 11 个结点的折半查找判定树　　　图 4-37　加上外部结点的判定树

从折半查找判定树可以看出，查找成功时，折半查找的过程恰好走了一条从根结点到被查结点的路径，关键码进行比较的次数即为被查找结点在树中的层数。而具有 n 个结点的判定树的高度为 $\lfloor \log_2 n \rfloor + 1$，所以折半查找在查找成功时和给定值进行比较的关键码个数至多为 $\lfloor \log_2 n \rfloor + 1$。

给判定树中所有结点的空指针域加上一个指向一个方型结点的指针，称这些方型结点为判定树的外部结点（与之相对，称那些圆形结点为内部结点），如图 4-37 所示。那么折半查找不成功的过程就是走了一条从根结点到外部结点的路径。与给定值进行比较的关键码个数等于该路径上内部结点个数。因此，折半查找在查找不成功时与给定值进行比较的关键码个数也不会超过 $\lfloor \log_2 n \rfloor + 1$。

那么折半查找的平均查找长度是多少呢？为了方便计算，不妨设结点总数为 $n=2^h-1$，则判定树是高度 $h = \log_2(n+1)$ 的满二叉树。在等概率情况下，折半查找的平均查找长度为

$$\text{ASL}_{\text{bs}} = \sum_{j=1}^{n} P_i C_i = \frac{1}{n} \sum_{j=1}^{n} j \times 2^{j-1} = \frac{n+1}{n} \log_2(n+1) - 1$$

当 n 值较大时，$\text{ASL}_{\text{bs}} \approx \log_2(n+1) - 1$。

折半查找比顺序查找的效率要高，但它要求查找表采用顺序存储并且按关键码有序排列。若在查找表中进行元素的插入或删除操作时，需要移动大量的元素。所以折半查找适用于查找表不易变动，且又经常进行查找的情况。

3. 索引顺序查找

索引顺序查找又称分块查找，是对顺序查找方法的一种改进。

在分块查找过程中，首先将查找表分成若干块，每一块中关键码不一定有序，但块之间是有序的，即后一块中所有记录的关键码均大于前一个块中最大的关键码。此外，还建立了一个"索引表"，索引表的元素按关键码有序排列，如图 4-38 所示。因此，查找过程分为两步：第一步在索引表中确定待查记录所在的块；第二步在块内顺序查找。

图 4-38　查找表及其索引表

分块查找的平均查找长度为 $\mathrm{ASL_{bs}} = L_b + L_w$，其中 L_b 为查找索引表的平均查找长度，L_w 为块内查找时的平均查找长度。

进行分块查找时可将长度为 n 的表均匀地分成 b 块，每块含有 s 个记录，既 $b = \left\lceil \dfrac{n}{s} \right\rceil$。在等概率的情况下，块内查找的概率为 $\dfrac{1}{s}$，每块的查找概率为 $\dfrac{1}{b}$，若用顺序查找方法确定元素所在的块，则分块查找的平均查找长度为

$$\mathrm{ASL_{bs}} = L_b + L_w = \frac{1}{b}\sum_{j=1}^{b} j + \frac{1}{s}\sum_{i=1}^{s} i = \frac{b+1}{2} + \frac{s+1}{2} = \frac{1}{2}\left(\frac{n}{s} + s\right) + 1$$

可见，其平均查找长度在这种条件下不仅与表长 n 有关，而且和每一块中的记录数 s 有关。可以证明，当 s 取 $\sqrt{n}$ 时，$\mathrm{ASL_{bs}}$ 取最小值 $\sqrt{n}+1$，这时的查找效率较顺序查找要好得多，但远不及折半查找。

4.5.2　树表查找

查找表也可以组织为一种树型结构时，常见的有二叉查找树、红黑树、B-树等。这里以二叉查找树为例进行简要介绍。

二叉查找树（二叉排序树、二叉检索树）是一种动态查找表，其特点是表结构是动态生成的，即对于给定值 key，若表中存在关键码等于 key 的记录，则查找成功返回，否则插入关键码等于 key 的记录。

由于非空的二叉查找树中左子树上所有结点的关键码均小于根结点的关键码，右子树上所有结点的关键码均大于根结点的关键码，因此，可将二叉查找树看成是一个有序表，其查找过程与折半查找过程相似。

1．在二叉查找树中查找

在二叉查找树中进行查找的过程为：若二叉查找树非空，将给定值与根结点的关键码值相比较，若相等，则查找成功；若不等，则当给定值小于根结点的关键码时，下一步到根的左子树中进行查找，否则下一步到根的右子树中进行查找。进入左子树或右子树后，重复以上过程，直到某结点的关键码等于给定值，或者到达一个空的子树时为止。若查找成功，则查找过程是走了一条从树根到所找到结点的路径；否则，查找过程终止于一棵空树。

设二叉查找树以二叉链表为存储结构，结点的类型定义如下。

```
typedef struct Tnode{
        int key;                              /*结点的键值*/
        struct Tnode *lchild,*rchild;         /*指向左、右子树的指针*/
}BSTnode, *Bitree;
```

【算法】二叉查找树的查找算法。

```
Bitree searchBST(Bitree root, int thekey, Bitree *father)
/*在 root 指向根的二叉查找树中查找键值为 key 的结点*/
/*若找到，则返回所找到结点的指针，否则返回 NULL，并由 father 带回父结点的指针*/
{    Bitree   p = root; *father = NULL;
     while (p && p->key != thekey) {
         *father = p;
         if (thekey < p->key)   p = p->lchild;
         else   p = p->rchild;
     }/*while*/
     return p;
}/*searchBST*/
```

2．在二叉查找树中插入

二叉查找树是通过依次输入数据元素的关键码并把它们插入适当位置上构造的，具体的过程是：对于读入的关键码，先在二叉查找树中进行查找；若二叉查找树为空，则构造存储该关键码的新结点，并将其作为二叉查找树的根结点；若二叉查找树非空，则将新结点的关键码值与根结点的关键码值相比较，如果小于根结点的值，则插入左子树中，否则插入右子树中；重复上述过程，就可以为新关键码找到插入位置并作为其父结点的左孩子或右孩子加入树中。设关键码序列为{46，25，54，13，29，91}，则从空树开始构造二叉查找树的过程如图 4-39（a）~（g）所示。

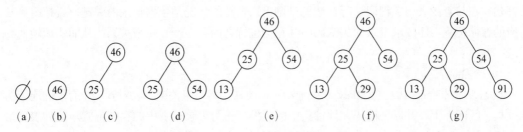

图 4-39　二叉查找树的构造过程

【算法】二叉查找树的插入算法。

```
int insertBST(Bitree *root,int newkey)
/*在*root 指向根的二叉查找树中插入一个键值为 newkey 的结点，若插入成功则返回 0,否则返回−1*/
{    Bitree s,p,father;
     s = (BSTnode *)malloc(sizeof(BSTnode));
     if (!s) return −1;
     s->key = newkey; s->lchild = NULL; s->rchild = NULL;
     p = searchBST(*root,newkey,&father);              /*查找插入位置*/
     if (p) return −1;                                 /*键值为 newkey 的结点已在树中，不再插入*/
     if (!father )    *root = s;                       /*若为空树，键值为 newkey 的结点为树根*/
     else if (newkey < father->key) father->lchild = s;    /*作为左孩子结点插入*/
          else father->rchild = s;                     /*作为右孩子结点插入*/
     return 0;
}/*insertBST*/
```

从上面的插入过程还可以看到，每次插入的新结点都是二叉查找树上新的叶子结点，则在进行插入操作时，不必移动其他结点，仅需修改某个结点的孩子指针域，由空变为非空即可。这就相当于在一个有序序列上插入一个记录而不需要移动其他记录。它表明，二叉查找树具有类似于折半查找的特性，可采用链表存储结构，因此是动态查找表的一种适宜表示。

另外，由于一棵二叉查找树的形态完全由输入序列决定，所以在输入序列已经有序的情况下，所构造的二叉查找树是一棵单枝树。从二叉查找树的查找过程可知，这种情况下的查找效率和顺序查找的效率相当。

4.5.3　哈希表及哈希查找

对于前面讨论的几种查找方法，由于记录的存储位置与其关键码之间不存在确定的关系，所以查找时都要通过一系列对关键码的比较，才能确定被查记录在表中的位置，即这类查找方法都建立在与查找表中关键码进行比较的基础上。理想的情况是依据记录的关键码直接得到其对应的存储位置，即要求记录的关键码与其存储位置之间存在一一对应关系，从而快速地找到记录。

1）哈希造表

根据设定的哈希函数 Hash(key) 和处理冲突的方法，将一组关键码映射到一个有限的连续的地址集（区间）上，并以关键码在地址集中的"像"作为记录在表中的存储位置，这种表称为哈希表，这一映射过程称为哈希造表或散列，所得的存储位置称为哈希地址或散列地址。

在构造哈希表时，是以记录的关键码为自变量计算一个函数（称为哈希函数）来得到该记录的存储地址并存入元素，因此在哈希表中进行查找操作时，必须计算同一个哈希函数，首先得到待查记录的存储地址，然后到相应的存储单元去获得有关信息再判定查找是否成功。

对于某个哈希函数 Hash 和两个关键码 K_1 和 K_2，如果 $K_1 \neq K_2$ 而 Hash(K_1)=Hash(K_2)，则称为出现了冲突，对该哈希函数来说，K_1 和 K_2 称为同义词。

一般情况下，只能尽可能地减少冲突而不能完全避免，所以在建造哈希表时不仅要设定一个"好"的哈希函数，而且要设定处理冲突的方法。

采用哈希法主要考虑的两个问题是哈希函数的构造和冲突的解决方式。

2）处理冲突

对于哈希造表过程，处理冲突就是为出现冲突的关键码找到另一个"空"的哈希地址。常见的处理冲突的方法有开放定址法、链地址法（拉链法）、再哈希法、建立公共溢出区法等，在处理冲突的过程中，可能得到一个地址序列，记为 $H_i(i=1，2，\cdots，k)$。下面简单介绍开放定址法和链地址法。

（1）开放定址法。

$$H_i=(\text{Hash(key)}+d_i) \% m \quad i=1，2，\cdots，k \quad (k \leqslant m-1)$$

其中，Hash(key) 为哈希函数；m 为哈希表的表长；d_i 为增量序列。

常见的增量序列有如下 3 种。

- $d_i = 1，2，3，\cdots，m-1$，称为线性探测再散列。
- $d_i = 1^2，-1^2，2^2，-2^2，3^2，\cdots，\pm k^2$（$k \leqslant m/2$），称为二次探测再散列。
- $d_i=$ 伪随机序列，称为随机探测再散列。

最简单的产生探测序列的方法是进行线性探测，也就是发生冲突时，顺序地到存储区的下一个单元进行探测。

例如，某记录的关键码为 key，哈希函数值 $H(\text{key})=j$。若在哈希地址 j 发生了冲突（即此位置已存放了其他元素），则对哈希地址 $j+1$ 进行探测，若仍然有冲突，再对地址 $j+2$ 进行探测，依此类推，直到找到哈希表中的一个空单元并将元素存入表中为止。

【例 4-3】设关键码序列为 47，34，19，12，52，38，33，57，63，21，哈希表表长为 13，哈希函数为 Hash(key)=key mod 11，用线性探测法解决冲突构造哈希表。

Hash(47) = 47 MOD 11 = 3,　　Hash(34) = 34 MOD 11 = 1,

Hash(19) = 19 MOD 11 = 8,　　Hash(12) = 12 MOD 11 = 1,

Hash(52) = 52 MOD 11 = 8,　　Hash(38) = 38 MOD 11 = 5,

Hash(33) = 33 MOD 11 = 0,　　Hash(57) = 57 MOD 11 = 2,

Hash(63) = 63 MOD 11 = 8,　　Hash(21) = 21 MOD 11 = 10

使用线性探测法解决冲突构造哈希表的过程如下。

（a）开始时哈希表为空表。

哈希地址	0	1	2	3	4	5	6	7	8	9	10	11	12
关键码													

（b）根据哈希函数，计算出关键码 47 的哈希地址为 3，在该单元处无冲突，因此插入 47。此后将关键码 34 和 19 插入哈希地址 1 和 8 处也没有冲突，因此在对应位置直接插入元素后如下所示。

哈希地址	0	1	2	3	4	5	6	7	8	9	10	11	12
关键码		34		47					19				

（c）将关键码 12 存入哈希地址为 1 的单元时发生冲突，探测下一个单元（即哈希地址为 2 的单元），不再冲突，因此将 12 存入哈希地址为 2 的单元后如下所示。

哈希地址	0	1	2	3	4	5	6	7	8	9	10	11	12
关键码		34	12	47					19				

（d）将关键码 52 存入哈希地址为 8 的单元时发生冲突，探测下一个单元（即哈希地址为 9 的单元），不再冲突，因此将 52 存入哈希地址为 9 的单元后如下所示。

哈希地址	0	1	2	3	4	5	6	7	8	9	10	11	12
关键码		34	12	47					19	52			

（e）在哈希地址为 5 的单元存入关键码 38，没有冲突；在哈希地址为 0 的单元中存入关键码 33，没有冲突。因此将 38 和 33 先后存入哈希地址为 5 和 0 的单元后如下所示。

哈希地址	0	1	2	3	4	5	6	7	8	9	10	11	12
关键码	33	34	12	47		38			19	52			

（f）在哈希地址为 2 的单元存入关键码 57 时发生冲突，探测下一个单元（即哈希地址为 3 的单元），仍然冲突，再探测哈希地址为 4 的单元，不再冲突，因此将 57 存入哈希地址为 4 的单元后如下所示。

哈希地址	0	1	2	3	4	5	6	7	8	9	10	11	12
关键码	33	34	12	47	57	38			19	52			

（g）在哈希地址为 8 的单元存入关键码 63 时发生冲突，探测下一个单元（即哈希地址为 9 的单元），仍然冲突，再探测哈希地址为 10 的单元，不再冲突，因此将 63 存入哈希地址为 10 的单元后如下所示。

哈希地址	0	1	2	3	4	5	6	7	8	9	10	11	12
关键码	33	34	12	47	57	38			19	52	63		

（h）在哈希地址为 10 的单元存入关键码 21 时发生冲突，用线性探测法解决冲突，算出哈希地址 11，不再冲突，因此将 21 存入哈希地址为 11 的单元后如下所示，此时得到最终的哈希表。

哈希地址	0	1	2	3	4	5	6	7	8	9	10	11	12
关键码	33	34	12	47	57	38			19	52	63	21	

线性探测法可能使第 i 个哈希地址的同义词存入第 $i+1$ 个哈希地址，这样本应存入第 $i+1$ 个哈希地址的元素变成了第 $i+2$ 个哈希地址的同义词，……，因此，可能出现很多元素在相邻的哈希地址上"聚集"起来的现象，大大降低了查找效率。为此，可采用二次探测法或随机探测再散列法，以降低"聚集"现象。

（2）链地址法。链地址法是一种经常使用且很有效的方法。它将具有相同哈希函数值的记录组织成一个链表，当链域的值为 NULL 时，表示已没有后继记录。

例如，哈希表表长为 11、哈希函数为 Hash(key)=key mod 11，对于关键码序列 47，34，13，12，52，38，33，27，3，使用链地址法构造的哈希表如图 4-40 所示。

3）哈希查找

在线性探测法解决冲突的哈希表中进行查找的过程如下。

（1）先根据哈希函数计算出元素的哈希地址。

（2）若是空单元，说明查找不成功，可结束查找；若不是空单元，则与该单元中的元素进行比较。

（3）若相等，则查找成功并结束查找，否则，计算出下一个哈希地址，转（2）。

在用链地址法解决冲突构造的哈希表中查找元素，就是根据哈希函数得到元素所在链表的头指针，然后在链表中进行顺序查找即可。

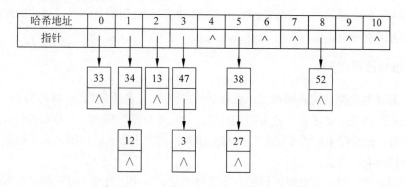

图 4-40　用链地址法解决冲突构造哈希表

4.6　算法

4.6.1　算法概述

算法是问题求解过程的精确描述，它为解决某一特定类型的问题规定了一个运算过程，并且具有下列特性。

（1）有穷性。一个算法必须在执行有穷步骤之后结束，且每一步都可在有穷时间内完成。

（2）确定性。算法的每一步必须是确切定义的，不能有歧义。

（3）可行性。算法应该是可行的，这意味着算法中所有要进行的运算都能够由相应的计算装置所理解和实现，并可通过有穷次运算完成。

（4）输入和输出。一个算法有零个或多个输入，它们是算法所需的初始量或被加工的对象的表示。这些输入取自特定的对象集合。一个算法必须有一个或多个输出，它们是与输入有特定关系的量。

因此，算法实质上是特定问题的可行的求解方法、规则和步骤。一个算法的优劣可从以下几个方面考查。

（1）正确性。也称为有效性，是指算法能满足具体问题的要求。即对任何合法的输入，算法都能得到正确的结果。

（2）可读性。指算法被理解的难易程度。人们常把算法的可读性放在比较重要的位置，因为晦涩难懂的算法不易交流和推广使用，也难以修改和扩展。

（3）健壮性。也称为鲁棒性，即对非法输入的抵抗能力。对于非法的输入数据，算法应能加以识别和处理，而不会产生误动作或执行过程失控。

（4）效率。粗略地讲，就是算法运行时花费的时间和使用的空间。对算法的理想要求是运行时间短、占用空间小。

1．算法与数据结构

程序、算法与数据结构密切相关，可概括为"程序 = 数据结构 + 算法"。

计算机程序从根本上看包括两方面的内容：一是对数据的描述，二是对操作（运算）的描述。概括来讲，在程序中需要指定数据的类型和数据的组织形式，也就是定义数据结构，描述的操作步骤就构成了算法。

当然，设计程序时还需选择不同的程序设计方法、程序语言及工具。但是，数据结构和算法仍然是程序中最为核心的内容。用计算机求解问题时，一般应先设计初步的数据结构，然后再考虑相关的算法及其实现。设计数据结构时应当考虑可扩展性，修改数据结构会影响算法的实现。

2．算法效率

解决同一个问题总是存在多种算法，每个算法在计算机上执行时，都要消耗时间（CPU 执行指令的时间）和使用存储空间资源。因此，设计算法时需要考虑算法运行时所花费的时间和使用的空间，以时间复杂度和空间复杂度表示。

由于算法往往和需要求解的问题规模相关，因此常将问题规模 n 作为一个参照量，来表示算法的时间、空间开销与 n 的关系。详细分析指令的执行时间会涉及计算机运行过程的细节，因此时间消耗情况难以精确表示，所以算法分析时常采用其时空开销随 n 的增长趋势来表示。

对于一个算法的时间开销 $T(n)$，从数量级大小考虑，当 n 增大到一定值后，$T(n)$计算公式中影响最大的就是 n 的幂次最高的项，其他的常数项和低幂次项都可以忽略，即采用渐进分析，表示为 $T(n)=O(f(n))$。其中，n 反映问题的规模，$T(n)$是算法运行所消耗时间或存储空间的总量，O 是数学分析中常用的符号"大 O"，而 $f(n)$是自变量为 n 的某个具体的函数表达式。例如，若 $f(n)=n^2+2n+1$，则 $T(n)=O(n^2)$。

对算法进行分析时常通过计算语句频度来给出算法时间复杂度的度量。

语句频度（Frequency Count）是指语句被重复执行的次数，即对于某个语句，若在算法的执行过程中被执行 n 次，则其语句频度为 n。这里的"语句"是指描述算法的基本语句（基本操作），它的执行是不可分割的，因此，循环语句的整体、函数调用语句不能算作基本语句，因为它们还包括循环体或函数体。

算法中顺序执行的各基本语句的语句频度之和表示算法的执行时间。

例如，对于下面的 3 个程序段（1）、（2）、（3），其实现基本操作"x 增 1"的语句++x 的语句频度分别为 1、n、n^2。

（1）{s=0; ++x;}   //语句频度为 1

（2）for(i = 1; i <= n; i++)   {s += x; ++x;}   //语句频度为 n

（3）for(k = 1; k <= n; ++k)

　　　　for(i = 1; i <= n; i++)

　　　　　{s += x; ++x;}   //语句频度为 n^2

因此，程序段（1）、（2）、（3）的时间复杂度分别为 $O(1)$、$O(n)$、$O(n^2)$，分别称为常量阶、线性阶和平方阶。若程序段（1）、（2）、（3）构成一个算法的主要步骤，则该算法的时间复杂度为 $O(n^2)$。

3．算法的描述

常用的算法描述方法有流程图、NS 盒图、伪代码和决策表等。

（1）流程图。流程图（Flow Chart）即程序框图，是历史最久、流行最广的一种算法的图形表示方法。每个算法都可由若干流程图描述。流程图给出了算法中所进行的操作以及这些操作执行的逻辑顺序。程序流程图包括 3 种基本成分：加工步骤，用方框表示；逻辑条件，用菱形表示；控制流，用箭头表示。流程图中常用的几种符号如图 4-41 所示。

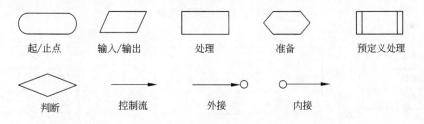

图 4-41　流程图的基本符号

例如，求正整数 m 和 n 的最大公约数流程图如图 4-42（a）所示。若流程图中的循环结构通过控制变量以确定的步长进行计次循环，则可用⬡和⬡分别表示"循环开始"和"循环结束"，并在"循环开始"框中标注"循环控制变量：初始值，终止值，增量"，如图 4-42（b）所示。

（2）N/S 盒图。盒图是结构化程序设计出现之后，为支持这种设计方法而产生的一种描述工具。N/S 盒图的基本元素与控制结构如图 4-43 所示。在 N/S 图中，每个处理步骤用一个盒子表示，盒子可以嵌套。对于每个盒子，只能从上面进入，从下面走出，除此之外别无其他出口和入口，所以盒图限制了随意的控制转移，保证了程序的良好结构。

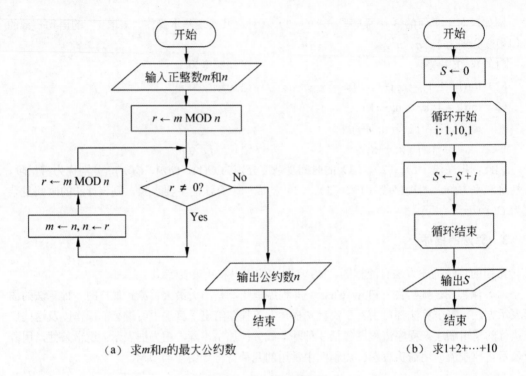

（a）求m和n的最大公约数　　　（b）求1+2+…+10

图 4-42　算法的流程图表示

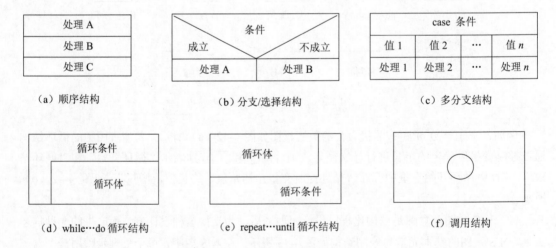

（a）顺序结构　　　（b）分支/选择结构　　　（c）多分支结构

（d）while…do 循环结构　　　（e）repeat…until 循环结构　　　（f）调用结构

图 4-43　N/S 盒图的基本元素与控制结构

用 N/S 盒图描述求最大公约数的欧几里德算法，如图 4-44 所示。

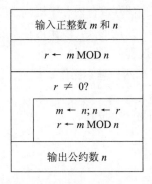

输入正整数 m 和 n
$r \leftarrow m \bmod n$
$r \ne 0?$
$m \leftarrow n; n \leftarrow r$ $r \leftarrow m \bmod n$
输出公约数 n

图 4-44　求 m 和 n 最大公约数的 N/S 盒图表示

（3）伪代码。用伪代码描述算法的特点是借助程序语言的语法结构和自然语言叙述，使算法具有良好的结构又不拘泥于程序语言的限制。这样的算法易读易写，而且容易转换为程序。

（4）决策表。决策表将比较复杂的决策问题简洁、明确、一目了然地描述出来。例如，如果订购金额超过 500 元，以前没有欠账，则发出批准单和提货单；如果订购金额超过 500 元，但以前的欠账尚未还清，则发不予批准的通知；如果订购金额低于 500 元，则不论以前的欠账是否还清都发批准单和提货单，在欠账未还清的情况下还要发出"催款单"。处理该问题的决策表如表 4-1 所示。

表 4-1　决策表

订 购 金 额	>500	>500	≤500	≤500
欠账情况	已还清	未还清	已还清	未还清
发不批准通知		√		
发出批准单	√		√	√
发出提货单	√		√	√
发出催款单				√

4.6.2　排序算法

假设含 n 个记录的文件内容为 $\{R_1, R_2, \cdots, R_n\}$，其相应的关键码为 $\{k_1, k_2, \cdots, k_n\}$。经过排序确定一种排列 $\{R_{j1}, R_{j2}, \cdots, R_{jn}\}$，使得它们的关键码满足如下递增（或递减）关系：$k_{j1} \leqslant k_{j2} \leqslant \cdots \leqslant k_{jn}$（或 $k_{j1} \geqslant k_{j2} \geqslant \cdots \geqslant k_{jn}$）。

若在待排序的一个序列中，R_i 和 R_j 的关键码相同，即 $k_i = k_j$，且在排序前 R_i 领先于 R_j，那么当排序后，如果 R_i 和 R_j 的相对次序保持不变，R_i 仍领先于 R_j，则称此类排序方法为稳定的。

若在排序后的序列中有可能出现 R_j 领先于 R_i 的情形，则称此类排序为不稳定的。

- 内部排序：指待排序记录全部存放在内存中进行排序的过程。
- 外部排序：指待排序记录的数量很大，以至内存不能容纳全部记录，在排序过程中尚需对外存进行访问的排序过程。

通常，在排序过程中需进行下列两种基本操作。

（1）比较两个关键码的大小。

（2）将记录从一个位置移动到另一个位置。

1．简单排序

1）直接插入排序

直接插入排序是一种简单的排序方法，具体做法是：在插入第 i 个记录时，R_1，R_2，…，R_{i-1} 已经排好序，这时将记录 R_i 的关键码 k_i 依次与关键码 k_{i-1}，k_{i-2}，…，k_1 进行比较，从而找到 R_i 应该插入的位置，插入位置及其后的记录依次向后移动。

【函数】用直接插入排序对整数序列进行非递减排序。

```
void insertSort(int data[], int n )
/*将 data[0]～data[n-1]中的 n 个整数按非递减有序的方式进行排列*/
{   int i, j;    int temp;
    for(i = 1; i <n; i++){
        if (data[i] < data[i-1]) {
            temp = data[i];    data[i] = data[i-1];
            for(j = i-2; j>=0 && data[j] > temp; j--)    data[j+1] = data[j];
            data[j+1] = temp;
        }/*if*/
    }/*for*/
}/*insertSort*/
```

在待排序列已按关键码有序时（称为直接插入排序的最好情况），每趟只需作 1 次比较且不需要移动元素，因此 n 个元素排序时的总比较次数为 $n-1$ 次，总移动次数为 0 次。在元素已经逆序排列时（称为最坏情况），进行第 i 趟排序时，待插入的记录需要与前面 i 个记录的关键码都要进行 1 次比较，因此，比较次数累计为 $\sum_{i=1}^{n-1} i = \frac{n(n-1)}{2}$，移动次数累计为 $\sum_{i=2}^{n} (i+1) = \frac{(n+3)(n-2)}{2}$。

由此可知，直接插入排序的时间复杂度为 $O(n^2)$。排序过程中仅需要一个元素的辅助空间，空间复杂度为 $O(1)$。直接插入排序是一种稳定的排序方法。

2）冒泡排序

n 个记录进行冒泡排序的方法是：首先将第一个记录的关键码和第二个记录的关键码进行比较，若为逆序，则交换两个记录的值，然后比较第二个记录和第三个记录的关键码，依此类推，直至第 $n–1$ 个记录和第 n 个记录的关键码比较完为止。上述过程称作一趟冒泡排序，其结果是关键码最大的记录被交换到第 n 个位置。然后进行第二趟冒泡排序，对前 $n–1$ 个记录进行同样的操作，其结果是关键码次大的记录被交换到第 $n–1$ 个位置。当进行完第 $n–1$ 趟时，所有记录有序排列。

【函数】用冒泡排序对整数序列进行非递减排序。

```
void bubbleSort(int data[],int n )
/*将 data[0]～data[n-1]中的 n 个整数按非递减有序的方式进行排列*/
{   int i, j, tag = 1;            /*用 tag 表示排序过程中是否交换过元素值*/
    int   temp;
    for(i = 1; tag&&i < n; i++){   //i 用于计算趟数，最多 n-1 趟
        tag = 0;
        for(j = 0; j < n–i; j++)
            if (data[j]>data[j+1]) {
                temp = data[j]; data[j] = data[j+1]; data[j+1] = temp;
                tag = 1;
            }/*if*/
    }/*for*/
}/*bubbleSort*/
```

在待排序列已按关键码有序时（称为冒泡排序排序的最好情况），只需作 1 趟排序，元素的比较次数为 $n–1$ 且不需要交换元素，因此总比较次数为 $n–1$ 次，总交换次数为 0 次。在元素已经逆序排列时（称为最坏情况），进行第 i 趟排序时，最大的 $i–1$ 个元素已经排好序，其余的 $n–(i–1)$ 个元素需要进行 $n–i$ 次比较和 $n–i$ 次交换，因此总比较次数为 $\sum_{i=1}^{n-1}(n-i)=\dfrac{n(n-1)}{2}$，总交换次数为 $\sum_{i=1}^{n-1}(n-i)=\dfrac{n(n-1)}{2}$。

由此可知，冒泡排序的时间复杂度为 $O(n^2)$。排序过程中仅需要一个元素的辅助空间用于元素的交换，空间复杂度为 $O(1)$。冒泡排序是一种稳定的排序方法。

3）简单选择排序

n 个记录进行简单选择排序的基本方法是：通过 $n–i$ 次关键码之间的比较，从 $n–i+1$ 个记

录中选出关键码最小的记录，必要时并与第 $i(1{\leqslant}i{\leqslant}n)$个记录进行交换，直到所有记录有序排列。

【函数】用简单选择排序对整数序列进行非递减排序。

```
void selectSort(int data[], int n )
/*将 data[0]～data[n-1]中的 n 个整数按非递减有序的方式进行排列*/
{   int i, j, k;    int   temp;
    for(i = 0; i < n-1; i++) {
        k = i;
        for(j = i+1; j < n; j++)         /*找出最小元素的下标*/
            if (data[j] < data[k])   k = j;
        if (k != i) {
            temp = data[i]; data[i] = data[k]; data[k] = temp;
        }/*if*/
    }/*for*/
}/*selectSort*/
```

在待排序列已按关键码有序时（称为简单选择排序法的最好情况）不需要移动元素，因此 n 个元素排序时的总移动次数为 0 次。在元素已经逆序排列时（称为最坏情况），每趟排序移动记录的次数都为 3 次（两个数组元素交换值），共进行 $n{-}1$ 趟排序，总移动次数为 $3(n{-}1)$。无论在哪种情况下，元素的总比较次数为 $\sum\limits_{i=1}^{n-1}(n-i)=\dfrac{n(n-1)}{2}$。

由此可知，简单选择排序的时间复杂度为 $O(n^2)$。排序过程中仅需要一个元素的辅助空间用于数组元素值的交换，空间复杂度为 $O(1)$。简单选择排序是一种不稳定的排序方法。

2．希尔排序

希尔排序又称为"缩小增量排序"，是对直接插入排序方法的改进。

希尔排序的基本思想是：先将整个待排记录序列分割成若干子序列，然后分别进行直接插入排序，待整个序列中的记录基本有序时，再对全体记录进行一次直接插入排序。具体做法是：先取一个小于 n 的整数 d_1 作为第一个增量，将所有相距为 d_1 的记录放在同一个组中，从而把文件的全部记录分成 d_1 组，在各组内进行直接插入排序；然后取第二个增量 d_2（$d_2{<}d_1$），重复上述分组和排序工作，依此类推，直至所取的增量 $d_i{=}1(d_i{<}d_{i-1}{<}{\cdots}{<}d_2{<}d_1)$，即所有记录放在同一组进行直接插入排序，将所有记录排列有序为止。

设增量序列为 5，3，1，进行希尔插入排序过程如图 4-45 所示。

```
[初始关键码]: 48  37  64  96  75  12  26  4̄8̄  54  3
                    48                  12
                37                  26
                    64                  4̄8̄
                        96                  54
                            75                  3
第一趟排序结果:  12  26  4̄8̄  54  3  48  37  64  96  75
                12          54          37          75
                    26          3          64
                        4̄8̄          48          96
第二趟排序结果:  12   3  4̄8̄  37  26  48  54  64  96  75
第三趟排序结果:   3  12  26  37  4̄8̄  48  54  64  75  96
```

图 4-45　希尔排序示例

【函数】用希尔排序方法对整型数组进行非递减排序。

```
void shellSort(int data[], int n, int delta[], int m)
/*对 data[]中的 n 个整数按照非递减顺序进行排列*/
/*delta[]包含长度为 m 且递减有序的增量序列且序列最后一个元素为 1*/
{   int k, i, dk, j;    int temp;
    for(i=0; i<m; i++) {
        dk = delta[i];
        for(k=dk; k < n; ++k)
            if (data[k] < data[k-dk]) {        /*将元素 data[k]插入有序增量子序列中*/
                temp = data[k];                /*备份待插入的元素，空出一个元素位置*/
                for(j = k-dk; j >= 0 && temp < data[j]; j -= dk)
                    data[j+dk] = data[j];      /*查找插入位置的同时将元素后移*/
                data[j+dk] = temp;             /*找到插入位置，插入元素*/
            }/*if*/
    }
}/* shellSort */
```

经统计分析，希尔排序的时间复杂度为 $O(n^{1.3})$。希尔排序是不稳定的排序方法。

3. 快速排序

快速排序的基本思想是：通过一趟排序将待排的记录划分为独立的两部分，称为前半区和后半区，其中，前半区中记录的关键码均不大于后半区记录的关键码，然后再分别对这两部分记录继续进行快速排序，从而使整个序列有序。

一趟快速排序的过程称为一次划分，具体做法是：附设两个元素位置指示变量 i 和 j，它们的初值分别指向待排序列的第一个记录和最后一个记录。设枢轴记录（通常是第一个记录）的关键码为 pivot，则首先从 j 所给位置起向前搜索，找到第一个关键码小于 pivot 的记录时停止，然后从 i 所给位置起向后搜索，找到第一个关键码大于 pivot 的记录时停止，此时交换 j 所给位置和 i 所给位置的元素，重复该过程直至 i 与 j 相等为止，完成一趟划分。

【函数】快速排序过程中的划分。

```
int partition(int data[], int low, int high)
 /*用 data[low]的值作为枢轴元素 pivot 进行划分*/
 /*使得 data[low..i-1]均不大于 pivot，data[i+1..high]均不小于 pivot*/
{        int i, j;   int pivot;
         pivot = data[low];   i = low;   j = high;
         while(i < j) {                          /*从数组的两端交替地向中间扫描*/
             while(i < j && data[j] >= pivot) j--;
             data[i] = data[j];              /*比枢轴元素小者往前移*/
             while (i < j && data[i] <= pivot) i++;
             data[j] = data[i];              /*比枢轴元素大者向后移*/
         }
         data[i] = pivot;
         return i;                            /*返回枢轴元素的位置*/
}
```

【函数】用快速排序方法对整型数组进行非递减排序。

```
void quickSort(int data[], int low, int high)
 /*用快速排序方法对数组元素 data[low..high]进行非递减排序*/
{
    if (low < high) {
             int loc = partition(data, low, high);      /*进行划分*/
             quicksort(data,low,loc-1);              /*对前半区进行快速排序*/
             quicksort(data,loc+1,high);             /*对后半区进行快速排序*/
    }
```

}/* quickSort */

快速排序算法的时间复杂度为 $O(n\log_2 n)$，在所有复杂度为此数量级的排序方法中，快速排序被认为是平均性能最好的一种。但是，当初始序列按关键码有序或基本有序时，即每次划分都是将序列划分为前半区（或后半区）不包含元素的情况，此时快速排序性能蜕化为时间复杂度为 $O(n^2)$。快速排序是不稳定的排序方法。

4．堆排序

对于 n 个元素的关键码序列$\{k_1, k_2, \cdots, k_n\}$，当且仅当满足下列关系时称其为堆。

$$\begin{cases} k_i \leqslant k_{2i} \\ k_i \leqslant k_{2i+1} \end{cases} \quad 或 \quad \begin{cases} k_i \geqslant k_{2i} \\ k_i \geqslant k_{2i+1} \end{cases}$$

满足堆定义的序列可直观地表示为一棵完全二叉树，如图 4-46 所示，其中（a）表示一个小顶堆（或小根堆），（b）表示一个大顶堆（或大根堆）。

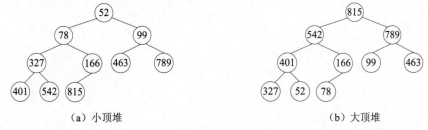

（a）小顶堆   （b）大顶堆

图 4-46   小顶堆和大顶堆

在完全二叉树中，i 号结点的左孩子编号为 $2i$、右孩子编号为 $2i+1$，因此，将序列表示在完全二叉树上，观察每一个结点与其左孩子、右孩子的关系，即可判断该序列是否为堆。

例如，将序列（58，22，69，46，95，34，88，37，73，41）的元素依次放入一棵完全二叉树中，如图 4-47（a）所示。显然，它既不是大顶堆也不是小顶堆（由于 69<88，69>34），将

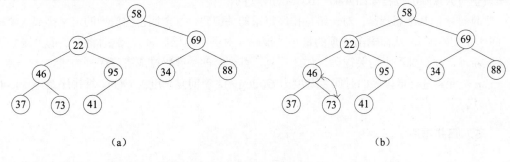

（a）   （b）

图 4-47   调整为大顶堆

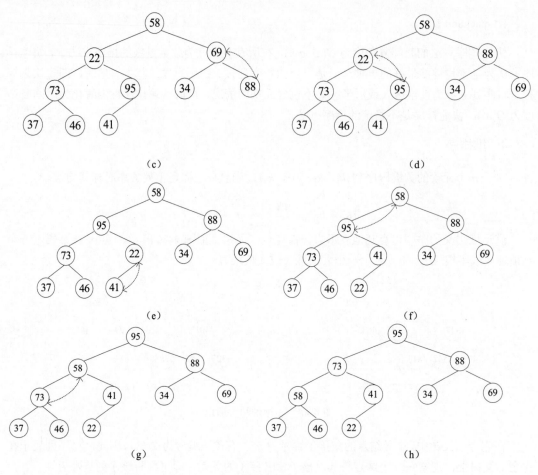

图 4-47（续）

其调整为大顶堆的过程如图 4-47（b）～（h）所示。

堆排序的基本思想是：对一组待排序记录的关键码，首先把它们按堆的定义排成一个序列（即建立初始堆），从而输出堆顶的最小关键码（对于小顶堆而言）。然后将剩余的关键码再调整成新堆，便得到次小的关键码，如此反复，直到全部关键码排成有序序列为止。

n 个元素进行堆排序的时间复杂度为 $O(n\log_2 n)$，空间复杂度为 $O(1)$。堆排序是不稳定的排序方法。

5. 归并排序

归并排序是建立在归并操作基础上的一种排序方法。所谓"归并"，是将两个或两个以上的有序子序列合并成为一个有序序列的过程。归并排序是将一个有 n 个元素的无序序列看成由 n 个长度为 1 的有序子序列，然后进行两两归并，得到 $\left\lceil \dfrac{n}{2} \right\rceil$ 个长度为 2 或 1 的有序序列，再两两归并，如此重复，直至最后形成包含 n 个元素的有序序列为止。这种反复将两个有序子序列归并成一个有序序列的过程称为两路归并排序。

两路归并排序示例如表 4-2 所示。

表 4-2　两路归并过程示例

初始序列	48	37	64	96	75	12	26	$\overline{48}$	54	3
第一趟归并后	37	48	64	96	12	75	26	$\overline{48}$	3	54
第二趟归并后	37	48	64	96	12	26	$\overline{48}$	75	3	54
第三趟归并后	12	26	37	48	$\overline{48}$	64	75	96	3	54
第四趟归并后	3	12	26	37	48	$\overline{48}$	54	64	75	96

【函数】将分别有序的 data[low..mid-1]和 data[mid..high]归并为有序的 data[low..high]。

```
void merge(int data[], int low, int mid, int high)
 /*将有序子序列 data[low..mid-1]和 data[mid..high]归并为有序序列 data[low..high]*/
{
    int i, p, k;        int *tmp;
    tmp = (int *)malloc((high-low+1)*sizeof(int));
    if (!tmp) exit(0);
    k = 0;
    for(i = low, p = mid; i<mid && p<=high; )
        if (data[i] < data[p]) tmp[k++] = data[i++];
        else tmp[k++] = data[p++];
    while( i<mid ) tmp[k++] = data[i++];
    while( p<=high ) tmp[k++] = data[p++];
    i = low;   p = 0;
    while( p<k )
        data[i++] = tmp[p++];
}/* merge */
```

【算法】递归形式的两路归并排序。

```
void mergeSort(int data[], int s, int t)    /*对 data[s..t]进行归并排序*/
{   int m;
    if (s < t) {
        m = (s+t)/2;                /*将 data[s..t]均分为 data[s..m]和 data[m+1..t]*/
```

```
        mergeSort(data, s, m);        /*递归地对 data[s..m]进行归并排序*/
        mergeSort(data, m+1, t);      /*递归地对 data[m+1..t]进行归并排序*/
        merge(data, s, m+1, t);       /*将 data[s..m]和 data[m+1..t]归并为 data[s..t]*/
    }
} /*mergeSort*/
```

n 个元素进行二路归并排序的时间复杂度为 $O(n\log_2 n)$，空间复杂度为 $O(n)$。归并排序是一种稳定的排序方法。

6．内部排序方法小结

常用内部排序算法的特点如表 4-3 所示。

表 4-3　常用排序算法的性能比较

排 序 方 法	最好情况时间复杂度	时间复杂度	最坏情况时间复杂度	辅 助 空 间	稳 定 性
直接插入	$O(n)$	$O(n^2)$	$O(n^2)$	$O(1)$	稳定
简单选择	$O(n^2)$	$O(n^2)$	$O(n^2)$	$O(1)$	不稳定
冒泡排序	$O(n)$	$O(n^2)$	$O(n^2)$	$O(1)$	稳定
希尔排序	—	$O(n^{1.3})$	—	$O(1)$	不稳定
快速排序	$O(n\log_2 n)$	$O(n\log_2 n)$	$O(n^2)$	$O(\log n)\sim O(n)$	不稳定
堆排序	$O(n\log_2 n)$	$O(n\log_2 n)$	$O(n\log_2 n)$	$O(1)$	不稳定
归并排序	$O(n\log_2 n)$	$O(n\log_2 n)$	$O(n\log_2 n)$	$O(n)$	稳定

不同的排序方法各有优缺点，可根据需要运用到不同的场合。选取排序方法时需要考虑的主要因素有：待排序的记录个数 n；记录本身的大小；关键码的分布情况；对排序稳定性的要求；语言工具的条件；辅助空间的大小等。

依据这些因素，可以得到以下几点结论。

（1）若待排序的记录数 n 较小时，可采用插入排序和简单选择排序。

（2）若待排序记录按关键码基本有序，则宜采用直接插入排序或冒泡排序。

（3）若 n 较大，则应采用时间复杂度为 $O(n\log_2 n)$ 的排序方法，例如快速排序、堆排序或归并排序。

当待排序的关键码随机分布时，快速排序的平均时间最短；堆排序只需一个辅助存储空间，并且不会出现在快速排序中可能出现的最坏情况。这两种排序方法都是不稳定的排序方法，若要求排序稳定，可选择归并排序。通常可将归并排序和直接插入排序结合起来使用。先利用直接插入排序求得较长的有序子序列，然后再两两归并。

前面讨论的内部排序算法都是在一维数组上实现的。当记录本身信息量较大时，为避免耗费大量的时间移动记录，可以采用链表作为存储结构。

7. 外部排序

外部排序就是对大型文件的排序，待排序的记录存放在外存。在排序的过程中，内存只存储文件的一部分记录，整个排序过程需要进行多次内外存间的数据交换。

常用的外部排序方法是归并排序，一般分为两个阶段：在第一阶段，把文件中的记录分段读入内存，利用某种内部排序方法对这段记录进行排序并输出到外存的另一个文件中，在新文件中形成许多有序的记录段，称为归并段；在第二阶段，对第一阶段形成的归并段用某种归并方法进行一趟趟地归并，使文件的有序段逐渐加长，直到将整个文件归并为一个有序段时为止。

4.6.3　递归算法

递归（Recursion）是一种描述和解决问题的基本方法，常用来解决可归纳描述的问题，或者说可分解为结构自相似的问题。所谓结构自相似，是指构成问题的部分与问题本身在结构上相似。这类问题具有的特点是：整个问题的解决可以分为两部分，第一部分是一些特殊或基本的情况，可直接解决，即始基；第二部分与原问题相似，可用类似的方法解决，但比原问题的规模小。

由于第二部分比整个问题的规模小，所以每次递归时第二部分的规模都在缩小，如果最终缩小为第一部分的情况则结束递归。因此，通过递归不断地分解问题，将子问题的解进行综合，完成原问题的求解。

这类问题在数学中很常见。例如，求 $n!$。

$$f(n) = n! = \begin{cases} 1, & n = 0 \\ n \times f(n-1), & n > 0 \end{cases}$$

【算法】求 $n!$。

```
long fact(int n)
{    if (n == 1)   return 1;        /*第一部分，始基*/
     else   return n*fact(n-1);    /*第二部分，递归前进*/
}
```

在该式中，$f(n–1)$的计算与原问题 $f(n)$的计算相似，只是规模更小。

【例 4-4】用递归方式在整型数组中找最大元素。

设有一维整数数组 A 的元素为 $A[k1] \sim A[k2]$，用递归方法求出它们中的最大者。显然，若 $k1=k2$，即数组中只有 1 个元素，则 $A[k1]$就是最大元素；若 $k1<k2$，则用类似的方法先求出 $A[k1+1] \sim A[k2]$ 中的最大者 m，然后令 m 与 $A[k1]$ 进行比较，二者中的最大者即为所求。

【算法】用递归方法求 $A[k1] \sim A[k2]$ 中的最大者，并作为函数值返回。

```
int maxint(int A[], int k1, int k2)     /*求 A[k1]~A[k2]中的最大者并返回*/
{    if(k1 == k2) return   A[k1];
     else{
            m = maxint(A,k1+1,k2);
            return (A[k1] > m) ? A[k1] : m;
     }
}/* maxint */
```

【例 4-5】用递归方式计算二叉树的高度。

二叉树是用递归方式定义的，因此关于二叉树的运算可用递归算法描述。例如，二叉树的高度可定义为

$$\text{二叉树的高度} = \begin{cases} 0, & \text{空二叉树} \\ 1 + \text{MAX}(\text{左子树的高度，右子树的高度}), & \text{非空二叉树} \end{cases}$$

【算法】用递归方法求二叉树的高度。

```
int getHeight(BiTree root)
{/*二叉树采用二叉链表存储，root 指向二叉树的根结点，计算并返回二叉树的高度*/
   if (!root ) return 0;                    /*空二叉树的高度为 0*/
   else
     {   LH = getHeight(root->lchild);       /*求根结点的左子树高度*/
         RH = getHeight(root->rchild);       /*求根结点的右子树高度*/
         if (LH > RH) return LH + 1;
         else return RH + 1;
     }
}/* getHeight */
```

4.6.4　字符串运算

通常情况下，字符串存储在一维字符数组中。在 C 语言中以特殊字符 "\0" 作为串的结束标记。

1．基本的字符串运算

大多数的程序语言都在其开发资源包中提供了字符串的赋值（拷贝）、连接、比较、求串长、求子串等基本运算，利用它们就可以实现关于串的其他运算。下面给出求串长、串拷贝及比较运算的实现。

（1）求串长。计算给定串中除结束标志字符'\0'之外的字符数目。

【函数】求串长。

```
int strlen(char *s)
{
    int n = 0;
    while (s[n]!='\0')
        n++;
    return n;
}/*strlen*/
```

（2）串拷贝。将源串复制给目标串。

【函数】串拷贝。

串拷贝函数的一个有缺陷的简单版本如下。

```
char *strcpy(char *dest, char *src)
{ /*将源串 src 中的字符逐个复制到目的串 dest*/
    int i = 0;
    while (src[i]!='\0') {
        dest[i] = src[i]; i++
    }
    dest[i] = '\0';
    return dest;
}/*strcpy*/
```

上面函数 strcpy 的缺陷是没有考虑目的串 dest 的空间是否足以容纳源串 src 的串值，可能会造成运行时异常。

（3）串比较。对于串 s1 和 s2，比较过程为：从两个串的第一个字符开始，若串 s1 和 s2 的对应字符相同，则继续比较下一对字符；若串 s1 的对应字符大于 s2 的相同位置字符，则串 s1 大于 s2，否则 s1 小于 s2。返回值 0 表示 s1 和 s2 的长度及对应字符完全相同，其他返回值则表示两个串中第一个不同字符的编码差值。

【函数】串比较。

```
int strcmp(char *s1,char *s2)
{   int i = 0;
    while (s1[i]!='\0'|| s2[i]!='\0') {
        if (s1[i] == s2[i])    i++;
        else    return s1[i] - s2[i];
    }
    return 0;
}/*strcmp*/
```

2．串的模式匹配

模式串（或子串）在主串中的定位操作通常称为串的模式匹配，它是各种串处理系统中最重要的运算之一。

1）基本的模式匹配算法

基本的模式匹配算法也称为布鲁特—福斯算法，其基本思想是从主串的第一个字符起与模式串的第一个字符比较，若相等，则继续逐个字符进行后续比较，否则从主串的第二个字符起与模式串的第一个字符重新开始比较，直至模式串中每个字符依次与主串中的一个连续的字符序列相等时为止，此时称为匹配成功；如果在主串中不存在与模式串相同的子串，则匹配失败。

【函数】以字符数组存储字符串，实现朴素的模式匹配算法。

```
int Index(char S[], char T[], int pos)
/*查找并返回模式串 T 在主串 S 中从 pos 开始的位置(下标)，若 T 不是 S 的子串，则返回–1*/
{    i = pos; j = 0;    /*i, j 分别用于指示出主串字符和模式串字符的位置(下标)*/
     slen = strlen(S); tlen = strlen(T); /*计算主串和模式串的长度*/
     while (i < slen && j < tlen) {
         if (S[i] == T[j]) {i++; j++;}
         else {
             i = i-j+1; /*主串字符的位置指针回退*/
             j = 0;       /*模式串重新从起始字符开始*/
         }
     }
     if (j >= tlen)      return i – tlen;
     return –1;
} /*Index*/
```

假设主串的长度为 n，模式串的长度为 m，位置序号从 1 开始，下面分析朴素模式匹配算法的时间复杂度。

设从主串的第 i 个字符位置开始与模式串匹配成功，而在前 $i-1$ 趟匹配中，每趟不成功的匹配都是模式串的第一个字符与主串中相应的字符不相同，则在前 $i-1$ 趟匹配中，字符间的比较共进行了 $i-1$ 次，因第 i 趟成功匹配的字符比较次数为 m，所以总的字符比较次数为$(i-1+m)$ 且 $1 \leqslant i \leqslant n-m+1$。若在这 $n-m+1$ 个起始位置上匹配成功的概率相同，则在最好情况下，匹配成功时字符间的平均比较次数为

$$\sum_{i=1}^{n-m+1} p_i(i-1+m) = \frac{1}{n-m+1} \sum_{i=1}^{n-m+1} (i-1+m) = \frac{1}{2}(n+m)$$

因此，在最好情况下匹配算法的时间复杂度为 $O(n+m)$。而在最坏的情况下，每一趟不成功的匹配都是模式串的最后一个字符与主串中相应的字符不相等。若设第 i 趟匹配时成功，则前 $i-1$ 趟不成功的匹配中，每趟都比较了 m 次，总共比较了 $(i-1)\times m + m$ 次。因此，最坏情况下的平均比较次数为

$$\sum_{i=1}^{n-m+1} p_i(i\times m) = \frac{m}{n-m+1}\sum_{i=1}^{n-m+1} i = \frac{1}{2}m(n+m)$$

由于 $n >> m$，所以该算法在最坏情况下的时间复杂度为 $O(n\times m)$。

2）改进的模式匹配算法

改进的模式匹配算法又称为 KMP 算法（由 D.E.Knuth、V.R.Pratt 和 J.H.Morris 提出），其改进之处在于：每当匹配过程中出现相比较的字符不相等时，不需要回溯主串字符的位置指针，而是利用已经得到的"部分匹配"的结果，将模式串向右"滑动"尽可能远的距离，再继续进行比较。

4.6.5　图的相关算法

1．图的遍历算法

图的遍历是指从某个顶点出发，沿着某条搜索路径对图中的所有顶点进行访问且只访问一次的过程。图的遍历算法是求解图的连通性问题、拓扑排序及求关键路径等算法的基础。

图的遍历要比树的遍历复杂得多。因为图的任一个结点都可能与其余顶点相邻接，所以在访问了某个顶点之后，可能沿着某路径又回到该结点上，为了避免对顶点进行重复访问，在图的遍历过程中必须记下每个已访问过的顶点。深度优先搜索和广度优先搜索是两种遍历图的基本方法。

1）深度优先搜索（Depth First Search，DFS）

此种方法类似于树的先根遍历，在第一次经过一个顶点时就进行访问操作。从图 G 中任一结点 v 出发按深度优先搜索法进行遍历的步骤如下。

（1）设置搜索指针 p，使 p 指向顶点 v。

（2）访问 p 所指顶点，并使 p 指向与其相邻接的且尚未被访问过的顶点。

（3）若 p 所指顶点存在，则重复步骤（2），否则执行步骤（4）。

（4）沿着刚才访问的次序和方向回溯到一个尚有邻接顶点且未被访问过的顶点，并使 p 指向这个未被访问的顶点，然后重复步骤（2），直到所有的顶点均被访问为止。

该算法的特点是尽可能先对纵深方向搜索，因此可以得到其递归遍历算法。

【函数】以邻接链表表示图的深度优先搜索算法。

```
int visited[MaxN] = {0};              /*调用遍历算法前设置所有的顶点都没有被访问过*/
void Dfs(Graph G, int i) {
    EdgeNode *t; int j;
    printf("%d", i);                  /*访问序号为 i 的顶点*/
    visited[i] = 1;                   /*序号为 i 的顶点已被访问过*/
    t = G.Vertices[i].firstarc;       /*取顶点 i 的第一个邻接顶点*/
    while(t != NULL) {                /*检查所有与顶点 i 相邻接的顶点*/
        j = t->adjvex;                /*顶点 j 为顶点 i 的一个邻接顶点*/
        if (visited[j] == 0)          /*若顶点 j 未被访问则从顶点 j 出发进行深度优先搜索*/
            Dfs(G,j);
        t = t->nextarc;              /*取顶点 i 的下一个邻接顶点*/
    }/*while*/
}/*Dfs*/
```

从函数 Dfs()之外调用 Dfs 可以访问到所有与起始顶点有路径相通的其他顶点。若图是不连通的，则下一次应从另一个未被访问过的顶点出发，再次调用 Dfs 进行遍历，直到将图中所有的顶点都访问到为止。深度优先的搜索过程如图 4-48 所示。

深度优先遍历图的过程实质上是对某个顶点查找其邻接点的过程，其耗费的时间取决于所采用的存储结构。当图用邻接矩阵表示时，查找所有顶点的邻接点所需时间为 $O(n^2)$。若以邻接表作为图的存储结构，则需要 $O(e)$ 的时间复杂度查找所有顶点的邻接点。因此，当以邻接表作为存储结构时，深度优先搜索遍历图的时间复杂度为 $O(n+e)$。

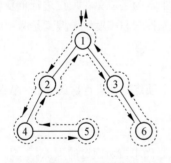

图 4-48　深度优先搜索遍历过程

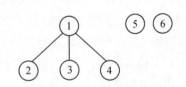

图 4-49　广度优先搜索遍历

2）广度优先搜索（Breadth First Search，BFS）

图的广度优先搜索方法为：从图中的某个顶点 v 出发，在访问了 v 之后依次访问 v 的各个未被访问过的邻接点，然后分别从这些邻接点出发依次访问它们的邻接点，并使"先被访问的顶点的邻接点"先于"后被访问的顶点的邻接点"被访问，直到图中所有已被访问的顶点的邻接点都被访问到。若此时还有未被访问的顶点，则另选图中的一个未被访问的顶点作为起点，重复上述过程，直到图中所有的顶点都被访问到为止。对图 4-49 所示的图进行广度优先搜索，得到的序列为 "1，2，3，4，5，6"。

广度优先遍历图的特点是尽可能先进行横向搜索，即最先访问的顶点的邻接点也先被访问。为此，引入队列来保存已访问过的顶点序列，即每当一个顶点被访问后，就将其放入队列中，当队头顶点出队时，就访问其未被访问的邻接点并令这些邻接顶点入队。

【算法】以邻接链表表示图的广度优先搜索算法。

```
void Bfs(Graph G)
{    /*广度优先遍历图 G*/
    EdgeNode *t; int i,j,k;
    int visited[MaxN] = {0};              /*调用遍历算法前设置所有的顶点都没有被访问过*/
    initQueue(Q);                         /*创建一个空队列*/
    for(i=0; i<G.Vnum; i++)   {
      if (!visited[i]) {                  /*顶点 i 未被访问过*/
        enQueue(Q,i);
        printf("%d ",i); visited[i]=1;    /*访问顶点 i 并设置已访问标志*/
        while(!isEmpty(Q)){               /*若队列不空，则继续取顶点进行广度优先搜索*/
          deQuque(Q,k);
          t = G.Vertices[k].firstarc;
          for(; t; t = t->nextarc){       /*检查所有与顶点 k 相邻接的顶点*/
            j = t->adjvex;                /*顶点 j 是顶点 k 的一个邻接顶点*/
            if (visited[j] == 0) {        /*若顶点 j 未被访问过，将 j 加入队列*/
                enQueue(Q, j);
                printf("%d ", j);          /*访问序号为 j 的顶点并设置已访问标志*/
                visited[j] = 1;
            } /*if*/
          }/*for*/
        }/*while*/
      }/*if*/
    }/*for i*/
}/*Bfs*/
```

在广度优先遍历算法中，每个顶点最多进一次队列。

遍历图的过程实质上是通过边或弧找邻接点的过程，因此广度优先搜索遍历图和深度优先搜索遍历图的运算时间复杂度相同，其不同之处仅仅在于对顶点访问的次序不同。

2．最小生成树求解算法

1）生成树的概念

设图 $G=(V，E)$ 是个连通图，如果其子图是一棵包含 G 的所有顶点的树，则该子图称为 G 的生成树(Spanning Tree)。

当从图 G 中任一顶点出发遍历该图时，会将边集 $E(G)$ 分为两个集合 $A(G)$ 和 $B(G)$。其中 $A(G)$ 是遍历时所经过的边的集合，$B(G)$ 是遍历时未经过的边的集合。显然，$G_1=(V，A)$ 是图 G 的子图，称子图 G_1 为连通图 G 的生成树。图 4-50 所示的是一个连通图及其生成树。

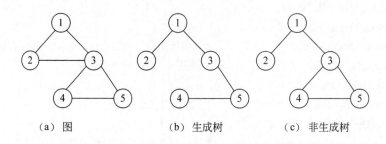

（a）图　　　　　（b）生成树　　　　　（c）非生成树

图 4-50　一个连通图的生成树

对于有 n 个顶点的连通图，至少有 $n–1$ 条边，而生成树中恰好有 $n–1$ 条边，所以连通图的生成树是该图的极小连通子图。若在图的生成树中任意加一条边，则必然形成回路。

图的生成树不是唯一的。从不同的顶点出发，选择不同的存储方式，可以得到不同的生成树。对于非连通图而言，每个连通分量中的顶点集和遍历时走过的边集一起构成若干棵生成树，把它们称为非连通图的生成树森林。

2）最小生成树

对于连通网来说，边是带权值的，生成树的各边也带权值，于是就把生成树各边的权值总和称为生成树的权，把权值最小的生成树称为最小生成树。求解最小生成树有许多实际的应用。普里姆（Prim）算法和克鲁斯卡尔（Kruskal）算法是两种常用的求解最小生成树算法。

（1）普里姆（Prim）算法思想。

假设 $N=(V,E)$ 是连通网，TE 是 N 上最小生成树中边的集合。算法从顶点集合 $U=\{u_0\}(u_0\in V)$、边的集合 TE={}开始，重复执行下述操作：在所有 $u\in U$，$v\in V–U$ 的边$(u，v)\in E$ 中找一条代价最小的边(u_0,v_0)，把这条边并入集合 TE，同时将 v_0 并入集合 U，直至 $U=V$ 时为止。此时 TE 中必有 $n–1$ 条边，则 $T=(V，\{TE\})$ 为 N 的最小生成树。

由此可知，普里姆算法构造最小生成树的过程是以一个顶点集合 $U=\{u_0\}$ 作初态，不断寻找

与 U 中顶点相邻且代价最小的边的另一个顶点，扩充 U 集合直至 $U=V$ 时为止。

用普里姆算法构造最小生成树的过程如图 4-51 所示。

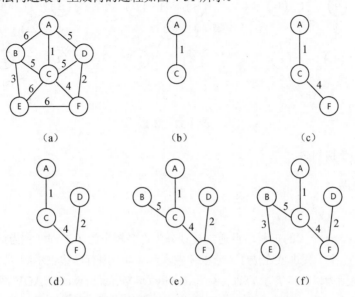

图 4-51　用普里姆算法构造最小生成树的过程

（2）克鲁斯卡尔（Kruskal）算法思想。

克鲁斯卡尔求最小生成树的算法思想为：假设连通网 $N=(V,\ E)$，令最小生成树的初始状态为只有 n 个顶点而无边的非连通图 $T=(V,\ \{\})$，图中每个顶点自成一个连通分量。在 E 中选择代价最小的边，若该边依附的顶点落在 T 中不同的连通分量上，则将此边加入 T 中，否则舍去此边而选择下一条代价最小的边。依此类推，直至 T 中所有顶点都在同一连通分量上为止。

用克鲁斯卡尔算法构造最小生成树的过程如图 4-52 所示。

克鲁斯卡尔算法的时间复杂度为 $O(eloge)$，与图中的顶点数无关，因此该算法适合于求边

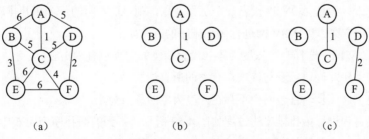

图 4-52　用克鲁斯卡尔算法构造最小生成树的过程

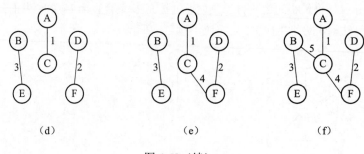

（d）　　　　　　　　（e）　　　　　　　　（f）

图 4-52（续）

稀疏的网的最小生成树。

3．拓扑排序

1）AOV 网

在工程领域，一个大的工程项目通常被划分为许多较小的子工程（称为活动），当这些子工程都完成时，整个工程也就完成了。若以顶点表示活动，用有向边表示活动之间的优先关系，则称这样的有向图为以顶点表示活动的网（Activity On Vertex network，AOV 网）。在有向网中，若从顶点 v_i 到顶点 v_j 有一条有向路径，则顶点 v_i 是 v_j 的前驱，顶点 v_j 是 v_i 的后继。若 $<v_i,\ v_j>$ 是网中的一条弧，则顶点 v_i 是 v_j 的直接前驱，顶点 v_j 是 v_i 的直接后继。AOV 网中的弧表示了活动之间的优先关系，也可以说是一种活动进行时的制约关系。

在 AOV 网中不应出现有向环，若存在的话，则意味着某项活动必须以自身任务的完成为先决条件，显然这是荒谬的。因此，若要检测一个工程划分后是否可行，首先就应检查对应的 AOV 网是否存在回路。检测的方法是对其 AOV 网进行拓扑排序。

2）拓扑排序

拓扑排序是将 AOV 网中所有顶点排成一个线性序列的过程，并且该序列满足：若在 AOV 网中从顶点 v_i 到 v_j 有一条路径，则在该线性序列中，顶点 v_i 必然在顶点 v_j 之前。

一般情况下，假设 AOV 网代表一个工程计划，则 AOV 网的一个拓扑排序就是一个工程顺序完成的可行方案。对 AOV 网进行拓扑排序的方法如下。

（1）在 AOV 网中选择一个入度为零（没有前驱）的顶点且输出它。

（2）从网中删除该顶点及与该顶点有关的所有边。

（3）重复上述两步，直至网中不存在入度为零的顶点为止。

按照上述过程进行拓扑排序的过程如图 4-53 所示，得到的拓扑序列为 6,1,4,3,2,5。显然，对有向图进行拓扑排序所产生的拓扑序列有可能是多种。

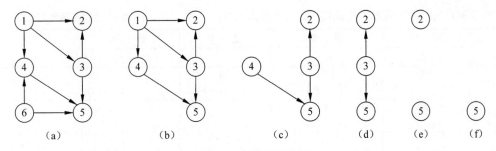

图 4-53　拓扑排序过程

对一个有向图进行拓扑排序的结果会有两种情况：一种是所有顶点已输出，此时整个拓扑排序完成，说明网中不存在回路；另一种是尚有未输出的顶点，剩余的顶点均有前驱顶点，表明网中存在回路，拓扑排序无法进行下去。

4．求单源点的最短路径算法

所谓单源点最短路径，是指给定带权有向图 G 和源点 v_0，求从 v_0 到 G 中其余各顶点的最短路径。

迪杰斯特拉（Dijkstra）提出了按路径长度递增的次序产生最短路径的算法，其思想是：把网中所有的顶点分成两个集合 S 和 T，S 集合的初态只包含顶点 v_0，T 集合的初态包含除 v_0 之外的所有顶点，凡以 v_0 为源点，已经确定了最短路径的终点并入 S 集合中，按各顶点与 v_0 间最短路径长度递增的次序，逐个把 T 集合中的顶点加入 S 集合中去。

每次从 T 集合选出一个顶点 u 并使之并入集合 S 后（即 v_0 至 u 的最短路径已找出），从 v_0 到 T 集合中各顶点的路径有可能变得更短。例如，对于 T 集合中的某一个顶点 v_i 来说，其已知的最短路径可能变为（v_0，…，u，v_i），其中的…仅包含 S 中的顶点。对 T 集合中各顶点的路径进行考查并进行必要的修改后，再从中挑选出一个路径长度最小的顶点，从 T 集合中删除它，同时将其并入 S 集合。重复该过程，就能求出源点到其余各顶点的最短路径及路径长度。

对于图 4-54 所示的有向网，用迪杰斯特拉算法求解顶点 V_0 到达其余顶点的最短路径的过程如表 4-4 所示。

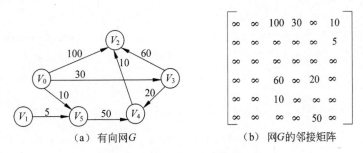

（a）有向网 G　　　　　　　（b）网 G 的邻接矩阵

图 4-54　有向网 G 及其邻接矩阵

表 4-4   迪杰斯特拉算法求解图 4-54（a）顶点 V_0 到 V_1、V_2、V_3、V_4 和 V_5 最短路径的过程

终　点	第 1 步	第 2 步	第 3 步	第 4 步	第 5 步
V_1	∞	∞	∞	∞	∞
V_2	100 $(V_0,\ V_2)$	100 $(V_0,\ V_2)$	90 $(V_0,\ V_3,\ V_2)$	60 $(V_0,\ V_3,\ V_4,\ V_2)$	
V_3	30 $(V_0,\ V_3)$	30 $(V_0,\ V_3)$			
V_4	∞	60 $(V_0,\ V_5,\ V_4)$	50 $(V_0,\ V_3,\ V_4)$		
V_5	10 $(V_0,\ V_5)$				
说明	从 V_0 到 V_1、V_2、V_3、V_4 和 V_5 的路径中，$(V_0,\ V_5)$ 最短，将顶点 V_5 加入 S 集合，并且更新 V_0 到 V_4 的路径	从 V_0 到 V_1、V_2、V_3 和 V_4 的路径中，$(V_0,\ V_3)$ 最短，将顶点 V_3 加入 S 集合，并且更新 V_0 到 V_2、V_0 到 V_4 的路径	从 V_0 到 V_1、V_2 和 V_4 的路径中，$(V_0,\ V_3,\ V_4)$ 最短，将顶点 V_4 加入 S 集合，并且更新 V_0 到 V_2 的路径	从 V_0 到 V_1 和 V_2 的路径中，$(V_0,\ V_3,\ V_4,\ V_2)$ 最短，将顶点 V_2 加入 S 集合	V_0 到 V_1 无路径
集合 S	$\{V_0, V_5\}$	$\{V_0, V_5, V_3\}$	$\{V_0, V_5, V_3, V_4\}$	$\{V_0, V_5, V_3, V_4, V_2\}$	$\{V_0, V_5, V_3, V_4, V_2\}$

第 5 章 软件工程基础知识

软件是计算机系统中的重要组成部分，它包括程序、数据及相关文档。软件工程是指应用计算机科学、数学及管理科学等原理，以工程化的原则和方法来解决软件问题的工程，其目的是提高软件生产率、提高软件质量、降低软件成本。

软件工程涉及软件开发、维护、管理等多方面的原理、方法、工具与环境，限于篇幅，本章不能对软件工程做全面的介绍。根据程序员级考试大纲的要求，本章着重介绍软件开发过程中的基本方法和内容。

5.1 软件工程概述

早期的软件主要指程序，程序的开发工作主要依赖于开发人员的个人技能和程序设计技巧。当时的软件通常缺少与程序有关的文档，软件开发的实际成本和进度常常与预计的相去甚远，软件的质量得不到保证。随着计算机应用的需求不断增长，软件的规模也越来越大，然而软件开发的生产率远远跟不上计算机应用的迅速增长。此外，由于缺少好的方法指导和工具辅助，同时又缺少相关文档，使得大量已有的软件难以维护。上述这些问题严重地阻碍了软件的发展，20 世纪 60 年代中期，人们把上述软件开发和维护过程中所遇到的各种问题称为"软件危机"。

1968 年，在德国召开的 NATO（North Atlantic Treaty Organization，北大西洋公约组织）会议上，首次提出了"软件工程"这个概念，希望用工程化的原则和方法来克服软件危机。在此以后，人们开展了软件过程模型、开发方法、工具与环境的研究，提出了瀑布模型、演化模型、螺旋模型和喷泉模型等开发过程模型，出现了面向数据流方法、面向数据结构方法、面向对象方法等开发方法，以及一批 CASE（Computer Aided Software Engineering，计算机辅助软件工程）工具和环境。

5.1.1 软件生存周期

同任何事物一样，一个软件产品或软件系统也要经历孕育、诞生、成长、成熟、衰亡的许多阶段，一般称为软件生存周期。把整个软件生存周期划分为若干阶段，每个阶段的任务相对独立，而且比较简单，便于不同人员分工协作，从而降低了整个软件开发工程的困难程度。目前划分软件生存周期阶段的方法有许多种，软件规模、种类、开发方式、开发环境以及开发时使用的方法论都会影响软件生存周期阶段的划分。在划分软件生存周期阶段时应该遵循的一条基本原则，就是使各阶段的任务彼此间尽可能相对独立，同一阶段各任务的性质尽可能相同，从而降低每个阶段任务的复杂程度，简化不同阶段之间的联系，有利于软件开发的组织管理。

1. 问题定义

问题定义阶段必须回答的关键问题是："要解决的问题是什么？"通过问题定义阶段的工作，系统分析员应该提出关于问题性质、工程目标和规模的书面报告。问题定义阶段是软件生存周期中最简短的阶段，一般只需要一天甚至更少的时间。

2. 可行性分析

这个阶段要回答的关键问题是："对于上一个阶段所确定的问题有行得通的解决办法吗？"可行性分析阶段的任务不是具体解决问题，而是研究问题的范围，探索这个问题是否值得去解，以及是否有可行的解决办法。

3. 需求分析

需求分析阶段的任务不是具体地解决问题，而是准确地确定软件系统必须做什么，确定软件系统的功能、性能、数据和界面等要求，从而确定系统的逻辑模型。

4. 总体设计

这个阶段必须回答的关键问题是："概括地说，应该如何解决这个问题？"

首先，应该考虑几种可能的解决方案。系统分析员应该使用系统流程图或其他工具描述每种可能的系统，估计每种方案的成本和效益，还应该在充分权衡各种方案的利弊的基础上，推荐一个较好的系统（最佳方案），并且制定实现所推荐的系统的详细计划。总体设计阶段的第二项主要任务就是设计软件的结构，也就是确定程序由哪些模块组成以及模块间的关系。通常用层次图或结构图描绘软件的结构。

5. 详细设计

总体设计阶段以比较抽象概括的方式提出了解决问题的办法。详细设计阶段的主要任务就是对每个模块完成的功能进行具体描述，也就是回答下面这个关键问题："应该怎样具体地实现这个系统呢？"。因此，详细设计阶段的任务不是编写程序，而是设计出程序的详细规格说明，该说明应该包含必要的细节，程序员可以根据它们写出实际的程序代码。通常采用 HIPO（层次加输入/处理/输出图）或 PDL 语言（过程设计语言）描述详细设计的结果。

6. 编码和单元测试

编码阶段就是把每个模块的控制结构转换成计算机可接受的程序代码，即写成某种特定程序设计语言表示的源程序清单，并仔细测试编写出的每一个模块。

7. 综合测试

综合测试阶段的关键任务是通过各种类型的测试（及相应的测试）使软件达到预定的要求。最基本的测试是集成测试和验收测试。所谓集成测试，是根据设计的软件结构，把经过单元测试检验的模块按某种选定的策略装配起来，在装配过程中对程序进行必要的测试。所谓验收测试，是按照规格说明书的规定（通常在需求分析阶段确定），由用户（或在用户积极参与下）对目标系统进行验收。

通过对软件测试结果的分析可以预测软件的可靠性；反之，根据对软件可靠性的要求，也可以决定测试和调试过程什么时候可以结束。应该用正式的文档资料把测试计划、详细测试方案以及实际测试结果保存下来，作为软件配置的一个组成部分。

8. 维护

维护阶段的关键任务是，通过各种必要的维护活动使系统持久地满足用户的需要。通常有改正性、适应性、完善性和预防性四类维护活动。其中，改正性维护是指诊断和改正在使用过程中发现的软件错误；适应性维护是指修改软件以适应环境的变化；完善性维护是指根据用户的要求改进或扩充软件使它更完善；预防性维护是指修改软件为将来的维护活动预先做准备。

每一项维护活动都应该准确地记录下来，作为正式的文档资料加以保存。

5.1.2　软件生存周期模型

软件生存周期模型是一个包括软件产品开发、运行和维护中有关过程、活动和任务的框架，覆盖了从该系统的需求定义到系统的使用终止（IEEE 标准 12207.0—1996）。把这个概念应用到开发过程，即软件过程模型，可以发现所有生存周期模型的内在基本特征：描述了开发的主要阶段；定义了每一个阶段要完成的主要过程和活动；规范了每一个阶段的输入和输出（提交物）；提供了一个框架，可以把必要的活动映射到该框架中。

软件过程是生产一个最终满足需求并且达到工程目标的软件产品所需的步骤。《计算机科学技术百科全书》中指出，软件过程是软件生存周期中的一系列相关的过程。过程是活动的集合，活动是任务的集合。软件过程有 3 层含义：一是个体含义，即指软件产品或系统在生存周期中的某一类活动的集合，如软件开发过程、软件管理过程等；二是整体含义，即指软件产品在所有上述含义下的软件过程的总体；三是工程含义，即指解决软件过程的工程，应用软件工程的原则、方法来构造软件过程模型，并结合软件产品的具体要求进行实例化，以及在用户环境下的运作，以此进一步提高软件生产率，降低成本。

常见的软件生存周期模型有瀑布模型、演化模型、螺旋模型和喷泉模型等。

1．瀑布模型（Waterfall Model）

瀑布模型是将软件生存周期各个活动规定为依线性顺序连接的若干阶段的模型。它包括需求分析、设计、编码、测试、运行和维护。它规定了由前至后、相互衔接的固定次序，如同瀑布流水，逐级下落，如图 5-1 所示。

瀑布模型为软件的开发和维护提供了一种有效的管理模式，根据这一模式制定开发计划，进行成本预算，组织开发力量，以项目的阶段评审和文档控制为手段有效地对整个开发过程进行指导，所以它是以文档作为驱动、适合于软件需求很明确的软件项目的模型。

瀑布模型假设，一个待开发的系统需求是完整的、简明的、一致的，而且可以先于设计和实现完成之前产生。瀑布模型的优点是，容易理解，管理成本低；强调开发的阶段性早期计划及需求调查和产品测试。不足之

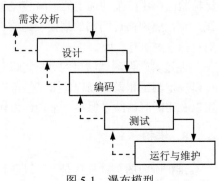

图 5-1   瀑布模型

处是，客户必须能够完整、正确和清晰地表达他们的需要；在开始的两个或三个阶段中，很难评估真正的进度状态；当接近项目结束时，出现了大量的集成和测试工作；直到项目结束之前，都不能演示系统。在瀑布模型中，需求或设计中的错误往往只有到了项目后期才能够被发现，对于项目风险的控制能力较弱，从而导致项目常常延期完成，开发费用超出预算。

2．增量模型（Incremental Model）

增量模型融合了瀑布模型的基本成分和原型实现的迭代特征，它假设可以将需求分段为一系列增量产品，每一增量可以分别地开发。该模型采用随着日程时间的进展而交错的线性序列，每一个线性序列产生软件的一个可发布的"增量"，如图 5-2 所示。当使用增量模型时，第 1 个增量往往是核心的产品。客户对每个增量的使用和评估都作为下一个增量发布的新特征和功能，这个过程在每一个增量发布后不断重复，直到产生了最终的完善产品。增量模型强调每一个增量均发布一个可操作的产品。

增量模型作为瀑布模型的一个变体，具有瀑布模型的所有优点，此外，它还有以下优点：第一个可交付版本所需要的成本和时间很少；开发由增量表示的小系统所承担的风险不大；由

于很快发布了第一个版本，因此可以减少用户需求的变更；运行增量投资，即在项目开始时，可以仅对一个或两个增量投资。

增量模型的不足之处：如果没有对用户的变更要求进行规划，那么产生的初始增量可能会造成后来增量的不稳定；如果需求不像早期思考的那样稳定和完整，那么一些增量就可能需要重新开发；管理发生的成本、进度和配置的复杂性，可能会超出组织的能力。

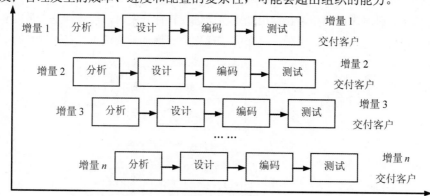

图 5-2　增量模型

3. 演化模型（Evolutionary Model）

演化模型主要针对事先不能完整定义需求的软件开发，是在快速开发一个原型的基础上，根据用户在使用原型的过程中提出的意见和建议对原型进行改进，获得原型的新版本。重复这一过程，最终可得到令用户满意的软件产品。

演化模型的主要优点是，任何功能一经开发就能进入测试，以便验证是否符合产品需求，可以帮助引导出高质量的产品要求。其主要缺点是，如果不加控制地让用户接触开发中尚未稳定的功能，可能对开发人员及用户都会产生负面影响。

4. 螺旋模型（Spiral Model）

对于复杂的大型软件，开发一个原型往往达不到要求。螺旋模型将瀑布模型和演化模型结合起来，加入了两种模型均忽略的风险分析，弥补了这两种模型的不足。

螺旋模型将开发过程分为几个螺旋周期，每个螺旋周期大致和瀑布模型相符合，如图 5-3 所示。在每个螺旋周期分为如下 4 个工作步骤。

（1）制定计划。确定软件的目标，选定实施方案，明确项目开发的限制条件。

（2）风险分析。分析所选的方案，识别风险，消除风险。

（3）实施工程。实施软件开发，验证阶段性产品。

（4）用户评估。评价开发工作，提出修正建议，建立下一个周期的开发计划。

螺旋模型强调风险分析，使得开发人员和用户对每个演化层出现的风险有所了解，继而做出应有的反应。因此特别适用于庞大、复杂并且具有高风险的系统。

与瀑布模型相比，螺旋模型支持用户需求的动态变化，为用户参与软件开发的所有关键决策提供了方便，有助于提高软件的适应能力，并且为项目管理人员及时调整管理决策提供了便利，从而降低了软件开发的风险。在使用螺旋模型进行软件开发时，需要开发人员具有相当丰富的风险评估经验和专门知识。另外，过多的迭代次数会增加开发成本，延迟提交时间。

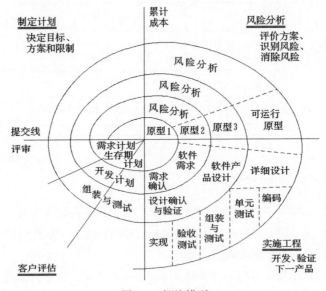

图 5-3　螺旋模型

5. 喷泉模型（Fountain Model）

喷泉模型是一种以用户需求为动力，以对象作为驱动的模型，适合于面向对象的开发方法。它克服了瀑布模型不支持软件重用和多项开发活动集成的局限性。喷泉模型使开发过程具有迭代性和无间隙性，如图 5-4 所示。迭代意味着模型中的开发活动常常需要重复多次，在迭代过程中不断地完善软件系统。无间隙是指在开发活动（如分析、设计、编码）之间不存在明显的边界，也就是说，它不像瀑布模型那样，需求分析活动结束后才开始设计活动，设计活动结束后才开始编码活动，而是允许各开发活动交叉、迭代地进行。

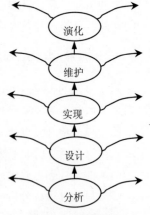

图 5-4　喷泉模型

喷泉模型的各个阶段没有明显的界限，开发人员可以同步进行。其优点是可以提高软件项目开发效率，节省开发时间。由于喷泉模型在各个开发阶段是重叠的，在开发过程中需要大量的开发人员，不利于项目的管理。此外这种模型要求严格管理文档，使得审核的难度加大。

6．统一过程（Unified Process）

统一过程的特色是"用例和风险驱动，以架构为中心，迭代的增量开发过程"。迭代的意思是将整个软件开发项目划分为许多个小的"袖珍项目"，每个"袖珍项目"都包含正常软件项目的所有元素：计划、分析和设计、构造、集成和测试，以及内部和外部发布。

统一过程定义了 5 个阶段及其制品。

1）起始阶段（Inception Phase）

起始阶段专注于项目的初创活动，产生的主要工作产品有构想文档（Vision Document）、初始用例模型、初始项目术语表、初始业务用例、初始风险评估、项目计划（阶段及迭代）、业务模型以及一个或多个原型（需要时）。本阶段的里程碑是生命周期目标。

2）精化阶段（Elaboration Phase）

精化阶段在理解了最初的领域范围之后进行需求分析和架构演进，产生的主要工作产品有用例模型、补充需求（包括非功能需求）、分析模型、软件体系结构描述、可执行的软件体系结构原型、初步的设计模型、修订的风险列表、项目计划（包括迭代计划、调整的工作流、里程碑和技术工作产品）以及初始用户手册。本阶段的里程碑是生命周期架构。

3）构建阶段（Construction Phase）

构建阶段关注系统的构建，产生实现模型，产生的主要工作产品有设计模型、软件构件、集成的软件增量、测试计划及步骤、测试用例以及支持文档（用户手册、安装手册和对于并发增量的描述）。初始运作功能。

4）移交阶段（Transition Phase）

移交阶段关注于软件提交方面的工作，产生软件增量，产生的主要工作产品有提交的软件增量、β 测试报告和综合用户反馈。本阶段的里程碑是产品发布版本。

5）生产阶段（Production Phase）

生产阶段对持续使用的软件进行监控，提供运行环境（基础设施）的支持，提交并评估缺陷报告和变更请求。

在每个迭代中，有 5 个核心工作流：捕获系统应该做什么的需求工作流，精化和结构化需求的分析工作流，用系统构架实现需求的设计工作流，构造软件的实现工作流，验证实现是否如期望那样工作的测试工作流。

统一过程的典型代表是 RUP（Rational Unified Process），主要针对前 4 个技术阶段。RUP

是 UP 的商业扩展，完全兼容 UP，但比 UP 更完整、更详细。

7. 敏捷方法（Agile Development）

敏捷开发的总体目标是通过"尽可能早地、持续地对有价值的软件的交付"使客户满意。通过在软件开发过程中加入灵活性，敏捷方法使用户能够在开发周期的后期增加或改变需求。

敏捷过程的典型方法有很多，每一种方法基于一套原则，这些原则实现了敏捷方法所宣称的理念（敏捷宣言）。

1）极限编程（XP）

XP 是一种轻量级（敏捷）、高效、低风险、柔性、可预测的、科学的软件开发方式。它由价值观、原则、实践和行为 4 个部分组成，彼此相互依赖、关联，并通过行为贯穿于整个生存周期。

- 四大价值观：沟通、简单性、反馈和勇气。
- 5 个原则：快速反馈、简单性假设、逐步修改、提倡更改和优质工作。
- 12 个最佳实践：计划游戏（快速制定计划、随着细节的不断变化而完善）、小型发布（系统的设计要能够尽可能早地交付）、隐喻（找到合适的比喻传达信息）、简单设计（只处理当前的需求，使设计保持简单）、测试先行（先写测试代码，然后再编写程序）、重构（重新审视需求和设计，重新明确地描述它们以符合新的和现有的需求）、结队编程、集体代码所有制、持续集成（可以按日甚至按小时为客户提供可运行的版本）、每周工作 40 个小时、现场客户和编码标准。

2）水晶法（Crystal）

水晶法认为每一个不同的项目都需要一套不同的策略、约定和方法论。

3）并列争求法（Scrum）

并列争求法使用迭代的方法，其中，把每 30 天一次的迭代称为一个"冲刺"，并按需求的优先级别来实现产品。多个自组织和自治的小组并行地递增实现产品。协调是通过简短的日常情况会议来进行，就像橄榄球中的"并列争球"。

4）自适应软件开发（ASD）

ASD 有 6 个基本的原则：有一个使命作为指导；特征被视为客户价值的关键点；过程中的等待是很重要的，因此"重做"与"做"同样关键；变化不被视为改正，而是被视为对软件开发实际情况的调整；确定的交付时间迫使开发人员认真考虑每一个生产的版本的关键需求；风险也包含其中。

5.1.3　软件过程评估

自从软件工程概念提出以后，出现了许多开发、维护软件的模型、方法、工具和环境，他们对提高软件的开发、维护效率和质量起到了很大的作用。尽管如此，人们开发和维护软件的能力仍然跟不上软件所涉及的问题的复杂程度的增长，大多是软件组织面临的主要问题仍然是无法符合预算和进度要求的高可靠性和高可用性的软件。人们开始意识到问题的实质是缺乏管理软件过程的能力。

1．软件能力成熟度模型（CMM）

在美国国防部支持下，1987 年，卡内基·梅隆大学软件工程研究所率先推出了软件工程评估项目的研究成果——软件过程能力成熟度模型（Capability Maturity Model of Software, CMM），其研究目的是提供一种评价软件承接方能力的方法，同时它可用于帮助软件组织改进其软件过程。

CMM 是对软件组织进化阶段的描述，随着软件组织定义、实施、测量、控制和改进其软件过程，软件组织的能力经过这些阶段逐步前进。该能力成熟度模型使软件组织较容易地确定其当前过程的成熟度并识别其软件过程执行中的薄弱环节，确定对软件质量和过程改进最为关键的几个问题，从而形成对其过程的改进策略。软件组织只要关注并认真实施一组有限的关键实践活动，就能稳步地改善其全组织的软件过程，使全组织的软件过程能力持续增长。

CMM 将软件过程改进分为如下 5 个成熟度级别，分别为：

（1）初始级（Initial）。软件过程的特点是杂乱无章，有时甚至很混乱，几乎没有明确定义的步骤，项目的成功完全依赖个人的努力和英雄式核心人物的作用。

（2）可重复级（Repeatable）。建立了基本的项目管理过程和实践来跟踪项目费用、进度和功能特性。有必要的过程准则来重复以前在同类项目中的成功。

（3）已定义级（Defined）。管理和工程两方面的软件过程已经文档化、标准化，并综合成整个软件开发组织的标准软件过程。所有项目都采用根据实际情况修改后得到的标准软件过程来开发和维护软件。

（4）已管理级（Managed）。制定了软件过程和产品质量的详细度量标准。软件过程的产品质量都被开发组织的成员所理解和控制。

（5）优化级（Optimized）。加强了定量分析，通过来自过程质量反馈和来自新观念、新技术的反馈使过程能不断持续地改进。

CMM 模型提供了一个框架，将软件过程改进的进化步骤组织成 5 个成熟度等级，为过程不断改进奠定了循序渐进的基础。这 5 个成熟度等级定义了一个有序的尺度，用来测量一个组织的软件过程成熟度和评价其软件过程能力。成熟度等级是已得到确切定义的，也是在向成熟软件组织前进途中的平台。每一个成熟度等级为继续改进过程提供一个基础。每一等级包含一组过程目标，通过实施相应的一组关键过程域达到这一组过程目标，当目标满足时，能使软件过程的一个重要成分稳定。每达到成熟度框架的一个等级，就建立起软件过程的一个相应成分，导致组织过程能力一定程度的增长。

基于 CMM 模型的产品包括一些诊断工具，可应用于软件过程评价和软件能力评估小组以确定一个机构的软件过程实力、弱点和风险。最著名的是成熟度调查表。软件过程评价及软件能力评估的方法及培训也依赖于 CMM 模型。

2．能力成熟度模型集成（CMMI）

CMM 的成功导致了适用不同学科领域的模型的衍生，如系统工程的能力成熟度模型，适用于集成化产品开发的能力成熟度模型等。而一个工程项目又往往涉及多个交叉的学科，因此有必要将各种过程改进的工作集成起来。1998 年由美国产业界、政府和卡内基·梅隆大学软件工程研究所共同主持 CMMI 项目。CMMI 是若干过程模型的综合和改进，是支持多个工程学科和领域的、系统的、一致的过程改进框架，能适应现代工程的特点和需要，能提高过程的质量和工作效率。2000 年发布了 CMMI-SE/SW/IPPD，集成了适用于软件开发的 SW-CMM（草案版本 2（C））、适用于系统工程的 EIA/IS731 以及适用于集成化产品和过程开发的 IPD CMM（0.98版）。2002 年 1 月发布了 CMMI-SE/SW/IPPD1.1 版。

CMMI 提供了两种表示方法：阶段式模型和连续式模型。

（1）阶段式模型

阶段式模型的结构类似于 CMM，它关注组织的成熟度。CMMI-SE/SW/IPPD1.1 版中有 5个成熟度等级。

初始的：过程不可预测且缺乏控制。

已管理的：过程为项目服务。

已定义的：过程为组织服务。

定量管理的：过程已度量和控制。

优化的：集中于过程改进。

（2）连续式模型

连续式模型关注每个过程域的能力，一个组织对不同的过程域可以达到不同的过程域能力等级（Capability Level，CL）。CMMI 中包括 6 个过程域能力等级，等级号为 0～5。能力等级包括共性目标及相关的共性实践，这些实践在过程域内被添加到特定目标和实践中。当组织满足过程域的特定目标和共性目标时，就说该组织达到了那个过程域的能力等级。

能力等级可以独立地应用于任何单独的过程域，任何一个能力等级都必须满足比它等级低的能力等级的所有准则。各能力等级的含义简述如下。

CL_0（未完成的）：过程域未执行或未得到 CL_1 中定义的所有目标。

CL_1（已执行的）：其共性目标是过程将可标识的输入工作产品转换成可标识的输出工作产品，以实现支持过程域的特定目标。

CL_2（已管理的）：其共性目标集中于已管理的过程的制度化。根据组织级政策规定过程的运作将使用哪个过程，项目遵循已文档化的计划和过程描述，所有正在工作的人都有权使用足够的资源，所有工作任务和工作产品都被监控、控制和评审。

CL_3（已定义级的）：其共性目标集中于已定义的过程的制度化。过程是按照组织的剪裁指南从组织的标准过程集中剪裁得到的，还必须收集过程资产和过程的度量，并用于将来对过程的改进上。

CL_4（定量管理的）：其共性目标集中于可定量管理的过程的制度化。使用测量和质量保证来控制和改进过程域，建立和使用关于质量和过程执行的定量目标作为管理准则。

CL_5（优化的）：使用量化（统计学）手段改变和优化过程域，以对付客户要求的改变和持续改进计划中的过程域的功效。

5.1.4　软件工具

用来辅助软件开发、运行、维护、管理和支持等过程中的活动的软件称为软件工具。早期的软件工具主要用来辅助程序员编程，如编辑程序、编译程序和排错程序等。在软件工程概念提出以后，又出现了软件生存周期的概念，出现了许多开发模型和开发方法，同时软件管理也开始受到人们的重视。与此同时，出现了一批软件工具来辅助软件工程的实施，这些软件工具涉及软件开发、维护、管理过程中的各项活动，并辅助这些活动高效、高质量地进行。因此，软件工具通常也称为 CASE 工具。

软件开发过程中可使用的工具种类繁多，按照软件过程的活动可以分为支持软件开发过程的工具、支持软件维护过程的工具、支持软件管理过程和支持过程的工具等。

1. 软件开发工具

对应于软件开发过程的各种活动，软件开发工具通常有需求分析工具、设计工具、概要设计工具、编码与排错工具、测试工具等。

1）需求分析工具

用于辅助软件需求分析活动的软件称为需求分析工具，它辅助系统分析员从需求定义出发，生成完整的、清晰的、一致的功能规范（functional specification）。功能规范是软件所要完成的功能的准确而完整的陈述，它描述该软件要做什么及只做什么。按照需求定义的方法可将需求分析工具分为基于自然语言或图形描述的工具和基于形式化需求定义语言的工具。

2）设计工具

用于辅助软件设计活动的软件称为设计工具，它辅助设计人员从软件功能规范出发，得到相应的设计规范（Design Specification）。对应于概要设计活动和详细设计活动，设计工具通常可分为概要设计工具和详细设计工具。

3）概要设计工具

用于辅助设计人员设计目标软件的体系结构、控制结构和数据结构。详细设计工具用于辅助设计人员设计模块的算法和内部实现细节。除此之外，还有基于形式化描述的设计工具和面向对象的分析与设计工具。

4）编码与排错工具

辅助程序员进行编码活动的工具有编码工具和排错工具。编码工具辅助程序员用某种程序设计语言编制源程序，并对源程序进行翻译，最终转换成可执行的代码。因此，编码工具通常与编码所使用的程序语言密切相关。排错工具用来辅助程序员寻找源程序中错误的性质和原因，并确定出错的位置。

5）测试工具

用于支持进行软件测试的工具称为测试工具，分为数据获取工具、静态分析工具、动态分析工具、模拟工具以及测试管理工具。其中，静态分析工具通过对源程序的程序结构、数据流和控制流进行分析，得出程序中函数（过程）的调用与被调用关系、分支和路径、变量定义和引用等情况，发现语义错误。动态分析工具通过执行程序，检查语句、分支和路径覆盖，测试有关变量值的断点，即对程序的执行流进行探测。

2．软件维护工具

辅助软件维护过程中相关活动的软件称为软件维护工具，它辅助维护人员对软件代码及其文档进行各种维护活动。软件维护工具主要有版本控制工具、文档分析工具、开发信息库工具、逆向工程工具和再工程工具。

1）版本控制工具

在软件开发和维护过程中一个软件往往有多个版本，版本控制工具用来存储、更新、恢复和管理一个软件的多个版本。

2）文档分析工具

文档分析工具用来对软件开发过程中形成的文档进行分析，给出软件维护活动所需的维护信息。例如，基于数据流图的需求文档分析工具可给出对数据流图的某个成分（如加工）进行维护时的影响范围，以便在修改该成分的同时考虑其影响范围内的其他成分是否也要修改。除此之外，文档分析工具还可以得到被分析的文档的有关信息，如文档各种成分的个数、定义及引用情况等。

3）开发信息库工具

开发信息库工具用来维护软件项目的开发信息，包括对象、模块等。它记录每个对象的修改信息（已确定的错误及重要改动）和其他变形（如抽象数据结构的多种实现），还必须维护对象和与之有关信息之间的关系。

4）逆向工程工具

逆向工程工具辅助软件人员将某种形式表示的软件（源程序）转换成更高抽象形式表示的软件。这种工具力图恢复源程序的设计信息，使软件变得更容易理解。逆向工程工具分为静态的和动态的两种。

5）再工程工具

再工程工具用来支持重构一个功能和性能更为完善的软件系统。目前的再工程工具主要集中在代码重构、程序结构重构和数据结构重构等方面。

3．软件管理和软件支持工具

软件管理和软件支持工具用来辅助管理人员和软件支持人员的管理活动和支持活动，以确保软件高质量地完成。辅助软件管理和软件支持的工具很多，其中常用的工具有项目管理工具、配置管理工具和软件评价工具。

1）项目管理工具

项目管理工具用来辅助软件的项目管理活动。通常项目管理活动包括项目的计划、调度、通信、成本估算、资源分配及质量控制等。一个项目管理工具通常把重点放在某一个或某几个特定的管理环节上，而不提供对管理活动包罗万象的支持。

2）配置管理工具

配置管理工具用来辅助完成软件配置项的标识、版本控制、变化控制、审计和状态统计等基本任务，使得各配置项的存取、修改和系统生成易于实现，从而简化了审计过程，改进状态统计，减少错误，提高系统的质量。

3）软件评价工具

软件评价工具用来辅助管理人员进行软件质量保证的有关活动。它通常可以按照某个软件质量模型（如 McCall 软件质量模型、ISO 软件质量度量模型等）对被评价的软件进行度量，然后得到相关的软件评价报告。软件评价工具有助于软件的质量控制，对确保软件的质量有重要的作用。

5.1.5　软件开发环境

软件开发环境（Software Development Environment）是支持软件产品开发的软件系统。它由软件工具集和环境集成机制构成，前者用来支持软件开发的相关过程、活动和任务，后者为工具集成和软件开发、维护和管理提供统一的支持，它通常包括数据集成、控制集成和界面集成。通过环境集成机制，各工具用统一的数据接口规范存储或访问环境信息库，采用统一的界面形式，保证各工具界面的一致性，同时为各工具或开发活动之间的通信、切换、调度和协同工作提供支持。在软件开发环境中进行软件开发，可以使用环境中提供的各种工具，同时在环境信息库的支持下，一个工具所产生的结果信息可以被其他工具利用，使得软件开发的各项活动得到连续的支持，从而大大提高软件的开发效率，提高软件的质量。

软件开发环境的特征如下。

（1）环境的服务是集成的。软件开发环境应支持多种集成机制，如平台集成、数据集成、界面集成、控制集成和过程集成等。

（2）环境应支持小组工作方式，并为其提供配置管理。

（3）环境的服务可用于支持各种软件开发活动，包括分析、设计、编程、测试、调试和文档等。

集成型开发环境是一种把支持多种软件开发方法和开发模型的软件工具集成在一起的软件开发环境。这种环境应该具有开放性和可剪裁性。开放性为环境外的工具集成到环境中来提供了方便；可剪裁性可根据不同的应用和不同的用户需求进行剪裁，以形成特定的开发环境。

5.2　软件需求分析

需求分析是软件生存周期中相当重要的一个阶段。由于开发人员熟悉计算机但不熟悉应用领域的业务，用户熟悉应用领域的业务但不熟悉计算机，因此对于同一个问题，开发人员和用户之间可能存在认识上的差异。在需求分析阶段，通过开发人员与用户之间的广泛交流，不断澄清一些模糊的概念，最终形成一个完整的、清晰的、一致的需求说明。可以说，需求分析的好坏将直接影响到所开发的软件的成败。

5.2.1　软件需求的定义

软件需求就是系统必须完成的事以及必须具备的品质。软件需求包括功能需求、非功能需求和设计约束 3 个方面的内容。

（1）功能需求。所开发的软件必须具备什么样的功能。

（2）非功能需求。是指产品必须具备的属性或品质，如可靠性、性能、响应时间、容错性和扩展性等。

（3）设计约束。也称为限制条件、补充规约，这通常是对解决方案的一些约束说明。

5.2.2　软件需求分析的基本任务

需求分析主要是确定待开发软件的功能、性能、数据和界面等要求。具体来说，可有以下5个方面。

（1）确定软件系统的综合要求。主要包括系统界面要求、系统的功能要求、系统的性能要求、系统的安全和保密性要求、系统的可靠性要求、异常处理要求和将来可能提出的要求。其中，系统界面要求是指描述软件系统的外部特性，即系统从外部输入哪些数据，系统向外部输出哪些数据；系统的功能要求是要列出软件系统必须完成的所有功能；系统的性能要求是指系统对响应时间、吞吐量、处理时间、对主存和外存的限制等方面的要求；系统的运行要求是指对硬件、支撑软件和数据通信接口等方面的要求；异常处理要求通常是指在运行过程中出现异常情况时应采取的行动以及希望显示的信息，例如临时性或永久性的资源故障，不合法或超出范围的输入数据、非法操作和数组越界等异常情况的处理要求；将来可能提出的要求主要是为将来可能的扩充和修改做准备。

（2）分析软件系统的数据要求。包括基本数据元素、数据元素之间的逻辑关系、数据量和峰值等。常用的数据描述方法是实体-关系模型（E-R 模型）。

（3）导出系统的逻辑模型。在结构化分析方法中可用数据流图来描述；在面向对象分析方法中可用类模型来描述。

（4）修正项目开发计划。在明确了用户的真正需求后，可以更准确地估算软件的成本和进度，从而修正项目开发计划。

（5）如有必要，可开发一个原型系统。对一些需求不够明确的软件，可以先开发一个原型系统，以验证用户的需求。

在此需要强调的是，需求分析阶段主要解决"做什么"的问题，而"怎么做"则是由设计阶段来完成。

5.2.3　需求建模

观察和研究某一事物或某一系统时，常常把它抽象为一个模型。创建模型是需求分析阶段的重要活动。模型以一种简介、准确、结构清晰的方式系统地描述了软件需求，从而帮助软件开发人员理解系统的信息、功能和行为，使得需求分析任务更容易实现，结果更系统化，同时易于发现用户描述中的模糊性和不一致性。模型将成为复审的焦点，也将成为确定规约的完整性、一致性和精确性的重要依据。模型还将成为软件设计的基础，为设计者提供软件要素的表示视图，这些表示可被转化到实现的语境中去。模型还可以在分析人员和用户之间建立更便捷的沟通方式，使两者可以用相同的工具分析和理解问题。

在软件需求分析阶段所创建的模型，更着重于描述系统要做什么，而不是如何去做。目标软件的模型不应涉及软件的实现细节。通常情形下，分析人员用图形符号来创建模型，将信息、处理、系统行为和其他相关特征描述为各种可识别的符号，同时与符号图形相配套，并辅助于文字描述，可使用自然语言或某特殊的专门用于描述需求的语言来提供辅助的信息描述。

目前已经存在的多种需求分析方法引用了不同的分析策略，常用的分析方法有以下几种。

- 面向数据流的结构化分析方法（SA）
- 面向数据结构的分析方法
- 面向对象的分析方法（OOA）

其中，结构化的分析方法和面向对象的分析方法应用非常广泛，本章将在后续小节中进行详细介绍。

5.3 软件设计

需求分析阶段获得的需求规格说明书包括对目标系统的信息、功能和行为方面的描述，这是软件设计的基础。设计阶段是将需求转换为解决方案，即满足客户需求的设计，回答系统必须"如何做"的问题。在设计阶段所做的各种决策直接影响软件的质量，没有良好的设计，就没有稳定的系统，也不会有易维护的软件。目前，对应需求分析的方法，已存在的多种系统设计方法，常用的设计方法有以下两种。

（1）面向数据流的结构化设计方法（SD）。

（2）面向对象的设计方法（OOD）。

这两种方法将在本章后续小节中结合分析方法进行详细介绍。

5.3.1 软件设计的基本任务

软件设计的基本任务可以分为概要设计和详细设计两个步骤。概要设计是根据需求确定软件和数据的总体框架；详细设计是将其进一步细化为软件的算法表示和数据结构。

1．软件概要设计的基本任务

1）设计软件系统总体结构

其基本任务是采用某种设计方法，将一个复杂的系统按功能划分成模块；确定每个模块的功能；确定模块之间的调用关系；确定模块之间的接口，即模块之间传递的信息；评价模块结构的质量。

软件系统总体结构的设计是概要设计关键的一步，直接影响到下一个阶段详细设计与编码的工作。软件系统的质量及一些整体特性都在软件系统总体结构的设计中决定。

2）数据结构及数据库设计

（1）数据结构的设计。逐步细化的方法也适用于数据结构的设计。在需求分析阶段，已经通过数据字典对数据的组成、操作约束和数据之间的关系等方面进行了描述，确定了数据的结构特性，在概要设计阶段要加以细化，详细设计阶段则规定具体的实现细节。在概要设计阶段，宜使用抽象的数据类型。

（2）数据库的设计。数据库的设计是指数据存储文件的设计，主要进行以下几方面设计。

① 概念设计。在数据分析的基础上，采用自底向上的方法从用户角度进行视图设计，一般用 E-R 模型来表述数据模型。E-R 模型既是设计数据库的基础，也是设计数据结构的基础。

② 逻辑设计。E-R 模型是独立于数据库管理系统（DBMS）的，要结合具体的 DBMS 特征来建立数据库的逻辑结构。

③ 物理设计。对于不同的 DBMS，物理环境不同，提供的存储结构与存取方法各不相同。物理设计就是设计数据模式的一些物理细节，如数据项存储要求、存取方法和索引的建立等。

3）编写概要设计文档

文档主要有概要设计说明书、数据库设计说明书、用户手册以及修订测试计划。

4）评审

对设计部分是否完整地实现了需求中规定的功能、性能等要求，设计方法的可行性，关键的处理及内外部接口定义的正确性、有效性、各部分之间的一致性等都一一进行评审。

2．软件详细设计的基本任务

详细设计阶段的根本目标是确定应该怎样具体地实现所要求的系统，也就是说，经过这个阶段的设计工作，应该得出对目标系统的精确描述。

详细设计阶段的任务不是具体地编写程序，而是要设计出程序的"蓝图"，以后根据这个蓝图写出实际的程序代码。详细设计阶段的主要任务如下。

（1）对每个模块进行详细的算法设计。用某种图形、表格和语言等工具将每个模块处理过程的详细算法描述出来。

（2）对模块内的数据结构进行设计。

（3）对数据库进行物理设计，即确定数据库的物理结构。

（4）其他设计。根据软件系统的类型，还可能要进行以下设计。

① 代码设计。

代码是用来表征客观事物的一组有序的符号，以便于计算机和人工识别与处理。为了提高数据的输入、分类、存储和检索等操作，节约内存空间，对数据库中某些数据项的值要进行代码设计。代码设计的原则是唯一性、合理性、可扩充性、简单性、适用性、规范性和系统性。

② 输入输出设计。

③ 用户界面设计。

（5）编写详细设计说明书。

（6）评审。对处理过程的算法和数据库的物理结构都要评审。

5.3.2　软件设计原则

在将软件的需求规约转换为软件设计的过程中，软件的设计人员通常采用抽象、模块化、信息隐蔽等设计原则。

1．抽象

抽象是在软件设计的规模逐渐增大的情况下，控制复杂性的基本策略。抽象是认识复杂现象过程中使用的思维工具，即抽出事物本质的共同特性而暂不考虑它的细节。

软件设计中的主要抽象手段有过程抽象和数据抽象。过程抽象（也称功能抽象）是指任何一个完成明确定义功能的操作都可被使用者当作单个实体看待，尽管这个操作实际上是由一系列更低级的操作来完成的。数据抽象是指定义数据类型和施加于该类型对象的操作，并限定了对象的取值范围，只能通过这些操作修改和观察数据。

2．模块化

模块是程序中数据说明、可执行语句等程序对象的集合，或者是单独命名和编址的元素。在软件体系结构中，模块是可组合、可分解和可更换的单元。

模块化是指解决一个复杂问题时自顶向下逐层把软件系统划分成若干模块的过程。每个模块完成一个特定的子功能，所有的模块按某种方法组装起来，成为一个整体，完成整个系统所要求的功能。

开发一个大而复杂的软件系统，将它进行适当的分解，不但可降低其复杂性，还可减少开发工作量，从而降低开发成本，提高软件生产率。这是模块划分的依据。

（1）划分模块时，尽量做到高内聚、低耦合，保持模块的相对独立性，并以此原则优化初始的软件结构。

（2）一个模块的作用范围应在其控制范围之内，且判定所在的模块应与受其影响的模块在层次上尽量靠近。

一个模块的作用范围是指受该模块内一个判定影响的所有模块的集合。一个模块的控制范围指模块本身及其所有下属模块（直接或者间接从属于它的模块）的集合。

（3）软件结构的深度、宽度、扇入和扇出应适当。

（4）模块的大小要适中。

3．信息隐蔽

信息隐蔽是指在设计和确定模块时，使得一个模块内包含的信息对于不需要这些信息的其他模块来说，是不能访问的。通过抽象，可以确定组成软件的过程实体；通过信息隐蔽，可以定义和实施对模块的过程细节和局部数据结构的存取限制。

由于一个软件系统在整个软件生存期内要经过多次修改，所以在划分模块时要采取措施，使得大多数过程和数据对软件的其他部分是隐蔽的。这样，在将来修改软件时偶然引入错误所造成的影响可以局限在一个或几个模块内部，避免影响到软件的其他部分。

4．模块独立

所谓模块独立，是指模块只完成系统要求的独立的子功能，并且与其他模块的接口简单，符合信息隐蔽和信息局部化原则，模块间关联和依赖程度尽可能小。衡量模块独立性的标准是耦合度和内聚度。内聚度是衡量同一个模块内部的各个元素彼此结合的紧密程度；耦合度是衡量不同模块彼此间相互依赖的紧密程度。

（1）内聚

内聚是一个模块内部各个元素彼此结合的紧密程度的度量。一个内聚程度高的模块（在理想情况下）应当只做一件事。一般模块的内聚性分为 7 种类型，如图 5-5 所示。

图 5-5　内聚的种类

- 偶然内聚（巧合内聚）。指一个模块内的各处理元素之间没有任何联系。
- 逻辑内聚。指模块内执行若干个逻辑上相似的功能，通过参数确定该模块完成哪一个功能。
- 时间内聚。把需要同时执行的动作组合在一起形成的模块称为时间内聚模块。

- 过程内聚。指一个模块完成多个任务，这些任务必须按指定的过程执行。
- 通信内聚。指模块内所有处理元素都在同一个数据结构上操作，或者指各处理使用相同的输入数据或者产生相同的输出数据。
- 顺序内聚。指一个模块中各个处理元素都密切相关于同一功能且必须顺序执行，前一功能元素的输出就是下一功能元素的输入。
- 功能内聚。这是最强的内聚，指模块内所有元素共同作用完成一个功能，缺一不可。

（2）耦合

耦合是模块之间的相对独立性（互相连接的紧密程度）的度量。耦合取决于各个模块之间接口的复杂程度、调用模块的方式以及通过接口的信息类型等。一般模块之间可能的耦合方式有7种类型，如图5-6所示。

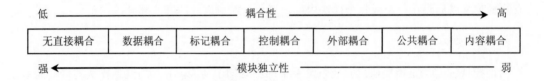

图 5-6 耦合的种类

- 无直接耦合。指两个模块之间没有直接的关系，它们分别从属于不同模块的控制与调用，它们之间不传递任何信息。因此，模块间耦合性最弱，模块独立性最高。
- 数据耦合。指两个模块之间有调用关系，传递的是简单的数据值，相当于高级语言中的值传递。
- 标记耦合。指两个模块之间传递的是数据结构。
- 控制耦合。指一个模块调用另一个模块时，传递的是控制变量，被调用模块通过该控制变量的值有选择地执行模块内某一功能。因此，被调用模块内应具有多个功能，哪个功能起作用受调用模块控制。
- 外部耦合。模块间通过软件之外的环境联结（如I/O将模块耦合到特定的设备、格式、通信协议上）时，称为外部耦合。
- 公共耦合。指通过一个公共数据环境相互作用的那些模块间的耦合。
- 内容耦合。当一个模块直接使用另一个模块的内部数据，或通过非正常入口而转入另一个模块内部，这种模块之间的耦合为内容耦合。

5.4　结构化分析与设计方法

结构化分析与设计方法是一种面向数据流的传统软件开发方法，它以数据流为中心构建软件的分析模型和设计模型。结构化分析（Structured Analysis，SA）、结构化设计（Structured Design，SD）和结构化程序设计（Structured Programming，SP）构成了完整的结构化方法。

5.4.1　结构化分析方法

结构化分析方法是由美国 Yourdon 公司在 20 世纪 70 年代提出的，其基本思想是将系统开发看成工程项目，有计划、有步骤地进行工作，是一种应用很广泛的开发方法，适用于分析大型信息系统。结构化分析方法采用"自顶向下，逐层分解"的开发策略。按照这种策略，再复杂的系统也可以有条不紊地进行，只要将复杂的系统适当分层，每层的复杂程度即可降低。

结构化分析的结果由以下几部分组成。

（1）一套分层的数据流图（Data Flow Diagram，DFD）。用来描述数据流从输入到输出的变换流程。

（2）一本数据字典（Data Dictionary，DD）。用来描述 DFD 中的每个数据流、文件以及组成数据流或文件的数据项。

（3）一组小说明（也称加工逻辑）。用来描述每个基本加工（即不再分解的加工）的加工逻辑。

1．结构化分析的过程

结构化分析的过程可以分为以下 4 个步骤。

（1）理解当前的现实环境，获得当前系统的具体模型（物理模型）。

（2）从当前系统的具体模型抽象出当前系统的逻辑模型。

（3）分析目标系统与当前系统逻辑上的差别，建立目标系统的逻辑模型。

（4）为目标系统的逻辑作补充。

2．数据流图

数据流图（Data Flow Diagram，DFD）是结构化方法中用于表示系统逻辑模型的一种工具，描述系统的输入数据流如何经过一系列的加工，逐步变换成系统的输出数据流。这些数据流的加工实际上反映了系统的某种功能或子功能。数据流图中的数据流、文件、数据项、加工等应在数据字典中描述。由于它只反映系统必须完成的逻辑功能，所以它是一种功能模型。

数据流图的基本成分及其图形表示方法如图 5-7 所示。

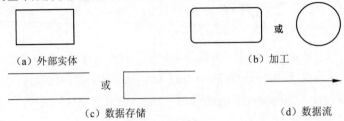

（a）外部实体　　　　　　　　　　　　　　　（b）加工

或

（c）数据存储　　　　　　　　　　　　　　　（d）数据流

图 5-7　数据流图的基本成分及其图形

- 数据流（Data Flow）。由一组固定成分的数据组成，表示数据的流向。
- 加工（Process）。描述输入数据流到输出数据流之间的变换，也就是输入数据流经什么处理后变成了输出数据流。
- 数据存储（Data Store）。用来表示存储数据，每个数据存储都有一个名字。
- 外部实体（External Agent）。是指存在于软件系统之外的人员、组织或其他系统。它指出系统所需数据的发源地和系统所产生的数据的归宿地。

3．数据字典

数据流图仅描述了系统的"分解"，并没有对各个数据流、加工、数据存储进行详细说明。数据字典就是用来定义数据流图中各个成分的具体含义的，它以一种准确的、无二义性的说明方法为系统的分析、设计及维护提供了有关元素一致的定义和详细的描述。

数据字典有 4 类条目：数据流、数据项、数据存储和基本加工。

在定义数据流或数据存储组成时，使用表 5-1 给出的符号。

表 5-1　在数据字典的定义式中出现的符号

符　号	含　义	说　明
=	被定义为	
+	与	x = a+b，表示 x 由 a 和 b 组成
[...|...]	或	x = [a|b]，表示 x 由 a 或 b 组成
{...}	重复	x = {a}，表示 x 由 0 个或多个 a 组成
m{...}n 或 {...}$_m^n$	重复	x = 2{a}5 或 {a}$_2^5$，表示 x 中最少出现 2 次 a，最多出现 5 次 a。5 和 2 为重复次数的上下限
(...)	可选	x = (a)，表示 a 可在 x 中出现，也可以不出现
"..."	基本数据元素	x = "a"，表示 x 是取值为字符 a 的数据元素
..	连接符	x = 1..9，表示 x 可取 1～9 中任意一个值

数据流条目给出了 DFD 中数据流的定义，通常列出该数据流的各组成数据项。数据存储条目是对数据存储的定义；数据项条目是不可再分解的数据单位；加工条目是用来说明 DFD 中基本加工的处理逻辑。

4．加工逻辑的描述

加工逻辑也称为"小说明"，一般用以下 3 种工具描述加工逻辑。

（1）结构化语言。结构化语言是介于自然语言和形式语言之间的一种半形式语言，它的结构可分成外层和内层两层。

- 外层：用来描述控制结构，采用顺序、选择和重复 3 种基本结构。
- 内层：一般是采用祈使句形式的自然语言短语，使用数据字典中的名词和有限的自定义词，其动词含义要具体，尽量不用形容词和副词修饰。

（2）判定表。判定表能够清楚地表示复杂的条件组合与应做的动作之间的对应关系。判定表由条件说明、动作说明、条件项和动作项组成。

（3）判定树。判定树也称为决策树，适合描述问题处理中具有多个判断，而且每个决策与若干条件有关，是判定表的变形。一般情况下它比判定表更直观，且易于理解和使用。

5.4.2　结构化设计方法

结构化设计是将结构化分析得到的数据流图映射成软件体系结构的一种设计方法，强调模块化、自顶向下逐步求精、信息隐蔽、高内聚、低耦合等设计原则。

在结构化方法中，软件设计分为概要设计和详细设计两个步骤。概要设计是对软件系统的总体设计，采用结构化设计方法，其任务是将系统分解为模块，确定每个模块的功能、接口（模块间传递的数据）及其调用关系，并用模块及对模块的调用来构建软件的体系结构。详细设计是对模块实现细节的设计，采用结构化程序设计方法。

1．结构图

结构化设计方法中使用结构图来描述软件系统的体系结构，指出一个软件系统由哪些模块组成，以及模块之间的调用关系。结构图的基本成分有模块、调用和数据。

1）模块

在结构化设计中，模块指具有一定功能并可以用模块名调用的一组程序语句，如函数、子程序等，它们是组成程序的基本单元。

一个模块具有外部特征和内部特征。模块的外部特征包括模块的接口（模块名、输入输出参数、返回值等）和模块功能。模块的内部特征包括模块的内部数据和完成其功能的程序代码。

在结构图中，模块用矩形表示，并用名字标识该模块，名字应体现该模块的功能。

2）调用

结构图中模块之间的调用关系用从一个模块指向另一个模块的箭头来表示，其含义是前者调用了后者。

3）数据

模块间还经常用带注释的短箭头表示模块调用过程中来回传递的信息。箭头尾部带空心圆的表示传递的是数据，带实心圆的表示传递的是控制信息，如图 5-8 所示。

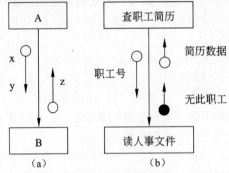

图 5-8　模块间的数据传递

可以在结构图上添加一些辅助符号进一步描述模块间的调用关系。如果一个模块是否调用一个从属模块决定于调用模块内部的判断条件，则该调用模块间的判断调用采用菱形符号表示；如果一个模块通过其内部循环的功能来循环调用一个或多个从属模块，则该调用称为循环调用，用弧形箭头表示。判断调用和循环调用的表示方法如图 5-9 所示。

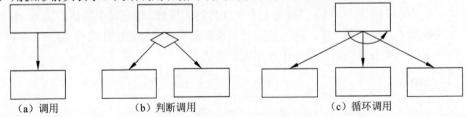

（a）调用　　　　　　（b）判断调用　　　　　（c）循环调用

图 5-9　模块调用的表示方法

4）结构图的形态特征

- 深度。指结构图控制的层次，也就是模块的层数。
- 宽度。指一层中最大的模块个数。
- 扇出。指一个模块的直接下属模块的个数。
- 扇入。指一个模块的直接上属模块的个数。

2. 数据流图到软件体系结构的映射

在需求分析阶段，用结构化分析方法产生了数据流图。面向数据流的设计能方便地将 DFD 转换成软件的体系结构（结构图）。DFD 的信息流大体上可以分为两种类型：一种是变换流，另一种是事务流；其对应的映射分别称为变化分析和事务分析。

（1）变换流。信息沿着输入通路进入系统，同时将信息的外部形式转换成内部表示，然后通过变换中心（也称主加工）处理，再沿着输出通路转换成外部形式离开系统，具有这种特性的信息流称为变换流。变换流型的 DFD 可明显地分为输入、变换（主加工）和输出三大部分。

（2）事务流。信息沿着输入通路到达一个事务中心，事务中心根据输入信息（即事务）的类型在若干个动作序列（称为活动流）中选择一个来执行，这种信息流称为事务流。事务流有明显的事务中心，各活动流以事务中心为起点呈辐射状流出。

3. 数据流图映射到结构图的步骤

从数据流图映射到结构图的步骤如下。

（1）复审和精化数据流图。首先应复审 DFD 的顶层图，确保系统的输入、输出数据流符合系统规格说明的要求。然后复审分层 DFD，以确保它符合软件的功能需求，必要时对 DFD 进行净化。

（2）确定数据流图的类型。如果是变换型，确定变换中心和逻辑输入、逻辑输出的界限，映射为变换结构的顶层和第一层；如果是事务型，确定事务中心和加工路径，映射为事务结构的顶层和第一层。

（3）分解上层模块，设计中下层模块结构。

（4）根据优化准则对软件结构求精。

（5）描述模块功能、接口及全局数据结构。

（6）复查，如果有错，转向第（2）步修改完善，否则进入详细设计阶段。

5.4.3 结构化程序设计方法

结构化程序设计方法最早是由 E.W.Dijkstra 在 20 世纪 60 年代中期提出的。详细设计并不是具体地编写程序，而是细化成很容易地从中产生程序的图纸。因此，详细设计的结果基本决定了最终程序的质量。

结构化程序设计方法的基本要点如下。

（1）采用自顶向下、逐步求精的程序设计方法。自顶向下、逐步求精的核心思想是"为了能集中精力解决主要问题，尽量推迟问题细节的考虑"。可以把逐步求精看作一项把一个时期内必须解决的种种问题按优先级排序的技术。逐步求精确保每个问题都被解决，而且每个问题都在适当的时候被解决。

（2）使用 3 种基本控制结构构造程序。任何程序都可以由顺序、选择和重复 3 种基本控制结构构造，这 3 种基本结构的共同点是单入口、单出口。

5.5　面向对象分析与设计方法

面向对象（Object-Oriented，OO）方法是一种非常实用的软件开发方法，它一出现就受到软件技术人员的青睐，现在已经成为计算机科学研究的一个重要领域，成为一种主要的软件开发方法。20 世纪 80 年代以后相继出现了多种面向对象分析和设计的方法，较为流行的有 Booch 方法、Coad 和 Yourdon 方法、Jocobson 方法等。面向对象方法以客观世界中的对象为中心，采用符合人们思维方式的分析和设计思想，分析和设计的结果与客观世界的实际情况比较接近，容易被人们接受。在面向对象方法中，分析和设计的界线并不明显，它们采用相同的符号表示，能方便地从分析阶段平滑地过渡到设计阶段。此外，在现实生活中，用户的需求经常会发生变化，但客观世界的对象以及对象间的关系则相对比较稳定，因此用面向对象方法分析和设计的结果也相对比较稳定。

5.5.1　面向对象的基本概念

1．对象

在面向对象的系统中，对象是基本的运行时实体，它既包括数据（属性），也包括作用于数据的操作（行为）。所以，一个对象把属性和行为封装为一个整体。封装是一种信息隐蔽技术，其目的是使对象的使用者和生产者分离，使对象的定义和实现分开。从程序设计者的角度看，对象是一个程序模块；从用户的角度看，对象为他们提供了所希望的行为。在对象内的操作通常叫作方法。一个对象通常可由对象名、属性和方法（操作）三部分组成。

在现实世界中，每个实体都是对象，如学生、汽车、电视机和空调等都是现实世界中的对象。每个对象都有其属性和操作，如电视机有颜色、音量、亮度、灰度和频道等属性，可以有切换频道、增大/减低音量等操作。电视机的属性值表示了电视机所处的状态，而这些属性只能通过其提供的操作来改变。电视机的各组成部分，如显像管、电路板和开关等都封装在电视机机箱中，人们不知道也不必关心电视机内部是如何实现这些操作的。

2．消息

对象之间进行通信的一种构造叫作消息。当一个消息发送给某个对象时，包含要求接收对象去执行某些活动的信息。接收到信息的对象经过解释，然后予以响应。这种通信机制叫作消息传递。发送消息的对象不需要知道接收消息的对象如何响应该请求。

3．类

一个类定义了一组大体上相似的对象。一个类所包含的方法和数据描述了一组对象的共同行为和属性。把一组对象的共同特征加以抽象并存储在一个类中，是面向对象技术最重要的一点，是否建立了一个丰富的类库，是衡量一个面向对象程序设计语言成熟与否的重要标志。

类是对象之上的抽象，对象是类的具体化，是类的实例（Instance）。在分析和设计时，通常把注意力集中在类上，而不是具体的对象。只需对类做出定义，而对类的属性的不同赋值即可得到该类的对象实例。

有些类之间存在一般和特殊关系，即一些类是某个类的特殊情况，某个类是一些类的一般情况。这是一种 is-a 关系，即特殊类是一种一般类。例如，"汽车"类、"轮船"类、"飞机"类都是一种"交通工具"类。特殊类是一般类的子类，一般类是特殊类的父类。同样，"汽车"类还可以有更特殊的类，如"轿车"类、"货车"类等。在这种关系下形成一种层次的关联。

"类及对象"（或对象类）是指一个类和该类的所有对象。

4．继承

继承是父类和子类之间共享数据和方法的机制。这是类之间的一种关系，在定义和实现一个类的时候，可以在一个已经存在的类的基础上来进行，把这个已经存在的类所定义的内容作为自己的内容，并加入若干新的内容。

一个父类可以有多个子类，这些子类都是父类的特例，父类描述了这些子类的公共属性和方法。一个子类可以继承其父类（或祖先类）中的属性和方法，这些属性和方法在子类中不必定义，子类中还可以定义自己的属性和方法。

只从一个父类 A 得到继承，叫作"单重继承"。如果一个子类有两个或更多个父类，则称为"多重继承"。

5．多态

对象收到消息时，要予以响应。不同的对象收到同一消息可以进行不同的响应，产生完全不同的结果，这种现象叫作多态（Polymorphism）。在使用多态的时候，用户可以发送一个通用的消息，而实现细节则由接收对象自行决定。这样，同一个消息就可以调用不同的方法。

多态的实现受到继承的支持，利用类的继承的层次关系，把具有通用功能的消息存放在高层次，而实现这一功能的不同行为放在较低层次，在这些低层次上生成的对象能够给通用消息以不同的响应。

多态有几种不同的形式，Cardelli 和 Wegner 把它分为 4 类，如图 5-10 所示。其中，参数多态和包含多态称为通用的多态，过载多态和强制多态称为特定的多态。

图 5-10   多态的 4 类形式

参数多态是应用比较广泛的多态，被称为最纯的多态。许多语言中都存在包含多态，最常见的例子就是子类型化，即一个类型是另一个类型的子类型。过载（Overloading）多态是指同一个名字在不同上下文中可代表不同的含义。

6．动态绑定

绑定是一个把过程调用和响应调用需要执行的代码加以结合的过程。在一般的程序设计语言中，绑定是在编译时进行的，叫作静态绑定。动态绑定则是在运行时进行的，因此，一个给定的过程调用和代码的结合直到调用发生时才进行。

动态绑定（Dynamic Binding）是与类的继承以及多态相联系的。在继承关系中，子类是父类的一个特例，所以父类对象可以出现的地方，子类对象也可以出现。因此在运行过程中，当一个对象发送消息请求服务时，要根据接收对象的具体情况将请求的操作与实现的方法进行连接，即动态绑定。

7．面向对象原则

面向对象方法中的五大原则如下。

（1）单一责任原则（Single Responsibility Principle，SRP）。当需要修改某个类的时候原因有且只有一个，让一个类只做一种类型责任。

（2）开关原则（Open & Close Principle，OCP）。软件实体应该是可扩展，即开放的；而不可修改的，即封闭的。

（3）里氏替换原则（Liskov Substitution Principle，LSP）。在任何父类可以出现的地方，都可以用子类的实例来赋值给父类型的引用。当一个子类的实例应该能够替换任何其超类的实例时，它们之间才具有是一个 is-a 关系。

（4）依赖倒置原则（Interface Segregation Principle，ISP）。高层模块不应该依赖于低层模块，二者都应该依赖于抽象；抽象不应该依赖于细节，细节应该依赖于抽象。

（5）接口分离原则（Dependence Inversion Principle， DIP）。依赖于抽象，不要依赖于具体，同时在抽象级别不应该有对于细节的依赖。这样做的好处就在于可以最大限度地应对可能的变化，即使用多个专门的接口比使用单一的总接口总要好。

5.5.2　面向对象分析与设计

1．面向对象分析

面向对象分析（Object-Oriented Analysis，OOA）的目标是完成对所解问题的分析，确定待开发软件系统要做什么，建立系统模型。为了达到这一目标，必须完成以下任务。

（1）在客户和软件工程师之间沟通基本的用户需求。

（2）标识类（包括定义其属性和操作）。

（3）刻画类的层次结构。

（4）表示类（对象）之间的关系。

（5）为对象行为建模。

（6）递进地重复任务（1）至任务（5），直至完成建模。

其中任务（2）至任务（4）刻画了待开发软件系统的静态结构，任务（5）刻画了系统的动态行为。

面向对象分析的一般步骤如下。

（1）获取客户对系统的需求，包括标识场景和用例，以及构建需求模型。

（2）用基本的需求为指南来选择类和对象（包括属性和操作）。

（3）定义类的结构和层次。

（4）建造对象-关系模型。

（5）建造对象-行为模型。

（6）利用用例/场景来复审分析模型。

2．面向对象设计

面向对象设计（Object-Oriented Design，OOD）是将 OOA 所创建的分析模型转化为设计模型，其目标是定义系统构造蓝图。OOA 与 OOD 之间不存在鸿沟，采用一致的概念和一致的表示法，OOD 同样应遵循抽象、信息隐蔽、功能独立、模块化等设计准则。

OOD 在复用 OOA 模型的基础上，包含与 OOA 对应如下五个活动。

（1）识别类及对象。

（2）定义属性。

（3）定义服务。

（4）识别关系。

（5）识别包。

OOD 需要考虑实现问题，如根据所用编程语言是否支持多继承或继承，而调整类结构。

3．面向对象编程

面向对象编程（Object Oriented Programming，OOP）是采用程序设计语言，将设计模型转化为在特定环境中的系统，即实现系统。通过面向对象的分析与设计所得到的系统模型可以由不同的编程语言实现。一般采用如 Java、C++、Smalltalk 等面向对象语言，也可以用非面向对象语言实现，如 C 语言中的结构。

5.5.3   UML 概述

20 世纪 90 年代出现了统一建模语言（Unified Modeling Language，UML），由于其简单、统一，又能够表达软件设计中的动态和静态信息，目前已经成为可视化建模语言事实上的工业标准。

UML 由 3 个要素构成：UML 的基本构造块、支配这些构造块如何放置在一起的规则和运用于整个语言的一些公共机制。

UML 的词汇表包含 3 种构造块：事物、关系和图。事物是对模型中最具有代表性的成分的抽象；关系把事物结合在一起；图聚集了相关的事物。

1．事务

UML 中有 4 种事物：结构事物、行为事物、分组事物和注释事物。

（1）结构事物（Structural Thing）。结构事物是 UML 模型中的名词。它们通常是模型的静态部分，描述概念或物理元素。结构事物包括类（Class）、接口（Interface）、协作（Collaboration）、用例（Use Case）、主动类（Active Class）、构件（Component）、制品（Artifact）和结点（Node）。

各种结构事物的图形化表示如图 5-11 所示。

（2）行为事物（Behavior Thing）。行为事物是 UML 模型的动态部分。它们是模型中的动词，描述了跨越时间和空间的行为。行为事物包括交互（Interaction）、状态机（State Machine）和活动（Activity）。各种行为事物的图形化表示如图 5-12 所示。

交互由在特定语境中共同完成一定任务的一组对象之间交换的消息组成。一个对象群体的行为或单个操作的行为可以用一个交互来描述。交互涉及一些其他元素，包括消息、动作序列（由一个消息所引起的行为）和链（对象间的连接）。在图形上，把一个消息表示为一条有向直线，通常在表示消息的线段上总有操作名。

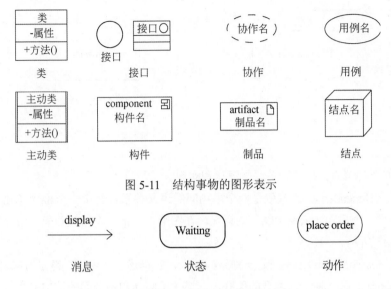

图 5-11 结构事物的图形表示

图 5-12 行为事务的图形表示

状态机描述了一个对象或一个交互在生命期内响应事件所经历的状态序列。单个类或一组类之间协作的行为可以用状态机来描述。一个状态机涉及一些其他元素，包括状态、转换（从一个状态到另一个状态的流）、事件（触发转换的事物）和活动（对一个转换的响应）。在图形上，把状态表示为一个圆角矩形，通常在圆角矩形中含有状态的名称及其子状态。

活动是描述计算机过程执行的步骤序列，注重步骤之间的流而不关心哪个对象执行哪个步骤。活动的一个步骤称为一个动作。在图形上，把动作画成一个圆角矩形，在其中含有指明其用途的名字。状态和动作靠不同的语境得以区别。

交互、状态机和活动是可以包含在 UML 模型中的基本行为事物。在语义上，这些元素通常与各种结构元素（主要是类、协作和对象）相关。

（3）分组事物（Grouping Thing）。分组事物是 UML 模型的组织部分，是一些由模型分解成的"盒子"。在所有的分组事物中，最主要的分组事物是包（Package）。包是把元素组织成组的机制，这种机制具有多种用途。结构事物、行为事物甚至其他分组事物都可以放进包内。包与构件（仅在运行时存在）不同，它纯粹是概念上的（即它仅在开发时存在）。包的图形化表示如图 5-13 所示。

（4）注释事物（Annotational Thing）。注释事物是 UML 模型的解释部分。这些注释事物用来描述、说明和标注模型的任何元素。注解（Note）是一种主要的注释事物。注解是一个依附于一个元素或者一组元素之上，对它进行约束或解释的简单符号。注解的图形化表示如图 5-14 所示。

图 5-13　包　　　　　　　　　　　图 5-14　注解

2．关系

UML 中有 4 种关系：依赖、关联、泛化和实现。

（1）依赖（Dependency）。依赖是两个事物间的语义关系，其中一个事物（独立事物）发生变化会影响另一个事物（依赖事物）的语义。在图形上，把一个依赖画成一条可能有方向的虚线，如图 5-15 所示。

（2）关联（Association）。关联是一种结构关系，它描述了一组链，链是对象之间的连接。聚集（Aggregation）是一种特殊类型的关联，它描述了整体和部分间的结构关系。关联和聚集的图形化表示如图 5-16 和图 5-17 所示。

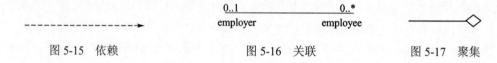

图 5-15　依赖　　　　　　　图 5-16　关联　　　　　　图 5-17　聚集

在关联上可以标注重复度（Multiplicity）和角色（Role）。

（3）泛化（Generalization）。泛化是一种特殊/一般关系，特殊元素（子元素）的对象可替代一般元素（父元素）的对象。用这种方法，子元素共享了父元素的结构和行为。在图形上，把一个泛化关系画成一条带有空心箭头的实线，它指向父元素，如图 5-18 所示。

（4）实现（Realization）。实现是类元之间的语义关系，其中一个类元指定了由另一个类元保证执行的契约。在两种情况下会使用实现关系：一种是在接口和实现它们的类或构件之间；另一种是在用例和实现它们的协作之间。在图形上，把一个实现关系画成一条带有空心箭头的虚线，如图 5-19 所示。

图 5-18　泛化　　　　　　　　　　　图 5-19　实现

这 4 种关系是 UML 模型中可以包含的基本关系事物。它们也有变体。例如，依赖的变体有精化、跟踪、包含和延伸。

3．UML 中的图

图（Diagram）是一组元素的图形表示，大多数情况下把图画成顶点（代表事物）和弧（代表关系）的连通图。为了对系统进行可视化，可以从不同的角度画图，这样图是对系统的投影。

UML 2.0 提供了 13 种图，分别是类图、对象图、用例图、序列图、通信图、状态图、活动图、构件图、部署图、组合结构图、包图、交互概览图和计时图。序列图、通信图、交互概览图和计时图均被称为交互图。

（1）类图（Class Diagram）。展现了一组对象、接口、协作和它们之间的关系。在面向对象系统的建模中，最常见的图就是类图。类图给出了系统的静态设计视图，包含主动类的类图给出了系统的静态进程视图。类图中通常包含类、接口、协作、以及依赖、泛化和关联关系，也可以包含注解和约束。类图通常用于对系统的词汇建模；对简单的协作建模；对逻辑数据库模式建模。

（2）对象图（Object Diagram）。展现了一组对象以及它们之间的关系，描述了在类图中所建立的事物实例的静态快照。对象图一般包括对象和链。与类图相同，对象图给出系统的静态设计视图或静态进程视图，但它们是从真实的或原型案例的角度建立的。

（3）用例图（Use Case Diagram）。展现了一组用例、参与者（Actor）以及它们之间的关系，描述了谁将使用系统以及用户期望以什么方式与系统交互。用例图中包含用例、参与者及用例之间的扩展关系（<<extend>>）和包含关系（<<include>>），参与者和用例之间的关联关系，用例与用例以及参与者与参与者之间的泛化关系。用例图给出系统的静态用例视图，可用于对系统的语境建模；对系统的需求建模。

（4）序列图（Sequence Diagram）。是场景（Scenario）的图形化表示，描述了在一个用例或操作的执行过程中以时间顺序组织的对象之间的交互活动。图中对象发送和接收的消息沿垂直方向按时间顺序从上到下放置。序列图中有对象生命线和控制焦点。

（5）通信图（Communication Diagram）。强调收发消息的对象之间的结构组织。通信图有路径和顺序号。序列图和通信图都是交互图（Interaction Diagram）。交互图展现了一种交互，它由一组对象和它们之间的关系组成，包括它们之间可能发送的消息。交互图关注系统的动态视图。序列图和通信图是同构的，它们之间可以相互转换。

（6）交互概览图（Interaction Overview Diagram）。组合了序列图和活动图的特征，显示了每个用例的活动中对象如何交互。它使用活动图的表示法，描述业务过程中的控制流概览，软件过程中的详细逻辑概览，以及将多个图进行连接，抽象掉了消息和生命线。

（7）定时图（Timing Diagram）。是另一种交互图，关注一个对象或一组对象在改变状态时的时间约束条件，描述对象状态随着时间改变的情况，很像示波器，适合分析周期和非周期性任务。当为设备设计嵌入式软件时，定时图特别有用。

（8）状态图（State Diagram）。展现了一个状态机，它由状态、转换、事件和活动组成，用于建模时间如何改变对象的状态以及引起对象从一个状态向另一个状态转换的事件。状态图关注系统的动态视图，它对于接口、类和协作的行为建模尤为重要，强调对象行为的事件顺序。

（9）活动图（Activity Diagram）。是一种特殊的状态图，展现了在系统内从一个活动到另一个活动的流程。活动图专注于系统的动态视图。它对于系统的功能建模特别重要，并强调对象间的控制流程。活动图可用于对工作流建模，操作建模。

（10）组合结构图（Composite Structure Diagram）。用于描述一个分类器（类、组件或用例）的内部结构，分类器与系统中其他组成部分之间的交互端口，展示一组相互协作的实例如何完成特定的任务，描述设计、架构模式或策略。

（11）组件图（Component Diagram）。展现了一组构件之间的组织和依赖。组件图专注于系统的静态实现视图。它与类图相关，通常把构件映射为一个或多个类、接口或协作。

（12）部署图（Deployment Diagram）。展现了运行时处理结点以及其中构件（制品）的配置。部署图给出了体系结构的静态实施视图。它与构件图相关，通常一个结点包含一个或多个构件。部署图是 UML 图中唯一用来对面向对象系统的物理方面建模的一种图。

（13）包图（Package）。用于把模型本身组织成层次结构的通用机制，描述类或其他 UML构件如何组织成包，以及这些包之间的依赖关系。包可以拥有其他元素，可以是类、接口、构件、结点、协作、用例和图，甚至是嵌套的其他包。拥有是一种组成关系。

5.5.4　设计模式

"每一个模式描述了一个在我们周围不断重复发生的问题，以及该问题的解决方案的核心。这样，你就能一次又一次地使用该方案而不必做重复劳动"。设计模式的核心在于提供了相关问题的解决方案。

设计模式一般有如下 4 个要素。

（1）模式名称（Pattern Name）。模式名称应具有实际的含义，能反映模式的适用性和意图。

（2）问题（Problem）。描述了应该在何时使用模式，解释了设计问题和问题存在的前因后果。可能描述了特定的设计问题，如怎样用对象表示算法等；也可能描述了导致不灵活设计的类或对象结构。有时候，问题部分会包括使用模式必须满足的一系列先决条件。

（3）解决方案（Solution）。描述了设计的组成成分，它们之间的相互关系及各自的职责和协作方式。解决方案并不描述一个特定的具体的设计或实现，而是提供设计问题的抽象描述和怎样用一个具有一般意义的元素组合（类或对象组合）来解决这个问题。

（4）效果（Consequences）。描述了模式应用的效果及使用模式应权衡的问题。因为复用是面向对象设计的要素之一，所以模式效果包括它对系统的灵活性、扩充性或可移植性的影响，显式地列出这些效果对理解和评价这些模式很有帮助。

设计模式确定了所包含的类和实例，它们的角色、协作方式以及职责分配。每一个设计模式都集中于一个特定的面向对象设计问题或设计要点，描述了什么时候使用它，在另一些设计约束条件下是否还能使用，以及使用的效果和如何取舍。按照设计模式的目的可以分为创建型、结构型和行为型三大类。

1. 创建型设计模式

创建型模式与对象的创建有关，抽象了实例化过程，它们帮助一个系统独立于如何创建、组合和表示它的那些对象。一个类创建型模式使用继承改变被实例化的类，而一个对象创建型模式将实例化委托给另一个对象。

创建型模式包括面向类和面向对象的两种。Factory Method（工厂方法）定义一个用于创建对象的接口，让子类决定实例化哪一个类。Abstract Factory（抽象工厂）提供一个创建一系列相关或相互依赖对象的接口，而无须指定它们具体的类。Builder（生成器）将一个复杂对象的构建与它的表示分离，使得同样的构建过程可以创建不同的表示。Factory Method 使一个类的实例化延迟到其子类。Prototype（原型）用原型实例指定创建对象的种类，并且通过复制这些原型创建新的对象。Singleton（单例）模式保证一个类仅有一个实例，并提供一个访问它的全局访问点。

2. 结构型设计模式

结构型模式处理类或对象的组合，涉及如何组合类和对象以获得更大的结构。结构型类模式采用继承机制来组合接口或实现。一个简单的例子是采用多重继承方法将两个以上的类组合成一个类，结果这个类包含了所有父类的性质。这一模式尤其有助于多个独立开发的类库协同工作。其中一个例子是类形式的 Adapter（适配器）模式。一般来说，适配器使得一个接口与其他接口兼容，从而给出了多个不同接口的统一抽象。为此，类 Adapter 对一个 adaptee 类进行私有继承。这样，适配器就可以用 adaptee 的接口表示它的接口。对象 Adapter 依赖于对象组合。

结构型对象模式不是对接口和实现进行组合，而是描述了如何对一些对象进行组合，从而实现新功能的一些方法。因为可以在运行时刻改变对象组合关系，所以对象组合方式具有更大的灵活性，而这种机制用静态类组合是不可能实现的。

Composite（组合）模式将对象组合成树型结构以表示"部分-整体"的层次结构，使得用户对单个对象和组合对象的使用具有一致性。它描述了如何构造一个类层次式结构，这一结构由两种类型的对象所对应的类构成。其中的组合对象使得用户可以组合基元对象以及其他的组合对象，从而形成任意复杂的结构。Proxy（代理）模式为其他对象提供一种代理以控制对这个对象的访问，其中，proxy 对象作为其他对象的一个方便的替代或占位符。它的使用可以有多种形式，例如可以在局部空间中代表一个远程地址空间中的对象，也可以表示一个要求被加载的较大的对象，还可以用来保护对敏感对象的访问。Proxy 模式还提供了对对象的一些特有性质的一定程度上的间接访问，从而可以限制、增强或修改这些性质。Flyweight（享元）模式运用共享技术有效地支持大量细粒度的对象，为了共享对象定义了一个结构。至少有两个原因要求对象共享：效率和一致性。Flyweight 的对象共享机制主要强调对象的空间效率。使用很多对象的应用必须考虑每一个对象的开销。使用对象共享而不是进行对象复制，可以节省大量的空间资源。但是，仅当这些对象没有定义与上下文相关的状态时，它们才可以被共享。Flyweight 的对象没有这样的状态。任何执行任务时需要的其他一些信息仅当需要时才传递过去。由于不存在与上下文相关的状态，因此 Flyweight 对象可以被自由地共享。

Facade（外观）模式为子系统中的一组接口提供一个一致的界面，定义了一个高层接口，这个接口使得这一子系统更加容易使用。该模式描述了如何用单个对象表示整个子系统。模式中的 facade 用来表示一组对象，facade 的职责是将消息转发给它所表示的对象。Bridge（桥接）模式将对象的抽象和其实现分离，从而可以独立地改变它们。

Decorator（装饰）模式描述了如何动态地为对象添加一些额外的职责。该模式采用递归方式组合对象，从而允许添加任意多的对象职责。例如，一个包含用户界面组件的 Decorator 对象可以将边框或阴影这样的装饰添加到该组件中，或者它可以将窗口滚动和缩放这样的功能添加到组件中。可以将一个 Decorator 对象嵌套在另外一个对象中，就可以很简单地增加两个装饰，添加其他的装饰也是如此。因此，每个 Decorator 对象必须与其组件的接口兼容并且保证将消息传递给它。Decorator 模式在转发一条信息之前或之后都可以完成它的工作（例如绘制组件的边框）。许多结构型模式在某种程度上具有相关性。

3．行为型设计模式

行为模式对类或对象怎样交互和怎样分配职责进行描述，涉及算法和对象间职责的分配。行为模式不仅描述对象或类的模式，还描述它们之间的通信模式。这些模式刻画了在运行时难以跟踪的复杂的控制流。它们将用户的注意力从控制流转移到对象间的联系方式上来。

行为类模式使用继承机制在类间分派行为。本章包括两个这样的模式，其中 Template Method（模板方法）较为简单和常用。Template Method 是一个算法的抽象定义，它逐步地定义该算法，每一步调用一个抽象操作或一个原语操作，子类定义抽象操作以具体实现该算法。另一种行为类模式是 Interpreter（解释器）模式，它将一个文法表示为一个类层次，并实现一个解释器作为这些类的实例上的一个操作。

行为对象模式使用对象复合而不是继承。一些行为对象模式描述了一组对等的对象怎样相互协作以完成其中任一个对象都无法单独完成的任务。这里一个重要的问题是对等的对象。

如何互相了解对方。对等对象可以保持显式的对对方的引用，但那会增加它们的耦合度。

在极端情况下，每一个对象都要了解所有其他的对象。Mediator（中介者）模式用一个中介对象来封装一系列的对象交互，在对等对象间引入一个 mediator 对象以避免这种情况的出现。mediator 提供了松耦合所需的间接性。

Chain of Responsibility（责任链）使多个对象都有机会处理请求，从而避免请求的发送者和接收者之间的耦合关系，将这些对象连成一条链，并沿着这条链传递该请求，直到有一个对象处理它为止。Chain of Responsibility 模式提供更松的耦合，让用户通过一条候选对象链隐式地向一个对象发送请求。根据运行时刻情况任一候选者都可以响应相应的请求。候选者的数目是任意的，可以在运行时刻决定哪些候选者参与到链中。

Observer（观察者）模式定义对象间的一种一对多的依赖关系，当一个对象的状态发生改变时，所有依赖于它的对象都得到通知并被自动更新。典型的 Observer 的例子是 Smalltalk 中的模型/视图/控制器，其中一旦模型的状态发生变化，模型的所有视图都会得到通知。

其他的行为对象模式常将行为封装在一个对象中并将请求指派给它。Strategy（策略）模式将算法封装在对象中，这样可以方便地指定和改变一个对象所使用的算法。Command（命令）模式将一个请求封装为一个对象，从而使得可以用不同的请求对客户进行参数化；对请求排队或记录请求日志，以及支持可撤销的操作。Memento（备忘录）模式在不破坏封装性的前提下，捕获一个对象的内部状态，并在该对象之外保存这个状态，以便在以后可将该对象恢复到原先保存的状态。State（状态）模式封装一个对象的状态，使得对象在其内部状态改变时可改变它的行为，对象看起来似乎修改了它的类。Visitor（访问者）模式表示一个作用于某对象结构中的各元素的操作，使得在不改变各元素的类的前提下定义作用于这些元素的新操作。Visitor 模式封装分布于多个类之间的行为。Iterator（迭代器）模式提供一种方法顺序访问一个聚合对象中的各个元素，且不需要暴露该对象的内部表示。Iterator 模式抽象了访问和遍历一个集合中的对象的方式。

5.6　软件测试与运行

5.6.1　软件测试的目的及原则

1. 软件测试的目的

软件测试是为了发现错误而执行程序的过程，成功的测试是发现了至今尚未发现的错误的测试。

测试的目的就是希望能以最少的人力和时间发现潜在的各种错误和缺陷。应根据开发各阶段的需求、设计等文档或程序的内部结构精心设计测试实例，并利用这些实例来运行程序，以便发现错误的过程。

2．软件测试的原则

进行软件测试时应遵循以下基本原则。

（1）应尽早并不断地进行测试。测试不是在应用系统开发完之后才进行的。由于原始问题的复杂性、开发各阶段的多样性以及参加人员之间的协调等因素，在开发过程的各个阶段都有可能出现错误。因此，测试应贯穿在开发的各个阶段，尽早纠正错误，消除隐患。

（2）测试工作应该避免由原开发软件的人或小组承担，一方面，开发人员往往不愿否认自己的工作，总认为自己开发的软件没有错误；另一方面，开发人员的错误很难由本人测试出来，很容易根据自己编程的思路来制定测试思路，具有局限性。测试工作应由专门人员来进行，会更客观，更有效。

（3）设计测试方案时，不仅要确定输入数据，而且要根据系统功能确定预期输出结果。将实际输出结果与预期结果相比较就能发现测试对象是否正确。

（4）在设计测试用例时，不仅要设计有效合理的输入条件，还要包含不合理、失效的输入条件。测试的时候，人们往往习惯按照合理的、正常的情况进行测试，而忽略了对异常、不合理、意想不到的情况进行测试，而这些情况可能就是隐患。

（5）在测试程序时，不仅要检验程序是否做了该做的事，还要检验程序是否做了不该做的事。多余的工作会带来副作用，影响程序的效率，有时会带来潜在的危害或错误。

（6）严格按照测试计划来进行，避免测试的随意性。测试计划应包括测试内容、进度安排、人员安排、测试环境、测试工具和测试资料等。严格地按照测试计划可以保证进度，使各方面都得以协调进行。

（7）妥善保存测试计划、测试用例，作为软件文档的组成部分，为维护提供方便。

（8）测试用例都是精心设计出来的，可以为重新测试或追加测试提供方便。当纠正错误、系统功能扩充后，都需要重新开始测试，而这些工作重复性很高，可以利用以前的测试用例，或在其基础上修改，然后进行测试。

3．测试过程

测试是开发过程中一个独立且非常重要的阶段，测试过程基本上与开发过程平行进行。

一个规范化的测试过程通常包括以下基本的测试活动。

（1）拟定测试计划。在制定测试计划时，要充分考虑整个项目的开发时间和开发进度，以及一些人为因素和客观条件等，使得测试计划是可行的。测试计划的内容主要包括测试的内容、进度安排、测试所需的环境和条件、测试培训安排等。

（2）编制测试大纲。测试大纲是测试的依据，它明确详尽地规定了在测试中针对系统的每一项功能或特性所必须完成的基本测试项目和测试完成的标准。

（3）根据测试大纲设计和生成测试用例。

（4）实施测试。测试的实施阶段是由一系列的测试周期组成的。在每个测试周期中，测试人员和开发人员将依据预先编制好的测试大纲和准备好的测试用例，对被测软件或设备进行完整的测试。

（5）生成测试报告。测试完成后，要形成相应的测试报告，主要对测试进行概要说明，列出测试的结论，指出缺陷和错误。另外，给出一些建议，如可采用的修改方法，各项修改预计的工作量及修改工作的负责人员。

4．测试工具

测试是软件过程中一个费钱又费力的阶段，而有许多测试工具有助于测试代码构建。这些工具能覆盖很大一部分功能需求，使用这些工具可以极大地降低测试过程的成本。这些测试工具通常包括如下部分。

（1）测试管理者。管理程序测试的运行，其主要任务是掌握测试数据、所测试的程序和测试结果等信息。

（2）启示器。产生对期待的测试结果的预测。

（3）文件比较器。将持续测试的结果和先前的测试结果进行比较，报告出它们之间的不同。比较器在回归测试中非常重要，所谓回归测试，就是测试程序的新版本和旧版本，从不同的执行结果中发现新程序中的问题。

（4）报告生成器。为测试结果提供报告定义和生成功能。

（5）动态分析器。向程序中添加代码，对程序中语句执行次数进行计数。测试运行完成时，运行记录能够显示每个程序语句被执行的频繁程度。

（6）模拟器。可以提供多种类型的模拟器。目标模拟器模拟程序将要执行的机器环境；用户界面模拟器是一个脚本驱动的程序，它能模拟多个用户之间的并发交互行为；输入输出模拟器可以对交易处理序列的时序进行重复。

5.6.2 软件测试方法

1. 静态测试

静态测试是指被测试程序不在机器上运行，而是采用人工检测和计算机辅助静态分析的手段对程序进行检测。

（1）人工检测。人工检测是不依靠计算机而是靠人工审查程序或评审软件，包括代码检查、静态结构分析和代码质量度量等。

（2）计算机辅助静态分析。利用静态分析工具对被测试程序进行特性分析，从程序中提取一些信息，以便检查程序逻辑的各种缺陷和可疑的程序构造。

2. 动态测试

动态测试是指通过运行程序发现错误。一般意义上的测试大多是指动态测试。常用的动态测试方法主要有黑盒测试和白盒测试两种。

3. 测试用例的设计

测试用例由测试输入数据和与之对应的预期输出结果组成。在设计测试用例时，应当包括合理的输入条件和不合理的输入条件。

1）用黑盒法设计测试用例

黑盒测试也称为功能测试。这种方法将软件看成黑盒子，在完全不考虑软件的内部结构和特性的情况下，测试软件的外部特性。进行黑盒测试主要是为了发现以下几类错误。

- 是否有错误的功能或遗漏的功能？
- 界面是否有误？输入是否正确接收？输出是否正确？
- 是否有数据结构或外部数据库访问错误？
- 性能是否能够接受？
- 是否有初始化或终止性错误？

利用黑盒测试方法设计测试用例时，需要研究需求规格说明和概要设计说明中有关程序功能或输入、输出之间的关系等信息，从而与测试后的结果进行分析比较。

用黑盒技术设计测试用例的方法有等价类划分、边值分析、错误猜测和因果图等。

（1）等价类划分。等价类划分法将程序的输入域划分为若干等价类，然后从每个等价类中选取一个代表性数据作为测试用例。每一类的代表性数据在测试中的作用等价于这一类中的其他值。这样就可以用少量代表性的测试用例取得较好的测试效果。等价类划分有两种不同的情况：有效等价类和无效等价类。在设计测试用例时，要同时考虑这两种等价类。

定义等价类的原则如下。

- 在输入条件规定了取值范围或值的个数的情况下，可以定义一个有效等价类和两个无效等价类。
- 在输入条件规定了输入值的集合或规定了"必须如何"的条件的情况下，可以定义一个有效等价类和一个无效等价类。
- 在输入条件是一个布尔量的情况下，可以定义一个有效等价类和一个无效等价类。
- 在规定了输入数据的一组值（假定 n 个），并且程序要对每一个输入值分别处理的情况下，可以定义 n 个有效等价类和一个无效等价类。
- 在规定了输入数据必须遵守的规则的情况下，可定义一个有效等价类（符合规则）和若干个无效等价类（从不同角度违反规则）。
- 在确知已划分的等价类中，各元素在程序处理中的方式不同的情况下，则应再将该等价类进一步地划分为更小的等价类。

定义好等价类之后，建立等价类表，并为每个等价类编号。在设计一个新的测试用例时，使其尽可能多地覆盖尚未覆盖的有效等价类，不断重复，最后使得所有有效等价类均被测试用例所覆盖。然后设计一个新的测试用例，使其只覆盖一个无效等价类。

（2）边界值划分。输入的边界比中间更加容易发生错误，因此用边界值分析来补充等价类划分的测试用例设计技术。边界值划分选择等价类边界的测试用例，既注重于输入条件边界，又适用于输出域测试用例。

对边界值设计测试用例应遵循的原则如下。

- 如果输入条件规定了值的范围，则应取刚达到这个范围的边界的值，以及刚刚超越这个范围边界的值作为测试输入数据。
- 如果输入条件规定了值的个数，则用最大个数、最小个数、比最小个数少 1、比最大个数多 1 的数据作为测试数据。
- 根据规格说明的每个输出条件，使用上述两条原则。
- 如果程序的规格说明给出的输入域或输出域是有序集合，则应选取集合的第一个元素和最后一个元素作为测试用例。
- 如果程序中使用了一个内部数据结构，则应当选择这个内部数据结构边界上的值作为测试用例。
- 分析规格说明，找出其他可能的边界条件。

（3）错误推测。错误推测是基于经验和直觉推测程序中所有可能存在的各种错误，从而有针对性地设计测试用例的方法。其基本思想是：列举出程序中所有可能有的错误和容易发生错误的特殊情况，根据它们选择测试用例。

（4）因果图。因果图法是从自然语言描述的程序规格说明中找出因（输入条件）和果（输出或程序状态的改变），通过因果图转换为判定表。

利用因果图导出测试用例需要经过以下几个步骤。

- 分析程序规格说明的描述中，哪些是原因，哪些是结果。原因常常是输入条件或是输入条件的等价类，而结果是输出条件。
- 分析程序规格说明的描述中语义的内容，并将其表示成连接各个原因与各个结果的"因果图"。
- 标明约束条件。由于语法或环境的限制，有些原因和结果的组合情况是不可能出现的。为表明这些特定的情况，在因果图上使用若干个标准的符号标明约束条件。
- 把因果图转换成判定表。
- 为判定表中每一列表示的情况设计测试用例。

这样生成的测试用例（局部，组合关系下的）包括了所有输入数据的取"真"和取"假"的情况，构成的测试用例数据达到最少。且测试用例数据随输入数据数目的增加而增加。

2）用白盒法设计测试用例

白盒测试也称为结构测试，这种方法将软件看成透明的白盒。根据程序的内部结构和逻辑来设计测试用例，对程序的路径和过程进行测试，检查是否满足设计的需要。其原则如下。

- 程序模块中的所有独立路径至少执行一次。
- 在所有的逻辑判断中，取"真"和取"假"的两种情况至少都能执行一次。
- 每个循环都应在边界条件和一般条件下分别执行一次。
- 测试程序内部数据结构的有效性等。

用白盒法设计测试用例的方法有如下几种。

（1）逻辑覆盖。逻辑覆盖是通过对程序逻辑结构的遍历实现程序的覆盖。它是一系列测试过程的总称，这组测试过程逐渐进行越来越完整的通路测试。从覆盖源程序语句的详尽程度分析，逻辑覆盖包括语句覆盖、判定覆盖、条件覆盖、判定/条件覆盖、条件组合覆盖和路径覆盖。

语句覆盖是指选择足够的测试数据，使被测试程序中每条语句至少执行一次。语句覆盖对程序执行逻辑的覆盖很低，因此一般认为它是很弱的逻辑覆盖。

判定覆盖是指设计足够的测试用例，使得被测程序中每个判定表达式至少获得一次"真"值和"假"值，或者说是程序中的每一个取"真"分支和取"假"分支至少都通过一次，因此判定覆盖也称为分支覆盖。判定覆盖要比语句覆盖更强一些。

条件覆盖是指构造一组测试用例，使得每一判定语句中每个逻辑条件的各种可能的值至少满足一次。

判定/条件覆盖是指设计足够的测试用例，使得判定中每个条件的所有可能取值（真/假）至少出现一次，并使每个判定本身的判定结果（真/假）也至少出现一次。

条件组合覆盖是指设计足够的测试用例，使得每个判定中条件的各种可能值的组合都至少出现一次。满足条件组合覆盖的测试用例是一定满足判定覆盖、条件覆盖和判定/条件覆盖的。

路径覆盖是指覆盖被测试程序中所有可能的路径。

（2）循环覆盖。执行足够的测试用例，使得循环中的每个条件都得到验证。

（3）基本路径测试。基本路径测试法是在程序控制流图的基础上，通过分析控制流图的环路复杂性，导出基本可执行路径集合，从而设计测试用例。设计出的测试用例要保证在测试中程序的每一条独立路径都执行过，即程序中的每条可执行语句至少执行一次。此外，所有的条件语句的真值状态和假值状态都测试过。路径测试的起点是程序控制流图。程序控制流图中的结点代表包含一个或多个无分支的语句序列，边代表控制流。

5.6.3　软件测试过程

软件测试贯穿于整个软件生命周期中，在各个阶段有不同的测试对象，形成了不同开发阶段的不同类型的测试。因此，软件测试的对象包括需求分析、概要设计、详细设计以及程序编码等各阶段所得到的文档，需求规格说明、概要设计规格说明、详细设计规格说明以及源程序等；编码结束后的每个程序模块；模块集成后的软件；软件安装在运行环境下的整体系统。

由于软件分析、设计与开发阶段是互相衔接的，前一阶段的工作中发生的问题如果未及时解决，很自然影响到下一个阶段。为了把握各个环节的正确性，需要进行各种验证和确认（Verification & Validation）工作。

验证是保证软件正确实现特定功能的一系列活动和过程，目的是保证软件生命周期中每一个阶段的成果满足上一个阶段所设定的目标。

确认是保证软件满足用户需求的一系列活动和过程，目的是在软件开发完成后保证软件与用户需求项符合。

软件测试实际上分成 4 步进行。

（1）单元测试。单元测试也称为模块测试，在模块编写完成且无编译错误后就可以进行。如果选用机器测试，一般用白盒测试法，多个模块可以同时进行。

测试一个模块时需要编写一个驱动模块和若干个桩（Stub）模块。驱动模块的功能是向被测试模块提供测试数据，驱动被测模块，并从被测模块中接收测试结果。桩模块的功能是模拟被测模块所调用的子模块，它接收被测模块的调用，检验调用参数，模拟被调用的子模块功能，把结果送回被测模块。

（2）集成测试。集成测试就是把模块按系统设计说明书的要求组合起来进行测试。即使所有模块都通过了测试，但在集成之后，仍可能会出现问题：穿过模块的数据被丢失；一个模块的功能对其他模块造成有害的影响；各个模块集成起来没有达到预期的功能；全局数据结构出现问题。另外，单个模块的误差可以接受，但模块组合后，可能会出现误差累积，甚至到达不能接受的程度，所以需要集成测试。

通常集成测试有两种方法：一种是分别测试各个模块，再把这些模块组合起来进行整体测试，即非增量式集成。另一种是把下一个要测试的模块组合到已测试好的模块中，测试完后再将下一个需要测试的模块组合起来，进行测试，逐步把所有模块组合在一起，并完成测试，如自顶向下集成、自底向上集成、三明治集成，即增量式集成。非增量式集成可以对模块进行并行测试，能充分利用人力，并加快工程进度。但这种方法容易混乱，出现错误不容易查找和定位。增量式测试的范围一步步扩大，错误容易定位，而且已测试的模块可在新的条件下再测试，测试更彻底。

（3）确认测试。经过集成测试之后，软件就被集成起来，接口方面的问题已经解决，将进入软件测试的最后一个环节，即确认测试。确认测试的任务就是进一步检查软件的功能和性能是否与用户要求的一样。系统方案说明书描述了用户对软件的要求，所以是软件有效性验证的标准，也是确认测试的基础。

确认测试，首先要进行有效性测试以及软件配置审查，然后进行验收测试和安装测试，经过管理部门的认可和专家的鉴定后，软件即可以交给用户使用。

（4）系统测试。系统测试是将已经确认的软件、计算机硬件、外设和网络等其他因素结合在一起，进行系统的各种集成测试和确认测试，其目的是通过与系统的需求相比较，发现所开发的系统与用户需求不符或矛盾的地方。系统测试是根据系统方案说明书来设计测试用例的，常见的系统测试主要有恢复测试、安全性测试、强度测试、性能测试、可靠性测试和安装测试。

5.6.4　软件测试设计和管理

软件测试在软件质量管理工作中具有重要的地位。软件测试活动大致可以分为测试计划、测试设计、测试执行和测试总结。

测试设计环节是在测试计划给出指导和预算的基础上进一步细化和分析，从而制定出项目及其每个测试活动的测试策略和测试方案及测试用例的过程。做好软件测试设计，合理地统筹安排软件测试工作。

测试管理是影响测试团队效率与整体水平的重要因素之一，因此对于提高整体水平也具有重要意义。测试管理就是对软件测试输入项（如测试大纲、测试计划、测试用例、测试脚本、方案策略和测试工具等）和输出项（测试记录：测试结果、缺陷报告、测试工作日志等，测试总结：测试分析数据、测试评估数据、项目经验与教训等）进行管理，并在完成一定数量的软件测试之后提升下一软件测试工作水平，复用测试项。

5.6.5　软件调试

调试的任务就是根据测试时所发现的错误，找出原因和具体的位置，进行改正。调试工作主要由程序开发人员来进行，谁开发的程序就由谁来进行调试。

目前常用的调试方法有如下几种。

（1）试探法。调试人员分析错误的症状，猜测问题的所在位置，利用在程序中设置输出语句，分析寄存器、存储器的内容等手段来获得错误的线索，一步步地试探和分析出错误所在。这种方法效率很低，适合于结构比较简单的程序。

（2）回溯法。调试人员从发现错误症状的位置开始，人工沿着程序的控制流程往回跟踪代码，直到找出错误根源为止。这种方法适合于小型程序，对于大规模程序，由于其需要回溯的路径太多而变得不可操作。

（3）对分查找法。这种方法主要用来缩小错误的范围，如果已经知道程序中的变量在若干位置的正确取值，可以在这些位置上给这些变量以正确值，观察程序运行输出结果，如果没有发现问题，则说明从赋予变量一个正确值到输出结果之间的程序没有错误，问题可能在除此之外的程序中。否则，错误就在所考察的这部分程序中，对含有错误的程序段再使用这种方法，直到把故障范围缩小到比较容易诊断为止。

（4）归纳法。归纳法就是从测试所暴露的问题出发，收集所有正确或不正确的数据，分析它们之间的关系，提出假想的错误原因，用这些数据来证明或反驳，从而查出错误所在。

（5）演绎法。根据测试结果，列出所有可能的错误原因。分析已有的数据，排除不可能和彼此矛盾的原因。对其余的原因，选择可能性最大的，利用已有的数据完善该假设，使假设更具体。用假设来解释所有的原始测试结果，如果能解释这一切，则假设得以证实，也就找出错误；否则，要么是假设不完备或不成立，要么有多个错误同时存在，需要重新分析，提出新的假设，直到发现错误为止。

5.6.6　软件运行与维护

1．系统运行概述

当系统开发完成并交付到实际生产环境中使用时，就进入运行。系统运行包括系统的日常操作、维护等。

系统运行管理是确保系统安装目标运行并充分发挥其效益的一切必要条件、运行机制和保障措施，通常有系统运行的组织机构、基础数据管理、运行制度管理和系统运行结果分析等。

2．系统维护概述

系统维护主要是指根据需求变化或硬件环境的变化对已交付并投入运行的系统进行部分

或全部的修改。修改时应充分利用源程序，修改后要填写程序修改登记表，并在程序变更通知书上写明新旧程序的不同之处。

1）软件维护的类型

（1）根据维护目的的不同，软件维护一般分为以下四大类。

① 正确性维护。是指改正在系统开发阶段已发生而系统测试阶段尚未发现的错误。这方面的维护工作量要占整个维护工作量的17%～21%。所发现的错误有的不太重要，不影响系统的正常运行，其维护工作可随时进行；而有的错误非常重要，甚至影响整个系统的正常运行，其维护工作必须制定计划，进行修改，并且要进行复查和控制。

② 适应性维护。是指使应用软件适应信息技术变化和管理需求变化而进行的修改。这方面的维护工作量占整个维护工作量的18%～25%。由于目前计算机硬件价格不断下降，各类系统软件层出不穷，人们常常为改善系统硬件环境和运行环境而产生系统更新换代的需求；企业的外部市场环境和管理需求的不断变化也使得各级管理人员不断提出新的信息需求。这些因素都将导致适应性维护工作的产生。进行这方面的维护工作也要像系统开发一样，有计划、有步骤地进行。

③ 完善性维护。这是为扩充功能和改善性能而进行的修改，主要是指对已有的软件系统增加一些在系统分析和设计阶段中没有规定的功能与性能特征。这些功能对完善系统功能是非常必要的。另外，还包括对处理效率和编写程序的改进，这方面的维护占整个维护工作的50%～60%，比重较大，也是关系到系统开发质量的重要方面。这方面的维护除了要有计划、有步骤地完成外，还要注意将相关的文档资料加入前面产生的相应文档中。

④ 预防性维护。为了改进应用软件的可靠性和可维护性，为了适应未来的软硬件环境的变化，应主动增加预防性的新功能，以使应用系统适应各类变化而不被淘汰。例如，将专用报表功能改成通用报表生成功能，以适应将来报表格式的变化。这方面的维护工作量占整个维护工作量的4%左右。

（2）根据维护具体内容的不同，可将维护分成以下4类。

① 程序维护。为了改正错误或改进效率而改写一部分或全部程序，通常充分利用源程序。

② 数据维护。对文件或数据中的记录进行增加、修改和删除等操作，通常采用专用的程序模块。

③ 代码维护。为了适应用户环境的变化，对代码进行变更，包括修订、新设计、添加和删除等内容。

④ 设备维护。为了保证系统正常运行，应保持计算机及外部设备的良好运行状态。如建立相应的规章制度、定期检查设备、保养和杀病毒。

2）软件维护的副作用

维护的目的是延长软件的寿命并让其创造更多的价值。但修改软件是危险的，每修改一次，潜伏的错误就可能增加一次。这种因修改软件而造成的错误或其他不希望出现的情况称为维护的副作用。维护的副作用有编码副作用、数据副作用和文档副作用。

（1）编码副作用。在使用程序设计语言修改源代码时可能引入错误。例如，删除或修改一个子程序；修改文件的打开或关闭；把设计上的改变翻译成代码上的改变等。

（2）数据副作用。数据副作用是修改软件信息结构导致的结果。例如，重新定义局部或全局的常量；增加或减少一个数组；重新初始化控制标志或指针等。

（3）文档副作用。对数据流、软件结构、模块逻辑或任何其他有关特性进行修改时，必须对相关的技术文档进行相应修改。如果对可执行软件的修改没有反映在文档中，就会产生文档副作用。例如，修改交互输入的顺序或格式没有正确地记入文档中；过时的文档内容、索引和文本可能造成冲突等。

3）软件维护技术

软件维护的技术可以分为两大类：面向维护的技术和维护支援的技术。面向维护的技术是在软件开发阶段用来减少错误、提高软件可维护性的技术，它涉及软件开发的所有阶段。维护支援的技术是在软件维护阶段用来提高维护的效率和质量的技术。

3．软件的可维护性

软件可维护性可以定义为软件能够被理解、校正、适应及增强功能的容易程度。软件的可维护性是软件开发阶段的关键目标。软件可维护性可用下面的 7 个质量特性来衡量，即可理解性、可测试性、可修改性、可靠性、可移植性、可使用性和效率。

提高可维护性的方法包括建立明确的软件质量目标、利用先进的软件开发技术和工具、建立明确的质量保证工作、选择可维护的程序设计语言、改进程序文档。

5.7　软件项目管理

构建软件是一项复杂的任务，尤其是涉及很多人员共同长期工作时。为了使软件项目开发获得成功，必须对软件开发项目的工作范围、花费的工作量（成本）、可能遇到的风险、进度的安排、要实现的任务、经历的里程碑以及需要的资源（人、硬/软件）等做到心中有数，而软件项目管理可以提供这些信息。软件项目管理的范围覆盖整个软件工程过程。

5.7.1　管理范围

有效的项目管理集中于 4P，即人员（People）、产品（Product）、过程（Process）和项目

（Project）。必须将人员组织起来以有效地完成软件构建工作；必须和客户及其他利益相关者很好地沟通，以便了解产品的范围和需求；必须选择适合于人员和产品的过程；必须估算完成工作任务的工作量和工作时间，从而制定项目计划。

"人的因素"非常重要，在所有项目中，最关键的因素是人员。人员能力成熟度模型（People Capability Maturity Model，PCMM）针对软件人员定义了以下关键实践域：人员配备、沟通与协调、工作环境、业绩管理、培训、报酬、能力素质分析与开发、个人事业发展、工作组发展以及团队精神或企业文化培育等。PCMM 成熟度达到较高水平的组织，更有可能实现有效的软件项目管理事件。

在制定项目计划之前，首先确定产品的目标和范围，考虑可选的解决方案，识别技术和管理上的限制。如果没有这些信息，就无法进行合理（精确）的成本估算，也无法进行有效的风险评估和适当的项目任务划分，更无法制定可管理的项目进度计划来给出意义明确的项目进展标志。确定产品的目标只是识别出产品的总体目标，而不用考虑如何实现这些目标。确定产品的范围是识别出产品的主要数据、功能和行为特性，并且应该用量化的方式界定这些特性。然后开始考虑备选解决方案，不讨论细节，使管理者与参与开发的人员根据各定的约束条件选择相对最佳的方案，约束条件有产品的交付期限、预算限制、可用人员、技术接口以及其他各种因素。

软件过程提供了一个框架，一小部分框架活动适用于所有的软件项目，多种不同的任务集合使得框架活动适合于不同软件项目的特性和项目团队的需求。普适性活动（如软件质量管理、软件配置管理、测量等）覆盖了过程模型，独立于任何一个框架活动，且贯穿于整个过程之中。

为了成功地管理软件项目，需要有计划、可控制，这样才能管理复杂的软件开发；需要了解可能会出现的各类问题以便加以避免。可以采用的方法如下。

（1）在正确的基础上开始工作。

（2）保持动力。

（3）跟踪进度。

（4）做出正确的决策。

（5）进行事后分析。

5.7.2　成本估算

软件开发成本估算主要指软件开发过程中所花费的工作量及相应的代价。为了使开发项目能够在规定的时间内完成，而且不超过预算，成本预算和管理控制是关键。软件项目开发成本的估算主要靠分解和类推的手段进行。分解技术是将软件项目分解成一系列较小的、容易理解的问题进行估算。常用的分解技术有基于问题的估算、基于代码行（LOC）估算、基于功能点（FP）的估算、基于过程的估算、基于用例的估算。选择或结合使用分解技术，进行成本估算。基本的成本估算方法有如下几种。

（1）自顶向下估算方法。估算人员参照以前完成的项目所耗费的总成本（或总工作量）来推算将要开发的软件的总成本（或总工作量），然后把它们按阶段、步骤和工作单元进行分配。

自顶向下估算方法的主要优点是对系统级工作的重视，所以估算中不会遗漏集成、配置管理等系统级事务的成本估算，且估算工作量小、速度快。其缺点是不清楚低级别上的技术性困难，而这些困难将会使成本上升。

（2）自底向上估算方法。自底向上估算方法是将待开发的软件细分，分别估算每一个子任务所需要的开发工作量，然后将它们加起来，得到软件的总开发量。这种方法的优点是对每一部分的估算工作交给负责该部分工作的人来做，所以估算较为准确。其缺点是缺少对各项子任务之间相互联系所需要工作量和与软件开发有关的系统级工作量的估算，因此预算往往偏低。

（3）差别估算方法。差别估算方法是将开发项目与一个或多个已完成的类似项目进行比较，找出与某个相类似项目的若干不同之处，并估算每个不同之处对成本的影响，导出开发项目的总成本。该方法的优点是可以提高估算的准确度，缺点是不容易明确"差别"的界限。

除以上方法外，还有许多方法，大致可分为三类：专家估算法、类推估算法和算式估算法。

典型的成本估算模型主要有动态多变量普特南（Putnam）模型和层次结构的 COCOMO（Constructive Cost Model，结构性成本模型）的升级模型 COCOMOII 等。普特南（Putnam）模型基于软件方程，它假设在软件开发的整个生命周期中有特定的工作量分布。COCOMOII 模型层次结构中有 3 种不同的估算选择：对象点、功能点和源代码行。

5.7.3　风险分析

新的软件系统建立时，总是存在某些不确定性。例如，用户要求是否能确切地被理解？在项目最后结束之前要求实现的功能能否建立？是否存在目前仍未发现的技术难题？在项目出现严重延期时是否会发生一些变更？等等。风险是潜在的，需要识别、评估发生的概率、估算其影响、并制定实际发生时的应急计划。

风险分析在软件项目管理中具有决定性作用。当在软件工程的环境中考虑风险时，主要关注以下 3 个方面。一是关心未来，风险是否会导致软件项目失败；二是关心变化，用户需求、开发技术、目标机器以及所有其他与项目有关的实体会发生什么变化；三是必须解决需要做出选择的问题，即应当采用什么方法和工具，应当配备多少人力，在质量上强调到什么程度才满足要求等。

风险分析实际上是贯穿软件工程中的一系列风险管理步骤，其中包括风险识别、风险估计、风险管理策略、风险解决和风险监控。

5.7.4 进度管理

进度安排包括把一个项目所有的工作分解为若干个独立的活动，并描述这些活动之间的依赖关系，估算完成这些活动所需的工作量，分配人力和其他资源，制定进度时序。进度的合理安排是如期完成软件项目的重要保证，也是合理分配资源的重要依据，因此进度安排是管理工作的一个重要组成部分。有如下两种安排软件开发项目进度的方式。

（1）系统最终交付日期已经确定，软件开发部门必须在规定期限内完成。

（2）系统最终交付日期只确定了大致的年限，最后交付日期由软件开发部门确定。

进度安排的常用图形描述方法有 Gantt 图（甘特图）和 PERT（Program Evaluation & Review Technique，项目计划评审技术）图。

（1）Gantt 图。Gantt 图中横坐标表示时间（如时、天、周、月、年等），纵坐标表示任务，图中的水平线段表示一个任务的进度安排，线段的起点和终点对应在横坐标上的时间分别表示该任务的开始时间和结束时间，线段的长度表示完成该任务所持续的时间。当日历中同一时段中存在多个水平条时，表示任务之间的并发。图 5-20 所示的 Gantt 图描述了 3 个任务的进度安排。该图表示：任务 1 首先开始，完成它需要 12 周时间；任务 2 在 2 周后开始，完成它需要 18 周；任务 3 在 12 周后开始，完成它需要 10 周。

Gantt 图能清晰地描述每个任务从何时开始，到何时结束，任务的进展情况以及各个任务之间的并行性；但是它不能清晰地反映出各任务之间的依赖关系，难以确定整个项目的关键所在，也不能反映计划中有潜力的部分。

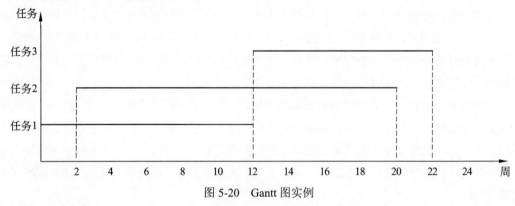

图 5-20　Gantt 图实例

（2）PERT 图。PERT 图是一个有向图，其基本符号如图 5-21 所示。

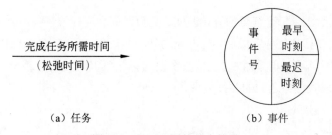

（a）任务　　　　　　　　　（b）事件

图 5-21　PERT 图的基本符号

PERT 图中的有向弧表示任务，可以标上完成该任务所需的时间，图中的结点表示流入结点的任务已结束，并开始流出结点的任务，这里把结点称为事件。只有当流入该结点的所有任务都结束时，结点所表示的事件才出现，流出结点的任务才可以开始。事件本身不消耗时间和资源，它仅表示某个时间点。每个事件有一个事件号及出现该事件的最早时刻和最迟时刻。最早时刻表示在此时刻之前从该事件出发的任务不可能开始；最迟时刻表示从该事件出发的任务必须在此时刻之前开始，否则整个工程就不能如期完成。每个任务还可以有一个松弛时间（Slack Time），表示在不影响整个工期的前提下，完成该任务有多少机动时间。为了表示任务间的关系，图中还可以加入一些空任务（用虚线有向弧表示），完成空任务的时间为 0。

PERT 图的一个实例如图 5-22 所示，该图所表示的工程可分为 12 个任务，事件号 1 表示工程开始，事件号 11 表示工程结束（完成所有任务需要 23 个时间单位）。松弛时间为 0 的任务构成了完成整个工程的关键任务，其事件流为 1→2→3→4→6→8→10→11，也就是说，这些任务不能拖延，否则整个工程就不能在 23 个时间单位内完成。

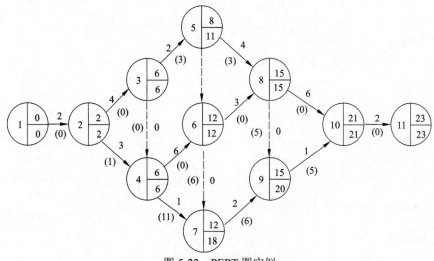

图 5-22　PERT 图实例

　　PERT 图不仅给出了每个任务的开始时间、结束时间和完成该任务所需的时间，还给出了任务之间的关系，即哪些任务完成后才能开始另外一些任务，还可以找出如期完成整个工程的关键任务。任务的松弛时间则反映了完成任务时可以推迟其开始时间或延长其所需完成的时间。PERT 图不能反映任务之间的并行关系。

5.8　软件质量与软件质量保证

　　软件质量是指反映软件系统或软件产品满足规定或隐含需求的能力的特征和特性全体。软件质量管理是指对软件开发过程进行的独立的检查活动，由质量保证、质量规划和质量控制 3 个主要活动构成。软件质量保证是指为保证软件系统或软件产品充分满足用户要求的质量而进行的有计划、有组织的活动，其目的是生产高质量的软件。

5.8.1　软件质量特性

　　目前已经有多种软件质量模型来描述软件质量特性，如 ISO/IEC 9126 软件质量模型和 McCall 软件质量模型。

　　1）ISO/IEC 9126 软件质量模型

　　ISO/IEC 9126 软件质量模型由 3 个层次组成：第一层是质量特性，第二层是质量子特性，第三层是度量指标。该模型的质量特性和质量子特性如图 5-23 所示。

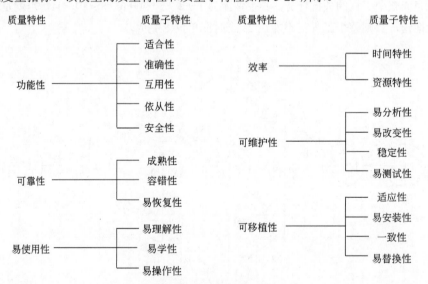

图 5-23　ISO/IEC 9126 软件质量模型

其中，各质量特性和质量子特性的含义如下。

（1）功能性（Functionality）。与一组功能及其指定的性质的存在有关的一组属性。功能是指满足规定或隐含需求的那些功能。

- 适应性（Suitability）：与对规定任务能否提供一组功能以及这组功能是否适合有关的软件属性。
- 准确性（Accurateness）：与能够得到正确或相符的结果或效果有关的软件属性。
- 互用性（Interoperability）：与同其他指定系统进行交互操作的能力相关的软件属性。
- 依从性（Compliance）：使软件服从有关的标准、约定、法规及类似规定的软件属性。
- 安全性（Security）：与避免对程序及数据的非授权故意或意外访问的能力有关的软件属性。

（2）可靠性（Reliability）。与在规定的一段时间内和规定的条件下，软件维持在其性能水平有关的能力。

- 成熟性（Maturity）：与由软件故障引起失效的频度有关的软件属性。
- 容错性（Fault Tolerance）：与在软件错误或违反指定接口的情况下，维持指定的性能水平的能力有关的软件属性。
- 易恢复性（Recoverability）：与在故障发生后，重新建立其性能水平并恢复直接受影响数据的能力，以及为达到此目的所需的时间和努力有关的软件属性。

（3）易使用性（Usability）。与为使用所需的努力和由一组规定或隐含的用户对这样使用所做的个别评价有关的一组属性。

- 易理解性（Understandability）：与用户为理解逻辑概念及其应用所付出的劳动有关的软件属性。
- 易学性（Learnability）：与用户为学习其应用（例如操作控制、输入、输出）所付出的努力相关的软件属性。
- 易操作性（Operability）：与用户为进行操作和操作控制所付出的努力有关的软件属性。

（4）效率（Efficiency）。在规定条件下，软件的性能水平与所用资源量之间的关系有关的软件属性。

- 时间特性（Time Behavior）：与响应和处理时间以及软件执行其功能时的吞吐量有关的软件属性。
- 资源特性（Resource Behavior）：与软件执行其功能时所使用的资源量以及使用资源的持续时间有关的软件属性。

（5）可维护性（Maintainability）。与进行规定的修改所需要的努力有关的一组属性。

- 易分析性（Analyzability）：与为诊断缺陷或失效原因，或为判定待修改的部分所需努力有关的软件属性。

- 易改变性（Changeability）：与进行修改、排错或适应环境变换所需努力有关的软件属性。
- 稳定性（Stability）：与修改造成未预料效果的风险有关的软件属性。
- 易测试性（Testability）：为确认经修改软件所需努力有关的软件属性。

（6）可移植性（Portability）。与软件可从某一环境转移到另一环境的能力有关的一组属性。

- 适应性（Adaptability）：与软件转移到不同环境时的处理或手段有关的软件属性。
- 易安装性（Installability）：与在指定环境下安装软件所需努力有关的软件属性。
- 一致性（Conformance）：使软件服从与可移植性有关的标准或约定的软件属性。
- 易替换性（Replaceability）：与软件在该软件环境中用来替代指定的其他软件的可能和努力有关的软件属性。

2）Mc Call 软件质量模型

Mc Call 软件质量模型从软件产品的运行、修正、转移 3 个方面确定了 11 个质量特性，如图 5-24 所示。Mc Call 也给出了一个三层模型框架，第一层是质量特性，第二层是评价准则，第三层是度量指标。

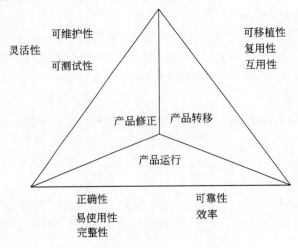

图 5-24　Mc Call 软件质量模型

5.8.2　软件质量保证

软件质量保证是指为保证软件系统或软件产品充分满足用户要求的质量而进行的有计划、有组织的活动，其目的是生产高质量的软件。在软件质量方面强调 3 个要点：首先软件必须满足用户规定的需求，与用户需求不一致的软件，就无质量可言；其次软件应遵循规定标准所定义的一系列开发准则，不遵循这些准则的软件，其质量难以得到保证；最后软件还应满足某些隐含的需求，如希望有好的可理解性、可维护性等，而这些隐含的需求可能未被明确地写在用户规定的需求中，如果软件只满足它的显性需求而不满足其隐含需求，那么该软件的质量是令人质疑的。

软件质量保证包括 7 个主要活动相关的各种任务，分别是应用技术方法、进行正式的技术评审、测试软件、标准的实施、控制变更、度量（Metrics）、记录保存和报告。

第 6 章　数据库基础知识

数据库技术是计算机软件领域的一个重要分支，它是因计算机信息系统与应用系统的需求而发展起来的。程序员应了解数据库的基本内容，理解数据库系统的总体框架，了解数据库系统在计算机系统中的地位以及数据库系统的功能。

6.1　基本概念

6.1.1　数据库系统

数据是描述事物的符号记录，它具有多种表现形式，可以是文字、图形、图像、声音和语言等。信息是对现实世界事物的存在方式或状态的反映。信息具有可感知、可存储、可加工、可传递和可再生等自然属性，信息已是社会各行各业不可缺少的资源，这也是信息的社会属性。数据是经过组织的位集合，而信息是具有特定释义和意义的数据。

数据库系统（Database System，DBS）由数据库、硬件、软件和人员四大部分组成。

（1）数据库。数据库（Database，DB）是指长期储存在计算机内、有组织、可共享的数据集合。数据库中的数据按一定的数学模型组织、描述和存储，具有较小的冗余度，较高的数据独立性和易扩展性，并可被各类用户共享。

（2）硬件。硬件是指计算机系统中的各种物理设备，包括存储数据所需的外部设备。硬件的配置应满足整个数据库系统的需要。

（3）软件。软件包括操作系统、数据库管理系统（Database Management System，DBMS）及应用程序。DBMS 是数据库系统中的核心软件，需要在操作系统的支持下工作，解决如何科学地组织和储存数据，高效地获取和维护数据。

（4）人员。主要包括系统分析员和数据库设计人员、应用程序员、最终用户和数据库管理员 4 类人员。

系统分析员负责应用系统的需求分析和规范说明，他们和用户及数据库管理员一起确定系统的硬件配置，并参与数据库系统的概要设计；数据库设计人员负责数据库中数据的确定、数据库各级模式的设计。

应用程序员负责编写使用数据库的应用程序，这些应用程序可对数据进行检索、建立、删除或修改。

最终用户应用系统提供的接口或利用查询语言访问数据库。

数据库管理员（Database Administrator，DBA）负责数据库的总体信息控制。其主要职责包括决定数据库中的信息内容和结构；决定数据库的存储结构和存取策略；定义数据库的安全性要求和完整性约束条件；监控数据库的使用和运行；数据库的性能改进、数据库的重组和重构，以提高系统的性能。

6.1.2 数据库管理技术的发展

数据处理是对各种数据进行收集、存储、加工和传播的一系列活动。数据管理是数据处理的中心问题，是对数据进行分类、组织、编码、存储检索和维护。数据管理技术发展经历了 3 个阶段：人工管理阶段、文件系统阶段和数据库系统阶段。

1．人工管理阶段

早期的数据处理都是通过手工进行的，当时的计算机上没有专门管理数据的软件，也没有诸如磁盘之类的设备来存储数据，那时应用程序和数据之间的关系如图 6-1 所示。这种数据处理具有以下几个特点。

（1）数据量较少。数据和程序一一对应，即一组数据对应一个程序，数据面向应用，独立性很差。由于不同应用程序所处理的数据之间可能会有一定的关系，因此会有大量的重复数据。

应用程序 1 ———— 数据组 1

应用程序 2 ———— 数据组 2

⋮　　　　⋮

应用程序 n ———— 数据组 n

（2）数据不保存。因为在该阶段计算机主要用于科学计算，数据一般不需要长期保存，需要时输入即可。

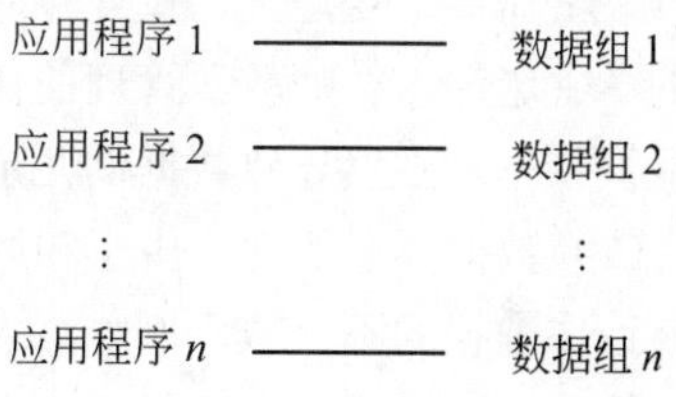

图 6-1 应用程序和数据的关系

（3）没有软件系统对数据进行管理。程序员不仅要规定数据的逻辑结构，而且在程序中还要使用其物理结构，包括存储结构的存取方法、输入输出方式等。也就是说，数据对程序不具有独立性，一旦数据在存储器上改变物理地址，就需要改变相应的用户程序。

手工处理数据有两个特点：一是应用程序对数据的依赖性太强；二是数据组和数据组之间可能有许多重复的数据，造成数据冗余。

2．文件系统阶段

20 世纪 50 年代中期以后，计算机的硬件和软件技术飞速发展，除了科学计算任务外，计算机逐渐用于非数值数据的处理。由于大容量的磁盘等辅助存储设备的出现，使专门管理辅助存储设备上的数据文件系统应运而生。文件系统是操作系统中的一个子系统，它按一定的规则将数据组织成为一个文件，应用程序通过文件系统对文件中的数据进行存取和加工。文件系统对数据的管理，实际上是通过应用程序和数据之间的一种接口实现的，如图 6-2 所示。

文件系统的最大特点是解决了应用程序和数据之间的一个公共接口问题，使得应用程序采用统一的存取方法来操作数据。在文件系统阶段中，数据管理的特点如下。

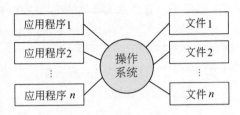

图 6-2　应用程序与文件的关系

（1）数据可以长期保留，数据的逻辑结构和物理结构有了区别，程序可以按名访问，不必关心数据的物理位置，由文件系统提供存取方法。

（2）数据不属于某个特定的应用，即应用程序和数据之间不再是直接的对应关系，可以重复使用。但是，文件系统只是简单地存取数据，相互之间并没有有机的联系，即数据存取依赖于应用程序的使用方法，不同的应用程序仍然很难共享同一数据文件。

（3）文件组织形式的多样化，有索引文件、链接文件和 Hash 文件等。但文件之间没有联系，相互独立，数据间的联系要通过程序去构造。

文件系统具有数据冗余度大、数据不一致和数据联系弱等缺点。

（1）数据冗余度大。文件与应用程序密切相关，相同的数据集合在不同的应用程序中使用时，经常需要重复定义、重复存储。例如，学生学籍管理系统中的学生情况，学生成绩管理系统的学生选课，教师教学管理的任课情况，所用到的数据很多都是重复的。这样，相同的数据不能被共享，必然导致数据的冗余。

（2）数据不一致性。由于相同数据重复存储、单独管理，给数据的修改和维护带来难度，容易造成数据的不一致。例如，人事处修改了某个职工的信息，但生产科该职工相应的信息却没有修改，造成同一个职工的信息在不同的部门结果不一样。

（3）数据联系弱。文件系统中数据组织成记录，记录由字段组成，记录内部有了一定的结构。但是，文件之间是孤立的，从整体上看没有反映现实世界事物之间的内在联系，因此很难对数据进行合理组织以适应不同应用的需要。

3．数据库系统阶段

数据库系统是由计算机软件、硬件资源组成的系统，它实现了大量关联数据有组织地、动态地存储，方便多用户访问。它与文件系统的重要区别是数据的充分共享、交叉访问、与应用程序高度独立。

数据库系统阶段，数据管理的特点如下。

（1）采用复杂的数据模型表示数据结构。数据模型不仅描述数据本身的特点，还描述数据之间的联系。数据不再面向某个应用，而是面向整个应用系统。数据冗余明显减少，实现了数据共享。

（2）有较高的数据独立性。数据库也是以文件方式存储数据的，但它是数据的一种更高级的组织形式。在应用程序和数据库之间由 DBMS 负责数据的存取，DBMS 对数据的处理方式和文件系统不同，它把所有应用程序中使用的数据以及数据间的联系汇集在一起，以便于应用程序查询和使用。这一阶段程序和数据的关系如图 6-3 所示。

在数据库系统中，数据库对数据的存储按照统一结构进行，不同的应用程序都可以直接操作这些数据（即对应用程序的高度独立性）。数据库系统对数据的完整性、唯一性和安全性都提供一套有效的管理手段（即数据的充分共享性）。数据库系统还提供管理和控制数据的各种简单操作命令，使用户编写程序时容易掌握（即操作方便性）。

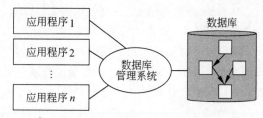

图 6-3 应用程序与数据库的关系

6.1.3 大数据

1. 大数据产生背景

大数据（Big Data）产生背景主要包括如下 4 个方面。

（1）数据来源和承载方式的变革。由于物联网、云计算、移动互联网等新技术的发展，用户在线的每一次点击，每一次评论，每一个视频点播，就是大数据的典型来源；而遍布地球各个角落的手机、PC、平板电脑及传感器成为数据来源和承载方式。可见，只有大连接与大交互，才有大数据。

（2）全球数据量出现爆炸式增长。由于视频监控、智能终端、网络商店等的快速普及，使得全球数据量出现爆炸式增长，未来数年数据量会呈现指数增长。根据麦肯锡全球研究院（MGI）估计，全球企业 2010 年在硬盘上存储了超过 7EB（1EB 等于 10 亿 GB）的新数据，而消费者在 PC 和笔记本等设备上存储了超过 6EB 新数据。据 IDC（Internet Data Center）预测，至 2020 年全球以电子式形存储的数据量将达 32ZB。

（3）大数据已经成为一种自然资源。许多研究者认为：大数据是"未来的新石油"，已成为一种新的经济资产类别。一个国家拥有数据的规模、活性及解释运用的能力，将成为综合国力的重要组成部分。

（4）大数据日益重要，不被利用就是成本。大数据作为一种数据资产当仁不让地成为现代商业社会的核心竞争力，不被利用就是企业的成本。因为，数据资产可以帮助和指导企业对全业务流程进行有效运营和优化，帮助企业做出最明智的决策。

2．大数据的特征

大数据是指"无法用现有的软件工具提取、存储、搜索、共享、分析和处理的海量的、复杂的数据集合"。业界通常用"4V"来概括大数据的特征。

大量化（Volume）指数据体量巨大。随着 IT 技术的迅猛发展，数据量级已从 TB（1012 字节）发展至 PB 乃至 ZB，可称海量、巨量乃至超量。当前，典型个人计算机硬盘的容量为 TB 量级，而一些大企业的数据量已经接近 EB 量级。

多样化（Variety)指数据类型繁多。相对于以往便于存储的以文本为主的结构化数据，非结构化数据越来越多，包括网络日志、音频、视频、图片、地理位置信息等，这些多类型的数据对数据的处理能力提出了更高要求。

价值密度低（Value）指大量的不相关信息导致价值密度的高低与数据总量的大小成反比。以视频为例，一部 1 小时的视频，在连续不间断的监控中，有用数据可能仅有一两秒。因此，如何通过强大的机器算法更迅速地完成数据的价值"提纯"，如何对未来趋势与模式的可预测分析、深度复杂分析（机器学习、人工智能 VS 传统商务智能咨询、报告等），成为目前大数据背景下亟待解决的难题。

快速化（Velocity）指处理速度快。大数据时代对其时效性要求很高，这是大数据区分于传统数据挖掘的最显著特征。因为，大数据环境下，数据流通常为高速实时数据流，而且需要快速、持续的实时处理；处理工具亦在快速演进，软件工程及人工智能等均可能介入。

3．理解大数据

大数据不仅仅是指海量的信息，更强调的是人类对信息的筛选、处理，保留有价值的信息，即让大数据更有意义，挖掘其潜在的"大价值"这才是对大数据的正确理解。为此有许多问题需要研究与解决。

（1）高并发数据存取的性能要求及数据存储的横向扩展问题。目前，多从架构和并行等方面考虑解决。

（2）实现大数据资源化、知识化、普适化的问题。解决这些问题的关键是对非结构化数据内容的理解。

（3）非结构化海量信息的智能化处理问题。主要解决自然语言理解、多媒体内容理解、机器学习等问题。

大数据时代主要面临三大挑战：软件和数据处理能力、资源和共享管理以及数据处理的可信力。软件和数据处理能力是指应用大数据技术，提升服务能力和运作效率，以及个性化的服务，比如医疗、卫生、教育等部门。资源和共享管理是指应用大数据技术，提高应急处置能力和安全防范能力。数据处理的可信力是指需要投资建立大数据的处理分析平台,实现综合治理、业务开拓等目标。

4．大数据产生的安全风险

2012 年瑞士达沃斯论坛上发布的《大数据大影响》报告称:"数据已成为一种新的经济资产类别,就像货币或黄金一样。"因此,大数据也带来了更多安全风险。

(1)大数据成为网络攻击的显著目标。在互联网环境下,大数据是更容易被"发现"的大目标。这些数据会吸引更多的潜在攻击者,如数据的大量汇集,使得黑客成功攻击一次就能获得更多数据,无形中降低了黑客的攻击成本,增加了"收益率"。

(2)大数据加大了隐私泄露风险。大量数据的汇集不可避免地加大了用户隐私泄露的风险。因为数据集中存储增加了泄露风险;另外,一些敏感数据的所有权和使用权并没有明确界定,很多基于大数据的分析都未考虑到其中涉及的个体隐私问题。

(3)大数据威胁现有的存储和安防措施。大数据存储带来新的安全问题。数据大集中的后果是复杂多样的数据存储在一起,很可能会出现将某些生产数据放在经营数据存储位置的情况,致使企业安全管理不合规。大数据的大小也影响到安全控制措施能否正确运行。安全防护手段的更新升级速度无法跟上数据量非线性增长的步伐,就会暴露大数据安全防护的漏洞。

(4)大数据技术成为黑客的攻击手段。在企业用数据挖掘和数据分析等大数据技术获取商业价值的同时,黑客也在利用这些大数据技术向企业发起攻击。黑客会最大限度地收集更多有用信息,比如社交网络、邮件、微博、电子商务、电话和家庭住址等信息,大数据分析使黑客的攻击更加精准。

(5)大数据成为高级可持续攻击的载体。传统的检测是基于单个时间点进行的基于威胁特征的实时匹配检测,而高级可持续攻击(APT)是一个实施过程,无法被实时检测。此外,大数据的价值低密度性,使得安全分析工具很难聚焦在价值点上,黑客可以将攻击隐藏在大数据中,给安全服务提供商的分析制造很大困难。黑客设置的任何一个会误导安全厂商目标信息提取和检索的攻击,都会导致安全监测偏离应有方向。

(6)大数据技术为信息安全提供新支撑。当然,大数据也为信息安全的发展提供了新机遇。大数据正在为安全分析提供新的可能性,对于海量数据的分析有助于信息安全服务提供商更好地刻画网络异常行为,从而找出数据中的风险点。对实时安全和商务数据结合在一起的数据进行预防性分析,可识别钓鱼攻击,防止诈骗和阻止黑客入侵。网络攻击行为总会留下蛛丝马迹,这些痕迹都以数据的形式隐藏在大数据中,利用大数据技术整合计算和处理资源有助于更有针对性地应对信息安全威胁,有助于找到攻击的源头。

6.2 数据模型

6.2.1 数据模型的基本概念

模型是对现实世界特征的模拟和抽象，数据模型是对现实世界数据特征的抽象。人们常见的航模飞机、地图、建筑设计沙盘等都是具体的模型。最常用的数据模型分为概念数据模型和基本数据模型。

（1）概念数据模型。也称信息模型，是按用户的观点对数据和信息建模，是现实世界到信息世界的第一层抽象。它强调语义表达功能，易于用户理解，是用户和数据库设计人员交流的语言，主要用于数据库设计。这类模型中最著名的是实体联系模型（E-R 模型）。

（2）基本数据模型。按计算机系统的观点对数据建模，是现实世界数据特征的抽象，用于 DBMS 的实现。基本的数据模型有层次模型、网状模型、关系模型和面向对象模型（Object Oriented Model）。

从事物的客观特性到计算机中的具体表示涉及 3 个数据领域：现实世界、信息世界和机器世界。其中，现实世界的数据就是客观存在的各种报表、图表和查询要求等原始数据；信息世界是现实世界在人们头脑中的反映，人们用符号、文字记录下来。在信息世界中，数据库常用的术语是实体、实体集、属性和码；机器世界是按计算机系统的观点对数据建模。机器世界中数据描述的术语有字段、记录、文件和记录码。

信息世界与机器世界相关术语的对应关系如下。

（1）属性与字段。属性是描述实体某方面的特性，字段标记实体属性的命名单位。例如，用"书号、书名、作者名、出版社、日期"5 个属性描述书的特性，对应有 5 个字段。

（2）实体与记录。实体表示客观存在并能相互区别的事物（如一个学生、一本书）；记录是字段的有序集合，一般情况下，一条记录描述一个实体。例如，"10121, DATABASE SYSTEM CONCEPTS,China Machine Press, 2014-2"描述的是一个实体，对应一条记录。

（3）码与记录码。码也称为键，是能唯一区分实体的属性或属性集；记录码是唯一标识文件中每条记录的字段或字段集。

（4）实体集与文件。实体集是具有共同特性的实体的集合，文件是同一类记录的汇集。例如，所有学生构成了学生实体集，而所有学生记录组成了学生文件。

（5）实体型与记录型。实体型是属性的集合，如表示学生学习情况的属性集合为实体型（Sno, Sname, Sage, Grade, SD, Cno, …）。记录型是记录的结构定义。

6.2.2　数据模型的三要素

数据模型的三要素是指数据结构、数据操作和数据的约束条件。

（1）数据结构。数据结构是所研究的对象类型的集合，是对系统静态特性的描述。

（2）数据操作。数据操作是指对数据库中各种对象（型）的实例（值）允许执行的操作的集合，包括操作及操作规则。如操作有检索、插入、删除、修改，操作规则有优先级别等。数据操作是对系统动态特性的描述。

（3）数据的约束条件。是一组完整性规则的集合。也就是说，对于具体的应用数据必须遵循特定的语义约束条件，以保证数据的正确、有效和相容。例如，某单位人事管理中，要求在职的男职工的年龄必须满足"18≤年龄≤60"，工程师的基本工资不能低于 1500 元，每个职工可担任一个工种，这些要求可以通过建立数据的约束条件来实现。

6.2.3　E-R 模型

在数据库设计中，常用实体联系模型（Entity-Relationship Model，E-R 模型）来描述现实世界到信息世界的问题，它是软件设计中的一个重要工具。E-R 模型易于用户理解，是用户和数据库设计人员交流的语言。

1．E-R 方法

概念模型中常用的方法为 E-R 方法。该方法直接从现实世界中抽象出实体和实体间的联系，然后用直观的 E-R 图来表示数据模型。E-R 图中的主要构件如表 6-1 所示。

表 6-1　E-R 图中的主要构件

构　件	说　明
矩形	表示实体集
双边矩形	表示弱实体集
菱形	表示联系集
双边菱形	表示弱实体集对应的标识性联系
椭圆	表示属性
线段	将属性与相关的实体集连接，或将实体集与联系集相连
双椭圆	表示多值属性
虚椭圆	表示派生属性
双线	表示一个实体全部参与到联系集中

在 E-R 图中，弱实体集以双边框的矩形表示，而对应的标识性联系以双边框的菱形表示。

例如，职工实体和子女关系实体之间的联系如图 6-4 所示。

说明 1：在 E-R 图中，实体集中作为主码的一部分属性以下划线标明。另外，在实体集与联系的线段上标上联系的类型。

说明 2：在本书中，若不引起误解，实体集有时简称实体，联系集有时简称联系。

特别需要指出的是，E-R 模型强调的是语义，与现实世界的问题密切相关。例如，不同学校的教学管理方法可能不同，因此具有不同的语义，从而得到不同的 E-R 模型。E-R 模型的主要概念有实体、联系和属性。

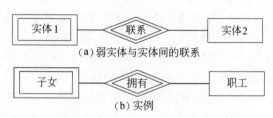

图 6-4　弱实体与实体间的联系

2. 实体

实体是现实世界中可以区别于其他对象的"事件"或"物体"。例如，企业中的每个员工都是一个实体。每个实体有一组特性（属性）来表示，其中的某一部分属性可以唯一标识实体，如职工实体中的职工号。实体集是具有相同属性的实体集合。例如，学校所有教师具有相同的属性，因此教师的集合可以定义为一个实体集；学生具有相同的属性，因此学生的集合可以定义为另一个实体集。

3. 联系

实体的联系分为实体内部的联系和实体与实体之间的联系。实体内部的联系反映数据在同一记录内部各字段间的联系。这里主要讨论实体集之间的联系。

1）两个不同实体之间的联系

两个不同实体集之间存在一对一、一对多和多对多的联系类型。

- 一对一：指实体集 E1 中的一个实体最多只与实体集 E2 中的一个实体相联系，记为 1:1。
- 一对多：表示实体集 E1 中的一个实体可与实体集 E2 中的多个实体相联系，记为 1 : n。
- 多对多：表示实体集 E1 中的多个实体可与实体集 E2 中的多个实体相联系，记为 m : n。

例如，图 6-4 表示两个不同实体集之间的联系。其中：

（1）电影院里一个座位只能坐一个观众，因此观众与座位之间是一个 1:1 的联系，联系名为 V_S，用 E-R 图表示如图 6-5（a）所示。

（2）部门 DEPT 和职工 EMP 实体集，若一个职工只能属于一个部门，那么这两个实体集之间应是一个 1 : n 的联系，联系名为 D_E，用 E-R 图表示如图 6-5（b）所示。

（3）工程项目 PROJ 和职工 EMP 实体集，若一个
职工可以参加多个项目，一个项目可以由多个职工参
加，那么这两个实体集之间应是一个 m:n 的联系，联
系名为 PR_E，用 E-R 图表示如图 6-5（c）所示。

2）两个以上不同实体集之间的联系

两个以上不同实体集之间存在 1:1:1、1:1:n、
1:m:n 和 r:m:n 的联系。例如，图 6-5 表示了 3 个
不同实体集之间的联系。其中：

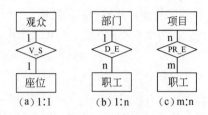

图 6-5　3 个不同实体集之间的联系

（1）图 6-6（a）表示供应商 Supp、项目 Proj 和零件 Part 之间的多对多（r:n:m）联系，联
系名为 SP_P。表示供应商为多个项目供应多种零件，每个项目可用多个供应商供应的零件，每
种零件可由不同的供应商供应的语义。

（2）图 6-6（b）表示病房、病人和医生之间的一对多（1:n:m）联系，联系名为 P_D。
表示一个特护病房有多个病人和多个医生，一个医生只负责一个病房，一个病人只占用一个病
房的语义。

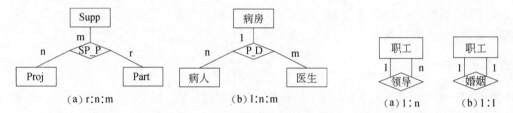

图 6-6　3 个不同实体集之间的联系　　图 6-7　同一实体集之间的 1:n 和 1:1 联系

注意，3 个实体集之间的多对多联系和三个实体集两两之间的多对多联系的语义是不同的。
例如，供应商和项目实体集之间的"合同"联系，表示供应商为哪几个工程签了合同。供应商
与零件实体集之间的"库存"联系，表示供应商库存零件的数量。项目与零件两个实体集之间
的"组成"联系，表示一个项目需要使用哪几种零件。

3）同一实体集内的二元联系

同一实体集内的各实体之间也存在 1:1、1:n 和 m:n 的联系，如图 6-7 所示。从图 6-7
可知，职工实体集中的"领导"联系（即领导与被领导联系）是 1:n 的。但是，职工实体集中
的"婚姻"联系是 1:1 的。

4. 属性

属性是实体某方面的特性。例如，职工实体集具有职工号、姓名、年龄、参加工作时间和

通信地址等属性。每个属性都有其取值范围，如职工号为 0001～9999 的 4 位整型数，姓名为 10 位的字符串，年龄的取值范围为 18～60 等。在同一实体集中，每个实体的属性及值域是相同的，但可能取不同的值。E-R 模型中的属性有如下分类。

（1）简单属性和复合属性。简单属性是原子的、不可再分的，复合属性可以细分为更小的部分（即划分为别的属性）。有时用户希望访问整个属性，有时希望访问属性的某个成分，那么在模式设计时可采用复合属性。例如，职工实体集的通信地址可以进一步分为邮编、省、市、街道。若不特别声明，通常指的是简单属性。

（2）单值属性和多值属性。单值属性是指属性对于一个特定的实体都只有单独的一个值。例如，对于一个特定的职工，在系统中只对应一个职工号、职工姓名，这样的属性叫作单值属性。但是，在某些特定情况下，一个属性可能对应一组值。例如，职工可能有 0 个、1 个或多个亲属，那么职工亲属的姓名可能有多个，这样的属性称为多值属性。

（3）NULL 属性。当实体在某个属性上没有值或属性值未知时，使用 NULL 值，表示无意义或不知道。

（4）派生属性。派生属性可以从其他属性得来。例如，职工实体集中有"参加工作时间"和"工作年限"属性，那么"工作年限"的值可以由当前时间和参加工作时间得到。这里，"工作年限"就是一个派生属性。

5. 实例分析

【例 6-1】 某学校有若干个系，每个系有若干名教师和学生；每个教师可以主讲若干门课程，并参加多个项目；每个学生可以同时选修多门课程；每门课程由一个老师负责，多个学生选课。请设计该学校教学管理的 E-R 模型，要求给出每个实体、联系的属性。

解：根据需求分析结果，该校教学管理系统有 5 个实体：系、教师、学生、项目和课程。

（1）设计各实体属性如下：

系（系号，系名，主任名）

教师（教师号，教师名，职称）

学生（学号，姓名，年龄，性别）

项目（项目号，名称，负责人）

课程（课程号，课程名，学分）

（2）各实体之间的联系有：教师担任课程的 1∶n "任课"联系；教师参加项目的 n∶m "参加"联系；学生选修课程的 n∶m "选修"联系；系、学生及教师之间的 1∶n∶m "领导"联系。其中，"参加"联系有一个排名属性，"选修"联系有一个成绩属性。

通过上述分析，设计该校的教学管理系统的 E-R 模型如图 6-8 所示。

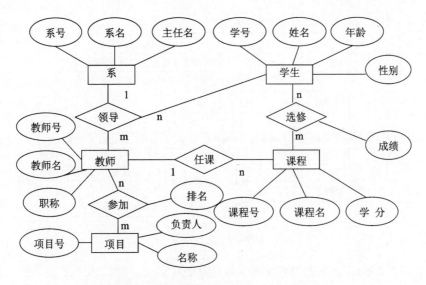

图 6-8 学校教学管理系统的 E-R 模型

6.2.4 基本的数据模型

1. 层次模型（Hierarchical Model）

层次模型采用树型结构表示数据与数据间的联系。在层次模型中，每个结点表示一个记录类型（实体），记录之间的联系用结点之间的连线表示，并且根结点以外的其他结点有且仅有一个双亲结点。上层和下一层类型的联系是 1：n 联系（包括 1:1 联系）。

【例 6-2】 某商场的部门、员工和商品 3 个实体的层次模型如图 6-9（a）所示。其中，每个部门有若干个员工，每个部门负责销售的商品有若干种，即该模型还表示部门到员工之间的一对多（1：n）联系，部门到商品之间的一对多（1：n）联系。

图 6-9（a）给出的只是商场层次模型的"型"，而不是"值"。在数据库中，"型"就是数据库模式，而"值"就是数据库实例。模式是数据库的逻辑设计，而数据库实例是给定时刻数据库中数据的一个快照。图 6-9（b）表示商场销售部的一个实例。该实例表示在某一时刻销售部是由李军负责，下属 4 个员工，负责销售的商品有 5 种。

层次模型的特点是记录之间的联系通过指针实现，比较简单，查询效率高。

层次模型的缺点是只能表示 1：n 的联系，尽管有许多辅助手段实现 m:n 的联系，但较复杂且不易掌握；由于层次顺序严格且复杂，对插入和删除操作的限制比较多，导致应用程序编制比较复杂。

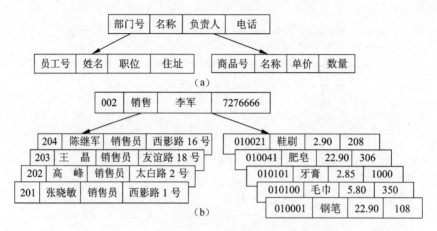

图 6-9 层次模型

IBM 公司在 1968 年推出的 IMS 系统（信息管理系统）是典型的层次模型系统，20 世纪 70 年代在商业领域得到了广泛的应用。

2．网状模型（Network Model）

采用网络结构表示实体类型及实体间联系的数据模型称为网状模型。在网状模型中，允许一个以上的结点无双亲，每个结点可以有多于一个的双亲。网状模型是一个比层次模型更普遍的数据结构，层次模型是网状模型的一个特例。网状模型可以直接地描述现实世界。

网状模型中的每个结点表示一个记录类型（实体），每个记录类型可以包含若干个字段（实体的属性），结点间的连线表示记录类型之间一对多的联系。与层次模型的主要区别如下：网状模型中子女结点与双亲结点的联系不唯一，因此需要为每个联系命名；网状模型允许复合链，即两个结点之间有两种以上的联系，如图 6-10 所示的工人与设备之间的联系；网状模型不能表示记录之间的多对多联系，需要引入联结记录来表示多对多的联系。

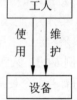

图 6-10 工人与设备的联系

网状模型的主要优点是能更为直接地描述现实世界，具有良好的性能，存取效率高。

网状模型的主要缺点是结构复杂。例如，当应用环境不断扩大时，数据库结构就变得很复杂，不利于最终用户掌握，编制应用程序难度也比较大。

3．关系模型（Relational Model）

关系模型是目前较常用的数据模型之一。关系数据库系统采用关系模型作为数据的组织方式，在关系模型中用表格结构表达实体集，以及实体集之间的联系，其最大特点是描述的一致性。关系模型是由若干个关系模式组成的集合。关系模式可记为 R（A_1，A_2，A_3，…，A_n），其中，R 表示关系名，A_1，A_2，A_3，…，A_n 表示属性名。

一个关系模式相当于一个记录型，对应于程序设计语言中类型定义的概念。关系是一个实例，也是一张表，对应于程序设计语言中变量的概念。变量的值随程序运行可能发生变化，类似地，当关系被更新时，关系实例的内容也随时间发生了变化。

在关系模型中用主码（也称主键或主关键字）导航数据，表格简单、直观易懂，用户只需要简单的查询语句就可以对数据库进行操作，即用户只需指出"干什么"或"找什么"，而不必详细说明"怎么干"或"怎么找"，无须涉及存储结构和访问技术等细节。

【**例 6-3**】　教学管理数据库的 4 个关系模式如下：

S (<u>Sno</u>,Sname,SD,Sage,Sex)　　　；学生 S 关系模式，属性为学号、姓名、系、年龄和性别
T (<u>Tno</u>,Tname,Age,Sex)　　　　　；教师 T 关系模式，属性为教师号、姓名、年龄和性别
C (<u>Cno</u>,Cname,Pcno)　　　　　　　；课程 C 关系模式，属性为课程号、课程名和先修课程号
SC (<u>Sno,Cno</u>,Grade)　　　　　　　；学生选课 SC 关系模式，属性为学号、课程号和成绩

关系模式中带下划线的属性是主码属性。图 6-11 是教学模型的一个具体实例。

S 学生关系

Sno	Sname	SD	Age	Sex
01001	贾皓昕	IS	20	男
01002	姚勇	IS	20	男
03001	李晓红	CS	19	女

T 教师关系

Tno	Tname	Age	Sex
001	方铭	34	女
002	章雨敬	58	男
003	王平	48	女

SC 选课

Sno	Cno	Grade
01001	C001	90
01001	C002	91
01002	C001	95
01002	C003	89
03001	C001	91

C 课程关系

Cno	Cname	Pcno
C001	MS	
C002	IC	
C003	C++	C002
C004	OS	C002
C005	DBMS	C004

图 6-11　关系模型的实例

6.3　DBMS 的功能和特征

6.3.1　DBMS 的功能

DBMS 主要实现共享数据有效地组织、管理和存取，因此 DBMS 应具有如下 6 个方面的

功能。

（1）数据定义。DBMS 提供数据定义语言（Data Definition Language，DDL），用户可以对数据库的结构进行描述，包括外模式、模式和内模式的定义；数据库的完整性定义；安全保密定义，如口令、级别和存取权限等。这些定义存储在数据字典中，是 DBMS 运行的基本依据。

（2）数据库操作。DBMS 向用户提供数据操纵语言（Data Manipulation Language，DML），实现对数据库中数据的基本操作，如检索、插入、修改和删除。DML 分为两类：宿主型和自含型。所谓宿主型，是指将 DML 语句嵌入某种主语言（如 C、COBOL 等）中使用；自含型是指可以单独使用 DML 语句，供用户交互使用。

（3）数据库运行管理。数据库在运行期间多用户环境下的并发控制、安全性检查和存取控制、完整性检查和执行、运行日志的组织管理、事务管理和自动恢复等是 DBMS 的重要组成部分。这些功能可以保证数据库系统的正常运行。

（4）数据组织、存储和管理。DBMS 分类组织、存储和管理各种数据，包括数据字典、用户数据和存取路径等。要确定以何种文件结构和存取方式在存储级上组织这些数据，以提高存取效率。实现数据间的联系、数据组织和存储的基本目标是提高存储空间的利用率。

（5）数据库的建立和维护。数据库的建立和维护包括数据库的初始建立、数据的转换、数据库的转储和恢复、数据库的重组和重构、性能监测和分析等。

（6）其他功能。包括 DBMS 的网络通信功能，一个 DBMS 与另一个 DBMAS 或文件系统的数据转换功能，以及异构数据库之间的互访和互操作能力等。

6.3.2　DBMS 的特征与分类

1. DBMS 的特征

通过 DBMS 管理数据具有如下特点。

（1）数据结构化且统一管理。数据库中的数据由 DBMS 统一管理。由于数据库系统采用复杂的数据模型表示数据结构，数据模型不仅描述数据本身的特点，还描述数据之间的联系。数据不再面向某个应用，而是面向整个应用系统。数据易维护、易扩展，数据冗余明显减少，真正实现了数据的共享。

（2）有较高的数据独立性。数据的独立性是指数据与程序独立，将数据的定义从程序中分离出去，由 DBMS 负责数据的存储，应用程序关心的只是数据的逻辑结构，无须了解数据在磁盘上的数据库中的存储形式，从而简化了应用程序，大大减少了应用程序编制的工作量。数据的独立性包括数据的物理独立性和数据的逻辑独立性。

（3）数据控制功能。DBMS 提供了数据控制功能，以适应共享数据的环境。数据控制功能包括对数据库中数据的安全性、完整性、并发和恢复的控制。

① 数据库的安全性保护。数据库的安全性（Security）是指保护数据库以防止不合法的使用所造成的数据泄露、更改或破坏。这样，用户只能按规定对数据进行处理。例如，划分了不同的权限，有的用户只能有读数据的权限，有的用户有修改数据的权限，用户只能在规定的权限范围内操纵数据库。

② 数据的完整性。数据库的完整性是指数据库的正确性和相容性，是防止合法用户使用数据库时向数据库加入不符合语义的数据。保证数据库中数据是正确的，避免非法的更新。

③ 并发控制。在多用户共享的系统中，许多用户可能同时对同一数据进行操作。DBMS的并发控制子系统负责协调并发事务的执行，保证数据库的完整性不受破坏，避免用户得到不正确的数据。

④ 故障恢复。数据库中的 4 类故障是事务内部故障、系统故障、介质故障及计算机病毒。故障恢复主要是指恢复数据库本身，即在故障引起数据库当前状态不一致后，将数据库恢复到某个正确状态或一致状态。恢复的原理非常简单，就是要建立冗余（Redundancy）数据。换句话说，确定数据库是否可恢复的方法就是其包含的每一条信息是否都可以利用冗余地存储在别处的信息重构。冗余是物理级的，通常认为逻辑级是没有冗余的。

2．DBMS 分类

DBMS 通常可分为如下 3 类。

（1）关系数据库系统（Relation Database Systems，RDBS）。RDBS 是支持关系模型的数据库系统。在关系模型中，实体以及实体间的联系都是用关系来表示。在一个给定的现实世界领域中，相应于所有实体及实体之间联系的关系的集合构成一个关系数据库，也有型和值之分。关系数据库的型也称为关系数据库模式，是对关系数据库的描述，是关系模式的集合；关系数据库的值也称为关系数据库，是关系的集合。关系数据库模式与关系数据库通常统称为关系数据库。在微型计算机方式下常见的 FOXPRO 和 ACCESS 等 DBMS，严格地讲不能算是真正的关系型数据库，对许多关系类型的概念并不支持，但它却因为简单实用、价格低廉，目前拥有很大的用户市场。

（2）面向对象的数据库系统（Object-Oriented Database System，OODBS）。OODBS 是支持以对象形式对数据建模的数据库管理系统，包括对对象的类、类属性的继承，对子类的支持。面向对象数据库系统主要有两个特点：面向对象数据模型能完整描述现实世界的数据结构，能表达数据间嵌套、递归的联系；具有面向对象技术的封装性和继承性，提高了软件的可重用性。

（3）对象关系数据库系统（Object-Relational Database System，ORDBS）。ORDBS 是在传统的关系数据模型基础上，提供元组、数组、集合一类更为丰富的数据类型以及处理新的数据类型操作的能力，这样形成的数据模型被称为"对象关系数据模型"。基于对象关系数据模型的 DBS 称为对象关系数据库系统。

6.4　数据库模式

数据库系统是数据密集型应用的核心，其体系结构受数据库运行所在的计算机系统的影响很大。从数据库管理系统的角度看，数据库系统体系结构一般采用三级模式结构。

6.4.1　模式

数据库的产品很多，不同的产品可支持不同的数据模型，使用不同的数据库语言，建立在不同的操作系统上。数据的存储结构也各不相同，但体系结构基本上都具有相同的特征，采用"三级模式和两级映像"，如图 6-12 所示。

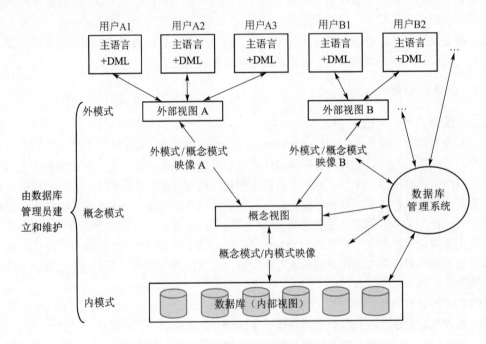

图 6-12　数据库系统体系结构

数据库系统采用三级模式结构，这是数据库管理系统内部的系统结构。

数据库系统设计员可在视图层、逻辑层和物理层对数据抽象，通过外模式、概念模式和内模式来描述不同层次上的数据特性。

1. 概念模式

概念模式也称模式，是数据库中全部数据的逻辑结构和特征的描述，它由若干个概念记录类型组成，只涉及行的描述，不涉及具体的值。概念模式的一个具体值称为模式的一个实例，同一个模式可以有很多实例。

概念模式反映的是数据库的结构及其联系，所以是相对稳定的；而实例反映的是数据库某一时刻的状态，所以是相对变动的。

需要说明的是，概念模式不仅要描述概念记录类型，还要描述记录间的联系、操作、数据的完整性和安全性等要求。但是，概念模式不涉及存储结构、访问技术等细节。只有这样，概念模式才算做到了"物理数据独立性"。

描述概念模式的数据定义语言称为"模式 DDL（Schema Data Definition Language）"。

2. 外模式

外模式也称用户模式或子模式，是用户与数据库系统的接口，是用户用到的那部分数据的描述。它由若干个外部记录类型组成。用户使用数据操纵语言对数据库进行操作，实际上是对外模式的外部记录进行操作。

描述外模式的数据定义语言称为"外模式 DDL"。有了外模式后，程序员不必关心概念模式，只与外模式发生联系，按外模式的结构存储和操纵数据。

3. 内模式

内模式也称存储模式，是数据物理结构和存储方式的描述，是数据在数据库内部的表示方式。需要定义所有的内部记录类型、索引和文件的组织方式，以及数据控制方面的细节。

例如，记录的存储方式是顺序存储、B 树结构存储还是 Hash 方法存储；索引按照什么方式组织；数据是否压缩存储，是否加密；数据的存储记录结构有何规定。

需要说明的是，内部记录并不涉及物理记录，也不涉及设备的约束。比内模式更接近于物理存储和访问的那些软件机制是操作系统的一部分（即文件系统），如从磁盘上读、写数据。

描述内模式的数据定义语言称为"内模式 DDL"。

总之，数据按外模式的描述提供给用户；按内模式的描述存储在磁盘上；而概念模式提供了连接这两级模式的相对稳定的中间层，并使得两级中任意一级的改变都不受另一级的牵制。

6.4.2　三级模式两级映像

数据库系统在三级模式之间提供了两级映像：模式/内模式的映像、外模式/模式的映像。这两级映射保证了数据库中的数据具有较高的物理独立性和逻辑独立性。

- 模式/内模式的映像：实现概念模式到内模式之间的相互转换。
- 外模式/模式的映像：实现外模式到概念模式之间的相互转换。

数据的独立性是指数据与程序独立，将数据的定义从程序中分离出去，由 DBMS 负责数据的存储，从而简化应用程序，大大减少应用程序编制的工作量。数据的独立性是由 DBMS 的二级映像功能来保证的。数据的独立性包括数据的物理独立性和数据的逻辑独立性。

数据的物理独立性是指当数据库的内模式发生改变时，数据的逻辑结构不变。由于应用程序处理的只是数据的逻辑结构，这样物理独立性可以保证，当数据的物理结构改变了，应用程序不用改变。但是，为了保证应用程序能够正确执行，需要修改概念模式/内模式之间的映像。

数据的逻辑独立性是指用户的应用程序与数据库的逻辑结构是相互独立的。数据的逻辑结构发生变化后，用户程序也可以不修改。但是，为了保证应用程序能够正确执行，需要修改外模式/概念模式之间的映像。

6.5　关系数据库与关系运算

6.5.1　关系数据库的基本概念

1．属性和域

在现实世界中，一个事物常常取若干特征来描述，这些特征称为属性（Attribute）。例如，用学号、姓名、性别、系别、年龄和籍贯等属性来描述学生。每个属性的取值范围对应一个值的集合，称为该属性的域（Domain）。例如，学号的域是 6 位整数；姓名的域是 20 个字符；性别的域为（男，女）。

一般在关系数据模型中，限制所有的域都是原子数据（Atomic Data）。例如，整数、字符串是原子数据，而集合、记录、数组是非原子数据。关系数据模型的这种限制称为第一范式（First Normal Form，1NF）条件。

2．笛卡儿积与关系

【定义 6.1】　设 $D_1, D_2, \cdots, D_i, \cdots, D_n$ 为任意集合，定义 $D_1, D_2, \cdots, D_i, \cdots, D_n$ 的笛卡儿积为

$$D_1 \times D_2 \times \cdots \times D_i \times \cdots \times D_n = \{(d_1, d_2, \cdots, d_i, \cdots d_n) \mid d_i \in D_i, i = 1, 2, 3, \cdots, n\}$$

其中，每一个元素 $(d_1,d_2,\cdots,d_i,\cdots d_n)$ 叫作一个 n 元组（n-tuple，属性的个数），元组的每一个值 d_i 叫作元组的一个分量，若 $D_i(i=1,2,3,\cdots,n)$ 为有限集，其基数（元组的个数）为 $m_i(i=1,2,3,\cdots,n)$，则 $D_1 \times D_2 \times \cdots \times D_i \times \cdots \times D_n$ 的基数 M 为 $M=\prod_{i=1}^{n} m_i$，笛卡儿积可以用二维表来表示。

【例 6-4】 若 $D_1=\{0,1\}$，$D_2=\{a,b\}$，$D_3=\{c,d\}$，求 $D_1 \times D_2 \times D_3$。

解：根据定义，笛卡儿积中的每一个元素应该是一个三元组，每个分量来自不同的域，因此结果为

$$D_1 \times D_2 \times D_3 = \{(0,a,c),(0,a,d),(0,b,c),(0,b,d),(1,a,c),(1,a,d),(1,b,c),(1,b,d)\}$$

用二维表表示如图 6-13 所示。

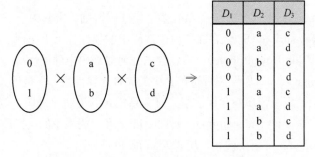

图 6-13　$D_1 \times D_2 \times D_3$ 笛卡儿积的二维表表示

【定义 6.2】 $D_1 \times D_2 \times D_3 \times \cdots \times D_n$ 的子集叫作在域 $D_1,D_2,D_3,\cdots,D_n$ 上的关系，记为 $R(D_1,D_2,D_3,\cdots,D_n)$，称关系 R 为 n 元关系。

从定义 6.2 可知，一个关系也可以用二维表来表示。关系中属性的个数称为"元数"，元组的个数称为"基数"。

关系模型中的术语说明如图 6-14 所示。图中，属性分别为 Sno、Sname、SD 和 Sex，属性 Sex 的域为男、女。学生关系模式可表示为：学生 (Sno,Sname,SD,Sex)。该学生关系的主码为 Sno，该学生关系的元数为 4，基数为 6。

3．主要术语

关系的主要术语（基本概念）解释如下。

* 目或度（Degree）：属性个数 n 是关系的目或度。
* 候选码（Candidate Key）：若关系中某一属性（或属性组）的值能唯一地标识一个元组，

则称该属性（属性组）为候选码。

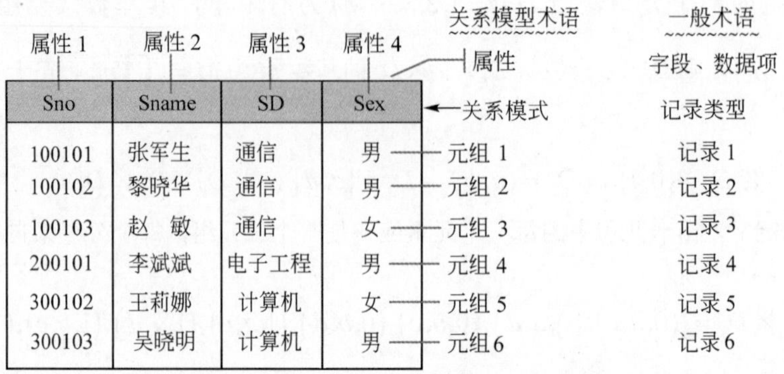

图 6-14   学生关系中相关术语的对应说明

- 主码（Primary Key）：若一个关系有多个候选码，则选定其中一个为主码。
- 主属性（Key attribute）：包含在任何候选码中的属性称为主属性。
- 非码属性（Non-Key attribute）：不包含在任何候选码中的属性称为非码属性。
- 外码（Foreign key）：如果关系模式 R 中的属性（属性组）不是该关系的码，但它是其他关系的码，那么该属性（属性组）对关系模式 R 而言是外码。例如，客户与贷款之间的借贷联系 c-l（c-id,loan-no），属性 c-id 是客户关系中的码，所以 c-id 是外码；属性 loan-no 是贷款关系中的码，所以 loan-no 也是外码。
- 全码（All-key）：关系模型的所有属性组是这个关系模式的候选码，称为全码。

【例 6-5】   关系模式 R（T，C，S），属性 T 表示教师，属性 C 表示课程，属性 S 表示学生。假设一个教师可以讲授多门课程，某门课程可以由多个教师讲授，学生可以听不同教师讲授的不同课程，求 R 的候选码。

解：由于候选码能唯一地标识一个元组，而本题要想区分关系 R 中的每一个元组，关系 R 的码应为全属性 T、C 和 S，即 All-key。

4．关系的性质

一个基本关系具有以下 5 条性质。

（1）分量必须取原子值，每一个分量必须是不可再分的数据项。

（2）列是同质的，每一列中的分量必须是同一类型的数据，来自同一个域。

（3）属性不能重名，每列为一个属性，不同的列可来自同一个域。例如，课程关系 C（Cno，Cname，Pcno），其中 Cno 为课程号，Pcno 为先修课程号，它们都来自同一个域。

（4）行列的顺序无关。因为关系是一个集合，所以不考虑元组间的顺序。

（5）任何两个元组不能完全相同，这是由主码约束来保证的。但有些数据库若用户没有定义完整性约束条件，允许有两行以上相同的元组。

5．关系的 3 种类型

（1）基本关系（通常又称为基本表或基表）。是实际存在的表，它是实际存储数据的逻辑表示。

（2）查询表。查询结果对应的表。

（3）视图表。是由基本表或其他视图表导出的表。由于它本身不独立存储在数据库中，数据库中只存放它的定义，所以常称为虚表。

6.5.2　关系数据库模式

在数据库中要区分型和值。关系数据库中的型也称为关系数据库模式，是关系数据库结构的描述，包括若干域的定义以及在这些域上定义的若干关系模式。关系数据库的值是这些关系模式在某一时刻对应的关系的集合，通常称为关系数据库。

【定义 6.3】　关系的描述称为关系模式（Relation Schema）。可以形式化地表示为

$$R(U, D, dom, F)$$

其中，R 表示关系名；U 是组成该关系的属性名集合；D 是属性的域；dom 是属性向域的映像集合；F 为属性间数据的依赖关系集合。

通常将关系模式简记为：$R(U)$ 或 $R(A_1, A_2, A_3, \cdots, A_n)$。其中，$R$ 为关系名，$A_1, A_2, A_3, \cdots, A_n$ 为属性名或域名，属性常常由其类型和长度说明，并在关系模式主属性上加下划线表示该属性为主码属性。

【例 6-6】　学生关系 S 有学号 Sno、学生姓名 Same、系名 SD、年龄 SA 属性；课程关系 C 有课程号 Cno、课程名 Cname、先修课程号 PCno 属性。如果一个学生可以选择多门课程，一门课程可由多个学生选择，且选课联系的属性为成绩 Grade。请根据题意设计关系模式。

分析：本题需要设计 3 个关系模式，学生关系 S 和课程关系 C 显见；而学生与课程之间的联系也需要设计一个独立的关系模式。因为若联系类型为*:*（多对多）的，需要生成一个独立模式，该模式由两端的码加联系的属性构成，所以根据题意得出关系模式如下：

S（Sno，Sname，SD，SA）

C（Cno，Cname，PCno）

SC（Sno，Cno，Grade）

注意：SC 关系中的 Sno、Cno 分别为外码，因为它们分别是 S、C 关系中的主码。

6.5.3 完整性约束

完整性规则保证授权用户对数据库进行修改不会破坏数据的一致性。关系模型的完整性规则是对关系的某种约束条件，分为实体完整性、参照完整性（也称引用完整性）和用户定义完整性 3 类。

（1）实体完整性（Entity Integrity）。规定基本关系 R 的主属性 A 不能取空值。

（2）参照完整性（Referential Integrity）。存在于两个关系之间，也称引用完整性，用于描述关系模型中实体及实体间的联系。

例如，员工和部门关系模式表示如下，其中员工号和部门号是主码。

员工（员工号，姓名，性别，参加工作时间，部门号）

部门（部门号，名称，电话，负责人）

这两个关系存在着属性的引用，即员工关系中的"部门号"必须是部门关系中某部门的编号。也就是说，员工关系中的"部门号"属性的取值要参照部门关系的"部门号"属性的取值。

参照完整性规定：对于关系 R 和 S，若 F 是关系 R 的外码，它与关系 S 的主码 K_s 相对应（基本关系 R 和 S 不一定是不同的关系），则 R 中每个元组在 F 上的取值必须满足或者取空值（F 的每个属性值均为空值）；或者等于 S 中某个元组的主码值。

（3）用户定义的完整性（User Defined Integrity）。就是针对某一具体的关系数据库的约束条件，反映某一具体应用所涉及的数据必须满足的语义要求，由应用环境决定。例如，规定职工的年龄必须大于等于 18、小于等于 60。

6.5.4 关系代数运算

关系操作的特点是操作对象和操作结果都是集合。关系代数运算符有 4 类：集合运算符、专门的关系运算符、算术比较符和逻辑运算符，如表 6-2 所示。

表 6-2 关系代数运算符

运　算　符		含　义	运　算　符		含　义
集合运算符	$\cup$	并	比较运算符	$>$	大于
	$-$	差		$\geqslant$	大于等于
	$\cap$	交		$<$	小于
	$\times$	笛卡儿积		$\leqslant$	小于等于
				$=$	等于
				$\neq$	不等于
专门的关系运算符	σ	选择	逻辑运算符	$\neg$	非
	π	投影		$\wedge$	与
	$\bowtie$	连接		$\vee$	或
	$\div$	除			

传统的集合运算是从关系的水平方向进行的，包括并、交、差及广义笛卡儿积。专门的关系运算既可以从关系的水平方向进行运算，也可以从关系的垂直方向进行运算，包括选择、投影、连接及除法。

并、差、笛卡儿积、投影和选择是 5 种基本的运算，其他运算可以由基本运算导出。

1）并（Union）

关系 R 与 S 具有相同的关系模式，即 R 与 S 的结构相同。关系 "R 与 S 的并" 由属于 R 或属于 S 的元组构成，记作 $R \cup S$，其形式定义为 $R \cup S = \{t \mid t \in R \lor t \in S\}$，其中 t 为元组变量。

2）差（Difference）

关系 R 与 S 具有相同的关系模式，关系 R 与 S 的差由属于 R 但不属于 S 的元组构成，记作 R–S，其形式定义为 $R - S = \{t \mid t \in R \land t \notin S\}$。

3）广义笛卡儿积（Extended Cartesian Product）

两个元数分别为 n 目和 m 目的关系 R 和 S 的广义笛卡儿积是一个（$n+m$）列的元组的集合。元组的前 n 列是关系 R 的一个元组，后 m 列是关系 S 的一个元组，记作 $R \times S$。若 R 和 S 中有相同的属性名，可在属性名前加关系名作为限定，以示区别。若 R 有 K_1 个元组，S 有 K_2 个元组，则 R 和 S 的广义笛卡儿积有 $K_1 \times K_2$ 个元组。

4）投影（Projection）

投影运算从关系的垂直方向进行运算，在关系 R 中选择出若干属性列 A 组成新的关系，记作 $\pi_A(R)$，其形式定义为 $\pi_A(R) = \{t[A] \mid t \in R\}$。

5）选择（Selection）

选择运算从关系的水平方向进行运算，是从关系 R 中选择满足给定条件的若干个元组，记作 $\sigma_F(R)$，其形式定义为 $\sigma_F(R) = \{t \mid t \in R \land F(t) = \text{True}\}$。其中，$F$ 中的运算对象是属性名（或列的序号），运算符为算术比较符（$<, \leqslant, >, \geqslant, =, \neq$）和逻辑运算符（$\land, \lor, \neg$）。例如，$\sigma_{1 \geqslant 6}(R)$ 表示选取 R 关系中第 1 个属性值大于等于第 6 个属性值的元组；$\sigma_{1 > '6'}(R)$ 表示选取 R 关系中第 1 个属性值大于'6'的元组。

【例 6-7】设有关系 R、S，如图 6-15 所示，求 $R \cup S$，$R - S$，$R \times S$，$\pi_{A,C}(R)$，$\sigma_{A>B}(R)$，$\sigma_{3 < 4}(R \times S)$。

A	B	C
a	b	c
b	a	d
c	d	e
d	f	g

A	B	C
b	a	d
d	f	g
f	h	k

　　（a）关系 R　　　　　（b）关系 S

图 6-15　关系 R、S

解：$R \cup S$，$R-S$，$R \times S$，$\pi_{A,C}(R)$，$\sigma_{A>B}(R)$，$\sigma_{3<4}(R \times S)$ 的结果如图 6-16 所示。

需要注意的是，$R \times S$ 后生成的关系属性名有重复，按照关系"属性不能重名"的性质，通常采用"关系名.属性名"的格式加以区别。对于 $\sigma_{3<4}(R \times S)$ 的含义，是 $R \times S$ 后"选取第三个属性值小于第四个属性值"的元组。由于 $R \times S$ 的第三个属性为 R.C，第四个属性是 S.A，因此 $\sigma_{3<4}(R \times S)$ 的含义也是 $R \times S$ 后"选取 R.C 值小于 S.A 值"的元组。

$R \cup S$

A	B	C
a	b	c
b	a	d
c	d	e
d	f	g
f	h	k

$R - S$

A	B	C
a	b	c
c	d	e

$\pi_{A,C}(R)$

A	C
a	c
b	d
c	e
d	g

$\sigma_{A>B}(R)$

A	B	C
b	a	d

$R \times S$

R.A	R.B	R.C	S.A	S.B	S.C
a	b	c	b	a	d
a	b	c	d	f	g
a	b	c	f	h	k
b	a	d	b	a	d
b	a	d	d	f	g
b	a	d	f	h	k
c	d	e	b	a	d
c	d	e	d	f	g
c	d	e	f	h	k
d	f	g	b	a	d
d	f	g	d	f	g
d	f	g	f	h	k

$\sigma_{3<4}(R \times S)$

R.A	R.B	R.C	S.A	S.B	S.C
a	b	c	f	h	g
a	b	c	f	h	k
b	a	d	f	h	k
c	d	e	f	h	k

图 6-16 运算结果

6）交（Intersection）

关系 R 与 S 具有相同的关系模式，关系 R 与 S 的交由属于 R 同时又属于 S 的元组构成，关系 R 与 S 的交记作 $R \cap S$，其形式定义为 $R \cap S = \{t \mid t \in R \land t \in S\}$。显然，$R \cap S = R - (R - S)$，或者 $R \cap S = S - (S - R)$。

7）连接（Join）

连接运算是从两个关系 R 和 S 的笛卡儿积中选取满足条件的元组。因此，可以认为笛卡儿积是无条件连接，其他的连接操作认为是有条件连接。连接运算可分为 θ 连接、等值连接及自然连接。

（1）θ 连接。从 R 与 S 的笛卡儿积中选取属性间满足一定条件的元组。记作 $R \underset{X\theta Y}{\bowtie} S$，'$X\theta Y$' 为连接的条件，θ 是比较运算符，$X$ 和 Y 分别为 R 和 S 上度数相等且可比的属性组。

（2）等值连接。当 θ 为 "="时，称为等值连接，记为 $R \underset{X=Y}{\bowtie} S$。

（3）自然连接。是一种特殊的等值连接，它要求两个关系中进行比较的分量必须是相同的属性组，并且在结果集中将重复属性列去掉，记作 $R \bowtie S$。

【例 6-8】 设有关系 R、S，如图 6-17 所示，求 $R \bowtie S$。

解：本题 R 与 S 关系中相同的属性组为 A 和 C，因此，结果集中的属性列应为 A、B、C、D，如图 6-18 所示。

A	B	C
a	b	c
b	a	d
c	d	e
d	f	g

(a) 关系 R

A	C	D
a	c	d
d	f	g
b	d	g

(b) 关系 S

图 6-17　关系 R、S

A	B	C	D
a	b	c	d
b	a	d	g

图 6-18　$R \bowtie S$

【例 6-9】 对于图 6-15 所示的关系 R、S，求 $R \underset{R.A<S.B}{\bowtie} S$。

解：本题连接的条件为 $R.A < S.B$，意为将 R 关系中属性 A 的值小于 S 关系中属性 B 的值的元组取出来作为结果集的元组。结果集为 $R \times S$ 后选出满足条件的元组，并且结果集的属性为 R.A、R.B、R.C、S.A、S.B、S.C，如图 6-19 所示。

R.A	R.B	R.C	S.A	S.B	S.C
a	b	c	d	f	g
a	b	c	f	h	k
b	a	d	d	f	g
b	a	d	f	h	k
c	d	e	d	f	g
c	d	e	f	h	k
d	f	g	d	f	g
d	f	g	f	h	k

图 6-19　$R \underset{R.A<S.B}{\bowtie} S$

6.6   关系数据库 SQL 语言简介

SQL（Structured Query Language）是一种通用的、功能强大的标准查询语言，已在众多商用 DBMS（如 DB2、Oracle、Ingres、Sybase 和 SQL Server 等）实现。SQL 不仅包含数据查询功能，还包括插入、删除、更新和数据定义功能。SQL 用户可以是应用程序，也可以是终端用户。

6.6.1   SQL 概述

目前，SQL 主要有 3 个标准：ANSI（美国国家标准机构）SQL；对 ANSI SQL 进行修改后在 1992 年采用的标准称为 SQL-92（或 SQL2）；SQL-99 标准（或 SQL3 标准）。SQL-99 从 SQL-92 扩充而来，增加了对象关系特征和许多新的功能。

1．SQL 的特点

（1）综合统一。SQL 集数据定义、数据操纵和数据控制功能于一体，语言风格统一，可独立完成数据库生命周期的所有活动。

（2）高度非过程化。非关系数据模型的数据操纵语言是面向过程的，若要完成某项请求时，必须指定存储路径；而 SQL 语言是高度非过程化语言，进行数据操作时，只要指出"做什么"，无须指出"怎么做"，存储路径对用户来说是透明的，提高了数据的独立性。

（3）面向集合的操作方式。非关系数据模型采用的是面向记录的操作方式，操作对象是一条记录。而 SQL 语言采用面向集合的操作方式，其操作对象、查找结果可以是元组的集合。

（4）两种使用方式。用户可以在终端键盘上输入 SQL 命令，对数据库进行操作，称为自含式语言；或者将 SQL 语言嵌入高级语言程序中使用（称为嵌入式语言）。

SQL 语言功能极强，只用了 9 个动词表示其核心功能，如下所示。

- 数据查询：SELECT。
- 数据定义：CREATE、DROP、ALTER。
- 数据操纵：INSERT、UPDATE、DELETE。
- 数据控制：GRANT、REVOKE。

2．SQL 支持三级模式结构

SQL 支持关系数据库的三级模式结构，其中，视图对应外模式、基本表对应模式、存储文件对应内模式，如图 6-20 所示。

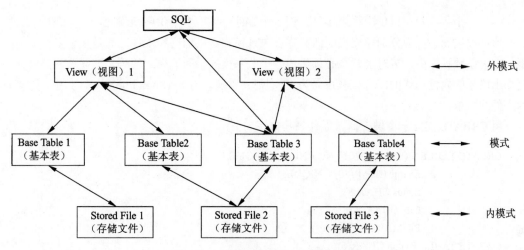

图 6-20　关系数据库的三级模式结构

3．SQL 的基本组成

SQL 由以下几个部分组成：数据定义语言、交互式数据操纵语言、事务控制、嵌入式 SQL 和动态 SQL、完整性控制和权限管理。下面主要介绍基本的 DDL、DML、嵌入式 SQL。

6.6.2　SQL 数据定义

SQL DDL 提供定义关系模式和视图、删除关系和视图、修改关系模式的命令。

1．创建表（CREATE TABLE）

语句格式：CREATE TABLE <表名>(<列名><数据类型>[列级完整性约束条件]

　　　　　　　　[,<列名><数据类型>[列级完整性约束条件]]…
　　　　　　　　[,<表级完整性约束条件>]);

列级完整性约束条件有 NULL（空）、UNIQUE（取值唯一），NOT NULL UNIQUE 表示取值唯一且不能取空值。

【例 6-10】　建立一个供应商、零件数据库。其中，"供应商"表 S（Sno，Sname，Status，City）分别表示供应商代码、供应商名、供应商状态和供应商所在城市。"零件"表 P（Pno，Pname，Color，Weight，City）分别表示零件号、零件名、颜色、重量及产地。数据库应满足如下要求。

（1）供应商代码不能为空，且值是唯一的。供应商的名也是唯一的。

（2）零件号不能为空，且值是唯一的。零件名不能为空。

（3）一个供应商可以供应多个零件，而一个零件可以由多个供应商供应。

解：根据题意，应分别建立供应商和零件关系模式。供应商和零件之间是一个多对多的联系。在关系数据库中，多对多联系必须生成一个关系模式，而该模式的码是该联系两端实体的码加上联系的属性构成的，若该联系名为 SP，则关系模式为 SP(Sno, Pno,Qty)，其中，Qty 表示零件的数量。

用 CREATE 建立一个供应商、零件表数据库如下：

```
CREATE TABLE S (Sno CHAR(5) NOT NULL UNIQUE,
                Sname CHAR(30) UNIQUE,
                Status CHAR(8),
                City CHAR(20),
                PRIMARY KEY(Sno));
CREATE TABLE P (Pno CHAR(6),
                Pname CHAR(30) NOT NULL,
                Color CHAR(8),
                Weight NUMERIC(6,2),
                City CHAR(20),
                PRIMARY KEY(Pno));
CREATE TABLE SP (Sno CHAR(5),
                Pno CHAR(6),
                Qty NUMERIC (9),
                PRIMARY KEY(Sno,Pno),
                FOREIGN KEY(Sno) REFERENCES S(Sno),
                FOREIGN KEY(Pno) REFERENCES P(Pno));
```

从上述定义可以看出，Sno CHAR(5) NOT NULL UNIQUE 语句定义了 Sno 的列级完整性约束条件，取值唯一且不能取空值。

需要说明的是：

（1）PRIMARY KEY(Sno)已经定义了 Sno 为主码，所以 Sno CHAR(5) NOT NULL UNIQUE 语句中的 NOT NULL UNIQUE 可以省略。

（2）FOREIGN KEY(Sno) REFERENCES S(Sno)定义了在 SP 关系中 Sno 为外码，其取值必须来自 S 关系的 Sno 域。同理，在 SP 关系中 Pno 也为外码。

2．修改表和删除表

1）修改表（ALTER TABLE）

语句格式：

ALTER TABLE <表名>[ADD<新列名><数据类型>[完整性约束条件]]

　　　　　　　　　　[DROP<完整性约束名>]

　　　　　　　　　　[MODIFY <列名><数据类型>];

例如，向"供应商"表 S 增加 Zap"邮政编码"可用如下语句：

ALTER TABLE S ADD Zap CHAR(6);

注意，不论基本表中原来是否已有数据，新增加的列一律为空。

又如，将 Status 字段改为整型可用如下信息：

ALTER TABLE S MODIFY Status INT;

2）删除表（DROP TABLE）

语句格式：DROP TABLE <表名>;

例如，执行 DROP TABLE Student，此后关系 Student 不再是数据库模式的一部分，关系中的元组也无法访问。

3．定义和删除索引

数据库中的索引与书籍中的索引类似。在书中利用索引可以快速查找所需信息，无须阅读整本书。在数据库中，利用索引可以快速查找所需数据。数据库中的索引是某个表中一列或者若干列值的集合，以及相应的指向表中物理标识这些值的数据页的逻辑指针清单。

索引分为聚集索引和非聚集索引。聚集索引是指索引表中索引项的顺序与表中记录的物理顺序一致的索引。

1）建立索引

语句格式：CREATE [UNIQUE][CLUSTER]INDEX <索引名>

　　　　　　　　　ON <表名>（<列名>[<次序>][, <列名>[<次序>]]…）。

参数说明如下。

- 次序：可选 ASC（升序）或 DSC（降序），默认值为 ASC。
- UNIQUE：表明此索引的每一个索引值只对应唯一的数据记录。
- CLUSTER：表明要建立的索引是聚簇索引，意为索引项的顺序是与表中记录的物理顺序一致的索引组织。

【例 6-11】 假设供应销售数据库中有供应商 S、零件 P、工程项目 J、供销情况 SPJ 关系，对供应商关系 S 依照 Sno 按升序建立索引；对零件 P 依 Pno 按升序建立索引；对工程项目 J 依 Jno 按升序建立索引；对供销情况 SPJ 依 Sno 按升序、Pno 按降序、Jno 按升序建立索引。

解：根据题意建立的索引如下。

CREATE UNIQUE INDEX S-SNO ON S(Sno);
CREATE UNIQUE INDEX P-PNO ON P(Pno);
CREATE UNIQUE INDEX J-JNO ON J(Jno);
CREATE UNIQUE INDEX SPJ-NO ON SPJ(Sno ASC,Pno DESC,JNO ASC)。

2）删除索引

语句格式：DROP INDEX <索引名>;

例如，执行 DROP INDEX StudentIndex; 此后索引 StudentIndex 不再是数据库模式的一部分。

4．定义、删除、更新视图

视图是从一个或者多个表或视图中导出的表，其结构和数据是建立在对表的查询基础上的。与真实的表一样，视图也包括几个被定义的数据列和多个数据行，但从本质上讲，这些数据列和数据行来源于其所引用的表。因此，视图不是真实存在的基本表，而是一个虚拟表。

1）视图的创建

语句格式：CREATE VIEW 视图名 [(列名)[,<列名>]]
　　　　　　　　AS <子查询>
　　　　　　　　[WITH CHECK OPTION];

注意，视图的创建中必须遵循如下规定。

① 子查询可以是任意复杂的 SELECT 语句，但通常不允许含有 ORDER BY 子句和 DISTINCT 短语。

② WITH CHECK OPTION 表示对 UPDATE、INSERT、DELETE 操作时保证更新、插入或删除的行满足视图定义中的谓词条件（即子查询中的条件表达式）。

③ 组成视图的属性列名或者全部省略或者全部指定。如果省略属性列名，则隐含该视图由 SELECT 子查询目标列的诸属性组成。

【例 6-12】 设由学号、姓名、年龄、性别、所在系构成的学生关系模式 Student 为（Sno，Sname，Sage，Sex，SD），建立"计算机系"（CS 表示计算机系）学生的视图，并要求进行修改、插入操作时保证该视图只有计算机系的学生。

CREATE VIEW CS-STUDENT
　　　AS SELECT Sno,Sname,Sage,Sex
　　　FROM Student

WHERE SD='CS'

WITH CHECK OPTION;

由于 CS-STUDENT 视图使用了 WITH CHECK OPTION 子句，因此，对该视图进行修改、插入操作时 DBMS 会自动加上 SD='CS'的条件，保证该视图中只显示计算机系的学生。

2）视图的撤销

语句格式：DROP VIEW <视图名>;

6.6.3　SQL 数据查询

SQL 的数据操纵功能包括 SELECT（查询）、INSERT（插入）、DELETE（删除）和 UPDATE（修改）这 4 条语句。SQL 语言对数据库的操作十分灵活方便，原因在于 SELECT 语句中成分丰富多样的元组，有许多可选形式，尤其是目标列和条件表达式。

1．SELECT 基本结构

数据库查询是数据库的核心操作，SELECT 语句是用于查询的 SQL 语句。

语句格式：SELECT [ALL|DISTINCT]<目标列表达式>[,<目标列表达式>]…

　　　　　　　　　FROM <表名或视图名>[,<表名或视图名>]

　　　　　　　　　[WHERE <条件表达式>]

　　　　　　　　　[GROUP BY <列名 1>[HAVING<条件表达式>]]

　　　　　　　　　[ORDER BY <列名 2>[ASC|DESC]…];

SQL 查询中的子句顺序为 SELECT、FROM、WHERE、GROUP BY、HAVING 和 ORDER BY。其中，SELECT、FROM 是必需的，HAVING 子句只能与 GROUP BY 搭配起来使用。

- SELECT 子句对应的是关系代数中的投影运算，用来列出查询结果中的属性。其输出可以是列名、表达式、集函数（AVG、COUNT、MAX、MIN、SUM），DISTINCT 选项可以保证查询的结果集中不存在重复元组。
- FROM 子句对应的是关系代数中的笛卡儿积，它列出的是表达式求值过程中需扫描的关系，即在 FROM 子句中出现多个基本表或视图时，系统首先执行笛卡儿积操作。
- WHERE 子句对应的是关系代数中的选择谓词，其条件表达式中可以使用的运算符如表 6-3 所示。

典型的 SQL 查询形式如下，对应的关系代数表达式为 $\pi_{A_1,A_2,\cdots,A_n}\left(\sigma_p\left(r_1\times r_2\times\cdots\times r_m\right)\right)$。

SELECT　$A_1,A_2,\cdots,A_n$

　FROM　$r_1,r_2,\cdots,r_m$

　WHERE　p;

表 6-3   WHERE 子句的条件表达式中可以使用的运算符

运　算　符		含　义	运　算　符		含　义
集合成员 运算符	IN NOT IN	在集合中 不在集合中	算术运算符	> ≥ < ≤ = ≠	大于 大于等于 小于 小于等于 等于 不等于
字符串匹 配运算符	LIKE	与_和%进行单个或 多个字符匹配			
空值比较 运算符	IS NULL IS NOT NULL	为空 不能为空	逻辑运算符	AND OR NOT	与 或 非

2．简单查询

最简单的查询是找出关系中满足特定条件的元组。简单查询只需要使用 3 个保留字 SELECT、FROM 和 WHERE。

【例 6-13】 设有学生、课程和学生选课关系，其基本表分别用 S、C 和 SC 表示。

S (<u>Sno</u>,Sname,SD,Sage,Sex)   属性表示学号、姓名、系、年龄和性别

C (<u>Cno</u>,Cname,Pcno)   属性表示课程号、课程名和先修课程号

SC (<u>Sno</u>,<u>Cno</u>,Grade)   属性表示学号、课程号和成绩

（1）查询学生基本表中计算机系 CS 学生的学号、姓名及年龄。

```
SELECT   Sno，Sname，Sage
   FROM   S
   WHERE   SD='CS';
```

一般情况下，为了便于理解查询语句的结构，在写 SQL 语句时要将保留字如 FROM 或 WHERE 作为每一行的开头。如果一个查询或子查询非常短，也可以直接将它们写在一行上。

（2）查询数学系 MS 全体学生的详细信息。

```
SELECT   *   FROM   S   WHERE   SD='MS';
```

（3）查询学生的出生年份（当前年份为 2009）。

```
SELECT   Sno, 2009-Sage   FROM   S;
```

3．连接查询

若查询涉及两个以上的表，则称为连接查询。

【例 6-14】 以例 6-13 中 S、C 和 SC 为基本表，用连接查询和嵌套查询实现。

（1）检索选修了课程号为 C1 的学生，列出学号和学生姓名。

```
SELECT    Sno, Sname
   FROM    S, SC
   WHERE S.Sno=SC.Sno AND SC.Cno='C1';
```

（2）检索选修课程名为 MS 的学生号和学生姓名。

```
SELECT    Sno, Sname
   FROM    S, SC, C
   WHERE    S. Sno=SC.Sno AND SC.Cno=C.Cno AND C.Cname='MS';
```

（3）检索至少选修了课程号为 C1 和 C3 的学生学号。

```
SELECT    Sno
   FROM    SC SCX,    SC SCY
   WHERE    SCX.Sno=SCY. Sno AND SCX.Cno=' C1' AND SCY.Cno='C3';
```

4．子查询与聚集函数

1）子查询

子查询也称为嵌套查询。嵌套查询是指一个 SELECT-FROM-WHERE 查询块可以嵌入另一个查询块之中。在 SQL 中允许多重嵌套。

【例 6-15】 用嵌套查询检索选修课程名为 MS 的学生学号和姓名。

```
SELECT    Sno, Sname
   FROM    S
   WHERE    Sno IN (SELECT    Sno
                       FROM SC
                       WHERE   Cno IN (SELECT    Cno
                                         FROM C
                                         WHERE    Cname=' MS'));
```

其中，SELECT   Cno FROM C WHERE   Cname=' MS'从课程基本表中查出名为 MS 的课程编号；然后根据该课程编号，在学生选课关系基本表中找出所有选修了该课程的学生的学号；最后在学生关系基本表中查出这些学生的姓名。

2）聚集函数

聚集函数以一个值的集合为输入，返回单个值的函数。SQL 提供了 5 个预定义的集函数：平均值 AVG、最小值 MIN、最大值 MAX、求和 SUM 以及计数 COUNT。集函数的功能如表 6-4 所示。

表 6-4　集函数的功能

集 函 数 名	功　　能
COUNT([DISTINCT|ALL]*)	统计元组个数
COUNT([DISTINCT|ALL]<列名>)	统计一列中值的个数
SUM([DISTINCT|ALL]<列名>)	计算一列（该列应为数值型）中值的总和
AVG([DISTINCT|ALL]<列名>)	计算一列（该列应为数值型）值的平均值
MAX([DISTINCT|ALL]<列名>)	求一列值的最大值
MIN([DISTINCT|ALL]<列名>)	求一列值的最小值

使用 ANY 和 ALL 谓词必须同时使用比较运算符，其含义及等价的转换关系如表 6-5 所示。

表 6-5　ANY 和 ALL 谓词含义及等价的转换关系

谓　词	语　　义	等价转换关系
>ANY	大于子查询结果中的某个值	>MIN
>ALL	大于子查询结果中的所有值	>MAX
<ANY	小于子查询结果中的某个值	<MAX
<ALL	小于子查询结果中的所有值	<MIN
>=ANY	大于等于子查询结果中的某个值	>=MIN
>=ALL	大于等于子查询结果中的所有值	>=MAX
<=ANY	小于等于子查询结果中的某个值	<=MAX
<=ALL	小于等于子查询结果中的所有值	<=MIN
<>ANY	不等于子查询结果中的某个值	--
<>ALL	不等于子查询结果中的任何一个值	NOT IN
=ANY	等于子查询结果中的某个值	IN
=ALL	等于子查询结果中的所有值	--

用集函数实现子查询通常比直接用 ALL 或 ANY 查询效率要高。

【例 6-16】　查询选修了课程号为 C1 的学生的最高分和最低分以及高低分之间的差距。

```
SELECT MAX(Grade),MIN(Grade),MAX(Grade)-MIN(Grade)
    FROM SC
```

WHERE Cno='C1';

【例 6-17】 查询比计算机系 CS 所有学生年龄都要小的其他系的学生姓名及年龄。

方法 1：（用 ALL 谓词）

```
SELECT    Sname, Sage
FROM    S
WHERE    Sage < ALL (SELECT    Sage
                     FROM S
                     WHERE    SD='CS')
         AND SD<>'CS';
```

其中，用 SELECT Sage FROM S WHERE SD='CS'先查出计算机系学生的所有年龄值。

方法 2：（用 MIN 集函数）从表 6-4 可见，<ALL 可用<MIN 代换，结果如下。

```
SELECT    Sname, Sage
  FROM    S
  WHERE    Sage< (SELECT    MIN (Sage)
                  FROM S
                  WHERE    SD='CS'  )
         AND SD<>'CS';
```

其中，用 SELECT MIN (Sage) FROM S WHERE SD='CS'先查出计算机系年龄最小的学生的年龄，只要其他系的学生年龄比这个年龄小，那么就应在结果集。

【例 6-18】 查询其他系中比计算机系某一学生年龄小的学生姓名及年龄。

方法 1：（用 ANY 谓词）

```
SELECT    Sname, Sage
  FROM    S
  WHERE    Sage< ANY (SELECT    Sage
                      FROM S
                      WHERE    SD='CS')
         AND SD<>'CS';
```

方法 2：（用 MAX 集函数）从表 6-4 可见，<ANY 可用<MAX 代换，结果如下。

```
SELECT    Sname, Sage
  FROM    S
  WHERE    Sage < (SELECT    MAX (Sage)
                   FROM S
```

WHERE   SD='CS'   )

AND SD<>'CS';

方法2实际上是找出计算机系年龄最大的学生的年龄，只要其他系的学生年龄比这个年龄小，那么就应在结果集中。

5．分组查询

1）GROUP BY 子句

在 WHERE 子句后面加上 GROUP BY 子句可以对元组进行分组，保留字 GROUP BY 后面跟着一个分组属性列表。SELECT 子句中使用的聚集操作符仅用在每个分组上。

【例6-19】 对于学生数据库中的 SC 关系，查询每个学生的平均成绩。

```
SELECT    Sno, AVG(Grade)
    FROM    SC
    GROUP BY Sno;
```

该语句是将 SC 关系的元组重新组织，并进行分组，使得学号为 3001 的元组被组织在一起，3002 的元组被组织在一起，依此类推，然后分别求出每个学生的平均成绩。

2）HAVING 子句

假如元组在分组前按照某种方式加上限制，使得不需要的分组为空，在 GROUP BY 子句后面跟一个 HAVING 子句即可。

【例6-20】 对于供应商数据库中的 S、P、J、SPJ 关系，查询至少由三家供应商（包含三家）供应零件的工程项目，列出工程号及所用零件的平均数量，并按工程号降序排列。

```
SELECT    Jno，AVG(Qty)
    FROM    SPJ
    GROUP BY Jno
    HAVING COUNT(DISTINCT(Sno)) > 2
    ORDER BY Jno DESC;
```

根据题意"某工程至少用了三家供应商（包含三家）供应的零件"，应该按照工程号分组（GROUP BY Jno），同时用"HAVING COUNT(DISTINCT(Sno)) > 2"限定供应商的数目不得少于 3 个。

需要注意的是，一个工程项目可能用了同一个供应商的多种零件，因此，在统计供应商数目的时候需要加上 DISTINCT，以避免重复统计导致错误的结果。例如，按工程号 Jno='J1'分组的结果如表 6-6 所示（Sno 为供应商代码，Pno 为零件号，Jno 为工程号），统计供应商的数目时，"COUNT(DISTINCT(Sno))"的统计结果为 5，"COUNT(Sno)"的统计结果为 7。

表 6-6 按工程号 Jno='J1'分组

Sno	Pno	Jno	Qty
S1	P1	J1	200
S2	P3	J1	400
S2	P3	J1	200
S2	P5	J1	100
S3	P1	J1	200
S4	P6	J1	300
S5	P3	J1	200

当元组含有空值时，需要注意：

（1）空值在任何聚集操作中被忽视。它对求和、求平均值和计数都没有影响。它也不能是某列的最大值或最小值。例如，COUNT(*)是某个关系中所有元组的个数，但 COUNT(A)却是 A 属性非空的元组个数。

（2）NULL 值又可以在分组属性中看作是一个一般的值。例如，SELECT A,AVG(B) FROM R 中，当 A 的属性值为空时，就会统计 A IS NULL 的所有元组中 B 的平均值。

6．使用别名

SQL 用 AS 子句为关系和属性指定不同的名称或别名，以增加可读性，其格式为

Old-name AS new-name

AS 子句既可出现在 SELECT 子句中，也可出现在 FROM 子句中。

【例 6-21】 查询计算机系学生的 Sname 和 Sage，但 Sname 用姓名表示，Sage 用年龄表示。其语句如下：

```
SELECT   Sname AS 姓名, Sage AS 年龄
   FROM   S
   WHERE SD='CS'
```

SQL 中的元组变量必须和特定的关系相联系。在 FROM 子句中，元组变量通过 AS 子句来定义。

【例 6-22】 查询选修了"C1"课程的学生姓名 Sname 和成绩 Grade。其语句如下：

```
SELECT   Sname, Grade
```

```
FROM    S AS x, SC AS y
WHERE   x.Sno=y.Sno AND y.Cno= 'C1'
```

元组变量在比较同一关系的两个元组时非常有用。

7．字符串操作

操作符 LIKE 用于对字符串进行模式匹配。使用两个特殊的字符来描述模式："％"匹配任意字符串；"_"匹配任意一个字符。模式是大小写敏感的。例如：

Marry％匹配任何以 Marry 开头的字符串；％idge％匹配任何包含 idge 的字符串，如 Marryidge、Rock Ridge、Mianus Bridge 和 Ridgeway。

"＿＿"匹配只含两个字符的字符串；"＿＿％"匹配至少包含两个字符的字符串。

【例 6-23】 学生关系模式为 S（Sno,Sname,Sex,SD,Sage,Addr），其中，Sno 为学号，Sname 为姓名，Sex 为性别，SD 为所在系，Sage 为年龄，Addr 为家庭住址。

① 查询家庭住址包含"科技路"的学生姓名。

② 检索单姓并且名字为"晓军"的学生姓名、年龄和所在系。

解：① 查询家庭住址包含"科技路"的学生姓名。

```
SELECT    Sname
   FROM    S
   WHERE    Addr LIKE '％科技路％';
```

② 查询单姓并且名字为"晓军"的学生姓名、年龄和所在系。

```
SELECT    Sname,Sage,SD
   FROM    S
   WHERE    Sname LIKE '＿＿晓军';
```

为了使模式中包含特殊模式字符（即"％"和"_"），在 SQL 中允许使用 ESCAPE 关键词来定义转义符。转义字符紧靠着特殊字符，并放在它前面，表示该特殊字符被当成普通字符。

例如，匹配所有以 ab％cd 开头的字符串。

```
LIKE 'ab\%cd%' ESCAPE '\'
```

其中，由 ESCAPE '\'定义了一个转义符号"\"，说明"\%"中的％不是通配符。

例如，匹配所有以 ab_cd 开头的字符串。

```
LIKE 'ab!_cd%' ESCAPE '!'
```

其中，由 ESCAPE '!'定义了一个转义符号"!"，说明"!_"中的"_"不是通配符。

8．视图的查询

【例 6-24】　建立"计算机系"（CS 表示计算机系）学生的视图如下，并要求进行修改、插入操作时保证该视图只有计算机系的学生。

```
CREATE VIEW CS-STUDENT
    AS SELECT Sno,Sname,Sage,Sex
    FROM S
    WHERE SD='CS'
    WITH CHECK OPTION;
```

此时要查询计算机系年龄小于 20 岁的学生学号及年龄的 SQL 语句如下：

```
SELECT   Sno, Sage   FROM   CS-STUDENT   WHERE Sage<20;
```

该语句执行时，通常先转换成等价的对基本表的查询，然后执行查询语句。即当查询视图表时，系统先从数据字典中取出该视图的定义，然后将定义中的查询语句和对该视图的查询语句结合起来，形成一个修正的查询语句。对上例修正之后的查询语句为：

```
SELECT   Sno, Sage   FROM S   WHERE SD='CS' AND Sage<20;
```

6.6.4　SQL 数据更新

1．插入语句

可以指定一个元组或者用查询语句选出一批元组，向基本表中插入数据。插入语句的基本格式如下：

```
INSERT INTO <基本表名>[（字段名[,字段名]…）]
        VALUES(常量[,常量]…);
INSERT INTO <基本表名>（字段名[,字段名]…）
        SELECT 查询语句;
```

【例 6-25】　将学号为 3002、课程号为 C4、成绩为 98 的元组插入 SC 关系中。

```
INSERT   INTO   SC
    VALUES('3002', 'C4',98);
```

在某些情况下，可以通过定义的视图向基本表中插入数据。

【例 6-26】　首先创建一个基于表 employees 的新视图 v_employees，然后使用该视图向表

employees 中添加一条新的数据记录。

```
CREATE   VIEW   v_employees(number, name, age, sex, salary, dept)
   AS
   SELECT   number, name, age, sex, salary, dept
      FROM   employees
      WHERE   dept = '客户服务部';

INSERT INTO v_employees
VALUES(001,'李力',22,'m',2000, '技术开发部');
```

2．删除语句

```
DELETE FROM <基本表名>
[WHERE  条件表达式];
```

【例 6-27】 删除表 employees 中姓名为张晓的记录。

```
DELETE   FROM employees
      WHERE name='张晓';
```

3．修改语句

```
UPDATE <基本表名>
SET <列名>=<值表达式>[,<列名>=<值表达式>…]
[WHERE <条件表达式>]
```

【例 6-28】 将教师的工资增加 5%。

```
UPDATE   teachers
      SET Salary = Salary*1.05;
```

【例 6-29】 将教师的工资小于 1000 的增加 5％的工资。

```
UPDATE   teachers
      SET Salary = Salary*1.05
      WHERE Salary < 1000;
```

也可以使用视图更新基本表中的数据记录。应该注意的是，更新的只是数据库中的基本表。

【例 6-30】 创建一个基于表 employees 的视图 v_employees，然后通过该视图修改表 employees 中的记录，语句如下：

```
CREATE   VIEW   v_employees
   AS
SELECT   *   from   employees
      UPDATE   v_employees
      SET name='张晓'
      WHERE   name='张炫俊'
```

6.6.5　SQL 的访问控制

访问控制是指对数据访问的控制，分为授权语句和收回权限语句。

1．授权语句的格式

```
GRANT <权限>[,<权限>]…
      [ON<对象类型><对象名>]
      TO <用户>[,<用户>]…
      [WITH GRANT OPTION];
```

注意，不同类型的操作对象有不同的操作权限，常见的操作权限如表 6-7 所示。

表 6-7　常见的操作权限

对象	对象类型	操 作 权 限
属性列	TABLE	SELECT, INSERT, UPDATE, DELETE, ALL PRIVILEGES（4 种权限的总和）
视图	TABLE	SELECT, INSERT, UPDATE, DELETE, ALL PRIVILEGES（4 种权限的总和）
基本表	TABLE	SELECT, INSERT, UPDATE, DELETE, ALTER, INDEX, ALL PRIVILEGES（6 种权限的总和）
数据库	DATABASE	CREATETAB 建立表的权限，可由 DBA 授予普通用户

说明：

（1）接收权限的用户可以是单个或多个具体的用户，也可以是 PUBLIC，即全体用户。

（2）若指定了 WITH GRANT OPTION 子句，则获得了某种权限的用户还可以将此权限赋给其他用户。

【例 6-31】　把数据库 SPJ 中供应商 S、零件 P、项目 J 表的各种权限赋予指定用户。

（1）将对供应商 S、零件 P、项目 J 的所有操作权限赋给用户 User1 及 User2，其授权语句如下：

GRANT ALL PRIVILEGES ON TABLE S, P, J　TO　User1, User2;

（2）将对供应商 S 的插入权限赋给用户 User1，并允许将此权限赋给其他用户，其授权语句如下：

GRANT INSERT ON TABLE S TO　User1 WITH GRANT OPTION;

（3）DBA 把数据库 SPJ 中建立表的权限赋给用户 User1，其授权语句如下：

GRANT CREATETAB ON DATABASE SPJ TO　User1;

2．收回权限语句格式

REVOKE <权限>[,<权限>]…
　　[ON<对象类型><对象名>]
　　FROM <用户>[,<用户>]…;

【例 6-32】 收回用户对数据库 SPJ 中供应商 S、零件 P、项目 J 表的操作权限。
（1）将用户 User1 及 User2 对供应商 S、零件 P、项目 J 的所有操作权限收回。

REVOKE ALL PRIVILEGES ON TABLE S, P, J FROM　User1, User2;

（2）将所有用户对供应商 S 的所有查询权限收回。

REVOKE SELECT ON TABLE S FROM PUBLIC;

（3）将 User1 用户对供应商 S 的供应商编号 Sno 的修改权限收回。

REVOKE UPDATE(Sno) ON TABLE S FROM User1;

6.6.6　嵌入式 SQL

SQL 提供了将 SQL 语句嵌入某种高级语言中的使用方式，需要处理的关键问题是如何识别嵌入的 SQL 语句，如何处理主语言和 SQL 间的通信问题。

DBMS 可采用两种处理方法：一种是预编译，另一种是修改和扩充主语言使之能处理 SQL 语句。目前采用较多的是预编译的方法，即由 DBMS 的预处理程序先扫描源程序，识别出 SQL 语句，然后把它们转换为主语言调用语句，以使主语言编译程序能识别它，最后由主语言的编译程序将整个源程序编译成目标代码。

为了区分主语言与 SQL 语言，需要在所有的 SQL 语句之前加前缀"EXEC SQL"，而 SQL 的结束标志随主语言的不同而不同。

例如，在 PL/1 和 C 中以分号";"结束，格式为 EXEC SQL <SQL 语句>;。

在 COBOL 语言中以"END-EXEC"结束，格式为 EXEC SQL <SQL 语句> END-EXEC。

例如，SQL 语句"DROP TABLE Student;"嵌入 C 程序时，应写作：

EXEC SQL DROP TABLE　　Student;

嵌入式 SQL 与主语言之间的通信采用如下 3 种方式。

（1）SQL 通信区（SQL Communication Area，SQLCA）。向主语言传递 SQL 语句执行的状态信息，使主语言根据此信息控制程序流程。

（2）主变量，也称为共享变量。通过主变量由主语言向 SQL 语句提供参数，主变量由主语言的程序定义，并用 SQL 的 DECLARE 语句说明。引用时，为了与 SQL 属性名相区别，需在主变量前加 ":"。

【例 6-33】　根据共享变量 given_sno 值查询学生关系 S 中学生的姓名、年龄和性别。

```
EXEC SQL SELECT Sname,Sage,Sex
    INTO :Mname,:Mage,:Msex
    FROM S
WHERE sno=:given_sno;
```

（3）游标。SQL 语言是面向集合的，一条 SQL 语句可产生或处理多条记录。而主语言是面向记录的，一组主变量一次只能放一条记录，所以，引入游标，通过移动游标指针来决定获取哪一条记录。

6.7　数据库设计

数据库设计是指对于一个给定的应用环境，构造最优的数据库模式，建立数据库及其应用系统，使之有效地存储数据，满足各种用户的需求（信息要求和处理要求）。

数据库设计过程参照软件系统生命周期的划分方式，把数据库应用系统的生命周期分为数据库规划、需求描述与分析、数据库设计与应用程序设计、实现、测试、运行维护 6 个阶段。

（1）数据库规划。数据库规划是创建数据库应用系统的起点，是数据库应用系统的任务陈述和任务目标。任务陈述定义了数据库应用系统的主要目标，而每个任务目标定义了系统必须支持的特定任务。数据库规划过程还必然包括对工作量的估计、使用的资源和需要的经费等。同时，还应当定义系统的范围和边界以及它与信息系统的其他部分的接口。

（2）需求描述与分析。需求描述与分析是以用户的角度，从系统中的数据和业务规则入手，收集和整理用户的信息，以特定的方式加以描述，是下一步工作的基础。

（3）数据库设计与应用程序设计。数据库设计是对用户数据的组织和存储设计；应用程序设计是在数据库设计基础上对数据操作及业务实现的设计，包括事务设计和用户界面设计。

（4）数据库系统实现。数据库系统实现是依照设计，使用 DBMS 支持的数据定义语言实现数据库的建立，用高级语言（Basic、Delphi、C、C++和Power Builder 等）编写应用程序。

（5）测试阶段。测试阶段是在数据系统投入使用之前，通过精心制定的测试计划和测试数据来测试系统的性能是否满足设计要求，发现问题。

（6）运行维护。数据库应用系统经过测试、试运行后即可正式投入运行。运行维护是系统投入使用后，必须不断地对其进行评价、调整与修改，直至系统消亡。

在任一设计阶段，一旦发现不能满足用户数据需求时，均需返回到前面的适当阶段，进行必要的修正。经过如此的迭代求精过程，直到能满足用户需求为止。在进行数据库结构设计时，应考虑满足数据库中数据处理的要求，将数据和功能两方面的需求分析、设计和实现在各个阶段同时进行，相互参照和补充。

在数据库设计中，对每一个阶段设计成果都应该通过评审。评审的目的是确认某一阶段的任务是否全部完成，从而避免出现重大的错误或疏漏，保证设计质量。评审后还需要根据评审意见修改所提交的设计成果，有时甚至要回溯到前面的某一阶段，进行部分重新设计乃至全部重新设计，然后再进行评审，直至达到系统的预期目标为止。

1．数据库设计的基本步骤

在确定了数据库设计的策略以后，就需要相应的设计方法和步骤。多年来，人们提出了多种数据库设计方法，多种设计准则和规范。

1978 年 10 月召开的新奥尔良（New Orleans）会议提出的关于数据库设计的步骤，简称新奥尔良法，是目前得到公认的，较为完整和权威的数据库设计方法，它把数据库设计分为如下 4 个主要阶段。

（1）用户需求分析。是指数据库设计人员采用一定的辅助工具对应用对象的功能、性能和限制等要求所进行的科学分析。需求分析阶段生成的结果主要包括数据和处理两个方面。

① 数据。数据字典、全系统中的数据项、数据流和数据存储的描述。

② 处理。数据流图和判定表、数据字典中处理过程的描述。

（2）概念结构设计。概念结构设计是对信息分析和定义，如视图模型化、视图分析和汇总。对应用对象精确地抽象、概括而形成的独立于计算机系统的企业信息模型。描述概念模型常用的工具是 E-R 图。E-R 图的设计要对需求分析阶段所得到的数据进行分类、聚集和概括，确定实体、属性和联系。概念结构的具体工作步骤包括选择局部应用，逐一设计分 E-R 图，进行 E-R 图合并形成基本的 E-R 图。

（3）逻辑结构设计。逻辑结构设计的目的是把概念设计阶段的概念模型（如基本 E-R 图）转换成与选用的具体机器上的 DBMS 所支持的逻辑模型，即将抽象的概念模型转化为与选用的 DBMS 产品所支持的数据模型（如关系模型）相符合的逻辑模型，它是物理设计的基础。包括模式初始设计、子模式设计、应用程序设计、模式评价以及模式求精。

逻辑设计可分为如下三步。

① 将概念模型（E-R 图）转换为一般的关系、网状、层次模型。

② 将关系、网状、层次模型向特定的 DBMS 支持下的数据模型转换。

③ 对数据模型进行优化。

（4）物理结构设计。物理结构设计是指逻辑模型在计算机中的具体实现方案。数据库在物理设备上的存储结构与存取方法称为数据库的物理结构，对于一个给定的逻辑数据模式选取一个最适合应用环境的物理结构的过程，称为数据库的物理设计。通常对于关系数据库物理设计的主要内容包括为关系模式选择存取方法，设计关系、索引等数据库文件的物理结构。

当各阶段发现不能满足用户需求时，均需返回到前面适当的阶段，进行必要的修正。经过如此不断地迭代和求精，直到各种性能均能满足用户的需求为止。

2．数据库的实施与维护

数据库设计结束进入数据库的实施与维护阶段，在该阶段中主要有如下工作。

（1）数据库实现阶段的工作。建立实际数据库结构；试运行；装入数据。

（2）其他有关的设计工作。数据库的重新组织设计；故障恢复方案设计；安全性考虑；事务控制。

（3）运行与维护阶段的工作。数据库的日常维护（安全性、完整性控制，数据库的转储和恢复）；性能的监督、分析与改进；扩充新功能；修改错误。

第7章 网络与信息安全基础知识

计算机网络是现代通信技术与计算机技术相结合的产物，是信息收集、分配、存储、处理和消费的最重要载体；信息安全的目的是保障电子信息的有效性。本章简要介绍计算机网络的体系结构、网络设备、网络协议、局域网和 Internet 基础知识，以及信息安全领域的基本概念及相关信息安全技术。

7.1 计算机网络概述

计算机网络是分散的、具有独立功能的计算机系统。它把分布在不同地理区域的计算机与专用外部设备，用通信线路互联成一个规模大、功能强的计算机应用系统，以方便地互相传递信息，共享硬件、软件、数据信息等资源。计算机网络的规模有大有小，大的可以覆盖全球，小的可以仅由一间办公室的几台计算机构成。对计算机网络的理解有不同的观点。

- 广义观点。只要是能实现远程信息处理的系统，或进一步能达到资源共享的系统都可以称为计算机网络。
- 资源共享观点。计算机网络必须是由具有独立功能的计算机组成的、能够实现资源共享的系统。
- 用户透明观点。计算机网络就是一台超级计算机，资源丰富、功能强大，其使用方式对用户透明，用户使用网络就像使用单一计算机一样，无须了解网络的存在、资源的位置等信息。

7.1.1 计算机网络的组成

1. 计算机网络的物理组成

从物理构成上看，计算机网络包括硬件和软件两大部分。从硬件角度看，计算机网络由如下设备构成：

（1）计算机及终端设备，统称为主机（Host）。其中，部分 host 充当服务器，部分 host 充当客户端。

（2）前端处理机（FEP）或通信处理机或通信控制处理机（CCP）。负责发送、接收数据，最简单的 CCP 是网卡。

（3）路由器、交换机等连接设备。交换机将计算机连接成网络，路由器将网络互联，组成更大的网络。

（4）通信线路。将信号从一个地方传送到另一个地方，包括有线线路和无线线路。

计算机网络的软件部分包括协议和应用软件两部分。其中协议是计算机网络的核心，由语法、语义和时序三部分构成。语法部分规定传输数据的格式，语义部分规定所要完成的功能，时序部分规定执行各种操作的条件、顺序关系等。一个完整的协议应完成线路管理、寻址、差错控制、流量控制、路由选择、同步控制、数据分段与装配、排序、数据转换、安全管理、计费管理等功能。应用软件主要包括实现资源共享的软件、方便用户使用的各种工具软件等。

2．计算机网络功能组成

从功能上看，计算机网络由资源子网和通信子网两部分组成。其中，资源子网完成数据的处理、存储等功能，通信子网完成数据的传输功能。资源子网相当于计算机系统，通信子网是为了联网而附加上去的通信设备、通信线路等。

从工作方式上看，计算机网络由边缘部分和核心部分组成。其中，边缘部分是用户直接使用的主机，核心部分由大量的网络及路由器组成，为边缘部分提供连通性和交换服务，如图 7-1 所示。

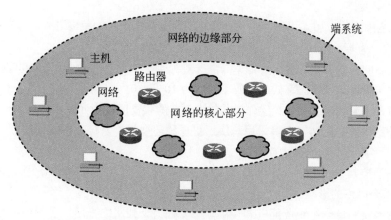

图 7-1　网络的边缘部分与核心部分

7.1.2　计算机网络的分类

按照不同的分类原则，可得到各种不同类型的计算机网络。例如，按通信距离可分为局域网、城域网和广域网；按信息交换方式可分为电路交换网、分组交换网和综合交换网；按网络拓扑结构可分为星型网、树型网、环型网和总线型网；按通信介质可分为双绞线网、同轴电缆网、光纤网和卫星网等；按传输带宽可分为基带网和宽带网；按使用范围可分为公用网和专用网；按速率可分为高速网、中速网和低速网；按通信传播方式可分为广播式和点到点式。

1．按分布范围分类

根据计算机网络的覆盖范围和通信终端之间相隔的距离不同，将计算机网络分为局域网、城域网和广域网，各类网络的特征参数如表 7-1 所示。

表 7-1　各类网络的特征参数

网 络 分 类	缩　　写	分 布 距 离	计算机分布范围	传输速率范围
局域网	LAN	10m 左右	房间	4Mb/s～1Gb/s
		100m 左右	楼寓	
		1000m 左右	校园	
城域网	MAN	10km	城市	50Kbps～100Mb/s
广域网	WAN	100km 以上	国家或全球	9.6Kbps～45Mb/s

1）局域网。局域网（Local Area Network）是指传输距离有限，传输速度较高，以共享网络资源为目的的网络系统。由于局域网投资规模较小，网络实现简单，故新技术易于推广。局域网的特点主要如下。

① 分布范围有限。加入局域网中的计算机通常处在几千米的距离之内，分布在一个学校、一个企业单位，为本单位使用。一般称为"园区网"或"校园网"。

② 有较高的通信带宽，数据传输率高。一般为 1Mb/s 以上，最高已达 1000Mb/s。

③ 数据传输可靠，误码率低。误码率一般为 10^{-4}～10^{-6}。

④ 通常采用同轴电缆或双绞线作为传输介质。跨楼寓时使用光纤。

⑤ 拓扑结构简单简洁，大多采用总线、星型和环型等，系统容易配置和管理。网上的计算机一般采用多路控制访问技术或令牌技术访问信道。

⑥ 网络的控制一般趋向于分布式，从而减少了对某个结点的依赖性，避免并减小了一个结点故障对整个网络的影响。

⑦ 通常网络归单一组织所拥有和使用。不受任何公共网络管理机构的规定约束，容易进行设备的更新和新技术的引用，以不断增强网络功能。

使用局域网技术构建的园区网是连接一个或相距不远的多个建筑物间多个工作组的计算机网络。最典型的园区网是连接大学各院系的校园网，其地理覆盖范围一般在一公里到几公里以内。

2）广域网。广域网（Wide Area Network）又称为远程网，是指覆盖范围广、传输速率相对较低、以数据通信为主要目的的网络。广域网的基本特点如下。

① 分布范围广。加入广域网中的计算机通常处在数公里至数千公里的地方。因此，网络所涉及的范围可为地区、市、省、国家乃至全球。

② 数据传输率低。一般为每秒几十兆位（Mb/s）以下。

③ 数据传输可靠性随着传输介质的不同而不同，若用光纤，误码率一般在 $10^{-6} \sim 10^{-11}$ 之间。

④ 广域网常常借用传统的公共传输网来实现，因为单独建造一个广域网极其昂贵。

⑤ 拓扑结构较为复杂，大多采用"分布式网络"，即所有计算机都与交换结点相连，从而使网络中任何两台计算机都可以进行通信。

广域网的布局不规则，使得网络的通信控制比较复杂，尤其是使用公共传输网时，要求连接到网上的任何用户都必须严格遵守各种标准和规程。广域网可将一个集团公司、团体或一个行业的各部门和子公司连接起来。这种网络一般要求兼容多种网络系统（异构网络），包括多种机型、多种网络标准、多种网络连接设备、多种网络操作系统。

3）城域网。城域网（Metropolitan Area Network）是规模介于局域网和广域网之间的一种较大范围的高速网络，一般覆盖临近的多个单位和城市，从而为接入网络的企业、机关、公司及社会单位提供文字、声音和图像的集成服务。城域网规范由 IEEE 802.6 协议定义。

2．按交换技术分类

按交换技术可以将网络分为线路交换网络、报文交换网络和分组交换网络等类型。

（1）线路交换网络。在源结点和目的结点之间建立一条专用的通路用于数据传送，包括建立连接、传输数据和断开连接 3 个阶段。最典型的线路交换网络就是电话网络，该类网络的优点是数据直接传送，延迟小。缺点是线路利用率低，不能充分利用线路容量，不便于进行差错控制。

（2）报文交换网络。将用户数据加上源地址、目的地址、长度和校验码等辅助信息封装成报文，发送给下个结点。下个结点收到后先暂存报文，待输出线路空闲时再转发给下个结点，重复这一过程直到到达目的结点。每个报文可单独选择到达目的结点的路径。这类网络也称为存储-转发网络。

报文交换网络的优点如下。

① 可以充分利用线路容量（可以利用多路复用技术，利用空闲时间）。

② 可以实现不同链路之间不同数据率的转换。

③ 可以实现一对多、多对一的访问，这是因特网的基础。

④ 可以实现差错控制。

⑤ 可以实现格式转换。

缺点如下。

① 增加资源开销，例如辅助信息导致时间和存储资源开销。

② 增加缓冲延迟。

③ 多个报文的顺序可能发生错误，需要额外的顺序控制机制。

④ 缓冲区难以管理，因为报文的大小不确定，接收方在接收到报文之前不能预知报文的大小。

（3）分组交换网络。分组交换网络也称包交换网络，其原理是将数据分成较短的固定长度的数据块，在每个数据块中加上目的地址、源地址等辅助信息组成分组（包），按存储转发方式传输。除具备报文交换网络的优点外，还具有自身的优点。

① 缓冲区易于管理。

② 包的平均延迟更小，网络中占用的平均缓冲区更少。

③ 更易标准化。

④ 更适合应用。

现在的主流网络基本上都可以看成是分组交换网络。

7.1.3 ISO/OSI 参考模型

国际标准化组织（ISO）于 1978 年提出了一个网络体系结构模型，称为开放系统互联参考模型（OSI）。OSI 有 7 层，从低到高依次为物理层、数据链路层、网络层、传输层、会话层、表示层和应用层，如图 7-2 所示。

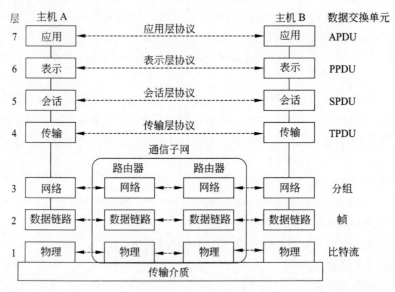

图 7-2 OSI 层次结构

OSI 参考模型中各层的功能如下。

（1）物理层。在链路上透明的传输位。需要完成的工作包括线路配置、确定数据传输模式、确定信号形式、对信号进行编码、连接传输介质。为此定义了建立、维护和拆除物理链路所具备的机械特性、电气特性、功能特性及规程特性。

（2）数据链路层。把不可靠的信道变为可靠的信道。为此，将位组成帧，在链路上提供点到点的帧传输，并进行差错控制、流量控制等。

（3）网络层。在源结点-目的结点之间进行路由选择、拥塞控制、顺序控制、传送包，保证报文的正确性。网络层控制着通信子网的运行，因而它又称为通信子网层。

（4）传输层。提供端－端间可靠的、透明的数据传输，保证报文顺序的正确性、数据的完整性。

（5）会话层。建立通信进程的逻辑名字与物理名字之间的联系，提供进程之间建立、管理和终止会话的方法，处理同步与恢复问题。

（6）表示层。实现数据转换（包括格式转换、压缩和加密等），提供标准的应用接口、公用的通信服务、公共数据表示方法。

（7）应用层。对用户不透明的各种服务，如 E-mail。

OSI 模型比较完整，也非常复杂。除了低三层外，其余层没有实现，目前已基本不用。

7.2　计算机网络硬件

数据在网络中是以"包"的形式传递的，但不同网络的"包"的格式不同。因此，在不同的网络间传送数据时，就需要网络间的连接设备充当"翻译"的角色，即将一种网络中的"信息包"转换成另一种网络的"信息包"。

信息包在网络间的转换，与 OSI 的七层模型关系密切。如果两个网络间的差别程度小，则需转换的层数也少。例如，以太网与以太网互连，因为它们属于同一种网络，数据包仅需转换到 OSI 的第二层（数据链路层），所需网间连接设备的功能也简单（如网桥）；若以太网与令牌环网相连，数据信息需转换至 OSI 的第三层（网络层），所需中介设备也比较复杂（如路由器）；如果连接两个完全不同结构的网络 TCP/IP 与 SNA，其数据包需做全部 7 层的转换，需要的连接设备也最复杂（如网关）。

7.2.1　计算机网络互连设备

常用的计算机网络互连设备有中继器、集线器、网桥、交换机、路由器和网关等。

1．中继器（Repeater）

在一种网络中，每一网段的传输媒介均有其最大的传输距离，如细缆最大网段长度为185m，粗缆为 500m，双绞线为 100m，超过这个长度，传输介质中的数据信号就会衰减。中继器可以"延长"网络的距离，在网络数据传输中起到放大信号的作用。数据经过中继器，不需进行数据包的转换。中继器连接的两个网络在逻辑上是同一个网络，如图 7-3 所示。

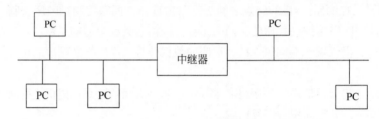

图 7-3　中继器

中继器的主要优点是安装简单、使用方便、价格相对低廉。它不仅起到扩展网络距离的作用，还可以将不同传输介质的网络连接在一起。中继器工作在物理层，对于高层协议完全透明。

2．集线器（Hub）

集线器是中继器的一种，区别仅在于集线器能够提供更多的端口服务，所以集线器又称为多口中继器。集线器主要用于优化网络布线结构、简化网络管理。

通常集线器分为无源集线器、有源集线器和智能集线器。无源集线器只是把相近的多段媒体集中到一起，对它们所传输的信号不作任何处理，而且对它所集中的传输媒体，只允许扩展到最大有效传输距离的一半。有源集线器把相近的多段媒体集中到一起，而且对它们所传输的信号进行整形、放大和转发，并可以扩展传输媒体长度。智能集线器在具备有源集线器功能的同时，还具有网络管理和路径选择功能。

集线器是对网络进行集中管理的最小单元，像树的主干一样，它是各分支的汇集点。集线器不具备协议翻译功能，而只是分配带宽，可以放大和中转信号，不具备自动寻址能力和交换作用，由于所有传到集线器的数据均被广播到与之相连的各个端口，因而容易形成数据堵塞。

使用集线器的优点是当网络系统中某条线路或某结点出现故障时，不会影响网上其他结点的正常工作，因为它提供了多通道通信，大大提高了网络通信速度。

随着网络技术的发展，集线器的缺点越来越突出：用户带宽共享，使带宽受限；其广播方式易造成网络风暴；非双工传输使得网络通信效率低。改进集线器技术的一种方式是加入交换机技术，因此目前集线器与交换机的区别越来越模糊。

3．网桥（Bridge）

当一个单位有多个 LAN，或一个 LAN 由于通信距离受限无法覆盖所有的结点而不得不使用多个局域网时，需要将这些局域网互连起来，以实现局域网之间的通信。使用网桥可扩展局域网的范围。最简单的网桥有两个端口，复杂些的网桥可以有更多的端口。网桥的每个端口与一个网段（这里所说的网段就是普通的局域网）相连。图 7-4 所示的网桥，其端口 1 与网段 A 相连，而端口 2 则连接到网段 B。

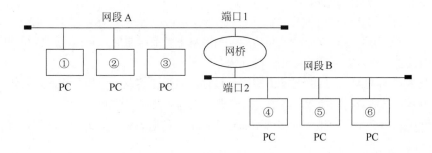

图 7-4　网桥

网桥从端口接收网段上传送的各种帧。每当收到一个帧时，就先存放在其缓冲区中。若此帧未出现差错，且目的站地址属于另一个网段，则通过查找站表将收到的帧送往对应的端口转发出去；否则，就丢弃此帧。因此，在同一个网段中通信的帧，不会被网桥转发到另一个网段去，因而不会加重整个网络的负担。例如，在图 7-4 中，设网段 A 的 3 个站的地址分别为①、②和③，而网段 B 的 3 个站的地址分别为④、⑤和⑥。若网桥的端口 1 收到站①发给站②的帧，通过查找站表，得知应将此帧送回到端口 1。由于此帧属于同一个网段上通信的帧，于是丢弃此帧。若端口 1 收到站①发给站⑤的帧，则在查找站表后，将此帧送到端口 2 转发给网段 B，然后再传送给站⑤。

常见的网桥有透明网桥和源站选路网桥。透明网桥是由各网桥自己来决定路由选择，这种网桥的标准是 IEEE 801.1（D）或 ISO 8801.Id。"透明"是指局域网上的每个站并不知道所发送的帧将经过哪几个网桥，而网桥对各站来说是看不见的。透明网桥在收到一个帧时，必须决定是丢弃此帧还是转发此帧，若转发此帧，则应根据网桥中的站表来决定转发到哪个局域网。透明网桥的最大优点就是容易安装，一接上就能工作。但是，网桥资源的利用还不充分。因此，支持 IEEE 801.5 令牌环型网的分委员会就制订了另一个网桥标准，由发送帧的源站负责路由选择，即源站选路（Source Routing）网桥。源站选路网桥假定了每一个站在发送帧时都已清楚地知道发往各个目的站的路由，因而在发送帧时将详细的路由信息放在帧的首部。

使用网桥的优点如下。

（1）过滤通信量。网桥可以使局域网的一个网段上各工作站之间的通信量局限在本网段的范围内，而不会经过网桥流到其他网段。

（2）扩大了物理范围，也增加了整个局域网上工作站的最大数目。

（3）可使用不同的物理层，可互连不同的局域网。

（4）提高了可靠性。如果把较大的局域网分割成若干较小的局域网，并且每个小的局域网内部的通信量明显地高于网间的通信量，那么整个互联网络的性能就变得更好。

网桥也有不少缺点，例如：

（1）由于网桥对接收的帧要先存储和查找站表，然后才转发，这就增加了时延。

（2）在 MAC 子层并没有流量控制功能。当网络上负荷很重时，可能因网桥缓冲区的存储空间不够而发生溢出，以致产生帧丢失的现象。

（3）具有不同 MAC 子层的网段桥接在一起时，网桥在转发一个帧之前，必须修改帧的某些字段的内容，以适合另一个 MAC 子层的要求，这也需要耗费时间。

（4）网桥只适合于用户数不太多（不超过几百个）和通信量不太大的局域网，有时会产生较大的广播风暴。

4．交换机（Switch）

传统的 Hub 虽然有许多优点，但分配给每个端口的频带太低（10Mbps/N）。为了提高网络的传输速度，根据程控交换机的工作原理，设计出了交换式集线器，如图 7-5 所示。

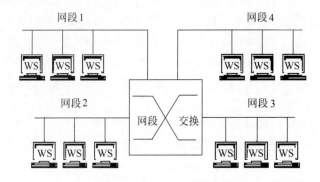

图 7-5   交换机示意图

交换机提供了另一种提高数据传输速率的方法，且这种方法比 FDDI、ATM 的成本都要低，交换机能够将以太网络的速率提高至真正的 10Mb/s 或 100Mb/s。目前这种产品已十分成熟，在高速局域网中已成为必选的设备。

　　传统式集线器实质上是把一条广播总线浓缩成一个小小的盒子，组成的网络物理上是星型拓扑结构，而逻辑上仍然是总线型的，是共享型的。集线器虽然有多个端口，但同一时间只允许一个端口发送数据；而交换机则是采用电话交换机的原理，它可以让多对端口同时发送或接收数据，每一个端口独占整个带宽，从而大幅度提高了网络的传输速率。

　　例如，一台 8 口的 10Base-T Hub，每个端口所分配到的带宽为 10Mb/s/8=1.25Mb/s；而一台 8 口的 10Base-Switch，同一时刻可有 4 个交换通路存在，也就是说可以有 4 个 10Mb/s 的信道，有 4 对端口进行数据传输，4 个端口分别发送 10Mb/s 的数据，另外 4 个端口分别接收 10Mb/s 的数据。这样，每个端口所分配到的带宽为 10Mb/s，在理想的满负荷状态下，整个交换机的带宽为 10Mb/s×8=80Mb/s。

5. 路由器（Router）

　　当两个不同类型的网络彼此相连时，必须使用路由器，如图 7-6 所示，例如 LAN A（Token Ring）和 LAN B（Ethernet）通过路由器连接。

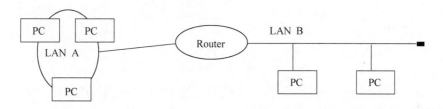

图 7-6　用路由器连接不同类型的网络

　　根据不同的分类方法可将路由器分为近程路由器和远程路由器、内部路由器和外部路由器、"静态"路由器和"动态"路由器、单协议路由器和多协议路由器等。路由器工作时需要一个初始的路径表，它使用这些表来识别其他网络以及通往其他网络的路径和最有效的选择方法。静态路由器需要管理员来修改所有网络的路径表，它一般只用于小型的网间互连；而动态路由器能根据指定的路由协议来修改路由器信息。使用这些协议，路由器能自动地发送这些信息，所以一般大型的网间连接均使用动态路由器。路由器能够在多个网络和介质之间提供网络互连能力，但路由器并不要求在两个网络之间维持永久的连接。与网桥不同，路由器仅在需要时建立新的或附加的连接，用以提供动态的带宽或拆除空闲的连接。此外，当某条路径被拆除或因拥挤阻塞时，路由器提供一条新路径。路由器还能够提供传输的优先权服务，给每一种路由配置提供最便宜或最快速的服务，这些功能都是网桥所没有的。

　　路由器和网桥间最本质的差别是：网桥工作在 OSI 参考模型的第二层（链路层），而路由器工作在第三层（网络层）。网桥根据路径表转发或过滤信息包，而路由器则依靠其路由表和其他路由器为每一个信息包选择最佳路径。路由器的智能性更强，当某一链路不通时，路由器会选择一条好的链路完成通信。另外，路由器有选择最短路径的能力。路由器比较适合于大型、复杂的网络连接，其传输信息的速度比网桥要慢，因为网桥在把数据从源端向目的端转发时，仅仅依靠链路层的帧头中的信息（MAC 地址）作为转发的依据。而路由器除了分析链路层的信息外，主要依据网络层包头中的信息（网络地址）转发信息，需要消耗更多的 CPU 时间。正是由于路由器工作在网络的更高层，所以可以减少其对特定网络技术的依赖性，扩大了路由器的适用范围。另外，路由器具有广播包抑制和子网隔离功能，而网桥没有。

6．网关（Gateway）

当连接两个完全不同结构的网络时，必须使用网关。例如，Ethernet 与一台 IBM 的大型主机相连，必须用网关来完成这项工作，如图 7-7 所示。

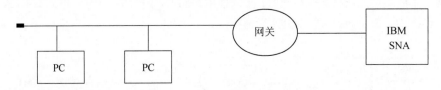

图 7-7　网关

网关不能完全归结为一种网络硬件，它们应该是能够连接不同网络的软件和硬件的结合产品。特别要说明的是，它们可以使用不同的格式、通信协议或结构连接两个系统。网关实际上通过重新封装信息以使它们能被另一个系统读取。为了完成这项任务，网关必须能够运行在 OSI模型的几个层上。网关必须同应用通信，建立和管理会话，传输已经编码的数据，并解析逻辑和物理地址数据。

网关可以设在服务器、微型机或大型机上。由于网关具有强大的功能并且大多数时候都和应用有关，它们比路由器的价格要贵一些。另外，由于网关的传输更复杂，它们传输数据的速度要比网桥或路由器低一些。正是由于网关较慢，所以它们有造成网络堵塞的可能。常见的网关有如下几种。

（1）电子邮件网关。该网关可以从一种类型的系统向另一种类型的系统传输数据。例如，电子邮件网关可以允许使用 Eudora 电子邮件的人与使用 Group Wise 电子邮件的人相互通信。

（2）IBM 主机网关。该网关可以在一台个人计算机与 IBM 大型机之间建立和管理通信。

（3）因特网网关。该网关允许并管理局域网和因特网间的接入，可以限制某些局域网用户访问因特网，反之亦然。

（4）局域网网关。该网关可以使运行于 OSI 模型不同层上的局域网网段间相互通信。路由器甚至只用一台服务器就可以充当局域网网关。局域网网关也包括远程访问服务器，它允许远程用户通过拨号方式接入局域网。

7.2.2　计算机网络传输媒体

常用的网络传输媒介可分为两类：有线的和无线的。有线传输媒介主要有同轴电缆、双绞线和光缆；无线传输媒介主要有微波、无线电、激光和红外线等。

1. 同轴电缆（Coaxial Cable）

同轴电缆绝缘效果佳，频带较宽，数据传输稳定，价格适中，性价比高。同轴电缆中央是一根内导体铜质芯线，外面依次包有绝缘层、网状编织的外导体屏蔽层和塑料保护外层，如图 7-8 所示。

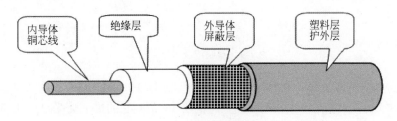

内导体铜芯线　　绝缘层　　外导体屏蔽层　　塑料层护外层

图 7-8　同轴电缆结构图

通常按特性阻抗数值的不同，可将同轴电缆分为 50Ω 基带同轴电缆和 75Ω 宽带同轴电缆。前者用于传输基带数字信号，是早期局域网的主要传输媒体；后者是有线电视系统 CATV 中的标准传输电缆，在这种电缆上传输的信号采用了频分复用的宽带模拟信号。

50Ω 基带同轴电缆可分为两类：粗缆和细缆。粗缆用于 10Base-5 以太网，最大干线长度为 500m，最大网络干线电缆长度为 2500m，每条干线段支持的最大结点数为 100 个，收发器之间的最小距离为 1.5m，收发器电缆的最大长度为 50m；细缆用于 10Base-2 以太网，最大干线段长度为 185m，最大网络干线电缆长度为 925m，每条干线段支持的最大结点数为 30 个，BNC、T 型连接器之间的最小距离为 0.5m。

使用基带同轴电缆组网，需要在两端连接 50Ω 的反射电阻，又叫终端匹配器。采用同轴电缆组网时，粗缆与细缆的其他连接设备不尽相同。在与粗缆连接时，收发器是外置在电缆上的，要使用 9 芯 D 型 AUI 接口，网卡上必须带有粗缆连接接口（通常在网卡上标有"DIX"字样）；在与细缆连接时，收发器是内置在网卡上的，需要 BNC 接口、T 型接口配合使用，网卡上必须带有细缆连接接口（通常在网卡上标有 BNC 字样）。

2．双绞线（Twisted-pair）

双绞线是由两条导线按一定扭距相互绞合在一起的类似于电话线的传输媒体，每根线加绝缘层并用颜色来标记，如图 7-9（a）所示。成对线的扭绞旨在减少电磁辐射和外部电磁干扰。使用双绞线组网时，双绞线与网卡、双绞线与集线器的接口叫 RJ45，俗称水晶头，如图 7-9（b）所示。

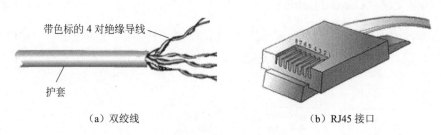

带色标的 4 对绝缘导线

护套

（a）双绞线   （b）RJ45 接口

图 7-9   双绞线及 RJ45 接口

双绞线分为屏蔽双绞线（STP）和非屏蔽双绞线（UTP）。STP 双绞线内部包了一层皱纹状的屏蔽金属物质，并且多了一条接地用的金属铜丝线，因此它的抗干扰性比 UTP 双绞线强，但价格也要贵很多，阻抗值通常为 150Ω。UTP 双绞线的阻抗值通常为 100Ω，中心芯线 24AMG（直径为 0.5mm），每条双绞线最大传输距离为 100m。

3．光纤

光纤是新一代的传输介质，与铜质介质相比，光纤具有一些明显的优势。因为光纤不会向外界辐射电子信号，所以使用光纤介质的网络无论是在安全性、可靠性还是在传输速率等网络性能方面都有了很大的提高。

光纤由单根玻璃光纤、紧靠纤芯的包层以及塑料保护涂层组成，如图 7-10（a）所示。为使用光纤传输信号，光纤两端必须配有光发射机和接收机，光发射机执行从光信号到电信号的转换。实现电光转换的通常是发光二极管（LED）或注入式激光二极管（ILD）；实现光电转换的是光电二极管或光电三极管。

根据光在光纤中的传播方式，光纤分为多模光纤和单模光纤。多模光纤纤芯直径较大，为 61.5μm 或 50μm，包层外径通常为 125μm。单模光纤纤芯直径较小，一般为 9～10μm，包层外径通常也为 125μm。多模光纤又根据其包层的折射率进一步分为突变型折射率和渐变型折射率。以突变型折射率光纤作为传输媒介时，发光管以小于临界角发射的所有光都在光缆包层界面进行反射，并通过多次内部反射沿纤芯传播。这种类型的光缆主要适用于适度比特率的场合，如图 7-10（b）所示。

　　多模渐变型折射率光纤的散射通过使用具有可变折射率的纤芯材料来减小，如图 7-10（c）所示。折射率随离开纤芯的距离增加导致光沿纤芯的传播好像是正弦波。将纤芯直径减小到一种波长（3～10μm），可进一步改进光纤的性能，在这种情况下，所有发射的光都沿直线传播，这种光纤称为单模光纤，如图 7-10（d）所示。这种单模光纤通常使用 ILD 作为发光元件，可传输的数据速率为数千兆 bps。

　　从上述 3 种光纤接收的信号看，单模光纤接收的信号与输入的信号最接近，多模渐变型次之，多模突变型接收的信号散射最严重，因而它所获得的速率最低。

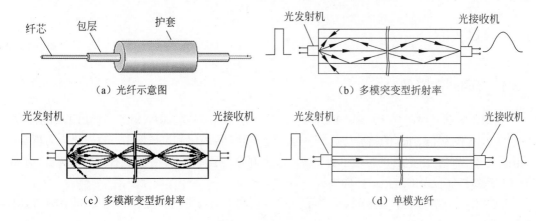

（a）光纤示意图　　　　　　　　　　（b）多模突变型折射率

（c）多模渐变型折射率　　　　　　　　（d）单模光纤

图 7-10　光纤示意图

4．无线传输

　　在很多场合下使用缆线连接很不方便。例如，若通信线路需要穿过高山或岛屿，或在市区跨越主干道路时就很难敷设，这时利用无线电波在空间自由地传播，可以进行多种通信。

　　无线传输主要分为无线电、微波、红外线及可见光几个波段，紫外线和更高的波段目前还不能用于通信。国际电信同盟（International Telecommunications Union，ITU）对无线传输所使用的频段进行了正式命名，分别是低频（Low Frequency，LF）、中频（Medium Frequency，MF）、高频（High Frequency，HF）、甚高频（Very HF，VHF）、特高频（UltraHF，UHF）、超高频（SuperHF，SHF）、极高频（Extremely HF，EHF）和目前尚无标准译名的 THF（Tuned HF）。

　　无线电微波通信在数据通信中占有重要地位。微波的频率范围为 300MHz～300GHz，但主要使用 2～40GHz 的频率范围。微波通信主要有两种方式，即地面微波接力通信和卫星通信。

　　由于微波在空间中直线传播，而地球表面是个曲面，因此其传输距离受到限制，一般只有 50km 左右。若采用 100m 高的天线塔，传输距离可增大到 100km。为实现远距离传输，必须在信道的两个终端之间建立若干个中继站，故称"接力通信"。其主要优点是频率高，范围宽，因此通信容量很大；因频谱干扰少，故传输质量高，可靠性高；与相同距离的电缆载波通信比，投资少，见效快。缺点是因相邻站之间必须直视，对环境要求高，有时会受恶劣天气影响，保密性差。

卫星通信是在地球站之间利用位于 36 000km 高空的同步卫星为中继的一种微波接力通信。每颗卫星覆盖范围达 18 000km，通常在赤道上空等距离地放置 3 颗相隔 120°的卫星就可覆盖全球。和微波接力通信相似，卫星通信也具有频带宽，干扰少，容量大，质量好等优点。另外，其最大特点是通信距离远，基本没有盲区，缺点是传输时延长。

7.3 TCP/IP

7.3.1 TCP/IP 模型

美国国防部高级研究计划局（DOD-ARPA）1969 年在研究 ARPANET 时提出了 TCP/IP 模型。TCP/IP 作为 Internet 的核心协议，已被广泛应用于局域网和广域网中，目前已成为事实上的国际标准。TCP/IP 包含的特性主要表现在 5 个方面：逻辑编址、路由选择、域名解析、错误检测和流量控制以及对应用程序的支持等。

TCP/IP 分层模型由 4 层构成，从高到低各层依次为应用层、传输层、网际层和网络接口层，如图 7-11 所示。

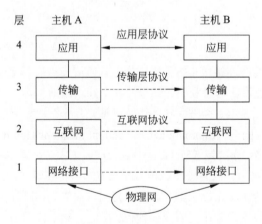

图 7-11　TCP/IP 层次结构

各层的功能如下。

（1）应用层。应用层处在分层模型的最高层，用户调用应用程序来访问 TCP/IP 互联网络，以享受网络上提供的各种服务。应用程序负责发送和接收数据。每个应用程序可以选择所需要的传输服务类型，并把数据按照传输层的要求组织好，再向下层传送，包括独立的报文序列和连续字节流两种类型。

（2）传输层。传输层的基本任务是提供应用程序之间的通信服务。这种通信又叫端到端的通信。传输层既要系统地管理数据信息的流动，还要提供可靠的传输服务，以确保数据准确而有序地到达目的地。为了这个目的，传输层协议软件需要进行协商，让接收方回送确认信息及让发送方重发丢失的分组。在传输层与网际层之间传递的对象是传输层分组。

（3）网际层。网际层又称互联网层（IP 层），主要处理机器之间的通信问题。它接收传输层请求，传送某个具有目的地址信息的分组。

（4）网络接口层。网络接口层又称数据链路层，处于 TCP/IP 协议层之下，负责接收 IP 数据包，并把数据包通过选定的网络发送出去。该层包含设备驱动程序，也可能是一个复杂的使用自己的数据链路协议的子系统。

由于 TCP/IP 有大量的协议和应用支持，现在已成为事实上的标准。

7.3.2 TCP/IP 协议

TCP/IP 是个协议簇，它包含了多种协议。ISO/OSI 模型、TCP/IP 的分层模型及协议的对比如图 7-12 所示。

ISO/OSI 模型	TCP/IP 协议					TCP/IP 模型
应用层	文件传输协议 FTP	远程登录协议 Telnet	电子邮件协议 SMTP	网络文件服务协议 NFS	网络管理协议 SNMP	应用层
表示层						
会话层						
传输层	TCP		UDP			传输层
网络层	IP	ICMP	ARP		RARP	网际层
数据链路层	Ethernet IEEE 802.3	FDDI	Token-Ring / IEEE 802.5	ARCnet	PPP/SLIP	网络接口层
物理层						硬件层

图 7-12 TCP/IP 与 ISO/OSI 模型对应关系示意图

1. 网络接口层协议

TCP/IP 协议不包含具体的物理层和数据链路层，只定义了网络接口层作为物理层与网络层的接口规范。这个物理层可以是广域网，如 X.25 公用数据网；也可以是局域网，如 Ethernet、Token-Ring 和 FDDI 等。任何物理网络只要按照这个接口规范开发网络接口驱动程序，都能够与 TCP/IP 协议集成起来。网络接口层处在 TCP/IP 协议的最底层，主要负责管理为物理网络准备数据所需的全部服务程序和功能。

2. IP（Internet Protocol）协议

IP 协议是网际层定义的协议，其主要功能是将上层数据（如 TCP、UDP 数据）或同层的其他数据（如 ICMP 数据）封装到 IP 数据报中；将 IP 数据报传送到最终目的地；为了使数据能够在链路层上进行传输，对数据进行分段；确定数据报到达其他网络中的目的地的路径。

IP 协议软件的工作流程为：当发送数据时，源计算机上的 IP 协议软件必须确定目的地是在同一个网络上，还是在另一个网络上。IP 通过执行这两项计算并对结果进行比较，才能确定数据到达的目的地。如果两项计算的结果相同，则数据的目的地确定为本地，否则，目的地应为远程的其他网络。如果目的地在本地，那么 IP 协议软件就启动直达通信；如果目的地是远程计算机，那么 IP 必须通过网关（或路由器）进行通信，在大多数情况下，这个网关应当是默认网关。当源 IP 完成了数据包的准备工作时，它就将数据包传递给网络访问层，网络访问层再将数据包传送传输介质，最终完成数据帧发往目的计算机的过程。

当数据抵达目的计算机时，网络访问层首先接收该数据。网络访问层要检查数据帧有无错误，并将数据帧送往正确的物理地址。假如数据帧到达目的地时正确无误，网络访问层便从数据帧的其余部分中提取有效数据，然后将它一直传送到帧层次类型域指定的协议。在这种情况下，可以说数据有效负载已经传递给了 IP。

IP 所提供的服务通常被认为是无连接的和不可靠的。事实上，在网络性能良好的情况下，IP 传送的数据能够完好无损地到达目的地。所谓无连接的传输，是指没有确定目标系统在已做好接收数据准备之前就发送数据。与此相对应的就是面向连接的传输（如 TCP），在该类传输中，源系统与目的系统在应用层数据传送之前需要进行 3 次握手。至于不可靠的服务，是指目的系统不对成功接收的分组进行确认，IP 只是尽可能地使数据传输成功。但是只要需要，上层协议必须实现用于保证分组成功提供的附加服务。

由于 IP 只提供无连接、不可靠的服务，所以把差错检测和流量控制之类的服务授权给了其他的各层协议，这正是 TCP/IP 能够高效率工作的一个重要保证。这样，可以根据传送数据的属性来确定所需的传送服务以及客户应该使用的协议。例如，传送大型文件的 FTP 会话就需要面向连接的、可靠的服务（因为如果稍有损坏，就可能导致整个文件无法使用）。

3. ARP 和 RARP

地址解析协议（Address Resolution Protocol，ARP）及反地址解析协议（RARP）是驻留在网际层中的另一个重要协议。ARP 的作用是将 IP 地址转换为物理地址，RARP 的作用是将物理地址转换为 IP 地址。

4. ICMP

ICMP（Internet Control Message Protocol，Internet 控制信息协议）是另一个比较重要的网际层协议，用于在 IP 主机、路由器之间传递控制消息。控制消息是指网络通不通、主机是否可达、路由是否可用等网络本身的消息。这些控制消息虽然并不传输用户数据，但是对于用户数据的传递起着重要的作用。由于 IP 协议是一种尽力传送的通信协议，即传送的数据报可能丢失、重复、延迟或乱序传递，所以 IP 协议需要一种避免差错并在发生差错时报告的机制。

ICMP 定义了 5 种差错报文（源抑制、超时、目的不可达、重定向、要求分段）和 4 种信息报文（回应请求、回应应答、地址屏蔽码请求、地址屏蔽码应答）。IP 在需要发送一个差错报文时要使用 ICMP，而 ICMP 也是利用 IP 来传送报文的。ICMP 还可以用于测试因特网，以得到一些有用的网络维护和排错的信息。例如，用于检查网络通不通的 Ping 命令就是利用 ICMP 报文测试目标是否可达，它发送一个 ICMP 回声请求消息给目的地并报告是否收到所希望的 ICMP 回声应答。

5. TCP

TCP（Transmission Control Protocol）是整个 TCP/IP 协议族中最重要的协议之一。它在 IP 协议提供的不可靠数据服务的基础上，为应用程序提供了一个可靠的、面向连接的、全双工的数据传输服务。

TCP 采用了重发技术来实现数据传输的可靠性。具体来说，就是在 TCP 传输过程中，发送方启动一个定时器，然后将数据包发出，当接收方收到了这个信息就给发送方一个确认信息。若发送方在定时器到点之前没收到这个确认信息，就重新发送这个数据包。

在源主机需要和目的主机通信时，目的主机必须同意，否则 TCP 连接无法建立。为了确保 TCP 连接的成功建立，TCP 采用 3 次握手的方式，使源主机和目的主机达成同步。

6. UDP

UDP 是一种不可靠的、无连接的协议，可以保证应用程序进程间的通信。与同样处在传输层的面向连接的 TCP 相比较，UDP 是一种无连接的协议，它的错误检测功能要弱得多。可以这样说，TCP 有助于提高可靠性；而 UDP 则有助于提高传输的高速率性。例如，必须支持交互式会话的应用程序（如 FTP 等）常使用 TCP；而自己进行错误检测或不需要错误检测的应用程序（如 DNS、SNMP 等）则常使用 UDP。

7. 应用层协议

随着计算机网络的广泛应用，人们也已经有了许多相同的基本应用需求。为了让不同平台的计算机能够通过计算机网络获得一些基本相同的服务，也就应运而生了一系列应用级的标准，实现这些应用的标准专用协议被称为应用级协议。相对于 OSI 参考模型来说，它们处于较高的层次结构，所以也称为高层协议。应用层协议有 NFS、Telnet、SMTP、DNS、SNMP 和 FTP 等。

7.3.3   IP 地址

因特网采用了一种通用的地址格式，为因特网中的每一个网络和几乎每一台主机都分配了一个地址，这就使用户切实感觉到它是一个整体。

1. 什么是 IP 地址

接入因特网的计算机与接入电话网的电话相似，每台计算机或路由器都有一个由授权机构分配的号码，称为 IP 地址。如果中国境内某单位电话号码为 85225566，所在的地区号为 010。那么，这个单位的电话号码完整的表述应该是 086-010-89895566。该电话号码在全世界范围内是唯一的。这是一种很典型的分层结构的电话号码定义方法。

同样，IP 地址也是采用分层结构。IP 地址由网络号与主机号两部分组成。其中，网络号用来标识一个逻辑网络，主机号用来标识网络中的一台主机。一台主机至少有一个 IP 地址，而且这个 IP 地址是全网唯一的，如果一台主机有两个或多个 IP 地址，则该主机属于两个或多个逻辑网络，一般用作路由器。

在表示 IP 地址时，将 32 位二进制码划分为 4 个字节，每个字节转换成相应的十进制数，字节之间用"．"来分隔。IP 地址的这种表示法称为"点分十进制表示法"，比全是 1 和 0 的二进制码容易记忆。例如，IP 地址 10001010 00001011 00000011 00011111 记为 138.11.3.31。

2. IP 地址的分类

IP 地址由网络号（Net-id）与主机号（Host-id）两部分组成。网络号相同的主机可以直接互相访问，网络号不同的主机需通过路由器才可以互相访问。TCP/IP 协议规定，根据网络规模的大小将 IP 地址分为 5 类（A、B、C、D、E），如图 7-13 所示。

- A 类地址：第一个字节用作网络号，且最高位为 0，这样只有 7 位可以表示网络号，能够表示的网络号有 128（2^7）个，因为全 0 和全 1 在地址中有特殊用途，所以去掉有特殊用途的全 0 和全 1 地址，这样，就只能表示 126 个网络号，范围是 1～126。后三个字节用作主机号，有 24 位可表示主机号，能够表示的主机号有 2^{24}–2 个，约为 1600

万台主机。A 类 IP 地址常用于大型的网络。

- B 类地址：前两个字节用作网络号，后两个字节用作主机号，且最高位为 10，最大网络数为 $2^{14}-2=16\ 382$，范围是 128.0.0.1～191.255.255.254。可以容纳的主机数为 $2^{16}-2$ 个，约等于 6 万多台主机。B 类 IP 地址通常用于中等规模的网络。

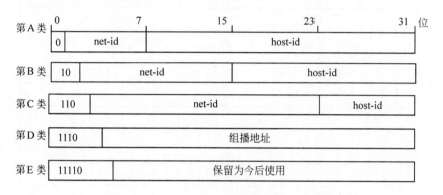

图 7-13 IP 地址的分类

- C 类地址：前三个字节用作网络号，最后一个字节用作主机号，且最高位为 110，最大网络数为 $2^{21}-2$，约等于 200 多万，范围 192.0.0.1～223.255.255.254。可以容纳的主机数为 2^8-2 个，等于 254 台主机。C 类 IP 地址通常用于小型的网络。
- D 类地址：最高位为 1110，是多播地址，主要留给 Internet 体系结构委员会（Internet Architecture Board，IAB）使用。
- E 类地址：最高位为 11110，保留在今后使用。

目前大量使用的 IP 地址仅是 A 类、B 类和 C 类 3 种。不同类别的 IP 地址在使用上并没有等级之分，不能说 A 类 IP 地址比 B 类或 C 类高级，也不能说在访问 A 类 IP 地址时比 B 类或 C 类优先级高，只能说 A 类 IP 地址所在的网络是一个大型网络。

3．子网掩码

IP 地址的设计也有不够合理的地方。例如，IP 地址中的 A～C 类地址，可供分配的网络号超过 211 万个，而这些网络上可供使用的主机号的总数则超过 37.2 亿个。初看起来，似乎 IP 地址足够全世界使用，其实不然。第一，设计者没有预计到微型计算机会普及得如此之快，使得各种局域网和网上的主机数急剧增长。第二，IP 地址在使用时有很大的浪费。例如，某个单位申请到了一个 B 类地址，但该单位只有一万台主机。于是，在一个 B 类地址中的其余 5.5 万多个主机号就浪费了，因为其他单位的主机无法使用这些号码。为此，设计者在 IP 地址中又增加了一个"子网字段"。

以 B 类 IP 地址为例，图 7-14 说明了在划分子网时用到的子网掩码（Subnet Mask）的意义。

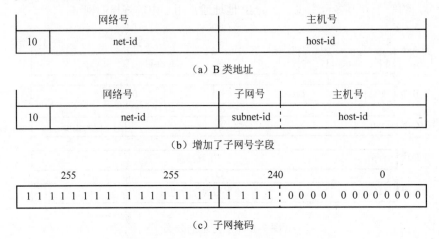

图 7-14   子网掩码的意义

大家知道，一个机构（或单位）申请到的 IP 地址是这个 IP 地址的网络号 net-id，而后面的主机号 host-id 则由本单位进行分配，本单位所有的主机都使用同一个网络号。当一个单位的主机很多而且分布在很大的地理范围时，往往需要用一些网桥（而不是路由器，因为路由器连接的主机具有不同的网络号）将这些主机互连起来。网桥的缺点较多，例如容易引起广播风暴，同时当网络出现故障时也不太容易隔离和管理。为了使本单位的主机便于管理，可以将本单位所属主机划分为若干个子网（Subnet），用 IP 地址中主机号字段的前若干个位作为"子网号字段"，后面剩下的仍为主机号字段。这样就可以在本单位的各子网之间用路由器来互连，因而便于管理。

需要注意的是，子网的划分是属于本单位内部的事，在本单位以外看不见这样的划分。从外部看，这个单位仍然只有一个网络号。只有当外面的分组进入本单位范围后，本单位的路由器再根据子网号进行路由选择，最后找到目的主机。若本单位按照主机所在的地理位置来划分子网，那么在管理方面就会方便得多。

图 7-14（b）表示将本地控制部分再增加一个子网号字段，子网号字段究竟选多长，由本单位根据情况确定。TCP/IP 体系规定用一个 32 位的子网掩码来表示子网号字段的长度。具体的做法是：子网掩码由一连串的 1 和一连串的 0 组成。1 对应于网络号和子网号字段，而 0 对应于主机号字段，如图 7-14（c）所示。该子网掩码用点分十进制表示就是 255.255.240.0。

若不进行子网划分，则其子网掩码即为默认值，此时子网掩码中 1 的长度就是网络号的长度。因此，对于 A、B 和 C 类 IP 地址，其对应的子网掩码默认值分别为 255.0.0.0、255.255.0.0 和 255.255.255.0。

采用子网掩码后相当于进行三级寻址。每一个路由器在收到一个分组时，首先检查该分组的 IP 地址中的网络号。若不是本网络，则从路由表找出下一站地址将其转发出去。若是本网络，则再检查 IP 地址中的子网号。若不是本子网，则同样地转发此分组；若是本子网，则根据主机号即可查出应从何端口将分组交给该主机。

那么如何判断两个 IP 地址是否是一个子网呢？具体方法是将两个 IP 地址分别和子网掩码做二进制"与"运算。如果得到的结果相同，则属于同一个子网；如果结果不同，则不属于同一个子网。

例如 129.47.16.254、129.47.17.01、129.47.31.454 和 129.47.33.01 是 B 类 IP 地址，如果在默认子网掩码的情况下属于同一个子网。但如果子网掩码是 255.255.240.0，则 129.47.16.254 和 129.47.17.01 是属于同一个子网的，而 129.47.32.254、129.47.33.01 则属于另一个子网，如图 7-15 所示。

	网络号		子网号	主机号
子网掩码	1 1 1 1 1 1 1 1	1 1 1 1 1 1 1 1	1 1 1 1 : 0 0 0 0	0 0 0 0 0 0 0 0
129.47.16.254	1 0 0 0 0 0 0 1	0 0 1 0 1 1 1 1	0 0 0 1 : 0 0 0 0	1 1 1 1 1 1 1 0
129.47.17.01	1 0 0 0 0 0 0 1	0 0 1 0 1 1 1 1	0 0 0 1 : 0 0 0 1	0 0 0 0 0 0 0 1
129.47.32.254	1 0 0 0 0 0 0 1	0 0 1 0 1 1 1 1	0 0 1 0 : 0 0 0 0	1 1 1 1 1 1 1 0
129.47.33.01	1 0 0 0 0 0 0 1	0 0 1 0 1 1 1 1	0 0 1 0 : 0 0 0 1	0 0 0 0 0 0 0 1

图 7-15　IP 地址与子网掩码

4. IPv6

IPv6（Internet Protocol Version 6），是 IETF（Internet Engineering Task Force，因特网工程任务组）设计的用于替代现行版本 IP 协议（IPv4）的下一代 IP 协议。

IPv4 核心技术属于美国，其最大问题是网络地址资源有限，从理论上讲，可编址 1600 万个网络、40 亿台主机。但采用 A、B、C 三类编址方式后，可用的网络地址和主机地址的数目大打折扣，以至目前的 IP 地址近乎枯竭。其中北美占有 3/4，约 30 亿个，亚洲只有不到 4 亿个，中国只有 3000 多万个。由于地址不足而严重地制约了某些国家因特网的应用和发展。

与 IPv4 相比，IPv6 的特点如下。

（1）IPv6 具有更大的地址空间。IPv4 中规定 IP 地址长度为 32，即有 $2^{32}-1$ 个地址；而 IPv6 中 IP 地址的长度为 128，即有 $2^{128}-1$ 个地址。

（2）IPv6 使用更小的路由表。IPv6 的地址分配一开始就遵循聚类（Aggregation）的原则，这使得路由器能在路由表中用一条记录（Entry）表示一片子网，大大减小了路由器中路由表的长度，提高了路由器转发数据包的速度。

（3）IPv6 增加了增强的组播（Multicast）支持以及对流的支持（Flow Control），这使得网络上的多媒体应用有了长足发展的机会，为服务质量（Quality of Service，QoS）控制提供了良好的网络平台。

（4）IPv6 加入了对自动配置（Auto Configuration）的支持。这是对DHCP协议的改进和扩展，使得网络（尤其是局域网）的管理更加方便和快捷。

（5）IPv6 具有更高的安全性。在使用 IPv6 的网络中，用户可以对网络层的数据进行加密并对 IP 报文进行校验，极大地增强了网络的安全性。

7.4　Internet 基础知识

Internet 是世界上规模最大、覆盖面最广且最具影响力的计算机互联网络，它是将分布在世界各地的计算机采用开放系统协议连接在一起，用来进行数据传输、信息交换和资源共享。

从用户的角度来看，整个 Internet 在逻辑上是统一的、独立的，而在物理上则由不同的网络互连而成。从技术角度看，Internet 本身不是某一种具体的物理网络技术，它是能够互相传递信息的众多网络的一个统称，或者说它是一个网间网。连入 Internet 的计算机网络种类繁多，形式各异，因此，需要通过路由器（IP 网关）并借助各种通信线路把它们连接起来。

在 Internet 中，分布着一些覆盖范围很广的大网络，这种网络称为"Internet 主干网"，它们一般属于国家级的广域网。例如，CHINANET、CERNET 等就是中国的主干网。主干网一般只延伸到一些大城市或重要地方。每一个主干网结点可以通过路由器将广域网与局域网连接起来，由此形成一种网状结构。

7.4.1　Internet 服务

Internet 为全球的网络用户提供了极其丰富的信息资源和最先进的信息交流手段，网络上的各种内容均由 Internet 服务来提供。

使用传输控制协议或用户数据报协议时，Internet IP 可支持 65 535 种服务，这些服务是通过各个端口到名字实现的逻辑连接。端口分两类：一类是已知端口或称公认端口，编号为 0～1023 的端口由 IANA（Internet Assigned Numbers Authority）定义；1024～65 535 是需要在 IANA 注册登记的端口号。下面简要介绍 Internet 的高层协议，如 DNS、Telnet、E-mail、WWW 服务和 FTP 等。

1. DNS（Domain Name Server，域名服务）

计算机网络中利用 IP 地址唯一标识一台计算机。但是，一组 IP 地址的数字形式不容易记忆，因此，为网上的服务器取一个有意义又容易记忆的符号名字，称为"域名"。

例如，一般用户在浏览北京市政府的门户网站"北京之窗"时，都会输入其域名 www.beijing.gov.cn，很少有人会记住这台服务器的 IP 地址（210.73.64.10）。

由于在因特网上用 IP 地址来区分机器，所以当使用者输入域名后，浏览器必须先到一台包含域名和 IP 地址关联关系的数据库的主机中去查询这台计算机的 IP 地址，而这台被查询的主机则称为域名服务器。例如，当用户输入 www.beijing.gov.cn 时，浏览器会将域名 www.beijing.gov.cn 传送到最近的 DNS 服务器去做分析，如果找到，则传回这台主机的 IP 地址；否则，系统就会提示 DNS NOT FOUND（没找到 DNS 服务器）。所以 DNS 服务器有故障，就像是路标完全被毁坏，没有人知道该把资料送到哪里。

1）域名的结构

一台主机的主机名由它所属各级域的域名和分配给该主机的名字共同构成。书写的时候，按照由小到大的顺序，顶级域名放在最右面，分配给主机的名字放在最左面，各级名字之间用"."隔开。

在域名系统中，常见的顶级域名是以组织模式划分的。例如，www.ibm.com 的顶级域名为 com，用户由此可以推知它是一家公司的网站地址。除了组织模式顶级域名之外，其他的顶级域名对应于地理模式。例如，www.tsinghua.edu.cn 的顶级域名为 cn，可以推知它是中国的网站地址。常见的顶级域名及其含义如表 7-2 所示。

表 7-2　常见的顶级域名及含义

组织模式 顶级域名	含　　义	地理模式 顶级域名	含　　义
com	商业组织	cn	中国
edu	教育机构	hk	中国香港
gov	政府部门	mo	中国澳门
mil	军事部门	tw	中国台湾
net	主要网络支持中心	us	美国
org	上述以外的组织	uk	英国
int	国际组织	jp	日本

顶级域的管理权被分派给指定的管理机构，各管理机构对其管理的域继续进行划分，即划分成二级域并将二级域名的管理权授予其下属的管理机构，如此层层细分，就形成了层次状的域名结构，如图 7-16 所示。

因特网的域名由因特网网络协会负责网络地址分配的委员会进行登记和管理。全世界现有 3 个大的网络信息中心：INTER-NIC 负责美国及其他地区；RIPE-NIC 负责欧洲地区；APNIC 负责亚太地区。中国互联网络信息中心（China Internet Network Information Center，CNNIC）负责管理我国顶级域名 cn，负责为我国的网络服务商（Internet Service Provider，ISP）和网络用户提供 IP 地址、自治系统 AS 号码和中文域名的分配管理服务。

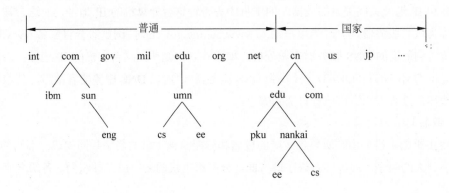

图 7-16　因特网域名结构

2）域名地址的寻址过程

域名地址便于记忆，在因特网中真正寻找"被叫"主机时还要用到 IP 地址，因此域名服务器的工作就是专门从事域名和 IP 地址之间的转换翻译。域名地址结构本身是分级的，所以域名服务器也是分级的。

例如，一个国外用户要寻找一台叫 host.edu.cn 的中国主机，其在因特网中的寻址过程如图 7-17 所示。

此用户"呼叫"host.edu.cn，本地域名服务器受理并进行分析；由于本地域名服务器中没有中国域名资料，必须向上一级查询，即本地域名服务器向本地最高域名服务器问询；本地最高域名服务器检索自己的数据库，查到 cn 为中国，则指向中国的最高域名服务器；中国最高域名服务器再进行分析，看到第二级域名为 edu，就指向 edu 域名服务器，从图 7-17 中可以看到 ac 域名服务器与 edu 域名服务器是平级的；经 edu 域名服务器分析，找到本域内 host 主机所对应的 IP 地址，就指向名为 host 的主机，这样，一个完整的寻址过程结束。

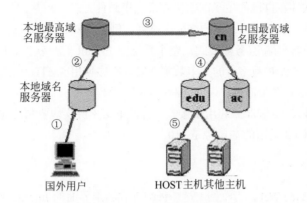

图 7-17 域名地址寻址过程

需要注意的是，真正要实现线路上的连接，还必须通过通信网络。因此，域名服务器分析域名地址的过程实际就是找到与域名地址相对应的 IP 地址的过程，找到 IP 地址后，路由器再通过选定的端口在电路上构成连接。由此可知，域名服务器实际上是一个数据库，它存储着一定范围内主机和网络的域名及相应 IP 地址的对应关系。

2．Telnet（远程登录服务）

远程登录服务是在 Telnet 协议的支持下，将用户计算机与远程主机连接起来，在远程计算机上运行程序，将相应的屏幕显示传送到本地机器，并将本地的输入送给远程计算机。由于这种服务基于 Telnet 协议且使用 Telnet 命令进行远程登录，故称为 Telnet 远程登录。Telnet 使用的是 TCP 端口，其端口号一般为 23。

Telnet 是基于客户端/服务器模式的服务系统，它由客户软件、服务器软件以及 Telnet 通信协议三部分组成。远程计算机又称为 Telnet 主机或服务器，本地计算机作为 Telnet 客户端来使用，它起到远程主机的一台虚拟终端的作用，用户通过它可以与主机上的其他用户一样共同使用该主机提供的服务和资源。当用户使用 Telnet 登录远程主机时，该用户必须在这个远程主机上拥有合法的账号和相应的密码，否则远程主机将会拒绝登录。

3．E-mail（电子邮件服务）

电子邮件是一种通过计算机网络与其他用户进行联系的快速、简便、高效、价廉的现代化通信手段，是最广泛的一种服务。

如果要使用 E-mail，必须首先拥有一个电子邮箱，它是由 E-mail 服务提供者为其用户建立在 E-mail 服务器磁盘上的专用于存放电子邮件的存储区域，并由 E-mail 服务器进行管理。用户使用 E-mail 客户端软件在自己的电子邮箱里收发电子邮件。

电子邮件地址的一般格式为：用户名@主机名，例如 fqzhang@china.com。

E-mail 系统基于客户端/服务器模式，整个系统由 E-mail 客户软件、E-mail 服务器和通信协议三部分组成。在 TCP/IP 网络上的大多数邮件管理程序使用 SMTP 协议来发信，且采用 POP 协议（常用的是 POP3）来保管用户未能及时取走的邮件。

简单邮件传送协议（SMTP）和用于接收邮件的 POP3 协议均要利用 TCP 端口。SMTP 所用的端口号是 25，POP3 所用的端口号是 110。

4．WWW 服务

WWW（World Wide Web，万维网）是一种交互式图形界面的 Internet 服务，具有强大的信息连接功能，是目前 Internet 中最受欢迎的、增长速度最快的一种多媒体信息服务系统。该服务使用一个 TCP 端口，其端口号为 80。

万维网是基于客户端/服务器模式的信息发送技术和超文本技术的综合，WWW 服务器把信息组织为分布的超文本，这些信息结点可以是文本、子目录或信息指针。WWW 浏览程序为用户提供基于超文本传输协议（Hyper Text Transfer Protocol，HTTP）的用户界面，WWW 服务器的数据文件由超文本标记语言（Hyper Text Markup Language，HTML）描述，HTML 利用统一资源定位器（URL）实现超媒体链接，在文本内指向其他网络资源。

统一资源定位器是在 WWW 中标识某一特定信息资源所在位置的字符串，是一个具有指针作用的地址标准。在 WWW 上查询信息，必不可少的一项操作是在浏览器中输入查询目标的地址，这个地址就是 URL，也称 Web 地址，俗称"网址"。一个 URL 指定一个远程服务器域名和一个 Web 页。换言之，每个 Web 页都有唯一的 URL。URL 也可指向 FTP、WAIS 和 Gopher 服务器代表的信息。一个 URL 包括以下几部分：协议、主机域名、端口号（任选）、目录路径（任选）和一个文件名（任选）。例如：

http://www.cctv.com/	中国中央电视台网址
http://www.xjtu.edu.cn/	西安交通大学网址
ftp://ftp.xjtu.edu.cn/	西安交通大学文件服务器
gopher://gopher.xjtu.edu.cn	西安交通大学 Gopher 服务器

5．FTP

文件传输协议（File Transfer Protocol，FTP）用来在计算机之间传输文件。

通常，一个用户需要在 FTP 服务器中进行注册，即建立用户账号，在拥有合法的登录用户名和密码后，才有可能进行有效的 FTP 连接和登录。FTP 在客户端与服务器的内部建立两条

TCP 连接：一条是控制连接，主要用于传输命令和参数（端口号为 21）；另一条是数据连接，主要用于传送文件（端口号为 20）。

7.4.2　因特网接入方式

因特网接入方式可以按传输媒体分类，也可以按拓扑结构分类，或者按使用技术、接口标准、业务带宽和业务种类等分类。通常，可以将接入网分为以下几大类：基于普通电话线的 xDSL 接入；同轴电缆上的双向混合光纤同轴电缆接入传输系统 HFC；光纤接入系统和宽带无线接入系统等。这些接入网络既可单独使用，也可混合使用。

1. 基于普通电话线的 xDSL 接入

xDSL 是 DSL（Digital Subscriber Line，数字用户线路）的统称，即以铜电话线为传输介质的点对点传输技术。可分为 IDSL（ISDN 数字用户环路）、HDSL（两对线双向对称传输 2Mb/s 的高速数字用户环路）、SDSL（一对线双向对称传输 2Mb/s 的数字用户环路，传输距离比 HDSL 稍短）、VDSL（甚高速数字用户环路）和 ADSL（不对称数字用户环路）。上述系统都是点到点拓扑结构。

ADSL 是在一对铜双绞线上，为用户提供上、下行非对称的传输速率（即带宽）。ADSL 接入服务能做到较高的性能价格比，其速率可达到上行 1Mb/s 和下行 8Mb/s，使用 ADSL 上网不需要占用电话线路；独享带宽安全可靠；安装快捷方便；价格实惠。它把线路按频段分成语音、上行和下行 3 个信道，故语音和数据可共用一对线。ADSL 特别适合于 VOD 业务和多媒体业务的应用。ADSL 的传输距离与线径、速率有关，一般在 3km 以上。作为一种宽带接入方式，ADSL 技术可以为用户提供中国电信宽带网的所有应用业务。ADSL 在宽带接入业务中得到越来越多的应用。

对于个人用户，在现有电话线上安装 ADSL，只需在用户端安装一台 ADSL Modem 和一个分离器，用户线路不需作任何改动。数据线路为：PC→ADSL Modem→分离器→入户接线盒→电话线→DSL 接入复用器→ATM/IP 网络；语音线路为：话机→分离器→入户接线盒→电话线→DSL 接入复用器→交换机。

对于企业用户，可以在现有电话线上安装 ADSL 和分离器，连接 Hub 或 Switch。数据线路为：PC→以太网（Hub 或 Switch）→ADSL 路由器→分离器→入户接线盒→电话线→DSL 接入复用器→ATM/IP 网络；语音线路为话机→分离器→入户接线盒→电话线→DSL 接入复用器→交换机。

2．同轴电缆上的 HFC/SDV 接入系统

该方式利用现成的有线电视（CATV）网进行数据传输。HFC/SDV 是基于混合光纤同轴电缆接入系统，其中，HFC 为双向接入传输系统，SDV 是可交换的数字视频接入系统，它在同轴电缆上只传下行信号。HFC/SDV 的拓扑结构可以是树型或总线型，下行方向通常为广播方式。与其他接入方式相比，HFC/SDV 在下行方向上可以混合传送模拟和数字信号。

3．光纤接入系统

光纤接入系统可分为有源系统和无源系统。有源系统有基于准同步数字系列（Plesiochronous Digital Hierarchy，PDH）的，也有基于同步数字系列（Synchronous Digital Hierarchy，SDH）的。拓扑结构可以是环型、总线型、星型或它们的混合型，也有点对点的应用。无源系统即 PON（无源光网络），有窄带与宽带之分，目前宽带 PON 已经实现标准化的是基于 ATM 的 PON，即 APON。PON 的下行是点到多点系统，上行为多点到一点，因此上行时需要解决多用户争用问题，目前，PON 的上行多采用 TDMA（时分多址）技术。

利用 FTTx（光纤到小区或楼）+LAN（网线到户）的宽带接入方式可实现"千兆到小区、百兆到大楼、十兆到桌面"的因特网接入方案，小区内的交换机和局端交换机以光纤相连，小区内采用综合布线，所以称为小区宽带。

4．无线接入系统

无线接入系统通常指固定无线接入（FWA），根据其技术来自无绳电话（如 DECT）、集群电话、蜂窝移动通信、微波通信或卫星通信等可分为很多类，对应的频段、容量、业务带宽和覆盖范围各异。无线接入主要的工作方式是一点到多点，上行解决多用户争用的技术有 FDMA（频分多址）、TDMA（时分多址）和 CDMA（码分多址），从频谱效率看 CDMA 最好，TDMA 次之。CDMA 又包括扩谱（DS）、跳频（FH）和同步（S-CDMA）几种。

7.4.3　TCP/IP 的配置

在配置 TCP/IP 之前，需了解网络必备设备的配置情况。例如，本主机网卡的类型（如 Ethernet NE2000）、中断值（IRQ3）、端口地址（300-31F）；本主机的标识（BBS）、域名（bbs.xidian.edu.cn）IP 地址（192.168.24.13）、默认网关（192.168.24.5）、子网掩码（255.255.255.0）、DNS/WINS 服务器的 IP 地址（192.168.24.13）。

使用控制面板的网络程序可以安装和配置网卡、安装和配置协议、更改本机名、指定一个工作组或创建一个域账户以及安装网络服务等。Windows NT 包括几个默认的网络协议，如

TCP/IP、NWlink IPX/SPX 兼容协议和 NetBEUI 协议，它们提供了计算机间互相连接的跨网段互换信息的机制。协议通过 NDIS 兼容的网卡驱动程序与网卡进行通信，Windows NT 在支持多协议的同时绑定到一个或多个网卡上。在协议配置之前，必须确认网卡已配置正确。

1．TCP/IP 配置的方法

TCP/IP 配置可采用手动配置和自动配置两种方式。手动配置 TCP/IP 时，必须了解本机的 IP 地址、默认网关和子网掩码，这是每块网卡必须配置的 3 个参数。Windows NT 提供了动态主机配置协议（DHCP）服务器服务，当在一个网络中配置了 DHCP 服务器，则该网络中的客户端便可从 DHCP 服务器上获得 TCP/IP 的配置（IP 地址、默认网关和子网掩码）。

2．TCP/IP 配置过程

在 Windows NT 系统中，打开"控制面板"窗口后双击"网络"图标，可打开"网络"属性对话框。配置的步骤如下。

（1）添加 TCP/IP 协议。选择"协议"选项卡，单击"添加"按钮，出现"网络协议"对话框。在该对话框中，选择"TCP/IP 协议"，单击"确定"按钮即可。

（2）配置 IP 地址、默认网关和子网掩码。在 TCP/IP 的属性对话框中，选择"IP 地址"选项卡，此时可以选择"从 DHCP 服务器上得到 IP 地址"或"指定 IP 地址"。如果选择前者，则自动获得 IP 地址，那么相应的默认网关和子网掩码也无须配置；如果选择后者，则需在 IP 地址、默认网关和子网掩码文本框中分别添上相应的值。

（3）配置 DNS/WINS 地址。如果网络要加入 Internet，或网络中没有 WINS 服务器，则需要配置 DNS 服务器。例如，在 TCP/IP 的属性对话框中，选择"DNS"选项卡，在"主机名"栏和"域"中添入 BBS 和 bbs.xidian.edu.cn，并在 DNS 服务器搜索顺序中输入 DNS 的 IP 地址 192.168.24.13，单击"添加"按钮。配置 WINS 的方法与配置 DNS 基本一致。

7.4.4　浏览器的设置与使用

浏览器有许多种类，如 Kansa 大学的 lynx，Illinois 大学的 Mosaic、Netscape 等，下面简要介绍 Microsoft 公司的 Internet Explorer（IE）浏览器，有多个版本。IE 浏览器的使用较简单，只要在地址栏中输入网页的地址并按 Enter 键，或单击地址栏的下拉箭头并选择一个曾经访问过的网址即可。

1．IE 浏览器的环境配置

IE 浏览器在使用时基本上不用配置，除非用户有特别的要求。配置 Internet 选项时，单击

IE 浏览器的"工具"菜单，并选择"Internet 选项"，如图 7-18 所示。

1）常规配置

（1）主页。使用 IE 浏览器浏览时，遇到自己喜欢的网页，在"Internet 选项"对话框中单击"常规"选项卡中的"使用当前页"按钮即可。如果要恢复原来的主页，则单击"使用默认页"按钮。

（2）Internet 临时文件。临时文件夹位于本机的硬盘上，查看网页和文件时这些内容将存放在其中。增加该文件夹的空间可以更快地显示以前访问过的网页，但却减少了计算机上提供给其他文件的空间。如果想为临时 Internet 页创建更多的空间，则单击"常规"选项卡中的"设置"按钮。可以设置该文件夹的大小或将其清空，以控制它所使用的硬盘空间大小。

（3）历史记录。"历史记录"主要用于指定网页保存在历史记录中的天数。如果清空 History 文件夹，则单击"清除历史记录"按钮，从而暂时释放计算机上的磁盘空间。

在此还可以设置网页字体、颜色、背景和语言编码等参数。

图 7-18 "常规"选项卡

图 7-19 "安全"选项卡

2）安全配置

IE 将 Internet 按区域划分，以便将网站分配到具有适当安全级的区域，如图 7-19 所示。可以更改某个区域的安全级别。例如，可能需要将"本地 Intranet"区域的安全设置改为"低"，或者自定义某个区域的设置，也可以通过从证书颁发机构导入隐私设置为某个区域自定义设置。它有 4 种区域。

（1）Internet 区域。默认情况下，该区域包含了不在计算机和 Intranet 上以及未分配到其他任何区域的所有站点。该区域的默认安全级为"中"。

（2）本地 Intranet 区域。该区域通常包含按照系统管理员的定义不需要代理服务器的所有地址。包括在"连接"选项卡中指定的站点、网络路径和本地 Intranet 站点等。该区域的默认安全级是"中"。

（3）受信任的站点区域。该区域包含信任的站点，其默认安全级是"低"。

（4）受限制的站点区域。该区域包含不信任的站点，其默认安全级是"高"。

3）隐私配置

隐私的设置有阻止所有的 Cookies、高、中高、中、低、接受所有 Cookies 这 6 项。当需要更改隐私设置时，不会影响已经在计算机上的 Cookies。如果希望确保计算机上的所有 Cookies 都满足隐私设置，则应该删除计算机上已存在的所有 Cookies。返回以前已经在计算机上保存过 Cookies 的网站时，满足隐私设置的网站将再次把 Cookies 保存在计算机上。不允许不满足隐私设置的网站将 Cookies 保存在计算机上，并且不会正常运行。一些网站在 Cookies 中存储着会员名和密码或其他个人可识别信息，因此，如果删除所有的 Cookies，下次访问该站点时可能需要重新输入这些信息。

4）内容配置

在 Internet 中，并非所有信息都适合浏览者。例如，用户可能要禁止小孩查看包含暴力内容的网站，此时则需要启用"分级审查"，它可以帮助用户控制计算机在 Internet 上可以访问的内容类型。如果已经启用"分级审查"，单击"设置"按钮，然后输入监护人密码。

可以使用证书保护 Internet 上的个人识别信息，并保护计算机不受危险软件的攻击。证书是担保个人身份或网站安全性的声明。IE 使用两种不同类型的证书："个人证书"用于证明用户的确是自称的那个人；"网站证书"声明特定的网站是安全的而且的确是这个站点。安全证书中的数字签名部分是电子身份证。数字签名告诉收件人该信息确实由用户发出，不是伪造的，也没有被篡改。必须先获得证书并设置 IE 使用此证书，才能开始发送加密或需要数字签名的信息。

为了省去每次访问新网站重复输入信息的麻烦，如地址或电子邮件名称，则需要"配置文件助理"，它通过存储在用户计算机上的信息来简化操作。

5）连接配置

对于初次使用 Internet 的用户，Internet 连接向导将创建 Internet 连接，然后显示 Internet 服务提供商（ISP）列表及其服务信息。单击列表中的某个 ISP，然后注册一个新账户。

如果已经拥有 ISP 账户并想创建到账户的 Internet 连接，Internet 连接向导会向用户收集所有必要信息，然后创建连接。

6）程序配置

为了指定 IE 使用的电子邮件、新闻组、日历和 Internet 呼叫的默认程序，需要在"程序"选项卡中指定默认的 Internet 使用程序。

7）其他配置

为了用户的浏览方便，在"高级"选项卡中涉及一些细微的控制。例如，清除对"显示图片""播放动画""播放视频""播放声音"复选框的勾选以加快所有网页的显示速度；给链接加下划线；对无效证书发出警告等。

2．收藏功能的使用

用户找到喜欢的网页或网站时，可以将站点添加到收藏夹列表中。每次需要打开该页时，只需单击工具栏上的"收藏"按钮，然后单击收藏夹列表中的快捷方式。

（1）将网页添加到收藏夹列表。如果有一些经常访问的网页或站点并且希望能放在最容易获得的地方，则把它添加到链接栏中。方法为：打开网页或站点，在"收藏夹"菜单上单击"添加到收藏夹"，选择合适的收藏夹，并单击"确定"按钮。

如果忘记将网页添加到收藏夹和链接栏，可单击工具栏上的"历史"按钮。历史记录列表列出了今天、昨天或几个星期前访问过的网页。单击列表中的名称即可显示此页。

（2）整理收藏夹。当出现收藏夹列表时，可创建新的文件夹来整理收藏的项目。可能需要按照主题来整理网页。例如，可创建一个名为"数据结构"的文件夹来存储数据结构方面的信息。

整理收藏夹的过程为：在"收藏夹"菜单上单击"整理收藏夹"；在弹出的"整理收藏夹"对话框中单击"新建文件夹"按钮，输入文件夹的名称，然后按 Enter 键；将列表中的快捷方式拖到合适的文件夹中。如果快捷方式或文件夹太多而导致无法拖动，可以单击"移至文件夹"按钮。

（3）浏览收藏夹的网页或网站。在"收藏夹"菜单上，单击要打开的页面可以浏览收藏夹记录的网页或网站。

7.5　局域网基础知识

1．局域网参考模型

1980 年 2 月，电气和电子工程师协会（Institute of Electrical and Electronics Engineers，IEEE）成立了 802 委员会。当时个人计算机联网刚刚兴起，该委员会针对这一情况，制定了一系列局域网标准，称为 IEEE 802 标准。按 IEEE 802 标准，局域网体系结构由物理层、媒体访问控制子层（Media Access Control，MAC）和逻辑链路控制子层（Logical Link Control，LLC）组成，如图 7-20 所示。

IEEE 802 参考模型的最低层对应于 OSI 模型中的物理层，包括以下功能。

（1）信号的编码/解码。

（2）前导码的生成/去除（前导码仅用于接收同步）。

（3）位的发送/接收。

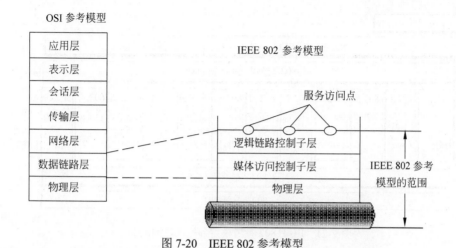

图 7-20　IEEE 802 参考模型

IEEE 802 参考模型的 MAC 和 LLC 合起来对应 OSI 模型中的数据链路层。MAC 子层完成的功能如下。

（1）在发送时将要发送的数据组装成帧，帧中包含有地址和差错检测等字段。

（2）在接收时，将接收到的帧解包，进行地址识别和差错检测。

（3）管理和控制对于局域网传输媒体的访问。

LLC 子层完成的功能如下。

（1）为高层协议提供相应的接口，即一个或多个服务访问点（Service Access Point，SAP），通过 SAP 支持面向连接的服务和复用能力。

（2）端到端的差错控制和确认，保证无差错传输。

（3）端到端的流量控制。

需要指出的是，在局域网中采用了两级寻址，用 MAC 地址标识局域网中的一个站，LLC 提供了服务访问点地址，SAP 指定运行于一台计算机或网络设备上的一个或多个应用进程地址。

目前，由 IEEE 802 委员会制定的标准当前已近 20 个，各标准之间的关系如图 7-21 所示。具体标准如下。

- 802.1：局域网概述、体系结构、网络管理和网络互联。
- 802.2：逻辑链路控制。
- 802.3：带碰撞检测的载波侦听多路访问（CSMA/CD）方法和物理层规范（以太网）。
- 802.4：令牌传递总线访问方法和物理层规范（TOKEN BUS）。

图 7-21   IEEE 802 参考模型各标准之间的关系

- 802.5：令牌环访问方法和物理层规范（TOKEN RING）。
- 802.6：城域网访问方法和物理层规范分布式队列双总线网（DQDB）。
- 802.7：宽带技术咨询和物理层课题与建议实施。
- 802.8：光纤技术咨询和物理层课题。
- 802.9：综合语音/数据服务的访问方法和物理层规范。
- 802.10：互操作 LAN 安全标准（SILS）。
- 802.11：无线局域网（Wireless LAN）访问方法和物理层规范。
- 802.12：100VG Any LAN 网。
- 802.14：交互式电视网（包括 Cable Modem）。
- 802.15：简单，低耗能无线连接的标准（蓝牙技术）。
- 802.16：无线城域网标准。
- 802.17：基于弹性分组环（Resilient Packet Ring，RPR）构建新型宽带电信以太网。
- 802.20：3.5GHz 频段上的移动宽带无线接入系统。

2. 拓扑结构和传输介质

1）总线拓扑

总线（如图 7-22（a）所示）是一种多点广播介质，所有的站点都通过接口硬件连接到总线上。工作站发出的数据组织成帧，数据帧沿着总线向两端传播，到达末端的信号被终端匹配器吸收。数据帧中含有源地址和目标地址，每个工作站都监视总线上的信号，并拷贝发给自己的数据帧。由于总线是共享介质，多个站点同时发送数据时会发生冲突，因而需要一种分解冲突的介质访问控制协议。

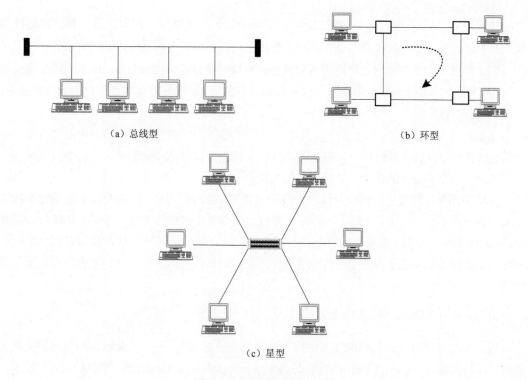

（a）总线型 （b）环型

（c）星型

图 7-22 局域网的拓扑结构

适用于总线拓扑的传输介质主要是同轴电缆，分为基带同轴电缆和宽带同轴电缆，这两种传输介质的比较如表 7-3 所示。

表 7-3 总线网的传输介质

传 输 介 质	数据速率（Mb/s）	传输距离（km）	站 点 数
基带同轴电缆	10，50（限制距离和节点数）	<3	100
宽带同轴电缆	500 个信道，每个信道 20	<30	1000

2）环型拓扑

环型拓扑（如图 7-22（b）所示）由一系列首尾相接的中继器组成，每个中继器连接一个工作站。中继器是一种简单的设备，它能从一端接收数据，然后在另一端发出数据。整个环路是单向传输的。

工作站发出的数据组织成帧。在数据帧的帧头部分含有源地址和目的地址字段，以及其他控制信息。数据帧在环上循环传播时被目标站复制，返回发送站后被回收。由于多个站共享环上的传输介质，所以需要某种访问逻辑来控制各个站的发送顺序。例如，用一种特殊的控制帧——令牌来代表发送的权利，令牌在网上循环流动，谁得到令牌就可以发送数据帧。

由于环网是一系列点对点链路串接起来的，所以可使用任何传输介质。最常用的介质是双绞线，因为它们价格较低。使用同轴电缆可得到较高的带宽，而光纤则能提供更大的数据速率。

3）星型拓扑

星型拓扑（如图 7-22（c）所示）中有一个中心节点，所有站点都连接到中心节点上。电话系统就采用了这种拓扑结构，多终端联机通信系统也是星型结构的例子。中心节点在星型网络中起到了控制和交换的作用，是网络中的关键设备。

用星型拓扑结构也可以构成分组广播式的局域网。在这种网络中，每个站都用两对专线连接到中心节点上，一对用于发送，一对用于接收。中心节点叫作集线器（Hub）。Hub 接收工作站发来的数据帧，然后向所有的输出链路广播出去。当有多个站同时向 Hub 发送数据时就会产生冲突，这种情况和总线拓扑中的竞争发送一样，因而总线网的介质访问控制方法也适用于星型网。

3．以太网（IEEE 802.3 标准）

以太网技术可以说是局域网技术中历史最悠久和最常用的一种。它采用带冲突检测的载波监听多路访问协议（Carrier-Sense Multiple Access with Collision Detection，CSMA/CD）技术。目前以太网主要包括 3 种类型：IEEE 802.3 中所定义的标准局域网，速度为 10Mb/s，传输介质为细同轴电缆；IEEE 802.3u 中所定义的快速以太网，速度为 100Mb/s，传输介质为双绞线；IEEE 802.3z 中所定义的千兆以太网，速度为 1000Mb/s，传输介质为光纤或双绞线。

IEEE 802.3 所使用的介质访问协议 CSMA/CD 是让整个网络上的主机都以竞争的方式来抢夺传送数据的权力，工作过程为：首先侦听信道，如果信道空闲则发送。如果信道忙，则继续侦听，直到信道空闲时立即发送。开始发送后再进行一段时间的检测，方法是边发送边接收，并将收、发信息进行比较，若结果不同，表明发送的信息遇到碰撞，于是立即停止发送，并向总线上发出一串阻塞信号，通知信道上各站冲突已发生。已发出信息的各站收到阻塞信号后，等待一段随机时间，等待时间最短的站将重新获得信道，可重新发送。

在 CSMA/CD 中，当检测到冲突并发出阻塞信号后，为了降低再次冲突概率，需要等待一个退避时间。退避算法有许多种，常用的一种通用退避算法称为二进制指数退避算法。

4．无线局域网（CSMA/CA）

信息时代的网络已经渗透到了个人、企业以及政府。现在的网络建设已经发展到无所不在，不论你在任何时间、任何地点都可以轻松上网。网络无所不在其实并不简单，光靠光纤、铜缆是不够的，毕竟在许多场合不允许铺设线缆。因此，需要推广一种新的解决方案，使得网络的无所不在能够得以实现，这种解决方案就是无线局域网。

无线局域网使用的是带冲突避免的载波侦听多路访问方法（CSMA/CA）。冲突检测（Collision Detection）变成了冲突避免（Collision Avoidance），这一词之差是很大的。因为在无线传输中侦听载波及冲突检测都是不可靠的，侦听载波有困难。另外通常无线电波经天线送出去时，自己是无法监视到的，因此冲突检测实质上也做不到。在 802.11 中侦听载波是由两种方式来实现，一个是实际去听是否有电波在传，然后加上优先权控制。另一个是虚拟的侦听载波，告知大家待会有多久的时间我们要传东西，以防止冲突。

7.6　信息安全基础知识

信息成为一种重要的战略资源，信息的获取、处理和安全保障能力成为一个国家综合国力的重要组成部分，信息安全事关国家安全、事关社会稳定。信息安全理论与技术的内容十分广泛，包括密码学与信息加密、可信计算、网络安全和信息隐藏等多个方面。

1.　信息安全存储安全

信息安全包括 5 个基本要素：机密性、完整性、可用性、可控性与可审查性。

- 机密性：确保信息不暴露给未授权的实体或进程。
- 完整性：只有得到允许的人才能修改数据，并且能够判别出数据是否已被篡改。
- 可用性：得到授权的实体在需要时可访问数据，即攻击者不能占用所有的资源而阻碍授权者的工作。
- 可控性：可以控制授权范围内的信息流向及行为方式。
- 可审查性：对出现的信息安全问题提供调查的依据和手段。

信息的存储安全包括信息使用的安全（如用户的标识与验证、用户存取权限限制、安全问题跟踪等）、系统安全监控、计算机病毒防治、数据的加密和防止非法的攻击等。

1）用户的标识与验证

用户的标识与验证主要是限制访问系统的人员。它是访问控制的基础，是对用户身份的合法性验证。方法有两种，一是基于人的物理特征的识别，包括签名识别法、指纹识别法和语音识别法；二是基于用户所拥有特殊安全物品的识别，包括智能 IC 卡识别法、磁条卡识别法。

2）用户存取权限限制

用户存取权限限制主要是限制进入系统的用户所能做的操作。存取控制是对所有的直接存取活动通过授权进行控制以保证计算机系统安全保密机制，是对处理状态下的信息进行保护。一般有两种方法：隔离控制法和限制权限法。

（1）隔离控制法。隔离控制法是在电子数据处理成分的周围建立屏障，以便在该环境中实施存取规则。隔离控制技术的主要实现方式包括物理隔离方式、时间隔离方式、逻辑隔离方式和密码技术隔离方式等。其中，物理隔离方式的各过程使用不同的物理目标，是一种有效的方式。传统的多网环境一般通过运行两台计算机实现物理隔离。现在我国已经生产出了拥有自主知识产权的涉密计算机，它采用双硬盘物理隔离技术，通过运行一台计算机，即可在物理隔离的状态下切换信息网和公共信息网，实现一机双网或一机多网的功能。还有另外一种方式就是加装隔离卡，一块隔离卡带一块硬盘、一块网卡，连同本机自带的硬盘网卡，使用不同的网络环境。当然，物理隔离方式对于系统的要求比较高，必须采用两套互不相关的设备，其人力、物力、财力的投入都是比较大的。但它也是很有效的方式，因为两者就如两条平行线，永不交叉，自然也就安全了。

（2）限制权限法。限制权限法是有效地限制进入系统的用户所进行的操作。即对用户进行分类管理，安全密级、授权不同的用户分在不同类别；对目录、文件的访问控制进行严格的权限控制，防止越权操作；放置在临时目录或通信缓冲区的文件要加密，用完尽快移走或删除。

3）系统安全监控

系统必须建立一套安全监控系统，全面监控系统的活动，并随时检查系统的使用情况，一旦有非法入侵者进入系统，能及时发现并采取相应措施，确定和堵塞安全及保密的漏洞。应当建立完善的审计系统和日志管理系统，利用日志和审计功能对系统进行安全监控。管理员还应该经常做以下方面。

（1）监控当前正在进行的进程，正在登录的用户情况。

（2）检查文件的所有者、授权、修改日期情况和文件的特定访问控制属性。

（3）检查系统命令安全配置文件、口令文件、核心启动运行文件、任何可执行文件的修改情况。

（4）检查用户登录的历史记录和超级用户登录的记录。若发现异常，及时处理。

4）计算机病毒防治

计算机网络服务器必须加装网络病毒自动检测系统，以保护网络系统的安全，防范计算机病毒的侵袭，并且必须定期更新网络病毒检测系统。

由于计算机病毒具有隐蔽性、传染性、潜伏性、触发性和破坏性等特点，所以需要建立计算机病毒防治管理制度。

（1）经常从软件供应商网站下载、安装安全补丁程序和升级杀毒软件。

（2）定期检查敏感文件。对系统的一些敏感文件定期进行检查，以保证及时发现已感染的病毒和黑客程序。

　　（3）使用高强度的口令。尽量选择难以猜测的口令，对不同的账号选用不同的口令。

　　（4）经常备份重要数据，要做到每天坚持备份。

　　（5）选择、安装经过公安部认证的防病毒软件，定期对整个硬盘进行病毒检测、清除工作。

　　（6）可以在计算机和因特网之间安装使用防火墙，提高系统的安全性。

　　（7）当计算机不使用时，不要接入因特网，一定要断掉连接。

　　（8）重要的计算机系统和网络一定要严格与因特网物理隔离。

　　（9）不要打开陌生人发来的电子邮件，无论它们有多么诱人的标题或者附件，同时要小心处理来自于熟人的邮件附件。

　　（10）正确配置系统和使用病毒防治产品。正确配置系统，充分利用系统提供的安全机制，提高系统防范病毒的能力，减少病毒侵害事件。了解所选用防病毒产品的技术特点，正确配置以保护自身系统的安全。

2. 计算机信息系统安全保护等级

　　1999 年 2 月 9 日，为更好地与国际接轨，经国家质量技术监督局批准，正式成立了“中国国家信息安全测评认证中心（China National Information Security Testing Evaluation Certification Center，CNISTEC）”。1994 年，国务院发布了《中华人民共和国计算机信息系统安全保护条例》，该条例是计算机信息系统安全保护的法律基础。其中第九条规定：“计算机信息系统实行安全等级保护。安全等级的划分和安全等级的保护的具体办法，由公安部会同有关部门制定。”公安部在《条例》发布实施后组织制订了《计算机信息系统安全保护等级划分准则》（GB 17859 —1999），并于 1999 年 9 月 13 日由国家质量技术监督局审查通过并正式批准发布，已于 2001 年 1 月 1 日起执行。该准则的发布为我国计算机信息系统安全法规和配套标准制定的执法部门的监督检查提供了依据，为安全产品的研制提供了技术支持，为安全系统的建设和管理提供了技术指导，是我国计算机信息系统安全保护等级工作的基础。本标准规定了计算机系统安全保护能力的 5 个等级。

　　（1）第一级：用户自主保护级（对应 TCSEC 的 C1 级）。本级的计算机信息系统可信计算基（Trusted Computing Base）通过隔离用户与数据，使用户具备自主安全保护的能力。它具有多种形式的控制能力，对用户实施访问控制，即为用户提供可行的手段，保护用户和用户组信息，避免其他用户对数据的非法读写与破坏。

　　（2）第二级：系统审计保护级（对应 TCSEC 的 C2 级）。与用户自主保护级相比，本级的计算机信息系统可信计算基实施了粒度更细的自主访问控制，它通过登录规程、审计安全性相关事件和隔离资源，使用户对自己的行为负责。

　　（3）第三级：安全标记保护级（对应 TCSEC 的 B1 级）。本级的计算机信息系统可信计算基具有系统审计保护级所有功能。此外，还提供有关安全策略模型、数据标记以及主体对客体强制访问控制的非形式化描述；具有准确地标记输出信息的能力；消除通过测试发现的任何错误。

（4）第四级：结构化保护级（对应 TCSEC 的 B2 级）。本级的计算机信息系统可信计算基建立在一个明确定义的形式化安全策略模型之上，它要求将第三级系统中的自主和强制访问控制扩展到所有主体与客体。此外，还要考虑隐蔽通道。本级的计算机信息系统可信计算基必须结构化为关键保护元素和非关键保护元素。计算机信息系统可信计算基的接口也必须明确定义，使其设计与实现经受更充分的测试和更完整的复审。它加强了鉴别机制；支持系统管理员和操作员的职能；提供可信设施管理；增强了配置管理控制。系统具有相当的抗渗透能力。

（5）第五级：访问验证保护级（对应 TCSEC 的 B3 级）。本级的计算机信息系统可信计算基满足访问监控器需求。访问监控器仲裁主体对客体的全部访问。访问监控器本身是抗篡改的；必须足够小，能够分析和测试。为了满足访问监控器需求，计算机信息系统可信计算基在其构造时，排除那些对实施安全策略来说并非必要的代码；在设计和实现时，从系统工程角度将其复杂性降低到最小程度。支持安全管理员职能；扩充审计机制，当发生与安全相关的事件时发出信号；提供系统恢复机制。系统具有很高的抗渗透能力。

3．数据加密原理

数据加密是防止未经授权的用户访问敏感信息的手段，这就是人们通常理解的安全措施，也是其他安全方法的基础。研究数据加密的科学叫作密码学（Cryptography），它又分为设计密码体制的密码编码学和破译密码的密码分析学。密码学有着悠久而光辉的历史，古代的军事家已经用密码传递军事情报了，而现代计算机的应用和计算机科学的发展又为这一古老的科学注入了新的活力。现代密码学是经典密码学的进一步发展和完善。由于加密和解密此消彼长的斗争永远不会停止，这门科学还在迅速发展之中。

一般的保密通信模型如图 7-23 所示。在发送端，把明文 P 用加密算法 E 和密钥 K 加密，变换成密文 C，即

$$C=E（K, P）$$

在接收端利用解密算法 D 和密钥 K 对 C 解密得到明文 P，即

$$P=D（K, C）$$

这里加/解密函数 E 和 D 是公开的，而密钥 K（加解密函数的参数）是秘密的。在传送过程中偷听者得到的是无法理解的密文，而他又得不到密钥，这就达到了对第三者保密的目的。

图 7-23　保密通信模型

如果不论偷听者获取了多少密文,但是密文中没有足够的信息,使得可以确定出对应的明文,则这种密码体制叫作是无条件安全的,或称为是理论上不可破解的。在无任何限制的条件下,几乎目前所有的密码体制都不是理论上不可破解的。能否破解给定的密码,取决于使用的计算资源。所以密码专家们研究的核心问题就是要设计出在给定计算费用的条件下,计算上(而不是理论上)安全的密码体制。

7.7　网络安全概述

由于网络传播信息快捷,隐蔽性强,在网络上难以识别用户的真实身份,网络犯罪、黑客攻击、有害信息传播等方面的问题日趋严重,网络安全已成为网络发展中的一个重要课题。网络安全的产生和发展,标志着传统的通信保密时代过渡到了信息安全时代。

1．网络安全威胁

一般认为,目前网络存在的威胁主要表现在以下 5 个方面。

(1)非授权访问:没有预先经过同意,就使用网络或计算机资源则被看作非授权访问,如有意避开系统访问控制机制,对网络设备及资源进行非正常使用,或擅自扩大权限,越权访问信息。它主要有以下几种形式:假冒、身份攻击、非法用户进入网络系统进行违法操作、合法用户以未授权方式进行操作等。

(2)信息泄露或丢失:指敏感数据在有意或无意中被泄露出去或丢失,它通常包括信息在传输中丢失或泄露、信息在存储介质中丢失或泄露以及通过建立隐蔽隧道等窃取敏感信息等。如黑客利用电磁泄露或搭线窃听等方式可截获机密信息,或通过对信息流向、流量、通信频度和长度等参数的分析,推测出有用信息,如用户口令、账号等重要信息。

(3)破坏数据完整性:以非法手段窃得对数据的使用权,删除、修改、插入或重发某些重要信息，以取得有益于攻击者的响应；恶意添加，修改数据，以干扰用户的正常使用。

（4）拒绝服务攻击：它不断对网络服务系统进行干扰，改变其正常的作业流程，执行无关程序使系统响应减慢甚至瘫痪，影响正常用户的使用，甚至使合法用户被排斥而不能进入计算机网络系统或不能得到相应的服务。

（5）利用网络传播病毒：通过网络传播计算机病毒，其破坏性大大高于单机系统，而且用户很难防范。

2．网络安全控制技术

为了保护网络信息的安全可靠，除了运用法律和管理手段外，还需依靠技术方法来实现。网络安全控制技术目前有防火墙技术、加密技术、用户识别技术、访问控制技术、网络反病毒技术、网络安全漏洞扫描技术、入侵检测技术等。

（1）防火墙技术。防火墙技术是近年来维护网络安全最重要的手段。根据网络信息保密程度，实施不同的安全策略和多级保护模式。加强防火墙的使用，可以经济、有效地保证网络安全。目前已有不同功能的多种防火墙。但防火墙也不是万能的，需要配合其他安全措施来协同防范。

（2）加密技术。加密技术是网络信息安全主动的、开放型的防范手段，对于敏感数据应采用加密处理，并且在数据传输时采用加密传输，目前加密技术主要有两大类：一类是基于对称密钥的加密算法，也称私钥算法；另一类是基于非对称密钥的加密算法，也称公钥算法。加密手段一般分软件加密和硬件加密两种。软件加密成本低而且实用灵活，更换也方便，硬件加密效率高，本身安全性高。密钥管理包括密钥产生、分发、更换等，是数据保密的重要一环。

（3）用户识别技术。用户识别和验证也是一种基本的安全技术。其核心是识别访问者是否属于系统的合法用户，目的是防止非法用户进入系统。目前一般采用基于对称密钥加密或公开密钥加密的方法，采用高强度的密码技术来进行身份认证。比较著名的有 Kerberos、PGP 等方法。

（4）访问控制技术。访问控制是控制不同用户对信息资源的访问权限。根据安全策略，对信息资源进行集中管理，对资源的控制粒度有粗粒度和细粒度两种，可控制到文件、Web 的 HTML 页面、图形、CCT、Java 应用。

（5）网络反病毒技术。计算机病毒从 1981 年首次被发现以来，在近 20 年的发展过程中，在数目和危害性上都在飞速发展。因此，计算机病毒问题越来越受到计算机用户和计算机反病毒专家的重视，并且开发出了许多防病毒的产品。

（6）网络安全漏洞扫描技术。漏洞检测和安全风险评估技术，可预知主体受攻击的可能性和具体地指证将要发生的行为和产生的后果。该技术的应用可以帮助分析资源被攻击的可能指数，了解支撑系统本身的脆弱性，评估所有存在的安全风险。网络漏洞扫描技术，主要包括网络模拟攻击、漏洞检测、报告服务进程、提取对象信息以及评测风险、提供安全建议和改进措施等功能，帮助用户控制可能发生的安全事件，最大可能地消除安全隐患。

（7）入侵检测技术。入侵行为主要是指对系统资源的非授权使用。它可以造成系统数据的丢失和破坏，可以造成系统拒绝合法用户的服务等危害。入侵者可以是一个手工发出命令的人，也可以是一个基于入侵脚本或程序的自动发布命令的计算机。入侵者分为两类：外部入侵者和允许访问系统资源但又有所限制的内部入侵者。内部入侵者又可分成：假扮成其他有权访问敏感数据用户的入侵者和能够关闭系统审计控制的入侵者。入侵检测是一种增强系统安全的有效技术。其目的就是检测出系统中违背系统安全性规则或者威胁到系统安全的活动。检测时，通过对系统中用户行为或系统行为的可疑程度进行评估，并根据评估结果来鉴别系统中行为的正常性，从而帮助系统管理员进行安全管理或对系统所受到的攻击采取相应的对策。

3. 防火墙技术

防火墙（Firewall）是建立在内外网络边界上的过滤封锁机制，它认为内部网络是安全和可信赖的，而外部网络是不安全和不可信赖的。防火墙的作用是防止不希望的、未经授权地进出被保护的内部网络，通过边界控制强化内部网络的安全策略。防火墙作为网络安全体系的基础和核心控制设施，贯穿于受控网络通信主干线，对通过受控干线的任何通信行为进行安全处理，如控制、审计、报警和反应等，同时也承担着繁重的通信任务。由于其自身处于网络系统中的敏感位置，自身还要面对各种安全威胁，因此，选用一个安全、稳定和可靠的防火墙产品，其重要性不言而喻。

防火墙技术经历了包过滤、应用代理网关和状态检测技术 3 个发展阶段。

1）包过滤防火墙

包过滤防火墙一般有一个包检查块（通常称为包过滤器），数据包过滤可以根据数据包头中的各项信息来控制站点与站点、站点与网络、网络与网络之间的相互访问，但无法控制传输数据的内容，因为内容是应用层数据，而包过滤器处在网络层和数据链路层（即 TCP 和 IP 层）之间。通过检查模块，防火墙能够拦截和检查所有出站和进站的数据，它首先打开包，取出包头，根据包头的信息确定该包是否符合包过滤规则，并进行记录。对于不符合规则的包，应进行报警并丢弃该包。

过滤型的防火墙通常直接转发报文，它对用户完全透明，速度较快。其优点是防火墙对每条传入和传出网络的包实行低水平控制；每个 IP 包的字段都被检查，如源地址、目的地址、协议和端口等；防火墙可以识别和丢弃带欺骗性源 IP 地址的包；包过滤防火墙是两个网络之间访问的唯一来源；包过滤通常被包含在路由器数据包中，所以不需要额外的系统来处理这个特征。缺点是不能防范黑客攻击，因为网管不可能区分出可信网络与不可信网络的界限；不支持应用层协议，因为它不识别数据包中的应用层协议，访问控制粒度太粗糙；不能处理新的安全威胁。

2）应用代理网关防火墙

应用代理网关防火墙彻底隔断内网与外网的直接通信，内网用户对外网的访问变成防火墙对外网的访问，然后再由防火墙转发给内网用户。所有通信都必须经应用层代理软件转发，访问者任何时候都不能与服务器建立直接的 TCP 连接，应用层的协议会话过程必须符合代理的安全策略要求。

应用代理网关的优点是可以检查应用层、传输层和网络层的协议特征，对数据包的检测能力比较强。缺点是难以配置；处理速度非常慢。

3）状态检测技术防火墙

状态检测技术防火墙结合了代理防火墙的安全性和包过滤防火墙的高速度等优点，在不损失安全性的基础上，提高了代理防火墙的性能。

状态检测防火墙摒弃了包过滤防火墙仅考查数据包的 IP 地址等几个参数而不关心数据包连接状态变化的缺点，在防火墙的核心部分建立状态连接表，并将进出网络的数据当成一个个的会话，利用状态表跟踪每一个会话状态。状态监测对每一个包的检查不仅根据规则表，更考虑了数据包是否符合会话所处的状态，因此提供了完整的对传输层的控制能力，同时也改进了流量处理速度。因为它采用了一系列优化技术，使防火墙性能大幅度提升，能应用在各类网络环境中，尤其是在一些规则复杂的大型网络上。

一个防火墙系统通常是由过滤路由器和代理服务器组成。过滤路由器是一个多端口的 IP 路由器，它能够拦截和检查所有出站和进站的数据。代理服务器防火墙使用一个客户程序与特定的中间结点（防火墙）连接，然后中间结点与期望的服务器进行实际连接。这样，内部与外部网络之间不存在直接连接，因此，即使防火墙发生了问题，外部网络也无法获得与被保护的网络的连接。典型防火墙的体系结构分为包过滤路由器、双宿主主机、屏蔽主机网关和被屏蔽子网等类型。

4．入侵检测与防御

入侵检测系统（Intrusion Detection System，IDS）作为防火墙之后的第二道安全屏障，通过从计算机系统或网络中的若干关键点收集网络的安全日志、用户的行为、网络数据包和审计记录等信息并对其进行分析，从中检查是否有违反安全策略的行为和遭到入侵攻击的迹象，入侵检测系统根据检测结果，自动做出响应。IDS 的主要功能包括对用户和系统行为的监测与分析、系统安全漏洞的检查和扫描、重要文件的完整性评估、已知攻击行为的识别、异常行为模式的统计分析、操作系统的审计跟踪，以及违反安全策略的用户行为的检测等。入侵检测通过实时地监控入侵事件，在造成系统损坏或数据丢失之前阻止入侵者进一步的行动，使系统尽可能地保持正常工作。与此同时，IDS 还需要收集有关入侵的技术资料，用于改进和增强系统抵抗入侵的能力。

入侵检测系统有效地弥补了防火墙系统，对网络上的入侵行为无法识别和检测的不足，入侵检测系统的部署，使得在网络上的入侵行为得到了较好的检测和识别，并能够进行及时的报警。然而，随着网络技术的不断发展，网络攻击类型和方式也在进行着巨大的变化，入侵检测系统也逐渐的暴露出如漏报、误报率高、灵活性差和入侵响应能力较弱等不足之处。

入侵防御系统是在入侵检测系统的基础上发展起来的，入侵防御系统不仅能够检测到网络中的攻击行为，同时主动的对攻击行为能够发出响应，对攻击进行防御。两者相较，主要存在以下几种区别。

（1）在网络中的部署位置的不同

IPS 一般是作为一种网络设备串接在网络中的，而 IDS 一般是采用旁路挂接的方式，连接在网络中。

（2）入侵响应能力的不同

IDS 设备对于网络中的入侵行为，往往是采用将入侵行为记入日志，并向网络管理员发出警报的方式来处理的，对于入侵行为并无主动的采取对应措施，响应方式单一；而入侵防御系统检测到入侵行为后，能够对攻击行为进行主动的防御。例如，丢弃攻击连接的数据包以阻断攻击会话，主动发送 ICMP 不可到达数据包、记录日志和动态地生成防御规则等多种方式对攻击行为进行防御。

第8章　标准化和知识产权基础知识

本章主要介绍标准化基础知识和知识产权基础知识，重点阐述了计算机软件著作权和软件的商业秘密权相关知识。

8.1　标准化基础知识

标准是对重复性事物和概念所做的统一规定。规范（Specification）、规程（Code）都是标准的一种形式。

标准化（Standardization）是在经济、技术、科学及管理等社会实践中，以改进产品、过程和服务的适用性，防止贸易壁垒，促进技术合作，促进最大社会效益为目的，对重复性事物和概念通过制定、发布和实施标准达到统一，获最佳秩序和社会效益的过程。

8.1.1　软件工程标准化

软件工程的目的是改善软件开发的组织，降低开发成本，缩短开发时间，提高工作效率，提高软件质量。它在内容上包括软件开发的软件概念形成、需求分析、计划组织、系统分析与设计、结构程序设计、软件调试、软件测试和验收、安装和检验、软件运行和维护，以及软件运行的终止。同时还有许多技术管理工作，如过程管理、产品管理、资源管理，以及确认与验证工作，如评审与审计、产品分析等。

软件工程最显著的特点就是把个别的、自发的、分散的、手工的软件开发变成一种社会化的软件生产方式。软件生产的社会化必然要求软件工程实行标准化。软件工程标准的类型也是多方面的，常常是跨越软件生存期各个阶段。所有这些方面都应逐步建立标准或规范。

软件工程标准化的主要内容包括过程标准（如方法、技术和度量等）、产品标准（如需求、设计、部件、描述、计划和报告等）、专业标准（如道德准则、认证等）、记法标准（如术语、表示法和语言等）、开发规范（准则、方法和规程等）、文件规范（文件范围、文件编制、文件内容要求、编写提示）、维护规范（软件维护、组织与实施等）以及质量规范（软件质量保证、软件配置管理、软件测试和软件验收等）等。

我国软件工程国家标准目录（部分）如表 8-1 所示，其中 GB/T 表示推荐性国家标准，GB/Z 表示指导性国家标准。

表 8-1　软件工程国家标准目录（部分）

序　号	国家标准编号	年　代	标　准　名　称
1	GB/T 1526	1989	信息处理数据流程图、程序流程图、系统流程图、程序网络图和系统资源图的文件编制符号及约定
2	GB/T 8566	2007	信息技术　软件生存周期过程
3	GB/T 8567	2006	计算机软件文档编制规范
4	GB/T 9385	2008	计算机软件需求规格说明规范
5	GB/T 9386	2008	计算机软件测试文档编制规范
6	GB/T 11457	2006	软件工程术语
7	GB/T 13502	1992	信息处理　程序构造及其表示的约定
8	GB/T 14394	2008	计算机软件可靠性和维护性管理
9	GB/T 15532	2008	计算机软件测试规范
10	GB/T 16260	2006	软件工程　产品质量
11	GB/T 16680	2015	系统与软件工程　用户文档的管理者要求
12	GB/T 17544	1998	信息技术　软件包　质量要求和测试
13	GB/T 18234	2000	信息技术　CASE 工具的评价与选择指南
14	GB/T 18491.1	2001	信息技术　软件测量　功能规模测量　第 1 部分：概念定义
15	GB/T 18492	2001	信息技术　系统及软件完整性级别
16	GB/Z 18493	2001	信息技术　软件生存周期过程指南
17	GB/T 18905	2002	软件工程　产品评价
18	GB/Z 18914	2002	信息技术　软件工程　CASE 工具的采用指南
19	GB/Z 20156	2006	软件工程　软件生存周期过程　用于项目管理的指南
20	GB/T 20157	2006	软件工程　软件维护
21	GB/T 20158	2006	信息技术　软件生存周期过程　配置管理
22	GB/T 20917	2007	软件工程　软件测量过程
23	GB/T 20918	2007	信息技术　软件生存周期过程　风险管理
24	GB/T 25000.62	2014	软件工程 软件产品质量要求与评价（SQuaRE）　易用性测试
25	GB/T 26239	2010	软件工程开发方法元模型
26	GB/T 26247	2010	信息技术　软件重用　互操作重用库的操作概念
27	GB/T 30264.1	2013	软件工程　自动化测试能力　第 1 部分：测试机构能力等级模型
28	GB/T 30264.2	2013	软件工程　自动化测试能力　第 2 部分：从业人员能力等级模型
29	GB/T 30972	2014	系统与软件工程　软件工程环境服务
30	GB/Z 31102	2014	软件工程　软件工程知识体系指南
31	GB/T 32421	2015	软件工程　软件评审与审核
32	GB/T 32422	2015	软件工程　软件异常分类指南
33	GB/T 32423	2015	系统与软件工程　验证与确认
34	GB/T 32424	2015	系统与软件工程　用户文档的设计者和开发者要求

8.1.2　能力成熟度模型简介

软件质量是人们实践产物的属性和行为，是一个很复杂的事物性质和行为，可以通过一些方法和人们的活动来改进质量。概括地说，通过控制软件生产过程、提高软件生产者组织性和软件生产者个人能力来改进软件质量。

软件能力成熟度模型（Capability Maturity Model，CMM）是一个目前国际上较流行、较实用的软件生产过程行业标准模型，用于定义和评价软件开发过程的成熟度，并提供怎样做才能提高软件质量的指导，是 Carnegie Mellon 大学软件工程研究所（CMU/SEI）在与企业界和政府合作的基础上开发出来的模型。

CMM 为软件企业的过程能力提供了一个阶梯式的进化框架，将软件过程改进的进化步骤组织成 5 个成熟度等级，每一个级别定义了一组过程能力目标，并描述了要达到这些目标应该采取的实践活动，为不断改进过程奠定了循序渐进的基础。第一级实际上是一个起点，任何准备按 CMM 体系进化的企业都自然处于这个起点上，并通过这个起点向第二级迈进。除第一级外，每一级都设定了一组目标，如果达到了这组目标，则表明达到了这个成熟级别，可以向下一个级别迈进。CMM 体系不主张跨越级别的进化，因为从第二级起，对低级别的实现是实现高级别的基础。

1．初始级

在初始级，企业一般缺少有效的管理，不具备稳定的软件开发与维护的环境。

2．可重复级

在可重复级，企业建立了基本的项目管理过程的政策和管理规程，对成本、进度和功能进行监控，以加强过程能力。对新项目的计划和管理是基于以往的相似或同类项目的成功经验，以确保再一次的成功。

3．定义级

在定义级，企业全面采用综合性的管理及工程过程来管理，对整个软件生命周期的管理与工程化过程都已标准化，并综合成软件开发企业标准的软件过程。企业标准软件过程是通过证明的，是正确且实用的，所有开发的项目需根据标准过程，剪裁出与项目适宜的过程，并执行这些过程。企业标准软件过程被应用到所有的工程中，用于编制和维护软件。

4．管理级

在管理级，企业开始定量地认识软件过程，软件质量管理和软件过程管理是量化的管理。对软件过程与产品质量建立了定量的质量目标，制定了软件过程和产品质量的详细而具体的度量标准，实现了度量标准化。通过一致的度量标准来指导软件过程，保证所有项目对生产率和质量进行度量，并作为评价软件过程及产品的定量基础。量化控制使得软件开发真正成为一种工业生产活动。软件过程按照明确的度量标准度量和操作，软件过程以及软件产品质量的一些趋势就可以得以控制和预见。

5．优化级

在优化级，企业将会把工作重点放在对软件过程改进的持续性、预见及增强自身，防止缺陷及问题的发生，不断地提高过程处理能力上。通过来自过程执行的质量反馈和吸收新方法和新技术的定量分析来改善下一步的执行过程，即优化执行步骤，使软件过程不断地得到改进。根据软件过程的效果，进行成本/利润分析，从成功的软件过程中吸取经验，把最好的创新成绩迅速向全企业转移，对失败的案例进行分析以找出原因并预先改进，把失败的教训告知全体组织以防止重复以前的错误，不断提高产品的质量和生产率。

8.2　知识产权基础知识

8.2.1　基本概念

1．知识产权的概念

知识产权（也称为智慧财产权）是指人们基于自己的智力活动创造的成果和经营管理活动中的经验、知识而依法享有的权利。我国《民法通则》规定，知识产权是指民事权利主体（公民、法人）基于创造性的智力成果。知识产权保护制度是现代社会发展不可缺少的一种法律制度。知识产权可分为工业产权和著作权两类。

（1）工业产权。根据保护工业产权巴黎公约第一条的规定，工业产权包括专利、实用新型、工业品外观设计、商标、服务标记、厂商名称、产地标记或原产地名称、制止不正当竞争等内容。此外，商业秘密、微生物技术和遗传基因技术等也属于工业产权保护的对象。近年来，在一些国家可以通过申请专利对计算机软件进行专利保护。

（2）著作权。著作权（也称为版权）是指作者对其创作的作品享有的人身权和财产权。人身权包括发表权、署名权、修改权和保护作品完整权等；财产权包括作品的使用权和获得报酬权，即以复制、表演、播放、展览、发行、摄制电影、电视、录像或者改编、翻译、注释、编辑等方式使用作品的权利，以及许可他人以上述方式使用作品并由此获得报酬的权利。

2．知识产权的特点

（1）无形性。知识产权是一种无形财产权。知识产权的客体指的是智力创作性成果（也称为知识产品），是一种没有形体的精神财富。它是可以脱离其所有者而存在的无形信息，可以同时为多个主体所使用，在一定条件下不会因多个主体的使用而使该项知识财产自身遭受损耗或者灭失。

（2）双重性。某些知识产权具有财产权和人身权双重性，例如著作权，其财产权属性主要体现在所有人享有的独占权以及许可他人使用而获得报酬的权利，所有人可以通过独自实施获得收益，也可以通过有偿许可他人实施获得收益，还可以像有形财产那样进行买卖或抵押；其人身权属性主要是指署名权等。有的知识产权具有单一的属性。例如，发现权只具有名誉权属性，而没有财产权属性；商业秘密只具有财产权属性，而没有人身权属性；专利权、商标权主要体现为财产权。

（3）确认性。无形的智力创作性成果不像有形财产那样直观可见，因此，智力创作性成果的财产权需要依法审查确认，以得到法律保护。在我国，发明人所完成的发明，其实用新型或者外观设计已经具有价值和使用价值，但是，其完成人尚不能自动获得专利权，完成人必须依照专利法的有关规定向国家专利局提出专利申请，专利局依照法定程序进行审查，申请符合专利法规定条件的，由专利局做出授予专利权的决定，颁发专利证书，只有当专利局发布授权公告后，其完成人才享有该项知识产权。

（4）独占性。由于智力成果具有可以同时被多个主体所使用的特点，因此，法律授予知识产权一种专有权，具有独占性。未经权利人许可，任何单位或个人不得使用，否则就构成侵权，应承担相应的法律责任。

（5）地域性。知识产权具有严格的地域性特点，即各国主管机关依照本国法律授予的知识产权，只能在其本国领域内受法律保护。例如，中国专利局授予的专利权或中国商标局核准的商标专用权，只能在中国领域内受保护，其他国家则不给予保护。外国人在我国领域外使用中国专利局授权的发明专利，不侵犯我国专利权。所以，我国公民、法人完成的发明创造要想在外国受保护，必须在外国申请专利。著作权虽然自动产生，但它受地域限制，我国法律对外国人的作品并不都给予保护，只保护共同参加国际条约国家的公民作品。同样，公约的其他成员国也按照公约规定，对我国公民和法人的作品给予保护。还有按照两国的双边协定，相互给予对方国民的作品保护。

（6）时间性。知识产权具有法定的保护期限，一旦保护期限届满，权利将自行终止，成为社会公众可以自由使用的知识。保护期限的长短依各国的法律确定。例如，我国发明专利的保护期为 20 年，实用新型专利权和外观设计专利权的期限为 10 年，均自专利申请日起计算。我国公民的作品发表权的保护期为作者终生及其死亡后 50 年。我国商标权的保护期限自核准注册之日起 10 年内有效，但可以根据其所有人的需要无限地续展权利期限，在期限届满前 6 个月内申请续展注册，每次续展注册的有效期为 10 年，续展注册的次数不限。如果商标权人逾期不办理续展注册，其商标权也将终止。商业秘密受法律保护的期限是不确定的，该秘密一旦被公众所知悉，即成为公众可以自由使用的知识。

3．保护知识产权的法规

目前，我国已有比较完备的知识产权保护法律体系，保护知识产权的法律主要有《中华人民共和国著作权法》《中华人民共和国专利法》《中华人民共和国继承法》《中华人民共和国合同法》《中华人民共和国商标法》《中华人民共和国反不正当竞争法》和《中华人民共和国计算机软件保护条例》等。

8.2.2 计算机软件著作权

1．软件著作权的主体与客体

1）计算机软件著作权的主体

计算机软件著作权的主体指享有著作权的人。根据著作权法和《计算机软件保护条例》的规定，计算机软件著作权的主体包括公民、法人和其他组织。著作权法和《计算机软件保护条例》未规定对主体的行为能力限制，同时对外国人、无国籍人的主体资格，奉行"有条件"的国民待遇原则。

（1）公民。公民（即指自然人）通过以下途径取得软件著作权主体资格。

① 公民自行独立开发软件（软件开发者）。

② 订立委托合同，委托他人开发软件，并约定软件著作权归自己享有。

③ 通过转让途径取得软件著作财产权主体资格（软件权利的受让者）。

④ 公民之间或与其他主体之间，对计算机软件进行合作开发而产生的公民群体或者公民与其他主体成为计算机软件作品的著作权人。

⑤ 根据《继承法》的规定通过继承取得软件著作财产权主体资格。

（2）法人。法人是具有民事权利能力和民事行为能力，依法独立享有民事权利和承担义务的组织。计算机软件的开发往往需要较大投资和较多的人员，法人则具有资金来源丰富和科技人才众多的优势，因而法人是计算机软件著作权的重要主体。法人一般通过以下途径取得计算机软件著作权主体资格。

① 由法人组织并提供创作物质条件所实施的开发，并由法人承担社会责任。

② 通过接受委托、转让等各种有效合同关系而取得著作权主体资格。

③ 因计算机软件著作权主体（法人）发生变更而依法成为著作权主体。

（3）其他组织。其他组织是指除去法人以外的能够取得计算机软件著作权的其他民事主体，包括非法人单位和合作伙伴等。

2）计算机软件著作权的客体

计算机软件著作权的客体是指著作权法保护的计算机软件著作权的范围（受保护的对象）。根据著作权法第三条和《计算机软件保护条例》第二条的规定，著作权法保护的计算机软件是指计算机程序及其相关文档。著作权法规定对计算机软件的保护是指计算机软件的著作权人或者其受让者依法享有著作权的各项权利。

（1）计算机程序。根据《计算机软件保护条例》第三条第一款的规定，计算机程序是指为了得到某种结果而可以由计算机等具有信息处理能力的装置执行的代码化指令序列，或者可被自动转换成代码化指令序列的符号化语句序列。计算机程序包括源程序和目标程序，同一程序的源程序文本和目标程序文本视为同一软件作品。

（2）计算机软件的文档。根据《计算机软件保护条例》第三条第二款的规定，计算机程序的文档是指用自然语言或者形式化语言所编写的文字资料和图表，用来描述程序的内容、组成、设计、功能规格、开发情况、测试结果及使用方法等。文档一般以程序设计说明书、流程图和用户手册等表现。

3）计算机软件受著作权法保护的条件

《计算机软件保护条例》规定，依法受到保护的计算机软件作品必须符合下列条件。

（1）独立创作。受保护的软件必须由开发者独立开发创作，任何复制或抄袭他人开发的软件不能获得著作权。程序的功能设计往往被认为是程序的思想概念，根据著作权法不保护思想概念的原则，任何人可以设计具有类似功能的另一件软件作品。但是，如果用了他人软件作品的逻辑步骤的组合方式，则对他人软件构成侵权。

（2）可被感知。受著作权法保护的作品应当是作者创作思想在固定载体上的一种实际表达。如果作者的创作思想未表达出来，不可以被感知，就不能得到著作权法的保护。因此，《计算机软件保护条例》规定，受保护的软件必须固定在某种有形物体上。例如，固定在存储器、磁盘和磁带等设备上，也可以是其他的有形物，如纸张等。

（3）逻辑合理。逻辑判断功能是计算机系统的基本功能。因此，受著作权法保护的计算机软件作品必须具备合理的逻辑思想，并以正确的逻辑步骤表现出来，才能达到软件的设计功能。毫无逻辑性的计算机软件，不能计算出正确结果，也就毫无价值。

根据《计算机软件保护条例》第六条的规定，除计算机软件的程序和文档外，著作权法不保护计算机软件开发所用的思想、概念、发现、原理、算法、处理过程和运算方法。也就是说，利用已有的上述内容开发软件，并不构成侵权。因为开发软件时所采用的思想、概念等均属计算机软件基本理论的范围，是设计开发软件不可或缺的理论依据，属于社会公有领域，不能被个人专有。

2．软件著作权的权利

1）计算机软件的著作人身权

《中华人民共和国著作权法》规定，软件作品享有两类权利，一类是软件著作权的人身权（精神权利）；另一类是软件著作权的财产权（经济权利）。《计算机软件保护条例》规定，软件著作权人享有发表权和开发者身份权，这两项权利与软件著作权人的人身权是不可分离的。

（1）发表权。发表权是指决定软件作品是否公之于众的权利，即指软件作品完成后，以复制、展示、发行或者翻译等方式使软件作品在一定数量不特定人的范围内公开。发表权的具体内容包括软件作品发表的时间、发表的形式及发表的地点等。

（2）开发者身份权（也称为署名权）。开发者身份权是指作者为表明身份在软件作品中署自己名字的权利。开发者的身份权不随软件开发者的消亡而丧失，且无时间限制。

2）计算机软件的著作财产权

财产权通常是指由软件著作权人控制和支配，并能够为权利人带来一定经济效益的权利。《计算机软件保护条例》规定，软件著作权人享有下述软件财产权。

（1）使用权。即在不损害社会公共利益的前提下，以复制、修改、发行、翻译、注释等方式合作软件的权利。

（2）复制权。即将软件作品制作一份或多份的行为。复制权就是版权所有人决定实施或不实施上述复制行为或者禁止他人复制其受保护作品的权利。

（3）修改权。即对软件进行增补、删节，或者改变指令、语句顺序等以提高、完善原软件作品的作法。修改权即指作者享有的修改或者授权他人修改软件作品的权利。

（4）发行权。发行是指为满足公众的合理需求，通过出售、出租等方式向公众提供一定数量的作品复制件。发行权即以出售或赠与方式向公众提供软件的原件或者复制件的权利。

（5）翻译权。翻译是指以不同于原软件作品的一种程序语言转换该作品原使用的程序语言，而重现软件作品内容的创作。简单地说，翻译权是指将原软件从一种程序语言转换成另一种程序语言的权利。

（6）注释权。软件作品的注释是指对软件作品中的程序语句进行解释，以便更好地理解软件作品。注释权是指著作权人对自己的作品享有进行注释的权利。

（7）信息网络传播权。以有线或者无线信息网络方式向公众提供软件作品，使公众可在其个人选定的时间和地点获得软件作品的权利。

（8）出租权。即有偿许可他人临时使用计算机软件的复制件的权利，但是，计算机软件不是出租的主要标的除外。

（9）使用许可权和获得报酬权。即许可他人以上述方式使用软件作品的权利（许可他人行使软件著作权中的财产权）和依照约定或者有关法律规定获得报酬的权利。

（10）转让权。即向他人转让软件的使用权和使用许可权的权利。软件著作权人可以全部或者部分转让软件著作权中的财产权。

3）软件合法持有人的权利

根据《计算机软件保护条例》的规定，软件的合法复制品所有人享有下述权利。

（1）根据使用的需要把软件装入计算机等能存储信息的装置内。

（2）根据需要进行必要的复制。

（3）为了防止复制品损坏而制作备份复制品。这些复制品不得通过任何方式提供给他人使用，并在所有人丧失该合法复制品所有权时，负责将备份复制品销毁。

（4）为了把该软件用于实际的计算机应用环境或者改进其功能性能而进行必要的修改。但是，除合同约定外，未经该软件著作权人许可，不得向任何第三方提供修改后的软件。

4）计算机软件著作权的行使

（1）软件经济权利的许可使用。软件经济权利的许可使用是指软件著作权人或权利合法受让者，通过合同方式许可他人使用其软件，并获得报酬的一种软件贸易形式。许可使用的方式可分为独占许可使用、独家许可使用、普通许可使用、法定许可使用和强制许可使用。

（2）软件经济权利的转让使用。软件经济权利的转让使用是指软件著作权人将其享有的软件著作权中的经济权利全部转移给他人。软件经济权利的转让将改变软件权利的归属，原始著作权人的主体地位随着转让活动的发生而丧失，软件著作权受让者成为新的著作权主体。《计算机软件保护条例》规定，软件著作权转让必须签订书面合同。同时，软件转让活动不能改变软件的保护期。转让方式包括出卖、赠与、抵押和赔偿等，可以定期转让或者永久转让。

5）计算机软件著作权的保护期

根据《著作权法》和《计算机软件保护条例》的规定，计算机软件著作权的权利自软件开发完成之日起产生，保护期为 50 年。保护期满，除开发者身份权以外，其他权利终止。一旦计算机软件著作权超出保护期，软件就进入公有领域。计算机软件著作权人的单位终止和计算机软件著作权人的公民死亡均无合法继承人时，除开发者身份权以外，该软件的其他权利进入公有领域。软件进入公有领域后成为社会公共财富，公众可无偿使用。

3. 软件著作权的归属

我国著作权法对著作权的归属采取了"创作主义"原则，明确规定著作权属于作者，除非另有规定。《计算机软件保护条例》第九条规定："软件著作权属于软件开发者，本条例另有规定的情况除外。"这是我国计算机软件著作权归属的基本原则。

计算机软件开发者是计算机软件著作权的原始主体，也是享有权利最完整的主体。软件作品是开发者从事智力创作活动所取得的智力成果，是脑力劳动的结晶。其开发创作行为使开发者直接取得该计算机软件的著作权。因此，《计算机软件保护条例》第九条明确规定"软件著作权属于软件开发者"，即以软件开发的事实来确定著作权的归属，谁完成了计算机软件的创作开发工作，其软件的著作权就归谁享有。

1）职务开发软件著作权的归属

职务软件作品是指公民在单位任职期间为执行本单位工作任务所开发的计算机软件作品。《计算机软件保护条例》第十三条作了明确的规定，即公民在单位任职期间所开发的软件，如果是执行本职工作的结果，即针对本职工作中明确指定的开发目标所开发的；或者是从事本职工作活动所预见的结果或者自然的结果，则该软件的著作权属于该单位；或者主要使用了单位的专用设备、未公开的专门信息等物资技术条件所开发并由法人或者其他组织承担责任的软件。根据《计算机软件保护条例》规定，可以得出这样的结论：当公民作为某单位的雇员时，如其开发的软件属于执行本职工作的结果，该软件著作权应当归单位享有。若开发的软件不是执行本职工作的结果，其著作权就不属单位享有。如果该雇员主要使用了单位的设备，按照《计算机软件保护条例》第十三条第三款的规定，不能属于该雇员个人享有。

对于公民在非职务期间创作的计算机程序，其著作权属于某项软件作品的开发单位，还是从事直接创作开发软件作品的个人，可按照《计算机软件保护条例》第十三条规定的三条标准确定。

（1）所开发的软件作品不是执行其本职工作的结果。

任何受雇于一个单位的人员，都会被安排在一定的工作岗位和分派相应的工作任务。完成分派的工作任务就是他的本职工作，本职工作的直接成果也就是其工作任务的不断完成。当然，具体工作成果又会产生许多效益、产生范围更广的结果。但是，该条标准指的是雇员本职工作最直接的成果。若雇员开发创作的软件不是执行本职工作的结果，则构成非职务计算机软件著作权的条件之一。

（2）开发的软件作品与开发者在单位中从事的工作内容无直接联系。

如果该雇员在单位担任软件开发工作，引起争议的软件作品不能与其本职工作中明确指定的开发目标有关，软件作品的内容也不能与其本职工作所开发的软件的功能、逻辑思维和重要数据有关。雇员所开发的软件作品与其本职工作没有直接的关系，则构成非职务计算机软件著作权的第二个条件。

（3）开发的软件作品未使用单位的物质技术条件。

开发创作软件作品所使用的物质技术条件，即开发软件作品所必须的设备、数据、资金和其他软件开发环境，不属于雇员所在的单位所有。没有使用受雇单位的任何物质技术条件构成非职务软件著作权的第三个条件。

雇员进行本职工作以外的软件开发创作，必须同时符合上述 3 个条件，才能算是非职务软件作品，雇员个人才享有软件著作权。常有软件开发符合前两个条件，但使用了单位的技术情报资料、计算机设备等物质技术条件的情况。处理此种情况较好的方法是对该软件著作权的归属应当由单位和雇员双方协商确定，如对于公民在非职务期间利用单位物质条件创作的与单位业务范围无关的计算机程序，其著作权属于创作程序的作者，但作者许可第三人使用软件时，应当支付单位合理的物质条件使用费，如计算机机时费等。若通过协商不能解决，按上述三条标准作出界定。

2）合作开发软件著作权的归属

合作开发软件是指两个或两个以上公民、法人或其他组织订立协议，共同参加某项计算机软件的开发并分享软件著作权的形式。《计算机软件保护条例》第十条规定："由两个以上的自然人、法人或者其他组织合作开发的软件，其著作权的归属由合作开发者签订书面合同约定。无书面合同或者合同未作明确约定，合作开发的软件可以分割使用的，开发者对各自开发的部分可以单独享有著作权；但是，行使著作权时，不得扩展到合作开发的软件整体的著作权。合作开发的软件不能分割使用的，其著作权由合作开发者共同享有，通过协商一致行使；如不能协商一致，又无正当理由，任何一方不得阻止他方行使除转让权以外的其他权利，但是所得收益应合理分配给所有合作开发者。"根据此规定，对合作开发软件著作权的归属应掌握以下4 点。

（1）由两个以上的单位、公民共同开发完成的软件属于合作开发的软件。对于合作开发的软件，其著作权的归属一般是由各合作开发者共同享有。但如果有软件著作权的协议，则按照协议确定软件著作权的归属。

（2）由于合作开发软件著作权是由两个以上单位或者个人共同享有，因而为了避免在软件著作权的行使中产生纠纷，规定"合作开发的软件，其著作权的归属由合作开发者签订书面合同约定"。

（3）对于合作开发的软件著作权按以下规定执行："无书面合同或者合同未作明确约定，合作开发的软件可以分割使用的，开发者对各自开发的部分可以单独享有著作权；但是，行使著作权时，不得扩展到合作开发的软件整体的著作权。合作开发的软件不能分割使用的，其著作权由合作开发者共同享有，通过协商一致行使；如不能协商一致，又无正当理由，任何一方不得阻止他方行使除转让权以外的其他权利，但是所得收益应合理分配给所有合作开发者。"

（4）合作开发者对于软件著作权中的转让权不得单独行使。因为转让权的行使将涉及软件著作权权利主体的改变，所以软件的合作开发者在行使转让权时，必须与各合作开发者协商，在征得同意的情况下方能行使该项专有权利。

3）委托开发的软件著作权的归属

委托开发的软件作品属于著作权法规定的委托软件作品。委托开发软件作品著作权关系的建立，一般由委托方与受委托方订立合同而成立。委托开发软件作品关系中，委托方的责任主要是提供资金、设备等物质条件，并不直接参与开发软件作品的创作开发活动。受托方的主要责任是根据委托合同规定的目标开发出符合条件的软件。关于委托开发软件著作权的归属，《计算机软件保护条例》第十一条规定："接受他人委托开发的软件，其著作权的归属由委托者与受委托者签订书面合同约定；无书面合同或者合同未作明确约定的，其著作权由受托人享有。"根据该条的规定，委托开发的软件著作权的归属按以下标准确定。

（1）委托开发软件作品须根据委托方的要求，由委托方与受托方以合同确定的权利和义务的关系而进行开发的软件。因此，软件作品著作权归属应当作为合同的重要条款予以明确约定。对于当事人已经在合同中约定软件著作权归属关系的，如事后发生纠纷，软件著作权的归属仍应当根据委托开发软件的合同来确定。

（2）若在委托开发软件活动中，委托者与受委托者没有签订书面协议，或者在协议中未对软件著作权归属作出明确的约定，则软件著作权属于受委托者，即属于实际完成软件的开发者。

4）接受任务开发的软件著作权的归属

根据社会经济发展的需要，对于一些涉及国家基础项目或者重点设施的计算机软件，往往采取由政府有关部门或上级单位下达任务方式，完成软件的开发工作。对于下达任务开发的软件，其著作权的归属关系，《计算机软件保护条例》第十二条作出了明确的规定："由国家机关下达任务开发的软件，著作权的归属与行使由项目任务书或者合同规定；项目任务书或者合同中未作明确规定，软件著作权由接受任务的法人或者其他组织享有。"根据该规定，国家或上级下达任务开发的软件著作权归属应按以下两条标准确定。

（1）下达任务开发的软件著作权的归属关系，首先应以项目任务书的规定或者双方的合同约定为准。

（2）下达任务的项目任务书或者双方订立的合同中未对软件著作权归属作出明确的规定或

者约定的，其软件著作权属于接受并实际完成开发软件任务的单位。

5）计算机软件著作权主体变更后软件著作权的归属

计算机软件著作权的主体，因一定的法律事实而发生变更。如作为软件著作权人的公民的死亡，单位的变更，软件著作权的转让以及人民法院对软件著作权的归属作出裁判等。软件著作权主体的变更必然引起软件著作权归属的变化。对此，《计算机软件保护条例》也做了一些规定。因计算机软件主体变更引起的权属变化有以下几种。

（1）公民继承的软件权利归属。

《计算机软件保护条例》第十五条规定："在软件著作权的保护期内，软件著作权的继承者可根据《中华人民共和国继承法》的有关规定，继承本条例第八条规定的除署名权以外的其他权利。"按照该条的规定，软件著作权的合法继承人依法享有继承被继承人享有的软件著作权的使用权、使用许可权和获得报酬权等权利。继承权的取得、继承顺序等均按照继承法的规定进行。

（2）单位变更后软件权利归属。

《计算机软件保护条例》第十五条规定："软件著作权属于法人或其他组织的，法人或其他组织变更、终止后，其著作权在本条例规定的保护期内由承受其权利义务的法人或其他组织享有。"按照该条的规定，作为软件著作权人的单位发生变更（如单位的合并、破产等），而其享有的软件著作权仍处在法定的保护期限内，可以由合法的权利承受单位享有原始著作权人所享有的各项权利。依法承受软件著作权的单位，成为该软件的后续著作权人，可在法定的条件下行使所承受的各项专有权利。一般认为，"各项权利"包括署名权等著作人身权在内的全部权利。

（3）权利转让后软件著作权归属。

《计算机软件保护条例》第二十条规定："转让软件著作权的，当事人应当订立书面合同。"计算机软件著作财产权按照该条的规定发生转让后，必然引起著作权主体的变化，产生新的软件著作权归属关系。软件权利的转让应当根据我国有关法规以签订、执行书面合同的方式进行。软件权利的受让者可依法行使其享有的权利。

（4）司法判决、裁定引起的软件著作权归属问题。

计算机软件著作权是公民、法人和其他组织享有的一项重要的民事权利。因而在民事权利行使、流转的过程中，难免发生涉及计算机软件著作权作为标的物的民事、经济关系，也难免发生争议和纠纷。争议和纠纷发生后由人民法院的民事判决、裁定而产生软件著作权主体的变更，引起软件著作权归属问题。因司法裁判引起软件著作权的归属问题主要有4类：第一类是由人民法院对著作权归属纠纷中权利的最终归属做出司法裁判，从而变更了计算机软件著作权原有归属；第二类是计算机软件的著作权人为民事法律关系中的债务人（债务形成的原因可能多种多样，如合同关系或者损害赔偿关系等），人民法院将其软件著作财产权判归债权人享有抵债；第三类是人民法院作出民事判决判令软件著作权人履行民事给付义务，在判决生效后执行程序中，其无其他财产可供执行，将软件著作财产权执行给对方折抵债务；第四类是根据破产法的规定，软件著作权人被破产还债，软件著作财产权作为法律规定的破产财产构成的"其他财产权利"，作为破产财产由人民法院判决分配。

（5）保护期限届满权利丧失。

软件著作权的法定保护期限可以确定计算机软件的主体能否依法变更。如果软件著作权已过保护期，该软件进入公有领域，便丧失了专有权，也就没有必要改变权利主体了。根据软件保护条例的规定，计算机软件著作权主体变更必须在该软件著作权的保护期限内进行，转让活动的发生不改变该软件著作权的保护期。这也就是说，转让活动也不能延长该软件著作权的保护期限。

4．软件著作权侵权的鉴别

侵犯计算机软件著作权的违法行为的鉴别，主要依靠保护知识产权的相关法律来判断。违反著作权、计算机软件保护条例等法律禁止的行为，便是侵犯计算机著作权的违法行为，这是鉴别违法行为的本质原则。对于法律规定不禁止，也不违反相关法律基本原则的行为，不认为是违法行为。在法律无明文具体条款规定的情况下，违背著作权法和计算机软件保护条例等法律的基本原则，以及社会主义公共生活准则和社会善良风俗的行为，也应该视为违法行为。在一般情况下，损害他人著作财产权或人身权的行为，总是违法行为。

1）计算机软件著作权侵权行为

根据《计算机软件保护条例》第二十三条的规定："凡是行为人主观上具有故意或者过失对著作权法和计算机软件保护条例保护的计算机软件人身权和财产权实施侵害行为的，都构成计算机软件的侵权行为。"该条规定的侵犯计算机软件著作权的情况，是认定软件著作权侵权行为的法律依据。计算机软件侵权行为主要有以下几种。

（1）未经软件著作权人的同意而发表或者登记其软件作品。软件著作人享有对软件作品公开发表权，未经允许著作权人以外的任何其他人都无权擅自发表特定的软件作品。如果实施这种行为，就构成侵犯著作权人的发表权。

（2）将他人开发的软件当作自己的作品发表或者登记。此种行为主要侵犯了软件著作权的开发者身份权和署名权。侵权行为人欺世盗名，剽窃软件开发者的劳动成果，将他人开发的软件作品假冒为自己的作品而署名发表。只要行为人实施了这种行为，不管其发表该作品是否经过软件著作人的同意，都构成侵权。

（3）未经合作者的同意将与他人合作开发的软件当作自己独立完成的作品发表或者登记。

此种侵权行为发生在软件作品的合作开发者之间。作为合作开发的软件，软件作品的开发者身份为全体开发者，软件作品的发表权也应由全体开发者共同行使。如果未经其他开发者同意，又将合作开发的软件当作自己的独创作品发表，即构成本条规定的侵权行为。

（4）在他人开发的软件上署名或者更改他人开发的软件上的署名。这种行为是指在他人开发的软件作品上添加自己的署名，或者替代软件开发者署名以及或者将软件作品上开发者的署名进行更改的行为。这种行为侵犯了软件著作人的开发者身份权及署名权。此种行为与第二条规定行为的区别主要是对已发表的软件作品实施的行为。

（5）未经软件著作权人或者其合法受让者的许可，修改、翻译其软件作品。此种行为是侵犯了著作权人或其合法受让者的使用权中的修改权、翻译权。对不同版本计算机软件，新版本往往是旧版本的提高和改善。这种提高和改善实质上是对原软件作品的修改、演绎。此种行为应征得软件作品原版本著作权人的同意，否则构成侵权。如果征得软件作品著作人的同意，因修改和改善新增加的部分，创作者应享有著作权。

（6）未经软件著作权人或其合法受让者的许可，复制或部分复制其软件作品。此种行为侵犯了著作权人或其合法受让者的使用权中的复制权。计算机软件的复制权是计算机软件最重要的著作财产权，也是通常计算机软件侵权行为的对象。这是由于软件载体价格相对低廉，复制软件简单易行效率极高，而销售非法复制的软件即可获得高额利润。因此，复制是常见的侵权行为，是防止和打击的主要对象。当软件著作权经当事人的约定合法转让给转让者以后，软件开发者未经允许不得复制该软件，否则也构成本条规定的侵权行为。

（7）未经软件著作权人及其合法受让者同意，向公众发行、出租其软件的复制品。此种行为侵犯了著作权人或其合法受让者的发行权与出租权。

（8）未经软件著作权人或其合法受让者同意，向任何第三方办理软件权利许可或转让事宜。这种行为侵犯了软件著作权人或其合法受让者的使用许可权和转让权。

（9）未经软件著作权人及其合法受让者同意，通过信息网络传播著作权人的软件。这种行为侵犯了软件著作权人或其合法受让者的信息网络传播权。

（10）侵犯计算机软件著作权存在着共同侵权行为。二人以上共同实施《计算机软件保护条例》第二十三条和二十四条规定的侵权行为，构成共同侵权行为。对行为人并没有实施《计算机软件保护条例》第二十三和二十四条规定的行为，但实施了向侵权行为人进行侵权活动提供设备、场所或解密软件，或者为侵权复制品提供仓储、运输条件等行为，构成共同侵权应当在行为人之间具有共同故意或过失。其构成的要件有两个，一是行为人的过错是共同的，而不论行为人的行为在整个侵权行为过程中所起的作用如何。二是行为人主观上要有故意或过失的过错。如果这个要件具备，各个行为人实施的侵权行为虽然各不相同，也同样构成共同侵权。

两个要件如果缺乏一个，不构成共同的侵权，或者是不构成任何侵权。

2）不构成计算机软件侵权的合理使用行为

我国《计算机软件保护条例》第八条第四项和第十六条规定，获得使用权或使用许可权（视合同条款）后，可以对软件进行复制而无须通知著作权人，亦不构成侵权。对于合法持有软件复制品的单位、公民在不经著作权人的同意的情况下，亦享有复制与修改权。合法持有软件复制品的单位、公民，在不经软件著作权人同意的情况下，可以根据自己使用的需要将软件装入计算机，为了存档也可以制作备份复制品，为了把软件用于实际的计算机环境或者改进其功能时也可以进行必要的修改，但是备份制品和修改后的文本不能以任何方式提供给他人，超过以上权利，即视为侵权行为。区分合理使用与非合理使用的判别标准一般有：

（1）软件作品是否合法取得。这是合理使用的基础。

（2）使用目的是非商业营业性，如果使用的目的是商业性营利，就不属合理使用的范围。

（3）合理使用一般为少量的使用，所谓少量的界限根据其使用的目的以行业惯例和人们一般常识所综合确定。超过通常被认为的少量界限，即可被认为不属合理使用。

我国《计算机软件保护条例》第十七条规定："为了学习和研究软件内含的设计思想和原理，通过安装、显示、传输或者存储软件的方式使用软件的，可以不经软件著作权人许可，不向其支付报酬。"

3）计算机著作权软件侵权的识别

计算机软件明显区别于其他著作权法保护的客体，它具有以下特点。

（1）技术性。计算机软件的技术性是指其创作开发的高技术性。具有一定规模的软件的创作开发，一般开发难度大、周期长、投资高，需要良好组织，严密管理且各方面人员配合协作，借助现代化高技术和高科技工具生产创作。

（2）依赖性。计算机程序的依赖性是指人们对其的感知依赖于计算机的特性。著作权保护的其他作品一般都可以依赖人的感觉器官所直接感知。但计算机程序则不能被人们所直接感知，它的内容只能依赖计算机等专用设备才能被充分表现出来，才能被人们所感知。

（3）多样性。计算机程序的多样性是指计算机程序表达的多样性。计算机程序的表达较著作权法保护的其他对象特殊，其既能以源代码表达，还可以以目标代码和伪码等表达，表达形式多样。计算机程序表达的存储媒体也多种多样，同一种程序分别可以被存储在纸张、磁盘、磁带、光盘和集成电路上等。计算机程序的载体大多数精巧灵便。此外，计算机程序的内容与表达难以严格区别界定。

（4）运行性。计算机程序的运行性是指计算机程序功能的运行性。计算机程序不同于一般的文字作品，它主要的功能在于使用。也就是说，计算机程序的功能只能通过对程序的使用、运行才能充分体现出来。计算机程序采用数字化形式存储、转换，复制品与原作品一般无明显区别。

根据计算机软件的特点，对计算机软件侵权行为的识别可以将发生争议的某一计算机程序与比照物（权利明确的正版计算机程序）进行对比和鉴别，从两个软件的相似性或完全相同来判断，做出侵权认定。软件作品常常表现为计算机程序的不唯一性，两个运行结果相同的计算机程序，或者两个计算机软件的源代码程序不相似或不完全相似，前者不一定构成侵权，而后者不一定不构成侵权。

5．软件著作权侵权的法律责任

当侵权人侵害他人的著作权、财产权或著作人身权，造成权利人财产上的或非财产的损失，侵权人不履行赔偿义务，法律即强制侵权人承担赔偿损失的民事责任。

1）民事责任

侵犯计算机著作权以及有关权益的民事责任是指公民、法人或其他组织因侵犯著作权发生的后果依法应承担的法律责任。我国《计算机软件保护条例》第二十三条规定了侵犯计算机著作权的民事责任，即侵犯著作权或者与著作权有关的权利的，侵权人应当按照权利人的实际损失给予赔偿；实际损失难以计算的，可以按照侵权人的违法所得给予赔偿。赔偿数额还应当包括权利人为制止侵权行为所支付的合理开支。权利人的实际损失或者侵权人的违法所得不能确定的，由人民法院根据侵权行为的情节，判决给予 50 万元以下的赔偿。有下列侵权行为的，应当根据情况，承担停止侵害、消除影响、公开赔礼道歉、赔偿损失等民事责任。

（1）未经软件著作权人许可发表或者登记其软件的。

（2）将他人软件当作自己的软件发表或者登记的。

（3）未经合作者许可，将与他人合作开发的软件当作自己单独完成的作品发表或者登记的。

（4）在他人软件上署名或者涂改他人软件上的署名的。

（5）未经软件著作权人许可，修改、翻译其软件的。

（6）其他侵犯软件著作权的行为。

2）行政责任

我国《计算机软件保护条例》第二十四条规定了相应的行政责任，即对侵犯软件著作权行为，著作权行政管理部门应当责令停止违法行为，没收非法所得，没收、销毁侵权复制品，并可处以每件一百元或者货值金额二至五倍的罚款。有下列侵权行为的，应当根据情况，承担停止侵害、消除影响、公开赔礼道歉、赔偿损失等行政责任。

（1）复制或者部分复制著作权人软件的。

（2）向公众发行、出租、通过信息网络播著作权人的软件的。

（3）故意避开或者破坏著作权人为保护其软件而采取的技术措施的。

（4）故意删除或者改变软件权利管理电子信息的。

（5）许可他人行使或者转让著作权人的软件著作权的。

3）刑事责任

侵权行为触犯刑律的，侵权者应当承担刑事责任。我国《刑法》第二百一十七条、二百一十八条和二百二十条的规定，构成侵犯著作权罪、销售侵权复制品罪的，由司法机关追究刑事责任。

8.2.3　计算机软件的商业秘密权

1．商业秘密及侵权

关于商业秘密的法律保护，各国采取不同的法律，我国反不正当竞争法规定了商业秘密的保护问题。

1）商业秘密的定义

《反不正当竞争》中商业秘密定义为"指不为公众所知悉的、能为权利人带来经济利益、具有实用性并经权利人采取保密措施的技术信息和经营信息"。经营秘密和技术秘密是商业秘密的基本内容。经营秘密，即未公开的经营信息，是指与生产经营销售活动有关的经营方法、管理方法、产销策略、货源情报、客户名单、标底和标书内容等专有知识。技术秘密，即未公开的技术信息，是指与产品生产和制造有关的技术诀窍、生产方案、工艺流程、设计图纸、化学配方、技术情报等专有知识。

2）商业秘密的构成条件

商业秘密的构成条件是：商业秘密必须具有未公开性，即不为公众所知悉；商业秘密必须具有实用性，即能为权利人带来经济效益；商业秘密必须具有保密性，即采取了保密措施。

一项商业秘密受到法律保护的依据，是必须具备上述构成商业秘密的 3 个条件，当缺少上述 3 个条件之一就会造成商业秘密丧失保护。

3）商业秘密权

商业秘密是一种无形的信息财产。与有形财产相区别，商业秘密不占据空间，不易被权利人所控制，不发生有形损耗，其权利是一种无形财产权。

4）计算机软件与商业秘密

《反不正当竞争》保护计算机软件，是以计算机软件中是否包含着"商业秘密"为必要条件的。而计算机软件是人类知识、智慧、经验和创造性劳动的成果，本身就具有商业秘密的特征，即包含着技术秘密和经营秘密。即使是软件尚未开发完成，在软件开发中所形成的知识内容也可构成商业秘密。

2．商业秘密的侵权

侵犯商业秘密是指行为人（负有约定的保密义务的合同当事人；实施侵权行为的第三人；侵犯本单位商业秘密的行为人）未经权利人（商业秘密的合法控制人）的许可，以非法手段（包括直接从权利人那里窃取商业秘密并加以公开或使用；通过第三人窃取权利人的商业秘密并加以公开或使用）获取计算机软件商业秘密并加以公开或使用的行为。根据我国《反不正当竞争法》第十条的规定，侵犯计算机软件商业秘密的具体表现形式主要有如下几种。

（1）盗窃、利诱、胁迫或其他不正当手段获取权利人的计算机软件商业秘密。盗窃商业秘密，包括单位内部人员盗窃、外部人员盗窃、内外勾结盗窃等手段；以利诱手段获取商业秘密，通常指行为人向掌握商业秘密的人员提供财物或其他优惠条件，诱使其向行为人提供商业秘密；以胁迫手段获取商业秘密，是指行为人采取威胁、强迫手段，使他人在受强制的情况下提供商业秘密；以其他不正当手段获取商业秘密。

（2）披露、使用或允许他人使用以不正当手段获取的计算机软件商业秘密。披露是指将权利人的商业秘密向第三人透露或向不特定的其他人公开，使其失去秘密价值；使用或允许他人使用是指非法使用他人商业秘密的具体情形。如果以非法手段获取商业秘密的行为人将该秘密再行披露或使用，即构成双重的侵权；倘若第三人从侵权人那里获悉了商业秘密而将秘密披露或使用，同样构成侵权。

（3）违反约定或违反权利人有关保守商业秘密的要求，披露、使用或允许他人使用其所掌握的计算机软件商业秘密。合法掌握计算机软件商业秘密的人，可能是与权利人有合同关系的对方当事人，也可能是权利人的单位工作人员或其他知情人，他们违反合同约定或单位规定的保密义务，将其所掌握的商业秘密擅自公开，或自己使用，或许可他人使用，即构成侵犯商业秘密。

（4）第三人在明知或应知前述违法行为的情况下，仍然从侵权人那里获取、使用或披露他人的计算机软件商业秘密。这是一种间接的侵权行为。

3．计算机软件商业秘密侵权的法律责任

根据我国《反不正当竞争法》和《刑法》的规定，计算机软件商业秘密的侵权者将承担行政责任、民事责任以及刑事责任。

（1）侵权者的行政责任。我国《反不正当竞争法》第二十五条规定了相应的行政责任，即对侵犯商业秘密的行为，监督检查部门应当责令停止违法行为，而后可以根据侵权的情节依法处以 1 万元以上 20 万元以下的罚款。

（2）侵权者的民事责任。计算机软件商业秘密的侵权者的侵权行为对权利人的经营造成经济上的损失时，侵权者应当承担经济损害赔偿的民事责任。我国《反不正当竞争法》第二十条

规定了侵犯商业秘密的民事责任，即经营者违反该法规定，给被侵害的经营者造成损害的，应当承担损害赔偿责任。被侵害的经营者的合法权益受到损害的，可以向人民法院提起诉讼。

（3）侵权者的刑事责任。侵权者以盗窃、利诱、胁迫或其他不正当手段获取权利人的计算机软件商业秘密；披露、使用或允许他人使用以不正当手段获取的计算机软件商业秘密；违反约定或违反权利人有关保守商业秘密的要求，披露、使用或允许他人使用其所掌握的计算机软件商业秘密，其侵权行为对权利人造成重大损害的，侵权者应当承担刑事责任。我国《刑法》第二百一十九条规定了侵犯商业秘密罪，即实施侵犯商业秘密行为，给商业秘密的权利人造成重大损失的，处 3 年以下有期徒刑或者拘役，并处或者单处罚金；造成特别严重后果的，处 3 年以上 7 年以下有期徒刑，并处罚金。

第9章 C程序设计

C语言是一种通用的程序设计语言，目前常用来编写系统软件以及进行嵌入式应用开发。

9.1 C语言基础

1970年代初贝尔实验室在为小型机 PDP-11 开发新的 UNIX 操作系统时，由 Dennis M.Ritchie 和 Brian W.Kernighan 在 B 语言的基础上开发了 C 语言，显然其初衷是描述和实现 UNIX 操作系统。

美国国家标准化协会（ANSI）于 1983 年成立了 C 语言标准委员会，完成了 C 语言的标准化工作（C89），1990 年 ANSI C 标准被国际化标准组织（ISO）接受为国际标准，简称为 C90（ISO/IEC 9899：1990），1999 年推出的 C99 标准在保留 C 语言特性的基础上，吸收了 C++的部分特性并增加了库函数。2011 年 12 月 8 日，国际标准化组织（ISO）和国际电工委员会（IEC）再次发布了 C 语言的新标准，简称 C11 标准。这是目前为止 C 语言的最新标准，该标准提高了对 C++的兼容性，并增加了一些新的特性。

C 程序是由一系列函数组成的，这种结构便于将大型程序划分为若干相对独立的模块并分别实现，程序运行时通过函数调用来完成功能要求。一个 C 程序必须有一个 main 函数，整个程序的执行从该函数开始。

用 C 语言编写程序涉及数据类型、运算符、表达式、常量和变量、语句、函数定义和函数调用等基本要素。

9.1.1 数据类型

在 C 程序中，数据都具有类型，通过数据类型定义了数值范围以及可进行的运算。

C 的数据类型可分为基本数据类型（内置的类型）和复合数据类型（用户定义的类型）。内置的类型是指 C 语言直接规定的类型，用户定义的类型在使用以前必须先定义，枚举、结构体和共用体类型都是用户定义类型。

1．基本数据类型

C 的基本数据类型有字符型（char）、整型（int）、浮点型（float、double），如表 9-1

所示。

表 9-1　C 的基本数据类型

类　型　名		类　型	字　节	表　示　范　围
字符型 （char）	char	字符型	1	−128～127
	unsigned char	无符号字符型	1	0～255
整型（int）	int	整型	*	与机器有关
	unsigned int	无符号整型	*	与机器有关
	short int	短整型	2	−32 768～32 767
	unsigned short int	无符号短整型	2	0～65 535
	long int	长整型	4	−2 147 483 648～2 147 483 647
	unsigned long int	无符号长整型	4	0～4 294 967 295
浮点型	float	单精度浮点型	4	3.4E±38（7 位有效数字）
	double	双精度浮点型	8	1.7E±308（15 位有效数字）
	long double	长双精度型	10	1.2E±4932（19 位有效数字）

　　void 类型也是一种基本类型，void 不对应具体的值，而是用于一些特定的场合。例如，用于定义函数的参数类型、返回值、函数中指针类型等进行声明，表示没有或暂未确定类型。

　　C 程序中的数据以变量、常量（包括字面量和 const 常量等）表示，它们都具有类型属性。

　　1）变量

　　变量本质上指代存储数据的内存单元，变量的定义（Definition）用于为变量分配存储空间，还可以为变量指定初始值。在一个 C 程序中，一个变量有且仅有一个定义。在一个 C 程序文件中需要引用其他程序文件中定义的变量时，就需要进行声明。

　　变量声明（Declaration）用来表明变量的类型和名字，当定义变量时即声明了它的类型和名字。可以通过使用 extern 关键字声明变量名。

　　例如，下面是对变量 a 的定义和声明。

```
int a;          //定义一个变量，编译系统应为其分配存储单元
extern int a;   // 声明 a 是一个整型变量
```

　　2）字面量

　　字面量（Literal）是指数据在源程序中直接以值的形式呈现，在程序运行中不能被修改，表现为整型、浮点型和字符串类型。

　　默认情况下，整型字面量以十进制形式表示，前缀 0 表示是八进制常数，前缀 0x 或 0X 表示是十六进制常数。同样，一个整型常数也可以加 U 或 u 后缀，指定为是 unsigned 类型。

浮点型字面量总是假定为 double 型，除非有字母 F 或 f 后缀，才被认为是 float 型；若有后缀 L 或 l，则被处理为 long double 型。实型常量也可以表示成指数形式。例如，0.004 可以表示成 4.0E-3 或 4.0e-3，其中 E 或 e 代表指数。

字符字面量用一对单引号括起来，例如'A'. 对于不能打印的特殊字符，可以用它们的编码指定。还有一些转义字符，如'\n'表示换行、'\r' 表示回车等。

用双引号括起来的零个或多个字符则构成字符串型字面值。例如，

```
"Hello"       //由 5 个字符构成的字符串
"China\t"     //由 6 个字符构成的字符串
```

3）const 常量

常量修饰符 const 的含义是其所修饰的对象为常量（Immutable）。若一个变量被修饰为 const，则该变量的值就不能被其他语句修改。例如，

```
const int a = 10;    //a 的值被初始化为 10，a 成为常量，之后在其作用域内不能被修改
int const a = 10;    //同上
```

（4）标识符和名字的作用域

在 C 程序中使用的变量名、函数名、标号以及用户定义数据类型名等统称为标识符。除库函数的函数名由系统定义外，其余都由用户自定义。C 语言的标识符一般应遵循如下的命名规则。

- 标识符必须以字母 a~z、A~Z 或下画线开头，后面可跟任意个字符，这些字符可以是字母、下画线和数字，其他字符不允许出现在标识符中。
- 标识符区分大小写字母。
- 标识符的长度在 C89 标准中规定 31 个字符以内，在 C99 标准中规定 63 个字符以内。
- C 语言中的关键字（保留字）有特殊意义，不能作为标识符。
- 标识符最好使用具有一定意义的字符串，便于记忆和理解。变量名一般用小写字母，用户自定义类型名的开头字母大写。

通常来说，一段程序代码中所用到的名字并不总是有效和可用的，而限定这个名字的可用性的代码范围就是这个名字的作用域。同一个名字在不同的作用域可能表示不同的对象。

C 程序中的名字有全局作用域、块作用域（局部的）之分，作用域可以是嵌套的。

尽可能将变量定义（声明）在最小的作用域内，并且为其设置初始值。

2. 数组、字符数组与字符串

1）数组

数组是一种集合数据类型，它由多个元素组成，每个元素都有相同的数据类型，占有相同

大小的存储单元，且在内存中连续存放。每个数组有一个名字，数组中的每个元素有一个序号（称为下标），表示元素在数组中的位置，数组的维数和大小在定义数组时确定，程序运行时不能改变。

一维数组的定义形式为：

类型说明符　数组名[常量表达式];

其中，"类型说明符"指定数组元素的类型；"数组名"的命名规则与变量一样；"常量表达式"的值表示数组元素的个数，必须是一个整数。例如：

float temp[100];

在 C 程序中，数组元素的下标总是从 0 开始的，如果一个数组有 n 个元素，则第一个元素的下标是 0，最后一个元素的下标是 $n-1$。例如，在上面定义的 temp 数组中，第一个元素是 temp[0]，第二个元素是 temp[1]，依此类推，最后一个元素是 temp[99]。访问数组元素的方法是通过数组名及数组名后的方括号中的下标。例如：

temp[14] = 11.5;　//设置上面定义的数组 temp 的第 15 个元素值为 11.5

程序员需确保访问数组元素时下标的有效性，访问一个不存在的数组元素，可能会导致严重的错误。

定义数组时就给出数组元素的初值，称为初始化，数组的初始化与简单变量的初始化类似。初值放在一对花括号中，各初值之间用逗号隔开，称为初始化表。例如：

int primes[] = {1, 2, 3, 5, 7, 11, 13};

对于没有给出数组元素个数而给出了初始化表的数组定义，编译器会根据初值的个数和类型，为数组分配相应大小的内存空间。初始化表中值的个数必须小于或等于数组元素的个数。

对于"int primes[10] = {1, 2, 3, 5, 7};"，前 5 个数组元素的初值分别为 1,2,3,5,7，后 5 个元素的初值都为 0。

二维数组可视为是一个矩阵，定义形式为：

类型说明符　数组名[常量表达式 1][常量表达式 2];

其中，"类型说明符"指定数组元素的类型，"常量表达式 1"指定行数，"常量表达式 2"指定列数。例如，可以定义一个二维数组：

double twoDim[3][4];

这个数组在内存中占用能存放 12 个 double 元素且地址连续的存储单元。

C 语言中二维数组在内存中按行顺序存放。

可以用 sizeof 计算数组空间的大小，即字节数。例如，

printf("%d　%d　%d\n",sizeof(temp),sizeof(primes),sizeof(twoDim));

2）字符数组与字符串

当数组中的元素由字符组成时，便称为字符数组。

字符串是一个连续的字符系列，用特殊字符'\0'结尾。字符串常用字符数组来表示。数组的每一个元素保存字符串的一个字符，并附加一个空字符，表示为“\0”，添加在字符串的末尾，以标识字符串结束。如果一个字符串有 n 个字符，则至少需要长度为 $n+1$ 的字符数组来保存它。

一个字符串常量用一对双引号括起来，如"Welcome"，编译系统自动在每一字符串常量的结尾增加'\0'结尾符。字符串可以由任意字符组成，一个长字符串可以占两行或多行，但在最后一行之前的各行需用反斜杠结尾，如"A String Can be write on multilines"可等价地表示为：

"A \
String \
Can be write on multilines"

需要注意的是，"A"与'A'是不同的，"A"是由两个字符（字符'A'与字符'\0'）组成的字符串，而后者只有一个字符。最短的字符串是空字符串""，它仅由一个结尾符'\0'组成。

3．枚举类型

枚举就是把这种类型数据可取的值逐一列举出来。枚举类型是一种用户定义的数据类型，其一般定义形式为：

```
enum  枚举类型名
{
  标识符[=整型常数],
  标识符[=整型常数],
  ...
  标识符[=整型常数],
};
```

其中，“枚举类型名”右边花括号中的内容称为枚举表，枚举表中的每一项称为枚举成员，枚举成员是常量。枚举成员之间用逗号隔开，方括号中的“整型常数”是枚举成员的初值。

如果没有为枚举成员赋初值，即省掉了标识符后的“=整型常数”时，编译系统为每一个枚举成员赋予一个不同的整型值，第一个成员为 0，第二个成员为 1，依此类推。当枚举类型

中的某个成员赋值后，其后的成员则按依次加 1 的规则确定其值。例如：

enum Color { eRED=5,eBLUE,Eyellow, Egreen=30,Esilvergrey=40, Eburgundy}；

此时，eBLUE=6、Eyellow=7、Eburgundy=41。

4. 结构体、共用体和 typedef

1）结构体

利用结构体类型可以把一个数据元素的各个不同的数据项聚合为一个整体。结构体类型的
声明格式为：

struct　结构体名{
　　　　成员表列
}变量名表列；

例如，一个复数 $z=x+yi$ 包含了实部 x 和虚部 y 两部分（x 和 y 为实数），可以定义一个表
示复数的结构体类型，并用 typedef 为结构体类型命名为 Complex：

```
typedef struct Complex {                    typedef struct {
    double    re;            或                double    re;
    double    im;                             double    im;
}Complex;                                    }Complex;
```

在该定义中，Complex 是这个结构体类型的名字，re 和 im 是结构的成员。

一般情况下，对结构体变量的运算必须通过对其成员变量进行运算来完成，可以通过成员
运算符 "." 来访问结构体变量的成员，方式为：

结构体变量名.成员名

例如，定义结构体变量 z，将–4 和 5 分别赋值给一个复数 z 的实部成员变量和虚部成员变量：

Complex　z;
z.re = –4;　z.im = 5;

z.re 和 z.im 相当于普通的 double 型变量。结构体外的变量名和结构体中的成员名相同时不
会发生冲突。一个结构体变量的存储空间长度等于其所有成员所占空间长度之和。

2）共用体类型

共用体类型的声明格式为：

union　共用体名{
　　　　成员表列

}变量名表列;

例如，定义共用体类型 DATA 及其变量 a。

```
typedef union {
    int i;
    char ch;
    float f;
}DATA;
DATA a;
```

不能直接引用联合类型的变量，只能引用其成员。用 "." 运算符引用共用体变量的成员，引用方式为：

共用体变量.成员变量名

例如，a.i，a.ch，a.f

一个共用体变量的存储空间的大小等于其占用空间最大的成员的大小，所有成员变量占用同一段内存空间，如图 9-1 所示。

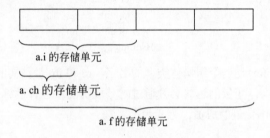

图 9-1　共用体变量 *a* 的存储空间

9.1.2　运算符与表达式

C 语言提供了丰富的运算符，包括算术运算符、关系运算符、逻辑运算符、位运算符、条件运算符、赋值运算符、逗号运算符及其他运算符。根据运算符需要的操作数个数，可分为单目运算符（一个操作数）、双目运算符（两个操作数）和三目运算符（3 个操作数）。

表达式总是由运算符和操作数组成，它规定了数据对象的运算过程。

1）自增（++）与自减（−−）

运算符的作用是将数值变量的值增加 1 或减少 1。自增或自减运算符只能作用于变量而不能作用于常量或表达式。

++value 称为前缀方式，value++ 称为后缀方式，其区别是：前缀式先将变量的值增 1，然后取变量的新值参与表达式的运算；后缀式先取变量的值参与表达式的运算，然后再将变量的值增加 1。

2）关系运算符

关系运算符用于数值之间的比较，包含等于（==）、不等于（!=）、小于（<）、小于或等于（<=）、大于（>）、大于或等于（> =）这 6 种，结果的值为 1（表示关系成立）或为 0（表示关系不成立）。

不能用关系运算符对字符串进行比较，因为被比较的不是字符串的内容本身，而是字符串的地址。例如，"HELLO" < "BYE"，是"HELLO"的地址与"BYE"的地址来比较大小，这没有意义。

3）逻辑运算符

逻辑与（&&）、逻辑或（||）、逻辑非（!）的运算结果为 1（表示 true）或为 0（表示 false）。"逻辑非"是单目运算符，它将操作数的逻辑值取反。"逻辑与"是双目运算符号，其含义是"当且仅当两个操作数的值都为 true 时，逻辑与运算的结果为 true"。"逻辑或"的含义是"当且仅当两个操作数的值都为 false 时，逻辑或运算的结果为 false"。

例如，逻辑表达式!20 的结果是 0，10 && 5 的结果是 1，10 || 5.5 的结果是 1，10 && 0 的结果是 0。

4）赋值运算与组合赋值

赋值运算符（=）的作用是将一个表达式的值赋给一个变量，可进行组合赋值。例如：

```
a += 12;            // 等价于 a = a + 12;
a *= b + 3;         // 等价于 a = a * (b + 3);
a —= (b + 5)/2;     // 等价于 a = a − ((b + 5)/2);
```

再如：

```
m = n = p = 30;         // 即 m = (n = (p = 30));
m = (n = p = 30) + 2;   // 即 m = (n = (p = 30)) + 2;
m += n = p = 50;        // 即 m = m + (n = (p = 50));
```

5）条件运算符和逗号运算符

（1）条件运算符是 C 中唯一的三目运算符，也称为三元运算符，它有 3 个操作数：

操作数 1 ? 操作数 2 : 操作数 3

（2）多个表达式可以用逗号组合成一个表达式，即逗号表达式。逗号运算符带两个操作数，结果是右操作数。逗号表达式的一般形式是：表达式 1，表达式 2，……，表达式 n，它的值是

表达式 *n* 的值。逗号运算符的用途仅在于解决只能出现一个表达式的地方却要出现多个表达式的问题。

6）位运算符

位运算符要求操作数是整型数，并按二进制位的顺序来处理它们。C/C++提供 6 种位运算符，如表 9-2 所示，为简化起见，设整数字长为 16 位。

表 9-2   C 的位运算符及其含义

运算符	含 义	实 例	计算结果 （十六进制）	说 明
~	取反	~31	FFE0	31 的二进制表示为 0000 0000 00011111，即十六进制的 001F，取反后为 1111111111100000（即 FFE0）
&	逐位与	24 & 31	0018	24 的二进制表示为 0000 0000 00011000，与 31 进行位与运算后，结果为 0000000000011000（即 0018）
|	逐位或	125 | 24	007D	125 的二进制表示为 0000 0000 01111101，与 24 进行位或运算后，结果为 0000000001111101（即 007D）
^	逐位异或	125 ^ 24	0065	125 与 24 异或运算后，结果为 0000 0000 0110 0101（即 007D）
<<	逐位左移	125 << 2	01F4	125 左移 2 位后，结果为 0000 0001 1111 0100（即 01F4）
>>	逐位右移	125 >> 2	001F	125 右移 2 位后，结果为 0000 0000 0001 1111（即 001F）

赋值运算符也可与位运算符组合，产生&=、|=、^=、<<=、>>=等组合运算符。

7）sizeof

sizeof 用于计算表达式或数据类型的字节数，其运算结果与系统相关。例如，对于下面的数组定义，可用"sizeof(a) / sizeof(int)"计算出数组 a 的元素个数为 7。

int a[] = {1,2,3,4,5,6,7};

8）类型转换

在混合数据类型的运算过程中，系统自动进行类型转换。例如，一个 int 型操作数和一个 long 型操作数进行运算时，将 int 类型数据转换为 long 类型后再运算，结果为 long 型；一个 float 型操作数和一个 double 型操作数的运算结果是 double 型。

在程序中也可以进行数据类型的强制转换（显式类型转换），一般形式为：

(类型名)(表达式)

需要注意，(int)(x+y)是将(x+y)转换为 int 型，而(int)x+y 是将 *x* 转换为 int 型后再与 *y* 相加。对变量进行显式类型转换只是得到一个所需类型的中间变量，原来变量的类型并不发生变化。

9.1.3　输入/输出

C 程序中输入/输出操作都由输入/输出标准库函数（在头文件 stdio.h 中声明）完成，常见的有格式化输出函数 printf 和格式化输入函数 scanf，以及文件操作函数 fopen、fprintf 和 fscanf 等。

1）printf

printf 函数称为格式输出函数，其功能是按用户指定的格式，将指定的数据输出到显示器屏幕上。printf 函数调用的一般形式为：

printf("格式控制字符串",输出表列);

其中格式控制字符串用于指定输出格式，由格式说明和普通字符组成。格式说明以%开头，其后是各种格式字符，以说明输出数据的类型、形式、长度、小数位数等。普通字符按原样简单输出，在显示中起提示作用。输出表列中给出了各个输出项，要求格式字符串和各输出项在数量和类型上一一对应。

例如，有以下数据和函数调用：

int i = 10, j = 20;
float x = 12.3456f, y = 55.0f;
printf("i = %d, j = %d, x = %f, y = %f\n",i,j,x,y);

该 printf 函数调用会产生如下输出：

i = 10, j = 20, x = 12.345600, y = 55.000000

格式控制字符串中的普通字符被简单复制给输出行，而变量 i、j、x、y 的值则依次替换了 4 个格式转换说明。

常用的格式字符如表 9-3 所示。

表 9-3　格式控制字符

格式字符	意　　义
d,ld	以十进制形式输出带符号整数、长整数（正数不输出符号）
o	以八进制形式输出无符号整数（不输出前缀 0）
x,X	以十六进制形式输出无符号整数（不输出前缀 Ox）
u	以十进制形式输出无符号整数
f,lf	以小数形式输出单、双精度实数，默认输出 6 位小数
e,E	以指数形式输出单、双精度实数
g,G	以%f 或%e 中较短的输出宽度输出单、双精度实数
c	输出单个字符
s	输出字符串
p	输出指针（地址）值，十六进制形式

如果在"%"后为"-"，表示输出结果左对齐（在规定输出长度的情况下，默认为右对齐），如果在"%"后为"+"，则输出数值的符号（正号或负号）。

例如，有以下数据和函数调用：

```
int i = –10, j = 20;
float x = -12.3456f;
printf("i = %6d,\nj = %+6d,\nx = %10.2f,\nx = %-12.3f\n",i,j,x,x);
```

该 printf 函数调用产生的输出如图 9-2 所示。

图 9-2　printf 函数调用输出

2）scanf

scanf 函数称为格式输入函数，即按用户指定的格式从键盘把数据输入指定的变量中。scanf 函数调用的一般形式为：

scanf("格式字符串",地址表列);

其中，格式字符串的作用与 printf 函数相同，但不需要用普通字符。地址表列中给出各变量的地址，即由地址运算符"&"后跟变量名组成。

变量的地址是 C 编译系统分配的，用户不必关心具体的地址是多少。

例如，有以下数据和函数调用：

```
int age;
char gender, name[20];
scanf("%c%d",&gender,&age);
scanf("%s",name);
```

程序执行时，scanf 函数将用户在键盘上输入的一个字符和一个整数分别复制到变量 gender 和 age 中。格式字符串中的每个占位符（由"%"和格式字符构成）对应地址表列中的一个变量。在地址表列中的每个 int、double 或 char 型变量前都有一个"&"，而以串格式输入一个字符串到字符数组中时，仅需给出数组名（不用加"&"，因为数组名是表示数组空间首地址的地址常量）。逗号用于分隔变量名称。占位符的顺序必须与地址表列中变量的顺序一致。

常用的还有 getchar、putchar、gets（在 C99 中已将此函数被标记为过时，推荐新的替代函数 gets_s）、puts 等函数，这里不再赘述。

9.2　控制语句

语句是程序中的一种基本单位，编程时使用语句描述运算和控制过程。基本的流程控制结构有顺序、分支（选择）和循环 3 种，C 语言的流程控制语句有 if、switch、for、while、do-while、break、continue、return 等。

1．选择语句

表示分支（选择）结构的语句有 if 语句和 switch 语句。

1）if 语句

if 语句用于表达根据一定的条件在两条流程中选择一条执行的情况。if 语句的一般形式为：

```
if (表达式 p)
    语句 1;
else
    语句 2;
```

其含义是当给定的条件 p 满足（即表达式 p 的值不为 0）时，执行语句 1，否则执行语句 2。语句 1 和语句 2 中必须且仅能执行其中的一条。

if 语句的简单形式为：

```
if (表达式 p)
    语句;
```

其含义是先计算表达式 p 的值，若结果为非 0，则执行"语句"，否则不执行。

if 语句能够嵌套，即一个 if 语句能够出现在另一个 if 语句里。使用 if 语句的嵌套形式需要注意 else 的配对情况，C 规定：else 子句总是与离它最近且没有 else 相匹配的 if 语句配对。

例如，有以下语句（a）和语句（b）：

```
（a）if (x > 0)                    （b）if (x > 0)
        if (x < 5)                        { if (x < 5)
            y = x + 1;                          y = x + 1; }
        else                              else
            y = x – 1;                        y = x - 1
```

在语句（a）中，else 与 if (x<5)匹配，该语句的含义是：当 x 大于 0 且小于 5 时，执行 y = x + 1;，若 x 大于或等于 5，则执行 y = x – 1;

在语句（b）中，else 与 if(x>0)匹配，该语句含义是：当 x 大于 0 且小于 5 时，执行 $y = x + 1;$，若 x 小于或等于 0，则执行 $y = x - 1;$

2）switch 语句

switch 语句用于表示从多分支的执行流程中选择一个来执行。

switch 语句的一般形式如下：

```
switch (表达式 p) {
  case 常量表达式 1:
              语句 1;
  case 常量表达式 2:
              语句 2;
  ...
  case 常量表达式 n:
              语句 n;
  default:
              语句 n+1;

}
```

switch 语句的执行过程是：首先计算表达式 p 的值，然后自上而下地将其结果值依次与每一个常量表达式的值进行匹配（常量表达式的值的类型必须与"表达式"的类型相同）。如果匹配成功，则执行该常量表达式后的语句系列。当遇到 break 时，则立即结束 switch 语句的执行，否则顺序执行到花括号中的最后一条语句。default 是可选的，如果没有常量表达式的值与"表达式"的值匹配，则执行 default 后的语句系列。需要注意的是，表达式 p 的值必须是字符型或整型。

【例 9-1】 switch 语句中的 break。

```
#include<stdio.h>
int main()
{
    int rank;
    scanf("%d",&rank);
    switch(rank) {
        case 1: printf("Ace!\n"); break;
        case 11: printf("Jack!\n");
        case 12: printf("Queen!\n");break;
        case 13: printf("King!\n");
        default: printf("unknown: %d\n", rank);
    }
```

```
    return 0;
}
```

上面程序运行时，如果输入 11，则输出"Jack!"和"Queen!"；如果输入 13，则输出"King!"和"unknown: 13"，如图 9-3 所示。

（a）输入 11 时的输出

（b）输入 13 时的输出

图 9-3　例 9-1 程序运行示例

2．循环语句

C 的循环语句有 while、do...while 和 for。

1）while 语句

while 语句的一般形式为：

while (表达式 p)
　　循环体语句；

while 语句的含义是首先计算表达式 p（称为循环条件）的值，如果其值不为 0（即为真），则执行"循环体语句"（称为循环体）。这个过程重复进行，直至"表达式"的值为 0（假）时结束循环。

2）do...while 语句

do...while 语句的一般形式为：

do
　　循环体语句；
while (表达式 p)；

do...while 语句的含义是先执行循环体语句，再计算表达式 p，如果表达式 p 的值不为 0，则继续执行循环体语句，否则循环终止。

3）for 语句

for 语句的一般形式为：

for (表达式 1；表达式 2；表达式 3)
　　循环体语句；

for 语句的含义是：

（1）计算表达式 1（循环初值）。

（2）计算表达式 2（循环条件），如果其结果不为 0，则执行循环体语句（循环体），否则循环终止。

（3）计算表达式 3（循环增量）。

（4）重复（2）和（3）。

for 循环与下面的 while 循环等价：

```
表达式 1;
while (表达式 2) {
    循环体语句;
    表达式 3;
}
```

3．break 语句

break 语句用在 switch 语句中时，用于跳出 switch 语句，结束 switch 语句的执行。

break 语句在循环语句中的作用是终止并跳出当前的循环语句。

【例 9-2】 判断给定的整数是否为素数。

```c
#include <stdio.h>
int main()
{
    int k, m;
    printf("input an integer:");
    scanf("%d",&m);
    if (m < 2)
        printf( "%d 不是素数.", m);
    else {
        for (k = m / 2; k > 0; k--)
            if (m % k == 0)   break;   //找到 m 的一个因子时终止
        if (k > 1)
            printf( "%d 不是素数.\n", m);
        else
            printf( "%d 是素数.\n", m);
    }
```

```
        return 0;
    }
```

4．continue 语句

continue 语句的功能与 break 不同，它是结束当前这一次的循环，转而执行下一次循环。在循环体中，continue 语句执行之后，循环体内其后的语句均不再执行。

【例 9-3】 输出 100～200 之间 3 的倍数。

```
#include <stdio.h>
int main()
{
    int k;
    for (k = 100; k <= 200; k++)
    {
        if (k % 3 != 0)   continue;   //若 k 不是 3 的倍数，则跳过输出语句继续循环
        printf( "%d\n", k);           //若 k 是 3 的倍数，则输出 k 的值后继续循环
    }
    return 0;
}
```

5．return 语句

return 语句用于函数返回值，其形式为：

return (表达式);

9.3 函数

函数是一个功能模块，用来完成特定的任务。在设计 C 程序时，一般都会把一个复杂的大程序分为若干个子程序，函数就是 C 程序中的子程序。

有两种函数，一种是已经定义并随着编译系统发布的、可供用户调用的标准函数，也称为库函数，如 printf、scanf 等；另一种是用户根据需要自己定义的。

1．函数定义

函数的定义包括以下几个部分：函数名、参数表列、返回类型和函数体。

函数定义的一般形式如下：

```
返回类型 函数名(参数表列)
{
    语句系列;
    return 表达式;
}
```

【例 9-4】　一个判断给定整数是否是素数的函数。

```
int isPrime(int m)
{//若 m 是素数则返回 1，否则返回 0
    int t, k;
    if (m == 2) return 1;
    if (m < 2 || m%2 == 0)
        return 0;
    t = sqrt(m)+1;
    for (k = 3; k <= t; k+=2)
        if (m % k == 0)   return 0;
    return 1;
}
```

一个函数中可以有多个 return 语句，在函数的执行过程中，遇到任一个 return 语句将立即停止函数的执行，并返回到调用函数。

2．函数声明

如果一个函数调用另一个函数，在调用函数中必须对被调用函数进行声明。函数声明的一般形式如下：

返回类型 函数名(参数表列);

C 程序中，函数原型用于声明函数，下面是函数声明的例子：

```
void PrintStats(int num, double ave, double std_dev);
int GetIntegerInRange(int , int );
```

可以将一些函数的声明集中放在头文件中，然后再用"#include"将头文件包含在程序文件中，也可以放在程序文件的开头，而把函数的定义放在程序文件后面的某个地方。C 程序是从 main 函数开始执行的，而 main 函数在程序文件中的位置并没有特别的要求。

3．函数调用

函数调用的格式为：

函数名(实参表);

函数调用由函数名和函数调用运算符"（）"组成，"（）"内有 0 个或多个逗号分隔的参数（称为实参）。每个实参是一个变量或表达式，且实参的个数与类型要与被调用函数定义时的参数（称为形参）个数和类型匹配。当被调函数执行时，首先计算实参表达式，并将结果值传送给形参，然后执行函数体，返回值被传送到调用函数。如果函数调用后有返回值，函数调用可以用在表达式中，而无返回值的函数调用常常作为一个单独的语句使用。调用一个函数之前必须对被调用函数进行声明。

C 程序中的参数传递方式为值传递（地址也是一种值）。函数在被调用以前，形参变量并不占内存单元，当函数被调用时，才为形参变量分配存储单元，并将相应的实参变量的值复制到形参变量单元中。所以，被调用函数在执行过程修改形参变量的值并不影响实参变量的值。

当数组作为函数参数时，调用函数中的实参数组只是传送该数组在内存中的首地址，即调用函数通知被调函数在内存中的什么地方找到该数组。数组参数并不指定数组元素的个数，除传送数组名外，调用函数还必须将数组的元素个数通知给被调用函数。所以，有数组参数的函数原型的一般形式为：

类型说明符　函数名(数组参数, 数组元素个数)

函数参数的引用传递不同于值传递。值传递是把实参的值复制到形参，实参和形参占用不同的存储单元，形参若改变值，不会影响到实参。而引用传递本质上是将实参的地址传递给形参。以数组作为函数参数传递时，是引用传递方式，即把实参数组在内存中的首地址传给了形参。在被调用函数中，如果改变了形参数组中元素的值，那么在调用函数中，实参数组对应元素的值也会发生相应的改变。当数组作函数参数时，仅仅传送数组在内存中的首地址，避免了复制每一个数组元素，从而可以节省内存空间和运行时间。

4．递归函数

递归函数是指函数直接调用自己或通过一系列调用语句间接调用自己，是一种描述问题和解决问题的常用方法。

一般来说，任何一个可以用计算机求解的问题所需要的计算时间都与其规模有关。问题的规模越小，求解其所需要的计算时间往往也越少，从而也较容易处理。分治法就是将一个难以直接解决的大问题，分解成一些规模较小的相同类型的子问题，以便各个击破，分而治之。实现分治法时往往利用递归技术。

递归过程的特点是"先逐步深入，然后再逐步返回"，它有两个基本要素：边界条件和递归模式，边界条件确定递归到何时终止，也称为递归出口；递归模式表示大问题是如何分解为小问题的，也称为递归体。

【例 9-5】 下面程序中的递归函数 permutation(char *str, int start, int end)输出从下标 start 开始、end 结束的所有字符的全排列。

```c
#include <stdio.h>
#include <string.h>
#include <stdlib.h>
void swap(char *str, int i, int j)
{
    char c;
    c = str[i]; str[i] = str[j]; str[j] = c;
}
void permutation(char *str, int start, int end)
{
    if(start < end) {
        if(start+1 == end) {
            printf("%s\n",str);
        }
        else {
            int i;
            for(i = start; i < end; i++)   {
                swap(str, start, i);
                permutation(str, start+1, end);
                swap(str, start, i);
            }
        }
    }
}

int main()
{
    char s[] = "abcd";
    permutation(s, 0, strlen(s));
```

```
        return 0;
    }
```

9.4　指针

简单来说，指针是内存单元的地址，它可能是变量的地址、数组的地址，或者是函数的入口地址。存储地址的变量称为指针变量，简称为指针。指针是 C 语言中最有力的武器，能够为程序员提供极大的编程灵活性。

9.4.1　指针的定义

指针类型的变量是用来存放内存地址的，下面是两个指针变量的定义：

```
int *ptr1;
char *ptr2;
```

变量 ptr1 和 ptr2 都是指针类型的变量，ptr1 用于保存一个整型变量的地址（称 ptr1 指向一个整型变量），ptr2 用于保存一个字符型变量的地址（称 ptr2 指向一个字符变量）。

使用指针时需明确两个概念：指针对象和指针指向的对象。指针对象是明确命名的指针变量，如上例中的 ptr1、ptr2；指针指向的对象是另一个变量，用 "*" 和指针变量联合表示，如上例中的整型变量*ptr1 和字符变量*ptr2，由于上面的定义中未对 ptr1 和 ptr2 进行初始化，它们的初始值是随机的，也就是*ptr1 和*ptr2 可视为并不存在。

```
int* pa, pb;        //pa 是一个指向整型变量的指针变量，而 pb 是一个整型变量
int* pa, *pb;       //pa 和 pb 都声明为指向整型变量的指针变量
```

1. 空指针

C 语言定义了一个标准预处理宏 NULL（它的值为 0，称为空指针常量），表示指针不指向任何内存单元。可以把 NULL 赋给任意类型的指针变量，以初始化指针变量。例如：

```
int *ptr1 = NULL;
char *ptr2 = NULL;
```

需要注意全局指针变量会被自动初始化为 NULL，局部指针变量的初值则是随机的。编程时常见的一个错误是没有给指针变量赋初值。未初始化的指针可能是一个非法的地址，导致程序运行时出现非法指针访问错误，从而使程序异常终止。

2. "&" 和 "*"

"&"称为地址运算符，其作用是获取变量的地址。"*"称为间接运算符，其作用是获取指针所指向的变量。例如，下面的语句"pa = &pb;"执行后，变量 pa 就得到了 pb 的地址（称为指针 pa 指向 pb），*pa 表示 pa 指向的变量（也就是变量 pb）。

例如：

```
pa = &pb;
*pa = 10;              //等同于 pb = 10
```

在上面的例子中，通过指针 pa 修改了变量 pb 的值，本质上是对 pb 的间接访问。在程序中通过指针访问数据对象或函数对象，提供了运算处理上的一种灵活性。

如果指针变量的值是空指针或者是随机的，通过指针来访问数据就是一种错误（在编译时报错，或者在运行时发生异常），下面的语句会产生一个运行时错误。

```
int *vp;      *vp = 3;
```

void*类型可以与任意的数据类型匹配。void 指针在被使用之前，必须转换为明确的类型。例如：

```
int i = 99;
void *vp = &i;
*(int *)vp = 1000;        //vp 被转换为整型指针，通过指针 vp 将变量 i 的值改为 1000
```

3. 指针与堆内存

在程序运行过程中，堆内存能够被动态地分配和释放，在 C 程序中通过 malloc（或 calloc、realloc）和 free 函数实现该处理要求。

例如：

```
int *ptr = (int *)malloc(sizeof(int));   //分配存放一个整型数值的堆内存块，ptr 暂存该内存块的首地址
char *str = (char *)malloc(10*sizeof(char));   //分配存放 10 个字符的堆内存块，str 暂存首地址
*ptr = 100;                //将 100 存储在 ptr 指向的内存块
strcpy(str, "hello");        //将字符串"hello"复制并存储在 str 指向的内存块
```

在堆中分配的内存块的生存期是由程序员自己控制的，应在程序中显式地释放。例如：

```
free(ptr);                //释放 ptr 指向的堆内存块
free(str);                //释放 str 指向的堆内存块
```

注意：指针为空（指针值为 0 或 NULL）时表示不指向任何内存单元，因此释放空指针没有意义。

因为内存资源是有限的，所以若申请的内存块不再需要就及时释放。如果程序中存在未被释放（由于丢失其地址在程序中也不能再访问）的内存块，则称为内存泄漏。持续的内存泄漏会导致程序性能降低，甚至崩溃。

9.4.2　指针与数组

1. 通过指针访问数组元素

在 C 程序中，常利用指针访问数组元素，数组名就是数组在内存中的首地址，即数组中第一个元素的地址。可以通过下标访问数组元素，也可以通过指针访问数组元素。

例如：

```
int arr[5] = {10, 20, 30, 40, 50};
int *ptr = arr;                // ptr 的值为数组空间的首地址，或 ptr 指向 arr 数组的第一个元素
```

数组 arr 的元素可以用*ptr、*(ptr + 1)、*(ptr + 2)、*(ptr + 3)来引用。

数组名是常量指针，数组名的值不能改变，因此 arr++是错误的，而 ptr++是允许的。例如，下面的代码通过修改指针 ptr 来访问数组中的每个元素。

```
for(ptr = arr; ptr < arr+5; ptr++)
    printf("%d\n", *ptr);
```

一般情况下，一个 int 型变量占用 4 个字节的内存空间，一个 char 型变量占用一个字节的空间，所以 str 是字符指针的话，str++就使得 str 指向下一个字符；而整型指针 ptr++则使得 ptr 指向下一个 int 型整数，即指向数组的第二个元素。

可以用指针访问二维数组元素。例如，对于一个 m 行、n 列的二维整型数组，其定义为

```
int a[m][n];
```

由于二维数组元素在内存中是以线性方式存储的，且按行存放，所以用指针访问二维数组的关键是如何计算出某个二维数组元素在内存中的地址。二维数组 a 的元素 a[i][j]（$i<m$, $j<n$）在内存中的地址应为数组空间首地址加上排列在 a[i][j]之前的元素所占空间形成的偏移量，概念上表示为 $a + (i \times n + j) * sizeof(int)$，在程序中需要表示为(&a[0][0] + $i \times n + j$)。

2．通过指针访问字符串常量

可将指针设置为指向字符串常量（存储在只读存储区域），通过指针读取字符串或其中的字符。例如，

```
char* str = "hello";
printf("%s\n", str);              //输出字符串"hello"
printf("%c\n", str[1]);           //输出字符'e'
```

不允许在程序运行过程中修改字符串常量。例如，下面试图通过修改字符串的第2个字符将"hello"改为"hallo"，程序运行时该操作导致异常，原因是 str 指向的是字符串常量"hello"，该字符串在运行时不能被修改。

```
char* str = "hello";
str[1] = 'a';            //运行时异常
```

如果用 const 进行修饰，这个错误在编译阶段就能检查出来，修改如下：

```
const char* str = "hello";
str[1] = 'a';            //编译时报错
```

3．指针数组

如果数组的元素类型是指针类型，则称为指针数组，下面的 ptrarr 是一维数组，数组元素是指向整型变量的指针。

```
int a,b,c,d;
int* ptrarr[5] = {NULL, &a, &b, &c, &d};
```

若需要动态生成二维整型数组，则传统的处理方式是先生成一个指针数组 arr2，然后把每个指针初始化为动态分配的"行"。

```
int **arr2 = (int **)malloc(rows * sizeof(int *));
for( i = 0; i < rows; i++ )
    arr2[i] = (int *)malloc(columns * sizeof(int));
```

4．指针运算

在 C 程序中，让指针变量加一个整数或减一个整数的含义与指针指向的对象有关，也就是

与指针所指向的变量所占用存储空间的大小有关。例如：

```
int arr[5] = {10, 20, 30, 40, 50};
int twoarr[2][3] = {{10, 20, 30}, {40, 50, 60}};
int *ptr1 = arr;                //指针变量 ptr1 指向的对象是一个整数
int (*ptr2)[3] = twoarr;        //指针变量 ptr2 指向的对象是含 3 个元素的一维数组
ptr1 = ptr1 + 1;                //ptr1 指向下一个整数
printf("%d\n", *ptr1);          //输出 20
ptr2 = ptr2 + 1;                //ptr2 指向下一个含 3 个元素的一维数组（二维数组的第二行）
printf("%d\n", **ptr2);         //输出 40
```

5．常量指针与指针常量

常量指针是指针指向的对象是常量，即指针变量可以修改，但是不能通过指针来修改其指向的对象。例如，

```
int d = 1;
const int *p =&d;        //const 修饰的是 int 对象，等效的定义为  int const *p =&d;
*p = 2;                  //编译时报错
d = 2;                   //正确，变量 d 可以修改
```

指针常量是指针本身是个常量，不能再指向其他对象。

在定义指针时，如果在指针变量前加一个 const 修饰符，就定义了一个指针常量，即指针值是不能修改的。

```
int d =1;
int* const p =&d;        //const 修饰的是指针 p，p 不能再修改
```

p 是一个指针常量，初始化时它指向整型变量 d。p 本身不能修改（即 p 不能再指向其他对象），但它所指向变量的内容却可以修改，例如，*p = 2（实际上是将 d 的值改为 2）。

区分常量指针和指针常量的关键是“*”的位置，如果 const 在“*”的左边，则为常量指针，如果 const 在“*”的右边则为指针常量。如果将“*”读作“指针”，将 const 读作“常量”，内容正好符合。对于定义“int const *p;”p 是常量指针，而定义“int* const p;”p 是指针常量。

9.4.3　指针与函数

指针可以作为函数的参数或返回值。

1．指针作为函数参数

用指针作为函数的参数可以在进行函数调用时，通过指针来改变调用函数中实参变量的值。以下面的 swap 函数为例进行说明，该函数的功能是交换两个整型变量的值。

```
void swap(int* pa, int* pb)
{
    int temp = *pa;
    *pa = *pb;
    *pb = temp;
}
```

若存在函数调用 swap(&x, &y)，则 swap 函数执行后两个实参 x 和 y 的值被交换。函数中参与运算的值不是 pa、pb 本身，而是它们所指向的变量，也就是实参 x、y（*pa 与 x、*pb 与 y 所表示的对象相同）。在调用函数中，是把实参的地址传送给形参，即传送&x 和&y，在 swap 函数中指针 pa 和 pb 并没有被修改。

如果在被调用函数中修改了指针参数的值，则不能实现对实参变量的修改。例如，下面函数 get_str 中的错误是将指针 p 指向的目标修改了，从而在 main 中调用 get_str 后，ptr 的值仍然是 NULL。

```
void get_str(char* p)
{
    p = (char *) malloc(sizeof("testing"));
    strcpy(p, "testing");
}
int main( )
{
    char* ptr = NULL;
    get_str(ptr);
    if (ptr)    printf("%s\n", ptr);   //输出 ptr 所指字符串的值
    return 0;
}
```

将上面的函数定义和调用如下修改即可。

```
void get_str(char** p)
```

```
{
    *p = (char *) malloc(sizeof("testing"));
    strcpy(*p, "testing");
}
```

函数调用为：get_str(&ptr);

以数组作为函数参数时，本质上是将数组空间的首地址传递给形参，在被调用函数中对数组元素的修改就可以保留下来。

用 const 修饰函数参数，可以避免在被调用函数中出现不当的修改。例如，

void strcpy(char *to, const char *from);

其中，from 是输入参数，to 是输出参数，如果在函数 strcpy 内通过 from 来修改其指向的字符（如*from = 'a'），编译时将报错。

若需要使指针参数在函数内不能修改为指向其他对象，则可如下修饰指针参数。

void swap (int * const p1 , int * const p2)

2．指针作为函数返回值

函数的返回值也可以是一个指针。返回指针值的函数的一般定义形式是：

数据类型* 函数名(参数表列);

例如，如下进行函数定义和调用，可以降低函数参数的复杂性。

```
char* get_str(void)
{
    char* p = (char *) malloc(sizeof("testing"));
    strcpy(p, "testing");
    return p;
}
```

函数调用为：ptr = get_str();

注意：不能将具有局部作用域的变量的地址作为函数的返回值。这是因为局部变量的内存空间在函数返回后即被释放，而该变量也不再有效。

例如，下面函数被调用后，变量 a 的生存期结束，其地址不再有效。

```
int* example()
{
```

```
        int a = 10;
        return &a;
    }
```

3.函数指针

在 C 程序中，可以将函数地址保存在函数指针变量中，然后用该指针间接调用函数。例如：

int (∗Compare)(const char∗, const char∗);

该语句定义了一个名称为 Compare 的函数指针变量，它能用于保存任何有两个常量字符指针形参、返回整型值的函数的地址（函数的地址通常用函数名表示）。例如，Compare 可以指向字符串运算函数库中的函数 strcmp。

Compare = &strcmp;　　//Compare 指向 strcmp 函数，&运算符可以省略

函数指针也可以在定义时初始化：

int (∗Compare)(const char∗, const char∗) = strcmp;

将函数地址赋给函数指针时，其参数和类型必须匹配。

若有函数 int strcmp(const char∗, const char∗);，则 strcmp 能被直接调用，也能通过 Compare 被间接调用。下面 3 个函数调用是等价的：

```
    strcmp("Tom", "Tim");           //直接调用
    (*Compare)("Tom", "Tim");       //间接调用
    Compare("Tom", "Tim");          //间接调用
```

【例 9-6】 在下面的程序代码中，由函数声明"int f1(int (∗f)(int));"可知调用函数 f1 时，实参应该是函数名或函数指针，且该函数（或函数指针指向的函数）应有一个整型参数且返回值为整型，而 f2 和 f3 都是符合这种定义的函数。因此，可以通过调用 f1 来分别调用 f2 和 f3。

```
    #include <stdio.h>
    int f1(int (*f)(int));          //函数原型，声明函数 f1
    int f2(int);                    //函数原型，声明函数 f2
    int f3(int);                    //函数原型，声明函数 f3

    int main()
    {
        printf("%d\n",f1( f2 ));    //调用函数 f1，f2 作为实参
        printf("%d\n",f1( f3 ));    //调用函数 f1，f3 作为实参
```

```
        return 0;
    }

    int f1( int (*f)(int) )
    {
        int n = 0;
        /* 通过函数指针实现函数调用，以函数调用的返回值作为循环条件 */
        while ( ( f(n) ) n++;
        return n;
    }

    int f2(int n)
    {
        printf("f2: ");     return n*n-4;
    }

    int f3(int n)
    {
        printf("f3: ");     return n-1;
    }
```

9.4.4　指针与链表

指针是C语言的特色和精华所在，链表是指针的重要应用之一，创建、查找、插入和删除结点是链表上的基本运算，需熟练掌握这些运算的实现过程，其关键点是指针变量的初始化和在链表结点间的移动处理。

以元素值为整数的单链表为例，需要先定义链表中结点的类型，下面将其命名为Node，而LinkList则是指向Node类型变量的指针类型名。

```
typedef struct node{
        int data;                //结点的数据域
        struct node *next;       //结点的指针域
}Node, *LinkList;

Node a, b;
LinkList p;          //等同于 Node *p;
a.data = 1;
b.data = 2;
p = &a;
```

p->data = 10;   //结果等同于 a.data = 10;

p->next = &b;   //结点 a 和 b 通过 a.next 链接起来

当p指向Node类型的结点时，涉及两个指针变量：p和p->next，p是指向结点的指针，p->next是结点中的指针域，如图9-4（a）所示；运算"p = p->next;"之后，p指向下一个结点；如图9-4（b）所示；运算"p->next = p;"之后，结点的指针域指向结点自己，如图9-4（c）所示。

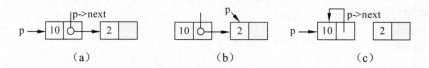

（a）   （b）   （c）

图 9-4　指向结点的指针运算示例

【例9-7】　已知单链表L含有头结点，且结点中的元素值以递增的方式排列。下面的函数DeleteList在L中查找所有值大于minK且小于maxK的元素，若找到，则逐个删除，同时释放被删结点的空间。若链表中不存在满足条件的元素，则返回–1，否则返回0。

例如，某单链表如图9-5所示。若令minK为20、maxK为50，则删除后的链表如图9-5所示。

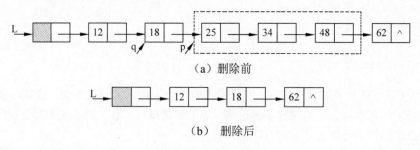

（a）删除前

（b）　删除后

图 9-5　链表运算示例

【函数】

```
int DeleteList (LinkList L, int minK, int maxK)
{   /*在含头结点的单链表 L 中删除大于 minK 且小于 maxK 的元素*/
    Node  *q = L, *p = L->next;  /*p 指向第一个元素结点*/
    int delTag = 0;
    while ( p ){
        if  ( p->data <= minK )
            { q = p;   p = p->next;   }
        else
            if ( p->data < maxK )  {   /*找到删除满足条件的结点*/
                q->next = p->next;
```

```
                    free(p);
                    p = q->next;
                    delTag = 1;
                }
            else
                    break;
        }
        if (!delTag)    return -1;
        return 0;
}
```

9.5　常见的 C 程序错误

编程时出现错误是难免的，程序错误一般可分为语法错误和语义错误两类，语法错误在编译阶段就能发现，出现这类错误时程序将不能运行。C 程序中常见的语法错误包括引用了未定义的变量、缺少分号或括号等，语义错误种类比较多，如未将变量正确初始化、运算结果溢出、数组下标越界、函数调用的参数类型不匹配等。

程序中的有些错误比较直接，借助于编译程序给出的提示可以很快排除，有些错误则比较隐蔽，需要熟悉 C 语言的难点和关键点，还必须进行上机实验，以加深理解。下面举例说明编写 C 程序时常见的一些问题和错误。

1. 标识符的大小写有区别

例如，下面代码中的 a 和 A 表示不同的变量：

```
int a = 5;
A = a + 1;
```

C 语言默认同一个字母的大写和小写形式代表不同的字符，因此以上代码中的 A 就被编译程序认为是未定义的变量。习惯上，符号常量名用大写，变量名用小写。

2. 忽略变量的类型导致的运算不合法

例如，下面代码中的 a 和 b 是浮点数，进行整除取余是错误的。

```
float a,b;
```

```
a = a%b;
```

%是整除取余运算，运算对象只能是整数。

3. 字符常量与字符串常量混淆

例如，下面代码中的 *c* 是字符变量，用字符串为其赋值是错误的。

```
char c = 'x';
c = "a";
```

C 语言中，字符常量是由一对单引号括起来的单个字符，字符串常量是一对双引号括起来的字符序列。C 规定以 "\0" 作为字符串的结束标志，它是由系统自动加上的，所以字符串"a"实际上包含'a'和'\0'两个字符，将字符串常量赋给一个字符变量是错误的。

4. 引用未初始化的变量

未初始化变量的值是随机的，使用这些数据会造成不可预料的后果。

例如，以下代码的原意是累加数组 a 前 5 个元素的值，并存入 sum。

```
int sum;
for ( i = 0 ; i < 5 ; i++) {
    sum += a[i];
}
```

由于没有设置 sum 的初始值，sum 最后记录的结果很可能是个随机数。在声明变量时对其进行初始化（即 int sum = 0）是一个好的编程习惯。另外也要重视编译器的警告信息，发现存在引用未初始化的变量时，立即进行修改。

5. "=" 与 "=="

在 C 语言中，"="是赋值运算符，"=="是关系运算符。

例如，下面的代码中的 "a= a+2" 永远不会被运行。

```
if (a=0) a= a+2;
```

在 C/C++中，"a==0"是进行比较运算，判断 a 是否等于 0；而 "a=0" 则是进行赋值操作，将 0 赋值给 a。

6. 少分号或多分号

分号是 C 语句中不可缺少的一部分，语句末尾必须有分号。

例如，下面的两个赋值表达式由于缺少分号而出现语法错误。

```
a = 1
b = 2
```

由于编译程序在"a = 1"后面没发现分号，就把下一行的"b = 2"也作为上一行语句的一部分，这就会出现语法错误。

有时会出现多加分号造成的语义错误。例如：

```
if( a % 3 == 0);
    i++;
```

上述代码的本意是如果 3 能整除 a，则将 i 加 1。但由于 if(a%3==0)后多加了分号，则 if 语句到此结束，程序执行时，无论 3 是否能整除 a，i 都将自动加 1。再如：

```
sum = 0;
for ( i = 0 ; i < 5 ; i++);
{
    scanf("%d",&x);
    sum += x;
}
```

上述代码的本意是将输入的 5 个整数累加后存入 sum，由于 for()后多加了一个分号，使循环体变为空语句，此时只能输入一个整数并将该数与 sum 相加。

7. scanf 和 printf 函数的使用问题

（1）调用 scanf 函数时地址表列中的变量缺少"&"，例如：

```
int a,b;
scanf("%d %d",a,b);
```

以上代码可以通过编译并运行，但不能将输入的数值正确地存入变量 a 和 b 中。scanf 函数需要得到 a、b 在内存的地址以便将输入的数值存进去。"&a"指 a 在内存中的地址。

（2）调用 scanf 函数时输入数据的格式问题，例如：

```
scanf("%d%d",&a,&b);
scanf("%d,%d",&a,&b);
```

```
scanf("a=%d,b=%d",&a,&b);
```

以输入整数 10 和 20 并分别存入变量 a 和 b 为例，以上三个函数调用运行时，输入的内容应该为 "10 20" "10,20" "a=10,b=20"。

输入数据时企图规定精度也是错误的，例如：

```
scanf("%7.2f",&a);
```

（3）调用 printf 函数时输出表列中的变量多写了 "&"，例如：

```
int a = 3;
printf("%d\n",&a);
```

以上 printf 函数调用执行时，得不到期望的输出结果，因为 "&a" 的运算结果是变量 a 的地址，而不是变量 a 的值。

（4）调用 printf 函数时输出数据的格式问题，例如：

```
int a = 3;
float b = 4.5;
printf("%f%d\n",a,b);
```

以上代码编译时不会报错，但输出结果与期望不符。

若需要将整数以浮点格式输出、将浮点数以整数形式输出，则应进行强制类型转换，例如：

```
int a = 3;
float b = 4.5;
printf("%f%d\n",(float)a,(int)b);
```

8．switch 语句中漏写 break

例如，根据考试成绩的等级分值打印出对应的百分制分数段。

```
switch(grade)
{
    case 'A':    printf("85~100\n");
    case 'B':    printf("70~84\n");
    case 'C':    printf("60~69\n");
    case 'D':    printf("<60\n");
    default:     printf("error\n");
}
```

由于 case 只起标号的作用，而不起判断作用。因此，当 grade 值为'A'时，在执行完第一个 printf 函数调用语句后，就接着依次执行第 2 至第 5 个 printf 函数调用语句，这显然不是编程者的意图。应根据处理逻辑加上必要的"break"语句，例如：

```
case 'A': printf("85~100\n");break;
```

9. 数据溢出

C 程序中的数据都有类型属性，每一种类型的数据都有其取值范围限制。因此，在程序执行过程中，若运算结果超出变量的取值范围，则由于溢出而表现为运算结果错误。

例如，下面的代码用于求 20!

```
int fact = 1, i;
for(i=1;i<=20;i++)
        fact = fact * i;
```

int 型变量的取值范围为 $-2^{31} \sim 2^{31}-1$，即 $-2147483648 \sim 2147483647$，12!为 479001600，还没有超出范围，而从 13!开始，因为溢出，运算结果就是错误的了。

10. 定长数组和变长数组

数组是程序中常用的数据结构，C 程序中定义数组时应确定其维数和各维的大小（即定长数组），这样编译时就可确定数组的这些属性，例如：

```
int a[10];
double b[4][5];
```

上例中，数组名 a 和 b 后用方括号括起来的是常量表达式，可以是数值常量和符号常量。若为变量，则是变长数组，例如：

```
int n;
int arr[n];
```

对于变长数组，并不是所有的 C 编译系统都支持。如果数组大小需要在运行时确定，可采用动态内存申请的方法并用指针保存内存空间的地址，所有的 C 系统中都支持这种方式，例如：

```
int *ptr;
ptr = (int *)malloc(n*sizeof(int));        //n 是变量
```

11. 数组下标的有效范围

C 语言规定，数组元素的下标值由 0 开始，直到"元素个数"减去 1，引用数组元素时以

"元素个数"作为下标会导致越界访问问题。

内存越界访问有两种：一种是读越界，即读取了不属于自己的数据，如果所读的内存地址是无效的，程度就会异常终止。如果所读内存地址是有效的，在读的时候不会出问题，但由于读到的数据是随机的，使用该数据会产生不可预料的后果。另外一种是写越界，又称为缓冲区溢出。所写入的数据是随机的，也会产生不可预料的后果。

内存越界访问造成的后果非常严重，是程序稳定性的致命威胁之一，而且它造成的后果是随机的，表现出来的症状和时机也是随机的，给定位问题带来困难。

12. 混淆数组名与指针变量

在 C/C++语言中，数组名代表数组的首地址，它的值是一个常量，不能被修改。例如，在以下程序段中，"a++"是非法的运算。

```
int i, a[10];
for(i=0;i<10;i++)
        scanf("%d",a++);
```

指针变量则可以修改，例如：

```
int i, a[10], *ptr;
ptr = a;
for(i=0;i<10;i++)
        scanf("%d", ptr++);
```

13. 使用指针的常见问题

指针是 C 语言中最有力的武器，能够为程序员提供极大的编程灵活性，无论是变量指针还是函数指针，都应该熟练掌握。使用指针时可能遇到内存泄漏、空指针引用等问题。

1）内存泄漏

在堆上分配的内存不再使用时，就应该释放掉，以便提高内存空间的利用率。在 C 系统中，内存管理器不会自动回收不再使用的内存。如果在程序中没有释放不再使用的内存，这些内存就不能被重用，从而造成所谓的内存泄漏。

通常，少量的内存泄漏不至于让程序崩溃，也不会出现逻辑上的错误，一般在进程退出时，系统会自动释放该进程所有相关的内存，所以不会产生严重的后果。但是，内存泄漏过多以致于内存耗尽而导致后续的内存分配失败时，程序就可能因此而崩溃。对于大型软件，特别是长时间运行的软件或者嵌入式系统来说，内存泄漏仍然是致命的问题之一。

因此，编程时要注意 malloc 和 free 的配合使用。

2）空指针

空指针在 C 程序中有特殊的意义，通常用来判断一个指针的有效性。空指针一般定义为 0。现代操作系统都会保留从 0 开始的一块内存，至于这块内存有多大，不同的操作系统有不同的规定，一旦程序试图访问这块内存，系统就会触发一个异常。

访问空指针指向的内存，通常会导致程序崩溃，或者产生不可预料的错误。因此在访问指针指向的对象时，应确保指针不是空指针。例如，若 p 是指针变量，需要访问 p 所指向的对象，则代码通常为：

```
if(p && …)
```

3）野指针

野指针是指那些已经释放掉的内存指针。释放掉的内存块会被内存管理器重新分配，此时，野指针指向的内存已经被赋予新的意义。对野指针所指向内存的访问，无论是有意的还是无意的，都可能产生不可预料的后果。例如：

```
int *p;
p = (int *)malloc(10*sizeof(int));
free(p);
*p = 100;          //错误：p 是野指针
```

因此，释放内存后立即把对应指针置为空值（即 p = NULL），这是避免野指针常用的方法。

4）返回指向临时变量的指针

在 C 程序中，函数中的参数和非静态的局部变量（自动变量）都在栈中分配存储空间，而栈中的变量是临时的。当函数执行完成时，相关的临时变量和参数所占用的空间都会被系统自动回收。不能把指向这些临时变量的指针返回给调用者，否则会产生不可预料的后果。

例如，

```
char* get_str(void)
{
        char str[] = "abcd";
        return str;
}

int main(int argc, char* argv[])
{
        char* p = get_str();
        printf("%s\n", p);
        return 0;
}
```

以上代码中，get_str 执行结束后，数组 str 的空间就被系统回收了，因此返回给 p 的也不再是有效的地址，所以在 main 函数中通过指针 p 不能访问到数组 str 中原有的内容。

如果将上面的 get_str 函数作如下修改，则程序运行后可以输出"abcd"。该函数返回指针变量 str 的值（即指向字符串常量的指针），其字符串"abcd"存储在静态数据区的常量区中，其空间不随 get_str 函数的结束而失效。例如：

```
char* get_str(void)
{
    char *str = "abcd";
    return str;
}
```

5）试图修改常量

程序中使用的有些数据存储在常量区中，它们的值在程序运行过程中不允许被修改，例如，下面代码中的字符串常量"abcd"就不能在运行时修改，否则会引发运行时异常或错误。

```
int main(int argc, char* argv[])
{
    char* p = "abcd";
    *p = '1';          //错误：p 指向的字符是常量
    return 0;
}
```

若对一个变量定义使用 const 修饰符（即变量成为常量），则试图为变量重新赋值也会产生编译错误。

若在函数参数前加上 const 修饰符，则编译器会禁止通过赋值修改这样的变量。但这并不是强制的，在程序中完全可以用强制类型转换绕过去，一般也不会出错。而对于全局常量和字符串常量，即使用强制类型转换绕过去，运行时仍然会出错。原因在于它们是放在常量区里面的，而常量区的内存页面是不能修改的。试图对它们修改，会引发内存访问错误。

【例 9-8】 下面是用 C 语言书写的函数 get_str 的两种定义方式以及两种调用方式。若分别采用函数定义方式 1、定义方式 2 和调用方式 1、调用方式 2，请分析程序的运行情况，填充下面的空（1）～（3）。

若采用定义方式 1 和调用方式 1，则输出为"00000000"。

若采用定义方式 1 和调用方式 2，则＿＿＿＿（1）＿＿＿＿。

若采用定义方式 2 和调用方式 1，则＿＿＿＿（2）＿＿＿＿。

若采用定义方式 2 和调用方式 2，则＿＿＿＿（3）＿＿＿＿。

定义方式 1

void get_str(char* p)
{
　　　p = (char *) malloc(1+sizeof("testing"));
　　　strcpy(p, "testing");
}

定义方式 2

void get_str(char** p)
{
　　　*p =(char *) malloc(1+sizeof("testing"));
　　　strcpy(*p, "testing");
}

调用方式 1	调用方式 2

int main( )
{
　　char* ptr = NULL;
　　get_str(ptr);
　　if (ptr)
　　　printf("%s\n", ptr);
　　else
　　　printf("%p\n", ptr); /* 输出指针的值 */
　　return 0;
}
	int main( )
	{
	　　char* ptr = NULL;
	　　get_str(&ptr);
	　　if (ptr)
	　　　printf("%s\n", ptr);
	　　else
	　　　printf("%p\n", ptr);
	　　return 0;
	}

　　上面关于函数 get_str 的两种定义方式，其区别在形式参数的类型不同，从而导致调用时对实参的要求不同。

　　对于定义方式 1，其函数首部为：void get_str(char* p)，参数 p 是指针参数，因此，调用该函数时的实参应为指针，可以是字符数组名，或字符变量的地址，或者是字符指针变量。在调用方式 1 中，是以指针变量 ptr 为实参，此时，采用的参数传递方式为传值，因此，回到调用函数后，ptr 的值并没有变（仍然为 NULL），因此，输出为"00000000"。而在调用方式 2 中，是以指针变量 ptr 的地址为实参进行调用，开始执行函数 get_str 时，指针 p 指向的目标为变量

ptr，但是调用了 malloc 函数后，重新为 p 赋值了，即 p 指向了其他存储区（串拷贝函数运行后，p 所指区域的内容为字符串"testing"），所以 p 一开始指向的目标变量 ptr 的内容没有变。由于是传值调用，所以回到 main 函数后，由于 ptr 变量的值并没有改变，因此，输出仍为"00000000"。

对于定义方式 2，其函数首部为：void get_str(char** p)，参数 p 是指向指针的指针参数，要求调用该函数时的实参为指针的地址，因此，对于调用方式 1，以指针变量 ptr 为实参，与形参的要求不匹配，会导致运行异常，不能产生输出。而在调用方式 2 中，是以指针变量 ptr 的地址为实参进行调用，符合要求，因此在函数 get_str 中，*p 即表示目标变量 ptr，通过 malloc 申请到的存储区域首地址复制给*p，也就是令 ptr 指向了申请到的存储区域起始位置，串拷贝函数运行后，将字符串"testing"放入该存储区，最后回到调用函数 main 后，ptr 指向的目标改变了，因此输出为"testing"。

解答为：

（1）输出为"00000000"

（2）运行异常，无输出　或含义相同的叙述

（3）输出为"testing"

【例 9-9】　下面是一个待修改的 C 程序，其应该完成的功能是：对于输入的一个整数 num，计算其位数 k，然后将其各位数字按逆序转换为字符串保存并输出。若 num 为负整数，则输出字符串应有前缀"-"。例如，将该程序修改正确后，运行时若输入"14251"，则输出"15241"；若输入"-6319870"，则输出"-0789136"。

下面给出的 C 程序代码中有 5 处错误，请指出错误代码所在的行号并给出修改正确后的完整代码行。

行号	代码
1	#include <stdio.h>
2	#include <stdlib.h>
3	int main()
4	{
5	long　num = 0, t = 0;
6	char　*pstr, i = 0, k = 0;
7	
8	scanf("%ld", num);　　/* 输入一个整数，存入 num */
9	t = num;　k = num!=0 ? 0 : 1;
10	while (t>=0) {　　　/* 计算位数 */

11	t = t / 10;
12	k++;
13	}
14	
15	pstr = (char *)malloc((k+2)*sizeof(char)); /* 申请字符串的存储空间 */
16	if (pstr=0) return -1;
17	
18	i = 0;
19	if (num<0) {
20	num = -num;
21	pstr[0] = '-';　　i = 1;
22	}
23	
24	for (; k>0; k--) {　　　　　　/* 形成字符串 */
25	pstr[i++] = num%10;
26	num = num/10;
27	}
28	pstr[k] = '\0';　　　　　　/* 设置字符串结尾 */
29	printf("%s\n", pstr);
30	free(pstr);
31	return 0;
32	}

上面程序中有 5 个错误。

第 1 个错误在第 8 行。调用 scanf 时参数错误，变量 num 前丢失了取地址运算符号"&"。

第 2 个错误在第 10 行。第 9 行至第 13 行用于计算所输入整数的位数并用 k 来计算(记录)，这几行代码应作为一个整体来理解。程序中首先将 num 的值备份至 t，并对 k 赋值，然后通过循环对 t 进行辗转除以 10 的运算，使 t 每次都丢掉其个位数，即 t 的位数逐渐减少(t 每减少 1 位，k 就增加 1)，直到 t 的值为 0 时为止，此时 k 的值即为 num 的位数。第 10 行的循环条件错误导致了无穷循环(t 等于 0 时也继续循环)，由于 t 的初值也可能是负数，因此应将其中的"t>=0"改为"t!=0"。

第 3 个错误在第 16 行。将"="误用为"=="，从而改变其所在语句的语义，其中的"pstr=0"则将 pstr 的值重置为 0，使 pstr 所记录的字符串存储空间首地址信息丢失，此后针对 pstr[]的运算都会出错。

第 4 个错误在第 25 行。第 24 行至第 27 行用于从 num 得到其逆置的数字字符串，其错误在第 25 行，属于逻辑错误。num%10 的运算结果为 num 的个位数字，而 pstr[]中要存储的是数字字符（即 ASCII 值），因此应将 num%10 的运算结果加上字符'0'（或字符'0'的 ASCII 码值48）。

第 5 个错误在第 28 行。第 28 行用于设置字符串结束标志，需要注意的是串结束标志的位置。由于 num 可能为负数，因此将字符串结束标志字符设置在 k 下标处可能出错，保险的做法是继续用 i 作为下标，使得'\0'正好跟在最后一个数字字符的后面。

解答为：

行号	修改正确后的完整代码行	说　　明
8	scanf("%ld", &num);	
10	while (t!=0) { 或　while (t) {	
16	if (!pstr) return -1;	!pstr 可替换为 pstr==0 或 pstr==NULL
25	pstr[i++] = num%10+'0';	'0'可由 48、060、0x30、'\060'、'\x30'或其他相等值代替
28	pstr[i] = '\0'; 或　pstr[i++] = '\0';	'\0'可由 0 代替

第 10 章　C++程序设计

C++语言是对 C 语言的扩展和超集，因此同时支持过程式和面向对象的程序设计泛型。C++语言的最新正式标准是 ISO/IEC 14882:2011，简称为 C++11 标准。

10.1　C++程序基础

C++程序基础包括数据类型（基本内置类型、复合类型）、输入输出处理、语句、函数以及类等。

10.1.1　数据类型

1. 基本数据类型

C++是强类型编程语言，在继承 C 语言基本数据类型（char、int、float、double、void）的基础上，C++扩展了布尔类型（bool）和宽字符类型（wchar_t）、Unicode 字符类型 char16_t 和 char32_t（使用 char16_t 和 char32_t 需要包含头文件 uchar.h）。

bool 类型数据的取值为真（true）或假（false），wchar_t 类型数据占用 2 个字节，char16_t 和 char32_t 分别用 2 个字节和 4 个字节表示。

2. 常量和变量

在程序中，数据都具有类型，以常量和变量的形式描述。

1）字面值常量

布尔型字面常量为 false 和 true。

整型字面值默认为是 int 类型，可以加后缀 "u" 或 "U" 表示无符号 int 型，如 32u；加后缀 "l" 或 "L" 表示 long 型；加后缀 "ll" 或 "LL" 表示 long long 型。

浮点型字面值默认为是 double 类型，可以加后缀 "f" 或 "F" 表示 float 型；加后缀 "l" 或 "L" 表示 long double 型。

字符型字面值用一对单引号括起来，字符串常量由一对双引号括起来。字符和字符串字面值加前缀 "u" 表示 char16_t 类型（Unicode 16 字符），加前缀 "U" 表示 char32_t 类型（Unicode 32 字符），加前缀 "L" 表示 wchar_t 类型（宽字符），加前缀 "u8" 表示字符串字面值编码采用 UTF-8（char 类型，8 位编码一个字符），如 u8"hello"。

2）左值（Lvalues）和右值（Rvalues）

左值的实质是内存位置，左值可以出现在赋值号的左边或右边。

右值的实质是数值，右值可以出现在赋值号的右边，但不能出现在赋值号的左边。

变量即有左值（具有存储单元）也有右值（具有值），而字面量和常量是右值。

变量有左值，因此可以出现在赋值号的左边。数值型的字面值是右值，因此不能被赋值，不能出现在赋值号的左边。

3）定义常量

可以用宏定义和 const 定义常量。例如，

```
#define  SZ    100
const int Size = 100;
```

宏定义本质上是字符替换，没有数据类型的概念，const 常量有类型，在编译阶段要进行类型检查；宏替换在预处理阶段展开，不能对宏定义进行调试，宏定义给出的常量在程序运行时位于代码段（或者说系统不为该常量不分配内存），const 常量位于数据段（系统为该常量分配内存，是只读（read-only）数据）。

3．复合数据类型

C++的枚举、结构体、共用体和数组都是复合数据类型，其定义和使用要求与 C 语言完全兼容，同时进行了扩展，其中，结构体、共用体类型可作为类类型来定义，通过标准库类型 vector 为用户提供更灵活的数组。

4．引用和指针

引用（Reference）为对象提供了另一个名字（别名），通过将声明符写成"&d"的形式来定义引用类型，其中"d"是声明的变量名。例如：

```
double num1 = 3.14;
double &num2 = num1;        //num2 是 num1 的引用（是 num1 的另一个名字）
double &num3;               //错误：引用必须被初始化
```

在上面的定义中，num2 为 num1 的引用，它并没有复制 num1，而只是 num1 的别名，即 num2 与 num1 绑定（Bind）在一起，它们表示相同的对象。例如，如果执行运算"num1 = 0.16"，则 num1 和 num2 的值均为 0.16。不同于变量的定义，引用必须在定义时初始化。

引用必须用对象进行初始化，用字面值或表达式初始化引用编译时会报错。

```
int &rfa = 10;                  //错误：引用类型的初始值必须是一个对象
int &fra = num1;                //错误：引用类型的初始值必须是一个 int 对象
```

引用提供了与指针相同的能力，但比指针更为直观，更易于理解。

"&" 和 "*" 符号的作用与其所在位置相关，例如：

```
int a;
int &rfa = a;        //rfa 为引用
int *p;              //p 为指针变量
p = &a;              //将变量 a 的地址赋值给 p
*p = 10;             //将 p 指向的变量的值改为 10
int &rfp = *p;       //rfp 为引用
cout << a << '\t' << rfa << '\t' <<*p << '\t'<< rfp << endl;   //输出 4 个 10

int* &r = p;         //r 为指针 p 的引用
*r = 20;             //等同于*p = 20
```

引用与指针不同，主要有：

（1）不存在空引用。引用必须连接到一个合法的对象。

（2）一旦引用被初始化为一个对象，就不能再引用另一个对象。指针可以指向另一个对象。

（3）引用必须在创建时被初始化。指针可以不进行初始化。

10.1.2　运算符、表达式和语句

C++继承了 C 语言的算术运算符、关系运算符、逻辑运算符、位运算符、赋值运算符和其他运算符，扩充了 "::"、new、delete 等运算，还支持对运算符的重载机制。

表达式是描述运算的，由运算符作用在一个或多个运算对象来组成，对表达式求值得到一个结果，字面值和变量是最简单的表达式。

语句是描述控制的，表示分支（选择）结构的语句有 if 语句和 switch 语句，表示循环控制的语句有 while、do...while 和 for。

C++11 扩展了范围 for 语句，从而可以用简单的方式遍历容器或其他序列的所有元素。

break 语句用在 switch 语句中时，用于跳出 switch 语句，结束 switch 语句的执行。break 语句在循环语句中的作用是终止并跳出当前的循环语句。

continue 语句的功能与 break 不同，它是结束当前这一次的循环，转而执行下一次循环。

return 语句用于将执行流程从函数返回。

10.1.3　基本输入/输出

大多数 C 程序使用称为 stdio 的标准 I/O 库进行输入输出处理，该库也能够在 C++中使用。但是，C++程序主要使用称为 iostream 的 I/O 流库。

在 C++中，流是输入/输出设备的另一个名字，如一个文件、屏幕和键盘等。每个 I/O 设备传送和接收一系列的字节，称为流。输入操作可以看成是字节从一个设备流入内存，而输出操作可以看成字节从内存流出到一个设备。使用 C++的标准 I/O 流库时，必须包括以下两个头文件：

```
#include<iostream>
#include<iomanip>
```

iostream 文件提供基本的输入/输出功能，iomanip 文件提供格式化的功能。通过包含 iostream 流库，内存中就创建了一些用于处理输入和输出操作的对象。标准的输出流（通常是屏幕）称为 cout，标准的输入流（通常是键盘）称为 cin。

1）输出

输出内置类型的数据到标准的输出设备，用"<<"运算符和 cout 输出流。例如，输出变量 d 的值到标准输出设备的语法形式如下：

```
cout << d;
```

以上语句表示传送 d 的值到标准的输出设备（由 cout 表示）。另一种方法是 d 作为函数参数调用函数 operator<<。

```
cout.operator<<(d);
```

由于 cout.operator<<(d);写起来比较烦琐，因此常写成 cout << d。

需要换行时用 cout <<endl。符号 endl 的功能是换行，并清除输出缓冲区。

一般情况下，数据以默认的格式输出。

2）输入

标准输入的用法与标准输出类似，使用">>"运算符和 cin 输入流。

例如，语句 cin >> d;从标准输入读（或抽取）一个值存入变量 d，并与语句中的数据类型匹配。如果 d 是整型数，上面的命令读数字，直至遇到的不是数字为止；如果 d 是浮点数，该命令读数字、小数点、指数，直至没有遇到合适的字符为止。

3）格式控制

有两种方法设置数据的输出格式：一种是直接设置输出流的格式状态，另一种是通过输入/

输出操纵符。下面简单讨论最常用的两种：精度（Precision）和宽度（Width）。

精度是指有效数字位数，宽度是指数据输出的总位数。使用下面的语句可以得到当前的精度和宽度。

```
n = cout.precision();              //n 的值为当前精度
m = cout.width();                  //m 的值为当前宽度
```

下面是设置输出精度和宽度的例子：

```
cout.precision(4);                 //设置输出值的有效数字为 4 位
cout.width(10);                    //设置输出值占用的列宽为 10 位
```

【例 10-1】　按照定义的精度和宽度输出。

```
#include<iostream>
#include<iomanip>
using namespace std;
int main()
{
    float x = 1233.76898;
    cout<<x<<endl;
    cout.precision(5);     //设置输出精度
    cout.width(10);        //设置输出宽度
    cout<<x<<endl;
    return 0;
}
```

输出结果为：

```
1233.77
    1233.8
```

其中，1233.8 之前有 4 个空格。

一旦设置了精度，在下一次设置以前，原设置值保持不变。宽度有所不同，它是数据输出的最小位数，如果宽度不够，则会分配更多的位数。也就是说，当 width 位数不够时，输出的数据不会被截断。而且输出操作完成后，width 会恢复为默认值。还有一些标志可以设置浮点数的固定表示或指数表示、输出值的对齐方法（右、左或居中）、是否显示尾部 0，这些标志用成员函数 setf 设置。例如，假定要使用标准输出、指数表示、左对齐及显示尾部 0，可以使用下面的语句：

```
cout.setf(ios::left, ios::adjustfield);
cout.setf(ios::showpoint, ios::showpoint);
cout.setf(ios::scientific, ios::floatfield);
```

10.1.4　函数

函数是一组语句，用来完成特定的任务。有两种函数，一种是已经定义好并随着编译系统发布的、可供用户调用的标准函数，也称为库函数；另一种是用户根据需要自己定义的。

1．函数定义和声明

函数定义包括以下几个部分：函数名、参数表列、返回类型和函数体。C++中的函数定义的一般形式如下：

```
return_type function_name( parameter list )      //返回类型、函数名、形参列表
{
        body of the function                     //函数体
}
```

函数声明的作用是告诉编译器函数名称及如何调用函数。函数声明的一般形式如下：

```
return_type function_name( parameter list );
```

在 C++程序中可以使用 C 的库函数。例如，C++继承了 C 语言用于日期和时间操作的结构和函数。在程序中使用日期和时间相关的函数和结构，需要引用 <ctime> 头文件。

有 4 个与时间相关的类型：clock_t、time_t、size_t 和 tm。类型 clock_t、size_t 和 time_t 能够把系统时间和日期表示为某种整数。

结构类型 tm 把日期和时间以 C 结构的形式保存，tm 结构的定义如下：

```
struct tm {
    int tm_sec;        //秒，正常范围从 0 到 59，但允许至 61
    int tm_min;        //分，范围从 0 到 59
    int tm_hour;       //小时，范围从 0 到 23
    int tm_mday;       //一月中的第几天，范围从 1 到 31
    int tm_mon;        //月，范围从 0 到 11
    int tm_year;       //自 1900 年起的年数
    int tm_wday;       //一周中的第几天，范围从 0 到 6，从星期日算起
    int tm_yday;       //一年中的第几天，范围从 0 到 365，从 1 月 1 日算起
    int tm_isdst;      //夏令时
};
```

下面是几个与系统时间有关的函数声明（time.h）。

```
time_t time(time_t *seconds);          //返回自 1970-01-01 00:00:00（UTC）起经过的时间，以秒为单位
                                       //如果 seconds 不为空，则返回值也存储在 seconds 中。
                                       //如果系统没有时间，则返回-1。
char *ctime(const time_t *time);       //返回一个表示当地时间的字符串指针
                                       //字符串形式为 day month year hours:minutes:seconds year
struct tm *localtime(const time_t *time); //返回一个指向表示本地时间的 tm 结构的指针
```

2．函数调用

函数调用的格式为：

函数名(实参表);

例如，调用 time 函数获得系统时间的一种表示（在 1970 年 1 月 1 日以来的秒数）。

```
time_t seconds;
time(&seconds);                        //seconds = time(NULL);
```

程序运行中进行函数调用时，程序的控制流转移到被调用函数。被调用函数执行已定义的任务，当 return 语句被执行，或到达函数的结束括号时，会把程序的控制流再转移给调用者。

调用函数时，传递所需参数。调用者需要提供实参，每个实参是一个变量或表达式，且实参的个数与类型要与被调用函数定义时的参数（称为形参）个数和类型匹配。

C++中函数调用时有两种参数传递方式，即值传递和引用传递，分别称为值调用和引用调用。

在值调用方式下，函数在被调用以前，形参变量并不占内存单元，当函数被调用时，才为形参变量分配存储单元，并将相应的实参变量的值复制到形参变量单元中。所以，被调用函数在执行过程修改形参变量的值并不影响实参变量的值。

在引用调用方式下，本质上是将实参的地址传给形参，在被调用函数中通过间接访问方式访问实参数据，简单来说，可将形参看作实参的别名，在被调用函数中对形参的访问实质上就是对实参的访问。

例如，下面的 swap2 函数的功能是交换两个整型变量的值。

```
void swap2(int& pa, int& pb)
{
```

```
    int temp = pa;
    pa = pb;
    pb = temp;
}
```

若有调用 swap2(x, y)，则 swap2 函数执行后实参 x 和 y 的值被交换。

引用调用方式下可以避免复制实参的值带来的时空资源开销。

3．内联函数

定义函数时，在"返回类型　函数名(参数表列)"之前加上 inline 使之成为内联函数，即"inline 返回类型　函数名(参数表列)"。

对于内联函数，编译器是将其函数体放在调用该内联函数的地方，不存在普通函数调用时栈记录的创建和释放开销。

使用内联函数时应注意以下几个问题。

（1）在一个文件中定义的内联函数不能在另一个文件中使用。它们通常放在头文件中共享。

（2）内联函数应该简洁，只有几个语句，如果语句较多，不适合定义为内联函数。

（3）内联函数体中不能有循环语句、if 语句或 switch 语句，否则函数定义时即使有 inline 关键字，编译器也会把该函数作为非内联函数处理。

（4）内联函数要在函数被调用之前声明。

4．函数的重载

C++中，当有一组函数完成相似功能时，函数名允许重复使用，编译器根据参数表中参数的个数或类型来判断调用哪一个函数，这就是函数的重载。对于重载函数，只要其参数表中参数个数或类型不同，就视为不同的函数。例如，下面的 max 为重载函数。

```
int max(int x,int y)
{
    return (x>y)?x:y;
}
double max(double a,double b)
{
    if (a > b) return a;
    else return b;
```

```
    }
    char *max(char *s1,char *s2)
    {
        if (strcmp(s1,s2) > 0) return s1;
        else return s2;
    }
```

上面定义了 3 个名称为 max 的函数，它们的参数和返回值类型都不同。在程序中若有对 max 函数的调用，编译器将根据参数形式进行匹配，如果找不到对应参数形式的函数定义，编译器给出错误信息。

定义重载函数时，应该注意以下几个问题。

（1）避免函数名字相同，但功能完全不同的情形。

（2）函数的形参变量名不同不能作为函数重载的依据。

（3）C++中不允许函数名相同、形参个数和类型也相同而返回值不同的情形，否则编译时会出现函数重复定义的错误。

（4）调用重载的函数时，如果实参类型与形参类型不匹配，编译器会自动进行类型转换。如果转换后仍然不能匹配到重载的函数，则会产生一个编译错误。

10.1.5　类与对象

对象是人们要进行研究的任何事物，从最简单的整数到复杂的机器都可看作对象。对象可以是具体的事物，也可以是抽象的规则、计划或事件。对象具有状态，一个对象用数据值来描述它的状态。对象还有操作，用于改变对象的状态，对象及其操作就是对象的行为。

具有相同或相似性质的对象的抽象就是类。因此，对象的抽象是类，类的具体化就是对象，也可以说类的实例是对象。类具有属性，它是对象的状态的抽象，用数据结构来描述类的属性。类具有操作，它是对象的行为的抽象，用操作名和实现该操作的方法来描述。

1. 类

C++中类定义的一般形式如下：

```
class Name {
    public:
        类的公有接口
    private:
        私有的成员函数
        私有的数据成员定义
```

```
};
```

类的定义由类头和类体两部分组成。类头由关键字 class 开头，然后是类名，其命名规则与一般标识符的命名规则一致。类体放在一对花括号中。类的定义也是一个语句，所以要有分号结尾，否则会产生编译错误。

类体定义类的成员，它支持如下两种类型的成员。

（1）数据成员。它们指定了该类对象的内部表示。

（2）成员函数。它们指定该类的操作。

类成员有如下 3 种不同的访问权限。

（1）公有（public）：成员可以在类外访问。

（2）私有（private）：成员只能被该类的成员函数访问。

（3）保护（protected）：成员只能被该类的成员函数或派生类的成员函数访问。

数据成员通常是私有的；成员函数通常有一部分是公有的，一部分是私有的。公有的成员函数可在类外被访问，也称为类的接口。

【例 10-2】 定义一个栈结构的类 Stack。

```
const int STACK_SIZE = 100;
class Stack{
    int top;                    //数据成员：栈顶指针
    int buffer[STACK_SIZE];     //数据成员：栈空间
public:
    Stack(){top = 0;}
    int length() {              //成员函数：返回栈中元素的数目
        return   top;
    }
    bool push(int element){     //成员函数：元素 element 入栈
      if (top == STACK_SIZE) {
          cout << "Stack is overflow!\n";
          return false;
      }
      else {
          buffer[top]= element;
          top++;
          return true;
      }
    }
```

```
    bool pop(int &e);
};
```

类的成员函数通常在类外定义，一般形式如下：

返回类型　类名::函数名(形参表)
{
    函数体
}

双冒号"::"是域运算符，主要用于类的成员函数的定义。例如，在类外定义例 10-2 中的成员函数 pop。

```
bool Stack::pop(int &e)
{   //成员函数：弹栈并由参数带回栈顶元素
        if (top == 0) {
            cout << "Stack is empty!\n";
            return false;
        }
        else {
            e = buffer[top-1];
            top--;
            return true;
        }
}
```

在 C++中，允许在结构体（Struct）和共用体（Union）中定义函数，它们也具有类的功能。与 class 不同的是，结构体和共用体成员的默认访问控制为 public。一般情况下，应该用 class来描述面向对象概念中的类。

2．对象

类是用户定义的数据类型（不占内存单元），它存在于静态的程序中（即运行前的程序）。而动态的面向对象程序（即运行中的程序）则由对象构成，程序的执行是通过对象之间相互发送消息来实现的，对象是类的实例（占内存单元）。

1）对象的创建

定义了类以后，就可以定义类类型的变量，类的变量称为对象。例如：

```
Stack s1;                    //创建一个 Stack 类的对象
```

```
Stack s2[10];                    //创建由对象数组表示的 10 个 Stack 类对象
```

在所有函数之外定义的对象称为全局对象，在函数内（或复合语句内）定义的对象称为局部对象，在类中定义的对象称为成员对象。全局对象和局部对象的生存期和作用域的规定与普通变量相同。成员对象将随着包含它的对象的创建而创建、消亡而消亡，成员对象的作用域为它所在的类。

通过 new 操作创建的对象称为动态对象，其存储空间在内存的堆区。动态对象用 delete 操作撤销。例如：

```
Stack *p;
p = new Stack;
delete p;
```

2）对象的操作

对于创建的一个对象，需要通过调用对象类中定义的成员函数来对它进行操作，采用"对象名. 成员函数名（实参表）"或"指向对象的指针->成员函数名（实参表）"的形式表示。

【例 10-3】 调用类实例的成员函数。

```
class A {
    int x;
public:
    void f(){
     cout << "f() is called." << endl;
    };
    void g(){
     cout << "g() is called." << endl;
    };
};
int main(void)
{
   A e1;         //创建 A 类的一个局部对象 e1
   e1.f();       //调用对象 e1 的成员函数 f()对对象 e1 进行操作
   e1.g();       //调用对象 e1 的成员函数 g()对对象 e1 进行操作
   e1.x = 5;     //错误，对象 e1 的数据成员 x 是不可见的
   A *p;
   p = new A;    //创建 A 类的一个动态对象，用 p 指向该对象
   p->f();       //调用对象的成员函数 f()对 p 指向的对象进行操作
   p->g();       //调用对象的成员函数 g()对 p 指向的对象进行操作
```

```
    return 0;
}
```

3）构造函数

程序运行时创建的每个对象只有在初始化后才能使用。对象的初始化包括初始化对象的数据成员以及为对象申请资源等。对象消亡前，往往也需要执行一些操作，如归还对象占有的空间。

C++中定义了一种特殊的初始化函数，称之为构造函数。当对象被创建时，构造函数自动被调用。构造函数的名字与类名相同，它没有返回类型和返回值。当对象创建时，会自动调用构造函数进行初始化。例如：

```
class Stack{
    int top;                    //数据成员：栈顶指针
    int buffer[STACK_SIZE];     //数据成员：栈空间
public:
    Stack(){top = 0;}           //构造函数
...
}
...
Stack s1;                       //创建对象 s1
```

注意：对构造函数的调用是对象创建过程的一部分，对象创建之后就不能再调用构造函数了。例如，下面的调用是错误的。

```
s1.Stack();   //错误的调用
```

构造函数也可以重载，其中，不带参数（或所有参数都有默认值）的构造函数称为默认构造函数。

对于常量数据成员和引用数据成员（某些静态成员除外），不能在声明时进行初始化，也不能采用赋值操作对它们进行初始化。例如，下面对 y 和 z 的初始化是错误的。

```
class A{
    int x;
    const int y = 10;           //错误
    int &z = x;                 //错误
public:
    A(){                        //构造函数
      x = 0;                    //正确
      y = 10;                   //y 是常量成员，其值不能改变
```

```
        }
...
    }
```

可以在定义构造函数时，在函数头和函数体之间加入一个对数据成员进行初始化的表来实现。例如：

```
class A{
    int x;
    const int y;
    int z;
public:
    A():z(x),y(10)          //数据成员初始化表
    {                       //构造函数
      x = 0;
    }
...
}
```

当创建 A 的对象时，对象的数据成员 y 初始化成 10，数据成员初始化成引用数据成员 x。同理，x 初始化为 0 的处理也可放在初始化表中。

如果类中有常量数据成员或引用数据成员，并且类中定义了构造函数，则一定要在定义的所有构造函数的成员初始化表中对它们进行初始化。

4）析构函数

当对象销毁时，会自动调用析构函数进行一些清理工作。析构函数也与类同名，但在名字前有一个 "~"，析构函数也没有返回类型和返回值。析构函数不带参数，不能重载。

若一个对象中有指针数据成员，且该指针数据成员指向某一个内存块，则在对象销毁前，往往通过析构函数释放该指针指向的内存块。对象的析构函数在对象销毁前被调用，对象何时销毁也与其作用域有关。例如，全局对象是在程序运行结束时销毁，自动对象是在离开其作用域时销毁，而动态对象则是在使用 delete 运算符时销毁。析构函数的调用顺序与构造函数的调用顺序相反。当用户未显式定义构造函数和析构函数时，编译器会隐式定义一个内联的、公有的构造函数和析构函数。默认的构造函数执行创建一个对象所需要的一些初始化操作，但它并不涉及用户定义的数据成员或申请的内存的初始化。

【例 10-4】 定义一个类 myString，其对象的空间在创建对象时申请。

```
class myString{
    char *str;               //数据成员：存储串空间的首地址的指针变量
```

```
public:
    myString(){                             //构造函数
        str = NULL;
    }
    myString(const char *p){                //构造函数
        str = new char[strlen(p)+1];        //申请空间
        strcpy(str,p);
    }
    ~myString(){                            //析构函数
        delete []str;                       //释放空间
        str = NULL;
    }
    int length(){ return strlen(str); }
};
```

3. 静态成员

有时，可能需要一个或多个公共的数据成员能够被类的所有对象共享。在 C++中，可以定义静态（Static）的数据成员和成员函数。要定义静态数据成员，只要在数据成员的定义前增加 static 关键字。

静态数据成员不同于非静态的数据成员，一个类的静态数据成员仅创建和初始化一次，且在程序开始执行的时候创建，然后被该类的所有对象共享，也就是说，静态数据成员不属于对象，而是属于类；而非静态的数据成员则随着对象的创建而多次创建和初始化。

C++也允许定义 static 成员函数。与静态数据成员类似，静态成员函数也是属于类。在静态成员函数中，仅能访问静态的数据成员，不能访问非静态的数据成员，也不能调用非静态的成员函数。公有的、静态的成员函数在类外的调用方式为：

类名::成员函数名(实参表)

4. this 指针

C++中定义了一个 this 指针，用它指向类的对象。this 指针是一个隐含的指针，不能被显式声明。

【例 10-5】 定义一个类 A 及其两个对象 a 和 b。

```
class A{
public:
    void f();
```

```
    void g(int i) {x = i; f();}
private:
    int x,y,z;
}
A a,b;
```

对于上面创建的对象 a 和 b，它们分别拥有自己的内存空间，用于存储数据成员 x、y 和 z，如图 10-1 所示。对于一个类的成员函数，它如何知道是对哪一个对象进行操作呢？每个成员函数都拥有一个 this 指针，this 是一个形参、一个局部变量，存在于类的非静态成员函数中（仅能在类的成员函数中访问），this 局部于某一个对象，它指向调用该函数的对象。

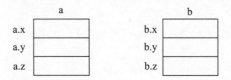

图 10-1　同一个类的不同对象拥有各自的存储空间

因此，类 A 的成员函数 g 的实际形式为：

```
void g(A *const this,int i) { this -> x = i; this -> f();}
```

对于调用 a.g(5)，它实际上被编译成 A::g(&a,5)，这样成员函数通过 this 指针就能知道对哪个对象进行访问了。

5．友元

根据数据保护的要求，不能在一个类的外部访问该类的数据成员，C++用 private 访问控制来保证这一点，对 private 数据成员的访问通常通过该类提供的 public 成员函数来进行。

在 C++的一个类定义中，可以指定某个全局函数、某个其他类或某个其他类的成员函数来直接访问该类的私有（private）和保护（protected）成员，它们分别称为友元函数、友元类和友元类函数，通称为友元。例如：

```
...
class A
{   ...
    friend void func();      //友元函数
    friend class B;          //友元类
    friend void C::f();      //友元类成员函数，假定 f()是类 C 的成员函数
```

```
    ...
};
```

友元的作用是提高程序设计的灵活性，是数据保护和对数据的存取效率之间的一种折中方案。

10.2　继承与多态

1．继承

代码复用是 C++最重要的特点之一，它是通过类继承机制来实现的。通过类继承，在程序中可以复用基类的代码，并可以在继承类中增加新代码或者覆盖被继承类（基类）的成员函数，为基类成员函数赋予新的意义，实现最大限度的代码复用。

类之间继承关系的表示如图 10-2 所示，其中 Base 是基类（或称为父类），Derived 是派生类（或称为子类），箭头方向表示两个类之间的继承关系。

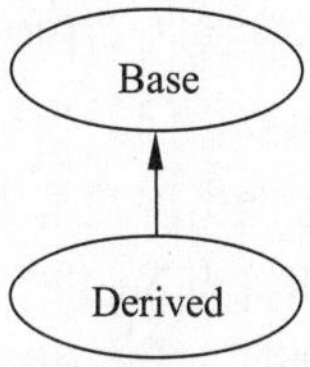

图 10-2　继承关系示意图

继承的一般形式如下：

class 派生类名:访问权限　基类名
{
　　//派生类的类体
}

访问权限是访问控制说明符，它可以是 public、private 或 protected。

派生类与基类是有一定联系的，基类描述一个事物的一般特征，而派生类有比基类更丰富的属性和行为。如果需要，派生类可以从多个基类继承，也就是多重继承。通过继承，派生类自动得到了除基类私有成员以外的其他所有数据成员和成员函数，在派生类中可以直接访问，从而实现了代码的复用。

派生类对象生成时，要调用构造函数进行初始化，其过程是：先调用基类的构造函数，对派生类中的基类数据进行初始化，然后再调用派生类自己的构造函数，对派生类的数据进行初始化工作。当然，在派生类中也可以更改基类的数据，只要它有访问权限。

基类数据的初始化要通过基类的构造函数，而且它要在派生类数据之前初始化，所以基类构造函数在派生类构造函数的初始化表中调用。

派生类名 (参数表 1): 基类名(参数表 2)

其中，"参数表 1"是派生类构造函数的参数，"参数表 2"是基类构造函数的参数。通常情况下，参数表 2 中的参数是参数表 1 的一部分。也就是说，用户应该提供给派生类所有需要的参数，包括派生类和基类。如果派生类构造函数没有显式调用基类的构造函数，编译器也会先调用基类的默认参数的构造函数。如果派生类自己也没有显式定义构造函数，那么编译器会为派生类定义一个默认的构造函数，在生成派生类对象时，仍然先调用基类的构造函数。

析构函数在对象被销毁时调用，对于派生类对象来说，基类的析构函数和派生类的析构函数也要分别调用，不过不需要进行显式的析构函数调用。析构函数调用次序与构造函数调用次序正好相反。

访问说明符 public、private 或 protected 控制数据成员和成员函数在类内和类外如何访问。当一个类的成员定义为 public，就能够在类外访问，包括它的派生类；当一个成员定义为 private，它仅能在类内访问，不能被它的派生类访问。当一个成员定义为 protected，它能在类内和其派生类内被访问。当一个成员没有指定访问说明符时，默认为 private。在定义派生类时，访问说明符也能出现在基类的前面，它控制基类的数据成员和成员函数在派生类中的访问方法。当访问说明符为 public 时，基类的公有成员变为派生类的公有成员，基类的保护成员变为派生类的保护成员；当访问说明符为 protected 时，基类的公有和保护成员均变为派生类的保护成员；而当访问说明符为 private 时，基类的公有和保护成员均变为派生类的私有成员。

【例 10-6】 定义一个元素顺序存储的线性表类，派生出队列和栈，如图 10-3 所示。

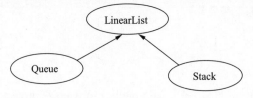

图 10-3　Queue、Stack 继承 LinearList

```
class LinearList {
    int *buffer;
    int size;
public:
    LinearList(int num) {
        size = (num > 10) ? num: 10;
        buffer = new int[size];
    }
    ~ LinearList() {delete []buffer;}
    bool insert(int x,int i);               //在线性表第 i 个元素后插入新元素 x
```

```
                                    //返回值表示操作成功或失败
    bool  remove(int &x, int i);     //删除线性表的第 i 个元素，返回值表示操作成功或失败
    int element(int i) const;        //返回线性表的第 i 个元素
    int search(int x) const;         //查找值为 x 的元素并返回其位置序号，未找到时返回 0
    int length() const;              //返回线性表的长度（即元素数目）
}
class Queue:private LinearList {      //Queue 是 LinearList 的派生类
public:
    bool enQueue(int x)              //元素 x 入队，返回值表示操作成功或失败
    { return insert(x,length());}
    bool deQueue(int &x)             //元素出队，由 x 带回队头元素
    { return remove(x,1);}
}
class Stack:private LinearList {      //Stack 是 LinearList 的派生类
public:
    bool push(int x)                 //元素 x 入栈，返回值表示操作成功或失败
    { return insert(x,1);}
    bool pop(int &x)                 //元素出栈，由 x 带回栈顶元素
    { return remove(x,1);}
}
```

2. 多态

面向对象程序设计的核心是多态性（Polymorphism），简单来说就是"一个接口，多种方法"，程序在运行时才决定所调用的函数。

在派生类中可以定义一个与基类同名的函数，也就是说为基类的成员函数提供了一个新的定义，在派生类中的定义与在基类中的定义有完全相同的方法签名（即参数个数与类型均相同）和返回类型，对于普通成员函数，这称为重置（或覆盖）；而对于虚成员函数，则称为实现。

多态也称为动态绑定或迟后绑定，因为到底调用哪一个函数，在编译时不能确定，而要推迟到运行时确定。也就是说，要等到程序运行时，确定了指针所指向的对象的类型时才能够确定。

函数调用是通过相应的函数名来实现的。将源程序进行编译后并加载到内存执行时，函数实际上是一段机器代码，它是通过首地址进行标识和调用的。在 C++中，函数调用在程序运行之前就已经和函数体（函数的首地址）联系起来。编译器把函数体翻译成机器代码，并记录了函数的首地址。在对函数调用的源程序段进行编译时，编译器知道这个函数名的首地址在哪里（它可以从生成的标识符表中查到这个函数名对应的首地址），然后将这个首地址替换为函数

名，一并翻译成机器码。这种编译方法称为早期绑定或静态绑定。

当用基类指针调用成员函数时，是调用基类的成员函数还是调用派生类的成员函数，这由指针指向的对象的类型决定。也就是说，如果基类指针指向基类对象，就调用基类的成员函数；如果基类指针指向派生类对象，就调用派生类的成员函数。这就要用到另外一种方法，称为动态绑定或迟后绑定。

在 C++中，动态绑定是通过虚函数来实现的。虚函数的定义很简单，只要在成员函数原型前加一个关键字 virtual 即可。如果一个基类的成员函数定义为虚函数，那么它在所有派生类中也保持为虚函数，即使在派生类中省略了 virtual 关键字。要达到动态绑定的效果，基类和派生类的对应函数不仅名字相同，而且返回类型、参数个数和类型也必须相同。

仅定义了函数而没有函数实现的虚函数称为纯虚函数。定义纯虚函数的方法是在虚函数参数表右边的括号后加一个 "=0" 的后缀，例如：

virtual void method(void) = 0;

含有纯虚函数的类，称为抽象类。C++不允许用抽象类创造对象，它只能被其他类继承。要定义抽象类，就必须定义纯虚函数，它实际上起到一个接口的作用。

对虚函数的限制是：只有类的成员函数才可以是虚函数；静态成员函数不能是虚函数；构造函数不能是虚函数，析构函数可以是虚函数，而且常常将析构函数定义为虚函数。

【例 10-7】 以下程序的功能是计算三角形、矩形和正方形的面积并输出，说明了继承、抽象类和动态绑定的应用。程序由 4 个类组成：类 Triangle、Rectangle 和 Square 分别表示三角形、矩形和正方形；抽象类 Figure 提供了一个纯虚拟函数 getArea()，作为计算上述三种图形面积的通用接口。4 个类之间的关系如图 10-4 所示。

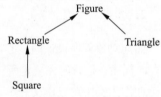

图 10-4　类的继承关系示意图

```
#include <iostream.h>
#include <math.h>

class Figure {                          //抽象类
public:
        virtual double getArea() = 0;   //纯虚函数
};

class Rectangle : public Figure {       //类 Rectangle 是 Figure 的派生类
```

```cpp
protected:
            double   height;
            double   width;
public:
  Rectangle(){};
  Rectangle(double height, double width) {
            this->height = height;
            this->width = width;
  }
  double getArea()    {
                return   height * width;
  }
};

class Square : public Rectangle {
public:
            Square(double width){
                this->height = this->width = width;
            }
};
class Triangle : public Figure {          //类 Triangle 是 Figure 的派生类
            double la;
            double lb;
            double lc;
public:
            Triangle(double la, double lb, double lc) {
                this->la = la;     this->lb = lb;      this->lc = lc;
            }
            double getArea() {
                double s = (la+lb+lc)/2.0;
                return sqrt(s*(s-la)*(s-lb)*(s-lc));
            }
};
void main() {
            Figure* figures[3] = {
                new Triangle(2,3,3), new Rectangle(5,8), new Square(5) };
```

```
        for (int i = 0; i < 3; i++) {
                cout << "figures["<< i << "] area = " << (figures[i])->getArea() << endl;
        }
}
```

10.3　异常处理

异常（Exception）是程序可能检测到的运行时刻不正常的情况，如 new 无法取得所需内存、除数为 0、运算溢出、数组越界访问或函数参数无效等，这样的异常存在于程序的正常函数功能之外，但是要求程序立即处理。C++提供了一些内置的语言特性来产生并处理异常，以提高程序的容错能力，使程序更健壮。异常机制使一个函数可以在发现自己无法处理的错误时抛出一个异常，希望其调用者可以直接或者间接处理这个问题。

传统的错误处理技术在检查到一个局部无法处理的问题时，常用以下方式。

（1）终止程序。

（2）返回一个表示错误的值。

（3）返回一个合法值，让程序处于某种非法的状态。

（4）调用一个预先准备好在出现"错误"的情况下的函数。

第一种情况经常是不允许的，无条件终止程序的方式不适合应用到不能宕机的程序中。第二种情况比较常用，但有时会带来不便，例如返回错误码是 int 型，每个调用都要检查错误值。第三种情况很容易误导调用者，如果调用者没有去检查表示错误码的全局变量或者通过其他方式检查错误，会造成无法预料的后果，这种方式在并发情况下也不能很好工作。第四种情况比较少用，而且回调的代码不该过多出现。

C++的异常机制为程序员提供了一种处理错误的方式，使程序员可以更自然的方式处理错误。使用异常把错误和处理分开来，由库函数抛出异常，由调用者捕获这个异常，调用者就可以知道程序函数库调用出现错误并加以处理。

try、catch、finally 和 throw 是异常处理的关键字，它们配合起来工作。try 内一般放入程序或函数的工作代码（出错时发生异常的代码），catch 是程序发生异常后的出错处理代码，每个 catch 块指定捕获和处理一种异常，而 finally 块中则放着不论是否出错都需要处理的代码。throw 用来声明函数可以抛出的异常和程序检测到出错时用来抛出一个异常对象。

```
try{
    //工作代码
}
catch(Exception1 e){
```

```
        //出错处理代码 1
    }
    catch(Exception2 e){
        //出错处理代码 2
    }
    …
    finally{
        //其他代码
    }
```

如果一个函数抛出一个异常，它必须假定该异常能被捕获和处理。在函数内抛出一个异常（或在函数调用时抛出一个异常）时，就退出函数的执行。如果不希望在异常抛出时退出函数，可在函数内创建一个特殊块用于解决实际程序中的问题，由于可通过它测试各种函数的调用，所以被称为测试块，由关键字 try 引导，如下所示：

```
    try {
        //此处为可能产生异常的代码
    }
```

异常被抛出后，一旦被异常处理器接收到就被销毁。异常处理器由关键字 catch 引导，一般紧随在 try 块之后。

如果一个异常信号被抛出，异常处理器中第一个参数与异常抛出对象相匹配的函数将捕获该异常信号，然后进入相应的 catch 语句，执行异常处理代码。

函数的所有潜在异常类型随关键字 throw 插入在函数说明中。例如：

```
    void f ( ) throw ( toobig, toosmall, divzero);
```

而传统函数声明 void f ( ); 意味着函数可能抛出任何一种异常。如果声明为 void f ( ) throw ( );，则意味着函数不会抛出异常。

【例 10-8】　下面程序处理两个数相除时除数为 0 的异常情况，若第一次输入的除数为 0，则提示重新输入；若仍然输入 0 作为除数，则结束程序并提示重新运行程序。

```
    #include <iostream>
    using namespace std;
    int divide(int x, int y)
    { if (y == 0 ) throw 0;
        return x/y;
```

```
    } //end of divide
    void test()
    {   int a,b;
        try{
            cout << "请输入两个整数 a 和 b（用于计算 a 除以 b 的商）: ";

            cin >> a >> b;

            int k = divide(a,b);

            cout << a << "/"<< b << "="<< k;

        }
        catch(int){
            cout << "重新输入整数 a 和 b（b 的值不能为 0）: ";

            cin >> a >> b;

            int k = divide(a,b);

            cout << a << "/"<< b << "="<< k << endl;

        }
    }//end of test
    int main(void)
    {   try{
            test();
        }
        catch(int) {
            cout << "请重新运行程序!" << endl;

        }
        return 0;
    } //end of main
```

10.4　标准库

C++标准库可以分为标准函数库和类库两部分。标准函数库继承自 C 语言，是由通用的、独立的、不属于任何类的函数组成的。面向对象类库是类及其相关函数的集合。

标准函数库包含了所有的 C 标准库，有输入/输出、字符串和字符处理、数学运算、时间、日期和本地化、动态分配和其他处理等，为了支持类型安全，做了一定的添加和修改。

面向对象类库定义了支持一些常见操作的类，如 I/O 类、string 类、数值类和 STL 的容器类、算法、函数对象、迭代器、分配器，以及异常处理类理等。

10.4.1　I/O 流库

C++语言没有设置内部的输入/输出功能，其目的是最大限度地保证语言与平台的无关性。在进行输入操作时，可把输入数据看成逐个字节地从外设流入计算机内存；在进行输出操作时，则把输出的数据看成逐个字节地从内存流到外设。

C++使用 iostream 流库进行输入/输出操作。iostream 是一组 C++类，可以提供无缓冲的（低级）和缓冲的 I/O 操作。

C++国际标准 ISO/IEC 14882:1998 将所有标准库组件都放入了名字空间::std 中，并且把 IO 流库模板化。程序中使用流库时，#include <iostream>是符合 C++国际标准的用法；#include <iostream.h>是各个编译器和库厂商保留用作向后兼容的遗留功能。

I/O 类库中主要的类以及它们之间的关系如图 10-5 所示。

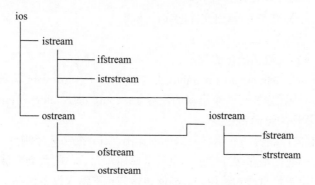

图 10-5　I/O 类库中主要的类

下面简单介绍 I/O 库中的类。

（1）抽象流基类。

ios 为流基类。

（2）输入流类。

- istream：普通输入流类和用于其他输入流的基类。
- ifstream：输入文件流类。
- istream_withassign：用于 cin 的输入流类。
- istrstream：输入串流类。

（3）输出流类。

- ostream：普通输出流类和用于其他输出流类的基类。
- ofstream：输出文件流类。
- ostream_withassign：用于 cout、cerr 和 clog 的流类。
- ostrstream：输出串流类。

（4）输入/输出流类。

- iostream：普通输入/输出流类和用于其他输入/输出流的基类。
- fstream：输入/输出文件流类。
- strstream：输入/输出串流类。
- stdiostream：用于标准输入/输出文件的输入/输出类。

（5）缓冲流类。

- streambuf：抽象缓冲流基类。
- filebuf：用于磁盘文件的缓冲流类。
- strstreambuf：用于串的缓冲流类。
- stdiobuf：用于标准输入/输出文件的缓冲流类。

（6）预定义流初始化类。

iostream_init 为预定义流初始化的类。

其中，ios、istream、ostream 和 streambuf 类构成了 C++中 iostream 输入/输出功能的基础。输出流类在 iostream.h 中预定义了 4 个全局的流对象：cout、cerr、clog 和 cin，用于标准输出和输入，cout 和 cin 在程序中会经常用到。

cout 流对象控制向控制台（显示器）的标准输出，cin 控制从控制台（键盘）输入。cerr 与标准错误设备连在一起，是非缓冲输出，也就是说插入到 cerr 的数据会被立刻显示出来，非缓冲输出可以迅速把出错信息通知给用户。clog 也是与标准错误设备连在一起的，但它是缓冲输出。

可以利用无参的构造函数打开文件流，然后调用 open()，例如：

```
ofstream outfile;
outfile.open("outfile", iosmode);
```

也可调用带参数的构造函数，指定文件名和打开方式，例如：

```
ofstream outfile("outfile", iosmode);
```

由于 iostream 的设备无关性，构造了文件流以后，就可以像前面标准输入/输出流的方法一样使用了。在文件操作结束时，可以用 close()成员函数关闭该文件。

```
outfile.close();
```

　　在该文件流对象生存期结束时，对象也会自动调用析构函数来关闭文件。程序中最好在文件操作结束时关闭文件。

　　【例 10-9】　下面程序从一个整数文件（以–1 作为结束标志）中读取数据，对每个正整数开平方后写入另一个文件中。

```cpp
#include <fstream.h>
#include <iostream>
#include <cmath>
using namespace std;
int main(void)
{
    int d;
    double r;
    ifstream fin("d:\\intFile.dat");
    if (!fin) {
        cout << "d:\\intFile.dat 不能打开！"<< endl;
        return 1;
    }
    ofstream fout("d:\\realFile.dat");
    if (!fout) {
        cout << "不能创建 d:\\realFile.dat！"<< endl;
        return 1;
    }
    fin >> d;
    while (d!= –1) {
        if (d > 0) {
            r = sqrt(d);
            cout << d << ':' << r << endl;         //输出至屏幕
            fout << r << endl;                      //写入文件
        }
        fin >> d;
    }
    fin.close();
    fout.close();
    return 0;
}// end of main
```

　　字节流可直接与内存而不是与文件或标准输出一起工作。可以用与标准输出同样的格式操作内存里的数据（字节）。如果想把数据放入字节流，可以建立一个 ostrstream 对象；如果想从字节流中提取数据，就建立一个 istrstream 对象。istrstream 类支持一个字符数组作为源的输入流。在构造 istrstream 对象前，必须存在一个字符数组，而且这个数组中已经填充了想要提取的字符。下面是两个构造函数的原型：

```
istrstream::istrstream(char* buf);
istrstream::istrstream(char* buf, int size);
```

第一个构造函数取一个指向以"\0"作为结尾符的字符数组的指针，可以提取字节直至遇到"\0"为止。第二个构造函数还需要这个数组的大小，但不需要数组包含字符串的结尾符"\0"，可以一直提取字节到 buf[size-1]，而不管是否遇到"\0"。ostrstream 类支持一个字符数组作为数据传输目的地的输出流，它可以使用为它申请的存储空间，这时字节在内存中被格式化；也可以使用自动分配的存储空间。为 ostrstream 申请存储空间的方法是通过调用 ostrstream 有参数的构造函数：

```
ostrstream(char*, int, int=ios::out);
```

第一个参数是缓冲区的指针，第二个参数是缓冲区的大小，第三个参数是打开模式。如果是默认的模式，则从缓冲区头部开始添加新的字符；如果打开模式是 ios::ate 或 ios::app，则从缓冲区中字符串的结尾符处开始添加新的字符，结尾符不后移，只是被简单地覆盖。

10.4.2 string

C++的字符串标准库类型是重新定义的类 string，使用 string 时不必再担心空间大小与字符串长短等问题，其提供的操作函数足以完成大多数情况下的需要，例如，可以用"="进行赋值操作，"=="进行比较，"+"进行连接。

1．声明 string 对象

使用 string 类型时必须包含头文件 <string>，然后可以像声明一个基本类型变量一样声明字符串变量：

```
string str;
```

既然是一个类，就有构造函数和析构函数。上面的声明没有传入参数，所以就直接使用了 string 的默认构造函数，这个函数把 str 初始化为一个空字符串。string 对象的常用创建方式如下。

```
string s;                    //生成一个空字符串 s
```

string s(str);　　　　　　　　//用复制构造函数生成 str 的副本 s

string s(str,idx);　　　　　　//字符串 str 中从 idx 开始的子串作为字符串 s 的初值

string s(str,idx,len);　　　　//str 中从 idx 开始且最长为 len 的子串作为字符串 s 的初值

string s(num, 'c');　　　　　　//生成一个字符串，包含 num 个字符 c

2．string 对象的操作

类 string 提供的各种操作如下所示。

- assign：赋值操作。
- copy：字符串复制。
- begin：返回指向字符串开头的指针。
- end：返回指向字符串结尾的指针。
- rbegin：返回指向反向字符串开头的指针。
- rend：返回指向反向字符串结尾的指针。
- size：返回字符串的长度。
- length：返回字符串的长度。
- max_size：返回字符串可能的最大长度。
- capacity：返回在不重新分配内存的情况下，字符串可能的长度。
- empty：判断是否为空串。
- data：取得字符串的内存地址（即第一个字符的地址）。
- reserve：预留空间。
- swap：交换两个串。
- insert：插入字符。
- append：追加字符。
- push_back：追加字符。
- erase：删除字符串。
- clear：清空字符容器中的所有内容。
- resize：重新分配空间。
- replace：替换。
- find：查找。
- rfind：反向查找。
- find_first_of：查找包含子串中的任何字符，返回第一个位置。
- find_first_not_of：查找不包含子串中的任何字符，返回第一个位置。
- find_last_of：查找包含子串中的任何字符，返回最后一个位置。

- find_last_not_of：查找不包含子串中的任何字符，返回最后一个位置。
- substr：求子串。
- compare：比较字符串。
- c_str：取得 C 语言风格的 const char∗ 字符串。
- operator[]：用下标方式访问串中的字符。
- operator=：赋值操作。
- operator+：字符串连接。
- operator+=：串连接赋值操作。
- operator==：判断是否相等。
- operator!=：判断是否不等于。
- operator<：判断是否小于。
- operator>>：从输入流中读入字符串。
- operator<<：字符串写入输出流。
- getline：从输入流中读入一行。

（1）字符串的赋值和连接。string 的赋值可使用操作符"="，其值可以是 string 和 c_string，甚至是单一的字符，还可以使用成员函数 assign()。

【例 10-10】 下面程序对字符串进行赋值和连接运算。

```
#include <iostream>
#include <string>
using namespace std;
int main()
{
    string s1("cat"), s2, s3;
    s2 = s1;
    s3.assign(s1);
    cout << "s1:" << s1 << "\ts2:" << s2 << "\ts3:" <<s3 << endl;

    s2[0] = s3[2] = 'r';
    cout << "s1:" << s1 << "\ts2:" << s2 << "\ts3:" <<s3 << endl;
    int len = s3.length();
    for(int idx = 0; idx < len; idx++)
        cout << s3.at(idx);
    cout << endl;
```

```
        string s4(s1 + "a-logue" ), s5;
        s3 += "pet";
        s1.append("-egory");
        s5.append(s1, 4, s1.size());    //取 s1 中下标 4 开始直到串尾的子串赋值给 s5
        cout << "s1:" << s1 << "\ts2:" << s2 << "\ts3:" <<s3;
        cout << "\ts4:" << s4 << "\ts5:" << s5 << endl;
        return 0;
    }
```

运行结果如图 10-6 所示。

图 10-6　例 10-10 运行结果

需要在字符串 s 中间的某个位置插入时，可以用 insert()方法，该方法需要指定一个位置索引，被插入的字符串从此位置开始插入，例如：

```
s.insert(0, "my name");
s.insert(1,str);
```

（2）删除字符串。删除字符串可以使用 clear()和 erase()。

```
s.erase(13);          //从下标 13 开始到字符串结尾的内容全删除
s.erase(7,5);         //从下标 7 开始往后删除 5 个字符
s.clear();            //清空 s 的内容
```

（3）计算字符串长度。size()和 length()可计算现有的字符数。empty()用来检查字符串是否为空。max_size() 计算当前 C++字符串最多能包含的字符数（最大长度）。capacity()返回 string（预分配空间中）所能包含的最大字符数。

（4）访问串中的字符。可以使用下标操作符[]和函数 at()对字符串包含的字符进行访问。但应该注意的是，操作符[]并不检查索引是否有效，如果索引失效，会引起未定义的行为。如果使用 at()时索引无效，会抛出 out_of_range 异常。

（5）求子串。substr 方法的作用是提取子串，例如：

```
s.substr();           //返回 s 的全部内容
s.substr(11);         //返回从下标 11 开始到字符串结尾的所有字符构成的子串
```

s.substr(5,6);	//返回从下标 5 开始的 6 个字符组成的字符串

（6）字符串比较。C++字符串支持常见的比较操作符，甚至支持 string 与 c-string 的比较。字符串按字典顺序从前向后逐一比较，字典排序靠前的字符小，遇到不相等的字符时，就按这个位置上两个字符比较结果确定两个字符串的大小。

成员函数compare()支持多参数处理，支持用索引值和长度定位子串来进行比较。比较结果用一个整数表示：0 表示相等，正数表示大于，负数表示小于。例如：

string s("abcd");	//用字符串常量"abcd"初始化串 s
s.compare("abcd");	//串 s 与"abcd"进行比较，结果为 0
s.compare("dcba");	//串 s 与"dcba"进行比较，结果为一个负整数
s.compare("ab");	//串 s 与"ab"进行比较，结果为一个正整数
s.compare(0,2,s,2,2);	//串 s 的子串"ab"与"cd"比较，结果为一个负整数
s.compare(1,2, "bcx",2);	//串 s 的子串"bc"与"bc"比较，结果为 0

10.4.3　STL

STL（Standard Template Library，标准模板库）是一系列软件代码的统称，其代码从广义上分为三类：算法（Algorithm）、容器（Container）和迭代器（Iterator），几乎所有的代码都采用了模板类和模板函数的设计方式，相比于传统的由函数和类组成的库，STL 提供了更好的代码重用方式。在 C++标准中，STL 被组织为下面的 13 个头文件：<algorithm>、<deque>、<functional>、<iterator>、<vector>、<list>、<map>、<memory>、<numeric>、<queue>、<set>、<stack>和<utility>。

1．算法

STL 提供了近百个实现算法的模板函数。例如，算法 for_each 将为指定序列中的每一个元素调用指定的函数，stable_sort 以用户指定的规则对序列进行稳定性排序等。用户程序可以只通过调用 STL 中的算法来完成所需要的功能，以提高开发效率，简化代码。

算法部分主要由头文件<algorithm>、<numeric>和<functional>说明。<algorithm>是所有 STL 头文件中最大的一个，它是由大量模板函数组成的，可以认为每个函数在很大程度上都是独立的，其中常用到的功能涉及比较、交换、查找、遍历、复制、修改、移除、反转、排序和合并等操作。<numeric>只包括几个在序列上进行简单数学运算的模板函数，包括加法和乘法在序列上的一些操作。<functional>中则定义了一些模板类，用以声明函数对象。

2. 容器

容器是一种存储指定类型值的有限集合的数据结构，经典的数据结构数量有限，在实际的开发过程中，程序员经常为了实现向量、链表等结构而编写相似的代码，这些代码只是为了适应不同类型数据的变化而在细节上有所区别。STL 容器允许重复利用已有的实现，来构造特定类型下的数据结构。

STL 中的容器分为三类：顺序容器（Sequence Container）、关联容器（Associative Container）和容器适配器（Container Adapter），简要说明如表 10-1 所示。

表 10-1　标准库容器类

类　型	标准库容器类	说　明	头 文 件
顺序容器	Vector	在序列末端快速插入和删除，元素连续存储，直接访问任一元素	\<vector\>
	Deque	从序列两端快速插入和删除元素，元素连续存储，直接访问任一元素	\<deque\>
	List	双向链表存储元素，在序列任一位置快速插入和删除元素	\<list\>
关联容器	Set	快速查找，不允许元素重复	\<set\>
	Multiset	快速查找，允许元素重复	\<set\>
	Map	一对一映射，基于关键字快速查找，不允许元素重复	\<map\>
	multimap	一对一映射，基于关键字快速查找，允许元素重复	\<map\>
容器适配器	Stack	后进先出的容器，元素在序列末端进出	\<stack\>
	Queue	先进先出的容器，元素在序列末端进入，从序列首端出列	\<queue\>
	priority_queue	最高优先级元素最先出列	\<queue\>

map 模板类可以表示多个"键-值"对的集合，其中键的作用与普通数组中的索引相当，而值用作待存储和检索的数据。此外，C++模板库还提供了 pair 模板类，该类可以表示一个"键-值"对。pair 对象包含两个属性：first 和 second，其中 first 表示"键-值"中的"键"，而 second 表示"键-值"中的"值"。

map 类提供了 insert 方法和 find 方法，用于插入和查找信息。应用时，将一个 pair 对象插入（Insert）到 map 对象后，根据"键"在 map 对象中进行查找（Find），即可获得一个指向 pair 对象的迭代器。

【例 10-11】　下面程序中使用了 map 和 pair 模板类，将编号为 1001、1002、1003 的员工信息插入 map 对象中，然后输入一个指定的员工编号，通过员工编号来获取员工的基本信息。员工编号为整型编码，员工的基本信息定义为类 employee。

map 对象与员工对象之间的关系及存储结构如图 10-7 所示。

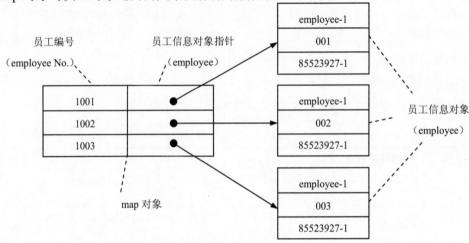

图 10-7　map 对象与员工对象之间的关系及存储结构

```
#include <iostream>
#include <map>
#include <string>
using namespace std ;
class employee{
    public :
    employee(string name,string phoneNumber, string address){
        this->name = name;
        this->phoneNumber = phoneNumber;
        this->address = address;
    }
    string name;
    string phoneNumber;
    string address;
};
int main( )
{
    map <int, employee*> employeeMap;
```

```
typedef pair <int, employee*> employeePair;
for (int employIndex = 1001; employIndex <= 1003; employIndex++){
    char temp[10] ;                //临时存储空间
    _itoa(employIndex,temp,10);    //将 employIndex 转化为字符串存储在 temp 中
    string tmp( temp );            //通过 temp 构造 string 对象
    employeeMap.insert( employeePair ( employIndex, new employee("employee-" + tmp,
                            "85523927-"+tmp,"address-"+tmp)
                            )
                        ); //将员工编号和员工信息插入 employeeMap 对象中
}
int employeeNo = 0;
cout << "请输入员工编号:";
cin >> employeeNo;                             //从标准输入获得员工编号
map<int,employee*>::const_iterator it;
it = employeeMap.find(employeeNo);             //根据员工编号查找员工信息
if (it == employeeMap.end()) {
    cout << "该员工编号不存在 ！ " << endl;
    return -1;
}
cout << "你所查询的员工编号为： " << it->first << endl;
cout << "该员工姓名： " << it->second->name << endl;
cout << "该员工电话： " << it->second->phoneNumber << endl;
cout << "该员工地址： " << it->second->address << endl;
return 0;
}
```

3．迭代器

软件设计有一个基本原则，所有的问题都可以通过引进一个间接层来简化，这种简化在 STL 中用迭代器来完成。STL 提供的几乎所有算法都通过迭代器来存取元素序列进行工作，每一个容器都定义了其本身所专有的迭代器，用以存取容器中的元素。

迭代器部分主要由头文件<utility>、<iterator>和<memory>说明。<utility>包括了 STL 中的几个模板的声明；<iterator>中提供了迭代器使用的许多方法；<memory>以不同寻常的方式为容器中的元素分配存储空间，同时也为某些算法执行期间产生的临时对象提供机制，<memory>

中的主要部分是模板类 allocator，它负责产生所有容器中的默认分配器。

简而言之，迭代器提供对一个容器中对象的访问方法，并且定义了容器中对象的范围。迭代器就如同一个指针。

【例 10-12】 下面程序从键盘随机输入若干个整数用 set 容器保存，分别按照升序输出、降序输出以及进行查找和删除操作。

set 是 STL 中一种标准关联容器，采用红黑树实现，插入和删除操作时仅仅需要指针操作节点即可完成，不涉及到内存数据的移动和复制，所以运算效率比较高。

```cpp
#include<iostream>
#include<set>
using namespace std;
int main()
{
    set<int> numset;              //初始时集合 numset 为空
    numset.insert(8);
    numset.insert(2);
    numset.insert(4);
    numset.insert(7);
    numset.insert(4);             //numset 中已有键值 4，不再插入
    numset.insert(5);
    set<int>::iterator it;        //定义迭代器 it
    for(it = numset.begin(); it != numset.end(); it++) {
                                  //遍历集合，按顺序输出 numset 中的键值
        cout << *it << " ";
    }
    cout << endl;
    set<int>::reverse_iterator rit;   //定义反向迭代器 rit
    for(rit = numset.rbegin(); rit != numset.rend(); rit++)   {
                                  //反向遍历集合，按逆序输出 numset 中的键值
        cout << *rit << " ";
    }
    cout << endl;
    it = numset.find(4);          //查找键值为 4 的元素
    if (it != numset.end()) {
```

```
            cout << "erase " << *it << endl;
            numset.erase(4);          //删除键值为 4 的元素
        }
        for(it = numset.begin(); it != numset.end(); it++) {
            cout << *it << " ";
        }
        cout << endl;
        cout << "size: " << numset.size() << endl;
        return 0;
    }
```

10.4.4　vector

简单来说，vector 是一个能够存放任意类型数据的动态数组。vector 也是一个类模板。因此，程序中可以定义保存 string 对象的 vector，或保存 int 值的 vector，或是保存自定义类对象的 vector。

1．初始化 vector 对象

初始化 vector 对象的常用方式如下：

```
vector<T> v1;               //创建存放 T 类型序列的 vector 对象 v1
vector<T> v2(v1);           //创建 vector 对象 v2，并用 v1 成员初始化
vector<T> v3(n);            //创建 vector 对象 v3，容量为 n
vector<T> v4(n,i);          //创建 vector 对象 v4，容量为 n 并用 i 初始化
```

当把一个 vector 对象复制到另一个 vector 对象时，新复制的 vector 中每一个元素都初始化为原 vector 中相应元素的副本。但这两个 vector 对象必须保存同一种元素类型，例如：

```
vector<int> ivec1;
vector<int> ivec2(ivec1);
vector<string> svec(ivec1);     //错误: svec 只能存储字符串
```

可以用元素个数和元素值对 vector 对象进行初始化。

```
vector<int> ivec4(10, –1);
vector<string> svec(10, "hi!");
```

如果 vector 用于保存内置类型（如 int 类型）的元素，那么标准库用 0 初始化 vector 中的

元素；如果 vector 保存的是含有构造函数的类型（如 string）的元素，标准库将用该类型的默认构造函数创建元素的初始化式，例如：

```
vector<int> fvec(10);          // fvec 有 10 个元素，每个都被初始化为 0
vector<string> svec(10);       // svec 有 10 个元素，每个都被初始化为空串
```

2．vector 对象的运算

vector 提供的常用方法如下。

- push_back：在数据元素序列的末尾添加一个元素。
- pop_back：删除数据元素序列的最后一个元素。
- at：返回对指定位置的数据元素的引用。
- begin：返回数据元素序列第一个元素的指针。
- end：返回数据元素序列末尾元素之后的指针。
- front：返回数据元素序列的第一个数据元素的引用。
- back：返回数据元素序列的最后一个数据元素的引用。
- max_size：返回序列可能的最大容量。
- capacity：返回为数据序列分配的存储空间容量。
- size：返回序列的长度。
- resize：重新指定数据元素序列的长度，对应于 size。
- reserve：设置适当的容量。
- erase：删除指定的数据元素。
- insert：在 vector 中插入元素。
- clear：清空当前的 vector。
- rbegin：返回将数据元素逆向排列后第一个元素的指针。
- rend：返回将数据元素逆向排列后末尾元素之后的位置指针。
- empty：判断 vector 是否为空。
- swap：交换两个序列。

vector 中的对象是没有命名的，可以按 vector 中对象的位置来访问它们，通常使用下标操作符来获取元素。

【例 10-13】 下面程序从键盘输入若干个整数，进行排序后分行输出在屏幕上。

```cpp
#include <iostream>
#include <vector>
#include <algorithm>
using namespace std;
```

```
void main(void)
{
    vector<int> numlist;                    //创建一个存放整数序列的 vector 容器 numlist
    int element;
    //从标准输入设备读入整数，直到输入非整型数据为止
    while (cin >> element)
        numlist.push_back(element);
    //调用排序算法 sort 对 numlist 中的整数序列排序
    sort(numlist.begin(), numlist.end());
    for (int i = 0; i < numlist.size(); i ++)      //将排序结果输出到标准输出设备
        cout << numlist[i] << "\t" << numlist.at(i) << endl;
}
```

注意：不能通过下标操作在 vector 对象中添加元素，下标只能用于获取已存在的元素。例如：

```
vector<int> ivec;
for(vector<int>::size_type ix = 0; ix != 10; ++ix)
    ivec[ix] = ix;                  //错误
```

正确写法应为：

```
for(vector<int>::size_type ix = 0; ix != 10; ++ix)
    ivce.push_back(ix);             //增加新的元素
```

也就是说，必须是已存在的元素才能用下标操作符进行索引。通过下标操作进行赋值时，不会添加任何元素。

【例 10-14】　下面程序是 vector 的应用示例。

```
#include <vector>
#include <iostream>
using namespace std;
int main( )
{
    vector <int> v1(5);
    vector <int> vec0;
    cout << "capacity of vec0: " << vec0.capacity();
    cout << "\tsize: " << vec0.size();
```

```
cout << "\t\tmax_size: " << vec0.max_size() << endl;
cout << "capacity of v1: " << v1.capacity() << "\tsize: "
     << v1.size()<< "\t\tmax_size of v1: " << v1.max_size() << endl << endl;
for(int i=0 ; i<10; i++)                    //在 v1 末尾添加 10 个元素
     v1.push_back(i*2);
cout << "capacity of v1: " << v1.capacity() << "\tsize: " << v1.size() << endl;
cout << "elements: \n";
for(int i=0 ; i < v1.size(); i++)
     cout << v1.at(i) << "\t";
cout << endl;
vector <int>::iterator it;                  //定义迭代器 it
for(it = v1.begin();it < v1.end(); it++)     //通过迭代器访问元素
     cout << *it << "\t";
}
```

运行结果如图 10-8 所示。

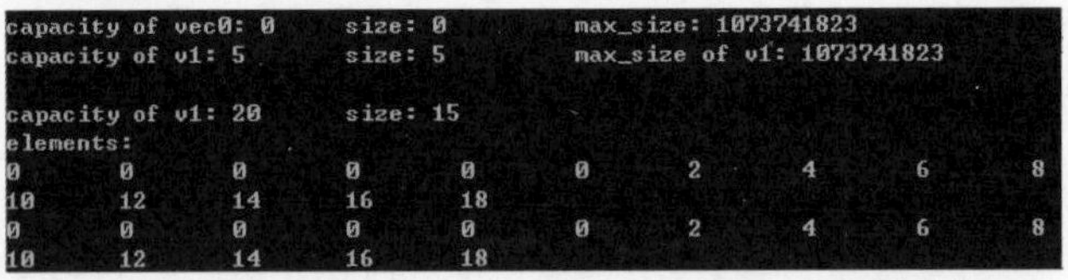

图 10-8　例 10-14 运行结果

第 11 章　Java 程序设计

Java 是一种面向对象的高级程序设计语言，也是一种软件平台。Java 非常适合于开发 Internet 应用程序，同时也是一种通用程序设计语言，在许多大规模的软件系统开发中得到广泛应用，近些年一直处于热门编程语言的前列。

11.1　Java 语言概述

1. Java 语言的特点

Java 是一门强静态类型的编程语言，它的一些关键特点可以归纳为简单、可移植性、面向对象、分布式、高性能、健壮性、多线程、安全、动态、体系结构中立。

（1）简单。Java 语言参照 C 和 C++的语法格式，剔除了一些 C++中很少使用的、难以理解的以及易混淆的特性，如头文件、指针运算、结构体、联合、操作符重载和虚基类等，Java 语法实际上是 C++语法的一个"简洁"版本。

（2）可移植性。Java 基本数据类型的数据大小都做了统一的规定，没有"与具体实现相关"的概念。

（3）面向对象。由于 Java 充分借鉴了广泛流行的面向对象语言 C++，因此 Java 更好地支持了面向对象的程序设计范型。

（4）分布式。Java 带有一套功能强大的用于处理 TCP/IP 协议的类库，Java 应用程序能够通过 URL 来穿过网络访问远程对象，就如同访问本地文件系统一样容易。

（5）高性能。一般情况下，解释执行字节码的速度足够了，但仍然有需要高性能的地方，采用即时编译技术后可极大地提高程序的运行速度。

（6）健壮性。Java 采取许多机制来完成早期错误检查和后期动态检查，以防止可能产生的错误。Java 与 C/C++最大的区别在于，Java 采用了一个安全的指针模型，极大地降低了由于指针而引起系统崩溃的可能性。

（7）多线程。Java 完全屏蔽了不同平台上多线程实现的不同，采用 Java 开发程序时，不同的平台上调用线程的代码是完全一样的。

（8）安全。Java 解释器的工作机制是公开的，人们可以更容易地发现 Java 的安全机制上的问题，使得 Java 的安全问题能尽早发现并得到纠正。

（9）动态。Java 是为适应变化的环境而设计的，可以给一个类增加新方法和属性而不会影响该类的其他用户。

（10）体系结构中立。Java 编译器能够生成体系结构中立的 Java 字节码，通过 Java 解释器可以实现 Java 程序在任何机器上的解释执行。

2．Java 开发环境

Java 支持多种类型的程序，客户端小应用程序 Applet，服务器端小应用程序 Servlet，以及应用程序 Application。对每种应用类型，集成开发环境能够为开发者提供很大的便利，尽管可以使用各种不同的集成开发环境开发 Java 应用，但程序员至少应该掌握使用 JDK（Java Standard Edition Development Kit）进行应用程序的开发方法，即使用文本编辑器来编写 Java 程序，然后使用 Java 编译器对源程序进行编译并用 Java 解释器对编译后的字节码进行解释执行。

可以从因特网下载适当版本的 JDK 安装程序，进行安装，并把安装目录的 jdk/bin 加入操作系统的可执行路径即可。以在 Windows 系统安装 Java SE 7 版本 JDK 1.7 为例，启动控制面板，选择系统、环境变量，找到用户环境变量中的 path 变量，然后在其开头加上 jdk\bin 目录，并用一个分号把新加入的路径同原来的内容分开。设置完成后，启动一个控制台窗口，并输入 java -version，如果设置正确，可得到一个版本信息，例如：

```
java version "1.7.0_51"
Java(TM) SE Runtime Environment (build 1.7.0_51-b13)
Java HotSpot(TM) Client VM (build 24.51-b03, mixed mode, sharing)
```

至此，系统已经能够找到 Java 编译器 javac.exe 和 Java 解释器 java.exe。Java 语言的很多强大功能是通过类库实现的，为了让 Java 解释器找到这些类库的位置，需要设置 classpath 环境变量，设置方法与 path 环境变量的设置方法相同。或者使用 Java 解释器时采用-classpath 命令参数选项指定从什么位置寻找程序所需的类。

11.2　Java 语言基础

Java 中"类"是程序组织的最基本单元。Java 程序是由一个或者多个"类"组成的，类都应写在扩展名为.java 的文本文件（Java 源程序）中，一个源文件中最多只能有一个公共类，即每一个公共类都应该写在一个单独的 Java 源文件中，而且公共类的类名应该和文件名完全相同（不含文件扩展名）。每个类编译后生成.class 的字节码（Bytecode）文件，在 Java 虚拟机中执行。每个 Java 应用程序都应该有一个 main 方法，作为执行入口。

【例 11-1】 一个简单的 Java 程序。

```
/**
 * 文件名为 JavaExample.java，文件名与公共类名完全相同。
 */
public class JavaExample {
        /* 公共静态 main 方法作为程序入口，static 关键字表示静态方法*/
        public static void main(String []args){
                System.out.println("A java program example !"); //输出
        }
}
```

运行结果为：

A java program example !

Java 程序中的注释用"//单行注释"标识行注释，或由"/*多行注释*/"标识多行块注释，由"/**文档注释*/"所标识的块注释支持 javadoc 生成文档。例 11-1 的第 1 行至第 3 行为块注释，并支持 javadoc 生成文档。第 4 行定义了一个名为 JavaExample 的类，定义时采用 public 关键字指定了此类为公共类，可以被其他客户类访问。程序第 5 行为普通块注释。程序第 6 行定义了一个公共的、静态的 main 方法，这里将 main 定义为公共方法的目的是让 Java 解释器能够调用此方法，而定义为静态是因为在调用 main 方法的时候还不存在任何对象，main 方法属于类。main 方法的参数 String []args 是一个字符数组，用来存储程序开始运行时传递给 main 方法的参数，其中，String 是一个字符串类，args 是一个字符串对象的数组，方法的返回值为空。程序的第 7 行是一条输出语句，System 类中含有静态变量 out，out 中的方法 println 输出一个字符串到控制台，字符串需要用双引号括起来。输入语句右侧为行注释。程序中每一条语句都用分号结束。

11.2.1　Java 基本数据类型

程序中的变量（Variable）是一块命名的、用来存储数据的内存区域。在 Java 程序中，每块被命名的内存区域都只能存储一种特定类型的数据。程序中直接给出的数值被称作直接量（字面值，literal），每个直接量也有对应的数据类型。使用一个变量前，必须声明（Declaration）其名字和类型。

Java 中的标识符（Identifier）用来标识 Java 程序中的变量、方法和类名等，变量名就是标识符的一种。Java 程序中标识符的长度没有上限，由字母、数字、下画线（_）以及美元符号（$）组成，但必须以字母、下画线或美元符号开头。值得注意的是，Java 完全支持 Unicode 字符，因此程序中可以使用 Unicode 字符集中定义的任何语言的字符，例如可以用中文定义变量名。

Java 数据类型分为基本类型（Primitive Type）和引用类型（Reference Type）两种。基本类型表示简单的值，包括整型、浮点型、字符型和布尔型。每种基本类型都被精确地定义，开发者不用担心在不同的平台上基本类型会有差异。引用类型包括对象和数组。

1．整数类型及整数的运算

整数类型分为 byte、short、int 和 long。byte 类型的变量可以表示–128～127 之间的整数，在内存中占一个字节（8 位）；short 类型的变量可以表示–32 768～32 767 之间的整数，在内存中占据 2 个字节；int 和 long 分别占据 4 个字节和 8 个字节。

程序中直接出现的整型数值都被称为整型直接量，其默认类型是 int。如果整型直接量的值大于 int 型表示的数据范围，则需要在最后加上大写字母 L 或小写字母 l，表示此整型直接量为 long 型数据。如果以十六进制的形式表示数值，则在数值前加上 0X 或 0x；若需要以八进制的形式表示，则可在数字前面加上 0，这一点与 C/C++相同。

使用整型变量前必须先对其进行声明，声明的同时可以对其进行初始化，基本类型声明的同时就会分配相应的内存空间，如：

```
long longValue = 78;    //声明一个 long 型的变量 longValue，并初始化其值为 78
int intValue = 54;
short shortValue = 122;
byte byteValue = 33;
```

其中 longValue = 78 为赋值表达式，表达式是由变量、操作符以及方法调用构成。

赋值运算符号用"="表示，赋值运算符的作用是将"="右边表达式的计算结果存储到左边的变量中，如：

```
int xValue = 0, yValue = 8, zValue;
zValue = xValue + yValue;
```

如果没有对变量进行正确的初始化就使用，在编译时 Java 编译器会报告出错误信息，因此声明变量的同时进行初始化是一个好的习惯。

针对整型数据的运算还有加（+）、减（–）、乘（*）和除（/）。当"+"和"–"运算符号的左边没有操作数的时候，"+"表示取变量或数值本身的值，"–"表示取变量或数字的相反值。运算时乘法和除法具有较高的优先级别，加法和减法优先级较低，括号可以改变运算的先后次序。

整数相除得到的仍然是整数，余数将被舍去，使用取模运算符%可获得两个整数相除后的余数，取模运算符的优先级与乘、除相同。

递增运算"++"和递减运算"－－"使一个整型变量加 1 或者减 1，例如：

```
count++; 或者 ++count;              //使 count 变量的值增加 1
count－－; 或者－－count;            //使 count 变量的值递减 1
```

如果没有其他运算，则递增和递减运算符号放在变量的前后效果是一样的。但如果还有其他运算的参与，结果就可能不同，例如：

```
int xValue = 9, yValue = 10, zValue;
zValue = xValue++ + yValue;
```

代码执行后，zValue 的值为 19，xValue 的值为 10。若把递增运算放在 xValue 的前面，即 zValue = ++xValue + yValue;，则代码执行后 zValue 的值为 20，xValue 的值为 10。

因此在考虑到运算符号优先级的情况下，如果递增或递减运算符号放在变量前面，表示先对变量进行递增或递减，再取变量的值参与其他运算；如果放在后面，则表示先取变量的值参与运算，再对变量进行递增或递减。

使用 byte 或 short 进行算术运算时要注意，任何多个 byte 或 short 变量运算的结果都是 32 位的。下面的代码虽然操作数都是 short 类型，但是无法正确通过编译。

```
short xValue=8, yValue=9, zValue;
zValue = xValue*yValue;
```

因为 xValue*yValue 所得到的结果是一个 32 位的整型值，而 zValue 仅仅能存储 16 位整数，编译器不会自动将一个 32 位整型值转化为 16 位的整型值。所以需要显式的类型转换，即：

```
zValue = (short)(xValue*yValue);
```

计算结果中的高 16 位将被舍弃。

使用显式类型转换要注意，如果计算结果超出了 16 位所表示的范围，显式类型转换后得到的结果将是不正确的。

如果操作数中有 long 型数据，那么计算的结果将是 long 型数据，其他的操作数在与此 long 型数据运算前都将被转换成 64 位格式。

Java SE 7 起，支持在数值型中间采用下划线（_）分割字符，下画线可以任意多个。例如：

```
long creditCardNumber = 1234_5678_9012_3456L;
long hexLong = 0xCAFE_BABE;
```

2．浮点数据类型及运算

Java 中有两种基本的浮点类型：float 和 double。float 占 4 个字节的内存空间而 double 占 8 个字节。

浮点型直接量的默认类型为 double 类型，若要明确地表示浮点型直接量的类型为 float，则需要在数字的最后加上一个字母 F 或 f。对一个 float 类型的变量初始化时，这一点非常重要，因为 Java 编译器不会将一个 double 类型的数值自动转换为 float 类型。若浮点数值特别大或者特别小，则可采用指数的形式书写，如 5.67E8 或 5.67e8 都表示 5.67×10^8，9.32E–9 或 9.32e–9 表示 9.32×10^{-9}。

用于整型数据的运算同样适用于浮点类型数据，但是运算的默认类型为 double 类型，所以，两个 float 类型运算的结果为 double 类型。

"++" 和 "––" 作用于浮点数时，增加和减少的幅度为 1.0。取模运算作用于两个浮点数时，得到的是被除数减去除数的整倍数的结果，如表达式 30.6 % 5.0 的结果为 0.6。

当两个类型不同的运算对象进行二元运算时，Java 自动把精度低的类型转换为精度高的类型。例如，如果一个 int 型数据与一个 float 型数据相加，则将 int 型数据转换为 float 型数据，因为 float 型比 int 型精确。如果运算对象之一是 double 型，则将另一个转换为 double 型，因为 double 型是数值类型中最精确的。

默认的转换规则最大程度地保证了运算的精确度，如果不希望使用默认的转换规则，编程者可使用显式的类型转换。

与 C/C++相同，Java 提供了一种运算的简写形式，即+=、–=、*=、/=、%=等。例如：

| count += 5 | 等价于 | count = count + 5 |
| zValue /= xValue*yValue | 等价于 | zValue = zValue/(xValue*yValue) |

除了基本的数学运算外，Java 还提供了大量的数学函数，这些函数大都定义在 java.lang 包中，它们作为类 Math 的静态方法出现，所以可以通过 "类名.方法名(参数列表)" 的形式来使用。例如，Math.abs(aNumber)用来计算aNumber 的绝对值，Math.sqrt(arg)用来计算 arg 的平方根。

【例 11-2】 使用 Math 类库程序示例。

```
//此类定义在 TestMath.java 文件中
/** 计算一个面积为 360 平方英尺的圆的半径，半径单位为英寸 */
public class TestMath{
    public static void main(String[] args) {
            double radius = 0.0;                          //初始化半径的值为 0
            double circleArea = 360.0;                    //圆的面积为 360 平方英尺
```

```
        radius = Math.sqrt(circleArea/Math.PI);                //计算圆的半径
        radius *= 12;                                          //将英尺转化为英寸
        System.out.println(circleArea + "平方英尺的圆的半径为：\n " +
                            radius+ " 英寸");
    }
}
```

浮点数也支持数值中间加下画线（_），但在以下情形时加下画线为非法。

（1）数据的开始或者结束，例如：

```
int num = 53_;          //非法
```

（2）浮点数中的小数点前后，例如：

```
float pi1 = 3_.1415F;    //非法
float pi2 = 3._1415F;    //非法
```

（3）在 F 或 L 之后；

（4）需要数值字符串的位置。

3．字符数据类型

字符类型用关键字 char 标识，一个字符类型的变量在内存中占据两个字节。字符直接量用单引号括起来，如'x'、'A'等。如果要表示字符单引号"'"或双引号""'"，则必须使用转义字符斜杠（\）。例如，下面的字符变量 c 的值是单引号字符。

```
char c = '\'';          //字符变量 c 用字符常量单引号初始化
```

常用的其他字符用转义方式表示：退格（\b）、换页（\f）、换行（\n）、回车（\r）、水平制表或 Tab 键（\t）。

还可以采用"\u"（这里要注意是小写字母 u）后面加上 4 位十六进制的 Unicode 编码来表示任意一个字符。例如，'\u0059'表示英文字符'Y'、'\u9000'表示中文字符'退'。

对字符变量也可以实施算术运算。例如，aChar 字符变量存储了字符'a'，那么语句 aChar +=1；或者 aChar++；可以使之存储的内容变成'b'。

4．位运算

默认情况下，位运算针对 int 类型数据进行操作。位运算也可对 byte、short、long 以及 char 型数值进行操作，如果有 long 型数据，则计算结果为 long 型，否则所有参与位运算的其他类型都被转化为 int 类型进行运算，计算结果为 int 类型。

位运算有以下几种。

- 与运算操作符 "&"：将两个操作数的二进制位进行按位与运算，如果对应的二进制位都是 1 时，该位的结果为 1，否则为 0。
- 或运算操作符 "|"：将两个操作数的二进制位进行按位或运算，如果对应的二进制位都是 0 时，该位的结果为 0，否则为 1。
- 异或运算操作符 "^"：将两个操作数的二进制位进行按位异或运算，如果对应的二进制位相同，该位的结果为 0，否则为 1。
- 非运算操作符 "~"：将一个操作数的二进制位进行按位取反。
- 左移运算操作符 "<<"：将操作数对应的二进制位左移 1 位，右侧补 0。
- 右移运算操作符 ">>"：将操作数对应的二进制位右移 1 位，左侧填充符号位。
- 无符号右移运算操作符 ">>>"：将操作数对应的二进制位右移 1 位，左侧补 0。

"&" 与 "|" 也可对布尔类型的数据进行运算，但所表示的含义与此处不同，需要根据 "&" 与 "|" 作用的操作数的类型来判断其具体的操作含义。"<<" 和 ">>" 相当于乘以和除以 2 的幂次方。例如，如果 a 的初始值为 1，那么对 a 左移 5 位得到的结果为 32，等于 1×2^5。

5. 布尔数据类型

取值只能为 true 或 false 的变量类型就是布尔类型，用关键字 boolean 来表示类型名，true 和 false 是布尔类型的直接量。

布尔类型和其他的数据类型有所不同，它不能和其他数据类型相互转换，这一点和 C\C++ 中有较大的区别。

Java 提供了大于（>）、小于（<）、大于或等于（>=）、小于或等于（<=）、等于（==）、不等于（!=）6 种关系运算符号，关系运算符作用于整型、浮点型和字符类型，并得出一个布尔类型的结果。

针对布尔类型的运算有与（&&和&）、或（|和||）、非（否定，!）。

&& 与 & 表示逻辑 AND，当两个操作数的值都为 true 时，结果为 true，否则为 false。它们的区别在于：当左操作数的值为 false 时，&& 不再计算右操作数的值而直接得出最终的结果 false，而 & 则仍然计算右操作数的值，即 && 执行短路计算，而 & 执行非短路计算。

【例 11-3】 逻辑运算符 &&、& 使用举例。

```
public class AndExample {
    public static void main(String args[]){
            boolean aValue = false;
            boolean bValue = false;
            int i = 1, j = 2,z=0;
            aValue = (j<2) && ((z = i+j)>j);
```

```
            System.out.println("aValue=" + aValue);
            System.out.println("z=" + z);
            bValue = (j<2) & ((z = i+j)>j);
            System.out.println("bValue=" + bValue);
            System.out.println("z=" + z);
        }
    }
```

运行结果为：

```
aValue=false
z=0
bValue=false
z=3
```

例 11-3 中的程序解释如下：（j<2）得到的结果为 false，对于&&，不再计算((z=i+j)>j)的值，所以 z 的值没有发生变化，而&仍然计算，所以 z 的值就被赋值为 3。

同样，逻辑或"||"和"|"的含义是：当两个操作数的值都为 false 时，计算结果为 false，否则为 true。它们的区别是：当左操作数的值为 true 时，"||"不再计算右操作数的值，直接得出最终的结果；而"|"仍然计算右表达式的值，即"||"执行短路计算，而"|"执行非短路计算。

"!"表示逻辑运算非，如果操作数的值为 true，则计算结果为 false，否则为 true。

注意：不要将逻辑运算与位运算混淆。逻辑运算作用于布尔类型的值，而位运算作用于整型值；逻辑运算得到的是 true 或 false，位运算得到的是整型数值。

11.2.2　控制结构

Java 中用于表达控制结构的语句有 if、switch、for、do…while 和 while 等。

1．if 语句

条件选择的最简单格式为：

```
if (expression)
    statements;
```

其中，expression 是一个产生 true 或 false 的逻辑表达式（这是与 C/C++是不同的），如果 expression 的值为 true，则执行 statements 中的语句，否则不执行。statements 可以是一条语句，也可以是用花括号括起来的多条语句组成的语句块。另外一种形式为：

```
if (expression)
        statements1;
else
        statements2;
```

如果 expression 的值为 true，则执行 statements1 中的语句，否则执行 statements2 中的语句。if 语句可以嵌套，嵌套时，else 与其前面最近的、属于同一个语句块的、还没有 else 相匹配的 if 相匹配。书写程序时应该有意识地采用缩进，来明确表示 if 与 else 的匹配关系。

2．switch 语句

Java 中 switch 语句的含义与其在 C 语言中相同。switch 语句的格式为：

```
switch(expression){
        case exp1: statements;
        case exp2: statements;
        case exp3: statements;
        …
        default: statements;
}
```

其中，expression 和 exp1、exp2 等只能是 char、byte、short、int 及其包装类型 Character、Byte、Short、Integer，或由 enum 关键字定义的枚举类型，或 String（Java SE 7 引入）中的一种，且 exp1、exp2 和 exp3 等常量表达式应该和 expression 类型相同。

3．循环语句

与 C 语言相同，Java 也提供了 3 种循环语句：for、while 和 do…while。

for 循环的格式为：

```
for (initialization_expression; loop_condition; increment_expression) {
        statements
}
```

for 循环的含义是：① 执行 initialization_expression，② 检查 loop_condition 是否为 true，如果为 true，则③ 执行循环体中的 statements，④ 计算 increment_expression。重复②至④这个过程直至 loop_condition 为 false 时为止，然后执行 for 循环后面的语句。for 循环中的 initialization_expression、loop_condition、increment_expression 表达式根据需要均可以为空。

Java SE 5 引入 foreach，即另一种 for 的格式如下，其含义为对 collection（数组、集合类型）中每个元素，执行循环体中 statements。

```
for(variable : collection) {
    statements;
}
```

while 循环的格式：

```
while (expression) {
    statements;
}
```

do…while 循环的格式：

```
do {
    statements;
} while (expression);
```

while 循环和 do…while 循环的含义与其在 C 语言中相同，这里不再赘述。需要注意的是，循环中的条件判断必须是一个逻辑表达式，它产生 boolean 类型的结果，即 true 和 false，这一点与 C 语言不同。

使用控制结构时，经常需要使用语句块（即用"{}"括起来的语句组）。在块中可以定义局部变量，Java 局部变量的作用域与 C 语言的规定基本相同，不同的是 Java 中不允许内部的局部变量覆盖外部的局部变量。也就是说，如果在外层语句块定义了一个局部变量，那么在内层语句块中不允许再定义相同名字的局部变量。

4. 跳转语句

Java 中 break、continue 和 return 支持跳转操作，实现了把控制转移到程序其他部分的功能。return 语句总是用在方法中，其作用是结束方法的执行并返回值至调用这个方法的位置，如果返回方法指定类型的值，则 return 后面带上表达式。break 在 switch 语句中使用时，用于终止 switch 语句的执行；用于循环语句中用于终止 break 语句所在循环的最内层循环。continue 用于循环结构中用于跳过该次循环，继续执行下一次循环。Java SE 5 引入了带标签的 continue 和 break 语句，格式为：

```
continue label;
```

和

break label;

continue label 表示结束 continue 语句所在的 label 所标注的本次循环迭代，并进入 label 所标注的循环体的下一次循环迭代；break label 则表示结束 label 标注的循环体的循环，直接执行 label 所标注循环体之后的语句。

11.2.3 Java 核心类

1. Object 类

Object 是 Java 基础类库中提供的一个最重要的标准类，定义在 java.lang 包中，是所有类的顶级父类。在 Java 体系中，所有类都直接或间接地继承了 Object 类，编程时可以直接使用。因此，任何 Java 对象都可以调用 Oject 类中的方法，而且任何类型的对象都可以赋给 Object 类型的变量。Object 中定义了所有类都需要的一些方法，常用的方法有 equals()、toString()等。Object 中 equals()实现为引用同一对象才返回 true。Object 的直接或间接子类可以有方法的覆盖实现，如基本类型的包装类、字符串等 equals()方法均有覆盖实现，即基本数据类型比较内容值是否相等，字符串比较字符串内容是否相同。toString()方法是一个"自我描述"的方法，返回当前对象的字符串表示。当使用 System.out.println(obj)输出语句中直接打印对象 obj 时，或进行字符串与对象的连接操作时，都会自动调用对象的 toString()方法。

两个基本类型的变量比较是否相等直接使用"=="运算即可，但是两个引用类型的对象比较是否相等时则有两种方式：使用"=="运算符比较两个对象地址是否相同，即引用同一个对象）；equals()方法通常用于比较两个对象的内容是否相同。

例如：

Integer numa = new Integer(8);
Integer numb = new Integer(8);

则 numa == numb 的值为 false；numa.equals(numb)的值为 true。

2. String 类

字符串就是一系列字符组成的序列。String 是 Java 提供的一个字符串标准类，编程时可以直接使用。需要注意的是，String 变量所引用的字符串本身是不能够被修改的，任何一个字符串对象本身是不变的，可以被共享。字符串对象的所有修改操作实际上是得到一个新的字符串。

例如：

String aString = "A string variable !"; //定义一个字符串变量 aString

```
String bString = aString;                    //aString 和 bString 引用的是同一个字符串
```

Java 中的对象引用是十分重要的，编程时要特别注意。

1）字符串拼接

字符串拼接运算使用"+"、"+="或 String 提供的方法。

例如：

```
String aString = "A first";
String bString = " program";
aString = aString + bString + " !";          //或者 aString += bString + " !";
System.out.println(aString);                 //输出 A first program !
```

2）字符串比较

字符串比较相等有两种含义：一是比较字符串变量是否引用的是同一字符串；二是比较字符串变量所引用字符串的内容是否一样。对于前者采用运算符"=="来判定，而后者需要使用类 String 提供的方法 equals()。

【例 11-4】 字符串运算示例。

```
public class MatchStrings {
    public static void main(String[] args) {
        String string1 = "I am a ";
        String string2 = "programmer!";
        String string3 = "I am a programmer!";
        string1 += string2;                    //现在 sring1 和 string3 所引用对象的内容相同
        System.out.println("string3 is: " + string3);
        System.out.println("string1 is: " + string1);
        if(string1 == string3)                 //测试是否引用同一字符串
            System.out.println("string1 == string3 is true.   " +
                            " string1 和 string3 引用同一字符串");
        else
            System.out.println("string1 == string3 is false.   " +
                        "string1 和 string3 引用不同的字符串");
        if(string1.equals(string3))            //测试内容是否相同
            System.out.println("string1 equals strings is true.");
        else
            System.out.println("string1 equals strings is false.");
        string3 = string1;                     //string3 与 string1 引用同一字符串
        if(string1 == string3)
```

```
            System.out.println("string1 == string3 is true.    " +
                                    "string1 和 string3 引用相同的字符串");
        else
            System.out.println("string1 == string3 is false.    " +
                            "string1 和 string3 引用不同的字符串");
        }
    }
```

运行结果为：

string3 is: I am a programmer!

string1 is: I am a programmer!

string1 == string3 is false.   string1 和 string3 引用不同的字符串

string1 equals strings is true.

string1 == string3 is true.   string1 和 string3 引用相同的字符串

String 类还提供了许多其他的方法，如 charAt(int index)、equalsIgnoreCase(String another-String)、length()和 toLowerCase()等，Java 程序员应该熟悉 String 类库的使用。

3．StringBuffer 字符串

字符缓冲区类 StringBuffer 的对象也表示字符串，与 String 不同的是，StringBuffer 是线程安全的可变字符序列，StringBuffer 对象引用的字符串能够通过特定的方法调用被直接修改。

需要注意 StringBuffer 的长度（length）和容量（capacity）。一般来说，长度是指 StringBuffer 对象中存储的字符串的长度，而容量是指 StringBuffer 能够存储的最长的字符串长度。容量可以自动增长，编程者也可以通过代码进行设置。StringBuffer 的 append()和 insert()分别进行附加和插入操作；StringBuffer 的 length()方法和 capacity()方法分别返回 StringBuffer 对象存储的字符串的长度和对象的容量。应用中还需要注意使用 StringBuffer 提供的方法时，是否会产生新的对象。例如，toString()方法将产生一个新的 String 对象，其字符串值与 StringBuffer 中存储的字符串相同。

4．StringBuilder 字符串

StringBuilder 是一个可变的字符序列，提供了和 StringBuffer 相同的 API，但是不保证同步（非线程安全），在只有一个线程时替代 StringBuffer 使用。StringBuilder 的大多数实现要比 StringBuffer 快速，推荐优先使用 StringBuilder。

5. 数组

数组是对象容器，可以持有固定个数的一组具有相同类型的值。Java 中要区分数组的声明与定义。数组的声明仅仅定义了一个数组的名字，并没有给该数组分配其元素所需要的存储空间，而数组的定义则是为数组分配存储空间。

例如：

```
int [] intArray;            //仅声明了一个数组的名字为 intArray，没有为数组元素分配空间
intArray = new int[100];    //定义 intArray 为存储 100 个整数的数组
```

也可以在声明的同时进行定义，如：

```
int [] intArray = new int[100];
```

实际上，数组在 Java 中是作为对象来对待的，因此，数组名实际上就是一个数组对象的名字，它拥有 Java 中对象的特征，这与基本类型的变量是有本质区别的。访问数组元素时下标从 0 开始。

可以在定义数组时进行初始化。

```
int [] intArray = {1,2,3,4,5};
```

上述定义说明 intArray 是一个具有 5 个元素的数组，其元素 intArray[0]、intArray[1]、intArray[2]、intArray[3]、intArray[4]的值分别是 1，2，3，4，5。

将一个数组名赋值给另外一个数组名时，两个数组名将引用同一段内存空间地址，如：

```
int [] intArray = {1,2,3,4,5};
int [] intArraySecond = intArray;
```

改变数组 intArray 元素的值时，在 intArraySecond 中也能够反映出这一改变。Java 中数组的长度在数组创建时确定，可以通过 length 来获取，数组一旦创建，length 的值就固定不变。如果访问数组元素超出了数组的长度，Java 解释器就抛出一个异常。

Java 中的二维数组可理解为是由一维数组构造出来的，即一维数组的每个元素又是一个一维数组，例如：

```
int [][] twoDem = new int[10][20];
```

其中，twoDem 可以看作一个一维数组，这个一维数组有 10 个元素，而这 10 个元素中的每个元素又是一个大小为 20、每个元素的类型为整型的一维数组。因此，twoDem.length 的值为 10，而 twoDem[i].length 的值为 20（i 的取值为 0～9）。同理，可理解多维数组。

Java 中的数组是作为对象来对待的，所以，多维数组中，每一维的数组可以含有不同的元素个数，例如：

```
int [][] twoDem = new int[2][];      // twoDem 含有两个元素，每个元素都是一个一维数组
twoDem[0] = new int[3];              //twoDem[0]是含有 3 个整型元素的一维数组
twoDem[1]= new int[4];               // twoDem[1]是含有 4 个整型元素的一维数组
```

Java 中对数组的操作提供了一个工具类 java.util.Arrays，其中有很多 static 的工具方法，不必通过对象调用，实现对数组进行查询、排序、复制和比较等一系列操作。例如，equals()比较两个数组是否相等（deepEquals()比较任意深度的嵌套数组，适用于多维数组比较）；fill()填充；sort()排序；binarySearch()在有序数组中进行二分查找；asList()转换成列表，等等。

例如：

```
int[] a = new int[]{1,3,5,7};
int[] b = new int[]{1,3,5,7};
System.out.println(Arrays.equals(a, b));      //判断 a 和 b 是否相等，输出为 true
int[] c = Arrays.copyOf(a, 6);
Arrays.fill(c, 2,5,1);                         //把从下标为 2 到下标为 5 的元素赋值为 1
Arrays.sort(c);                                //对 c 进行排序
Arrays.binarySearch(b,3);                      //使用二分查找法查找 3 的位置
```

11.3　类与接口

Java 语言是一种较纯粹的面向对象编程语言，类的使用在 Java 中十分重要。

11.3.1　类的定义与使用

类的定义主要由两部分构成：字段（Field）和方法（Method），字段就是用来存储数据的变量，方法是可以对类（或对象）执行的操作。一个类的对象也称为类的实例，采用 new 关键字创建对象。

字段分为两种：实例变量和类变量（static 关键字修饰）。类变量为所有该类的对象共享，并且在内存中只有一份，而不论是否有或者有多少个实例；实例变量则是每个对象一份备份，对象不存在时不能访问实例变量。类变量也被称为静态变量。

方法也分为实例方法和类方法（也称为静态方法，用 static 关键字修饰）。实例方法只能通过对象调用执行，对象不存在时，实例方法不能被调用。静态方法可以通过类和实例调用，但静态方法不能访问实例变量，因为静态方法被调用时对象有可能不存在，静态方法无法访问不

存在的变量。

【**例 11-5**】　类的定义和使用示例。

```
public class MyClass {
     public static void main(String args[]){
          System.out.println(Test.geti());
          Test tc = null;
          System.out.println(tc.geti());          //可以，但不推荐
          System.out.println(tc.getj());          //错误的调用，因为 tc 还未引用对象
          tc = new Test();                        //创建 Test 类的对象关联与引用 tc
          System.out.println(tc.geti());          //可以，但不推荐
          System.out.println(tc.getj());
          }
}


class Test{
     static int i = 0;                     //定义一个静态变量 i
     int j = 3;                            //定义一个实例变量 j
     public static int geti(){             //定义一个静态方法
             return i;
     }
     public int getj(){                    //定义一个实例方法
          return j;
     }
}
```

对于局部变量、类变量和实例变量，可以在变量的前面加上 final 关键字表示变量是一个常量。

类中的方法定义要有方法名、方法返回值类型和参数列表。方法返回值类型可以是任意的类型，参数列表的使用与 C 语言没有太大差别。需要注意的是，如果某参数前面增加了 final 修饰符号，那么在方法体中不允许对此参数进行修改。

Java 中方法参数的传递有两种：按值传递和按引用传递。所有的基本类型都遵循按值传递的规则，而所有的引用类型（包括数组、标准类和用户自定义类等）都遵循按引用传递的规则。

每个类的实例都有自己的一份数据。每个类实例都有一个 this 变量，该变量代表了实例自身，可以在代码中明确地加上 this 变量来将实例自身的变量与其他变量相区别，如下所示：

```
void method1(int arg1){
```

```
        this.arg1 = arg1;    // this.arg1 是指对象的变量，而 arg1 则代表方法的参数
    }
```

概括来说，静态方法只能访问静态变量，可以通过类名和对象名调用，对象名甚至可以没有引用一个对象；实例方法可以访问静态变量和实例变量，但只能通过对象名调用，并且对象名一定要引用一个存在的对象。推荐使用类名调用静态方法和变量，而使用已引用了对象的对象名调用实例方法和实例变量。

Java 语言允许在类中定义类，称为内部类或者嵌套类。内部类分为静态和非静态两种，其中，静态即定义为 static 的，称为静态嵌套类，非静态的嵌套类称为内部类，均作为外部类的成员。如下所示：

```
class OuterClass {
    ...
    static class StaticNestedClass {
        ...
    }
    class InnerClass {
        ...
    }
}
```

欲使用上述嵌套类，如下所示为创建对象：

```
OuterClass.StaticNestedClass nestedObject = new OuterClass.StaticNestedClass(); //创建静态嵌套类对象
OuterClass.InnerClass innerObject = outerObject.new InnerClass(); //创建内部类对象
```

嵌套类是一种逻辑上将只在一处使用的类进行封装。内部类有权访问所有外部类的成员，包括 private 的成员。静态嵌套类不可以直接引用外部类的实例变量或方法。

11.3.2　对象的初始化

在面向对象系统中，对象的初始化是十分重要的。在 Java 中有 3 种初始化类和对象的方法：声明时初始化、使用初始化块和构造方法。

在声明静态变量和实例变量的时候，可以直接赋予变量一个值，这就是声明时初始化。也可以用花括号将一些初始化语句括起来，构成初始化块来对变量进行初始化。初始化块又分为静态初始化块和非静态初始化块。静态初始化块只能初始化静态变量，这是因为静态初始化块执行的时候有可能对象还不存在；非静态初始化块可以对类变量和实例变量进行初始化，但一般只对实例变量进行初始化。

　　构造方法是一种特殊的方法，每个类都有一个构造方法，如果定义类时没有提供构造方法，那么 Java 编译器将提供一个没有任何操作的默认构造方法。构造方法必须与类名相同，且永远没有返回值，也无须指定返回值 void。构造方法可以多于一个，但它们必须满足重载的条件，在参数列表上有所区别，以便 Java 虚拟机能够准确判断出应该调用哪一个构造方法。

　　通过 this(argrments) 的调用形式，一个构造方法可以调用另一个构造方法，但调用构造方法的语句必须是本构造方法中的第一条语句。

　　如果类的定义中采用了 3 种方式对类变量或实例变量进行初始化，那么简单的顺序为：先根据声明和初始化块在源代码中的书写顺序对变量进行初始化，再用构造方法对变量进行初始化。

　　实际上，初始化可以分为两个阶段，第一阶段是类的初始化；第二阶段是类实例（对象）的初始化。在类的初始化阶段，静态变量的声明初始化和静态初始化块将被执行；而在对象初始化阶段，实例变量的声明初始化和非静态初始化先被执行，然后是构造方法的执行。更准确的初始化顺序可参照 Java 虚拟机规范。

【例 11-6】　下面的代码中包含了静态变量、实例变量、静态初始化块、非静态初始化块以及构造方法。

```
public class Initialization {
        public static void main(String []args){
                TryInit testObj = new TryInit();
        }
}
class TryInit{
        static int iStaticVariable = -1;            //通过声明初始化静态变量
        static int jStaticVariable;

        int iInstanceVariable = 1;                  //通过声明初始化非静态变量
        int jInstanceVariable;

        {//非静态初始化块
            jInstanceVariable = 2;
            System.out.println("iInstanceVariable = " + iInstanceVariable);
            System.out.println("jInstanceVariable = " + jInstanceVariable);
            System.out.println("在非静态初始化块中！ ");
        }

        static{//静态初始化块
```

```
        jStaticVariable = –2;
        System.out.println("iStaticVariable = " + iStaticVariable);
        System.out.println("jStaticVariable = " + jStaticVariable);
        System.out.println("在静态初始化块中！ ");
    }

    public TryInit(int i, int j){                    //带参数的构造方法
        iInstanceVariable = i;
        jInstanceVariable = j;
        System.out.println("在构造方法 TryInit(int i, int j)中！ ");
    }
    public TryInit(){                                //不带参数的构造方法
        this(3,4);
        System.out.println("iInstanceVariable = " + iInstanceVariable);
        System.out.println("jInstanceVariable = " + jInstanceVariable);
    }
}
```

运行结果为：

```
iStaticVariable = –1
jStaticVariable = –2
在静态初始化块中！
iInstanceVariable = 1
jInstanceVariable = 2
在非静态初始化块中！
在构造方法 TryInit(int i, int j)中！
iInstanceVariable = 3
jInstanceVariable = 4
```

　　Java 程序中不需要明确删除一个对象，因为 Java 有自动的垃圾回收机制。当一个对象没有被任何变量引用时，该对象的生存期结束，其存储空间由系统自动回收。

　　例 11-6 中，类 TryInit 有不止一个构造方法，而构造方法的名字都是类名。在 Java 中，用一个名字定义多个方法，每个方法有各自的参数列表，这称为方法重载。方法的名字、方法所属的类以及方法的参数构成了方法的签名，方法的签名在程序中必须是唯一的。

11.3.3　包

　　包（Package）是一个类的集合，每个包都有确定的名字。包提供了类的多层命名空间，

把类放在包中是为了防止不同程序员开发的类发生命名冲突。如果在定义类的时候没有指定类属于哪一个包，类就属于一个默认的包，默认包没有名字。

Java 程序中使用的标准类都属于特定的包。例如，String 类在 java.lang 包中，无须在程序中表明对 java.lang 包的引用，因为每个程序都需要使用这个包。程序员可以定义包。

1．定义包

程序员可将自己编写的类放在自定义包内，创建自定义包的方法是将 package 语句作为 Java 源文件的第一句。该文件中定义的任何类都属于 package 语句所指定的包。如果没有 package 语句，那么所有的类都将属于默认的包。定义一个包的语句如下所示：

package pkgName;

其中，pkgName 表示包的名字，例如 java.lang。需要注意的是，包名必须和目录严格一一对应，如 com.mypackage 对应 com 目录下的 mypackage 目录，所有 com.mypackage 包中的类对应的.class 文件必须在 com 目录下的 mypackage 目录中。这样，Java 虚拟机才能找到相应的类。因此，必须设置环境变量 classpath 或者采用-classpath 类指定 com 目录所在的路径。例如，com 目录在 C:\javaclass 目录下，那么 classpath 中必须包含 C:\javaclass 目录。

2．引入包

可以用"包名**.**类名"的形式使用包中的类。例如：

java.util.Date date = new java.util.Date();

或者采用 import 来引入包或包中具体类。例如：

import java.util.Date;　　　//引入 java.util 包中的 Date 类
import java.io.*;　　　　　//引入 java.io 包中的所有类

引入包后，就可以在程序中直接通过类名来使用引入的类了，不需要把包名带上。

Java 中还可以采用静态引入（import static）来引入具体类中的常量字段或者静态方法，之后就可以直接使用常量字段或者静态方法而无须使用类名。例如对 java.lang.Math 中的静态常量 PI 和静态方法（cos 等）进行静态引入，然后在程序中直接使用 cos 和 PI：

import static java.lang.Math.PI;
import static java.lang.Math.*;

double r = cos(PI * theta);

此处调用时无须使用类名作为前缀。

3．类的访问控制

类的访问控制指明了一个类能够被哪些类使用。类的访问可以分为两种：公共的和默认的。如果一个类的访问级别是公共的，那么所有其他的类都可以使用这个公共类；如果一个类的访问级别是默认的，那么只有同一个包中的类才可以使用这个类。在某个类的定义前面加上 public 修饰符号就定义了一个公共类，如果没有 public 修饰符号，此类的访问级别就是默认的，如下所示：

```
public class MyPublicClass{        //此类可被所有其他类使用
    …
}

class MyDefaultClass{              //此类只能被同一个包中的类访问
    …
}
```

4．类成员的访问控制

类成员的访问控制指明一个类的哪些变量或方法能够被其他的类使用。类成员的访问控制分为 4 种：public、protected、private 和默认的（没有访问控制修饰符号的）。

例如：

```
public class MyClass{
    public int a;
    protected int b;
    int c;
    private int d;
}
```

类 MyClass 中定义了 4 个整型变量 a、b、c 和 d，a 为 public，表明 a 能够被任何地方的其他类直接使用；b 为 protected，表明 b 只能够被同一个包中的类或者任意地方的 MyClass 的子类直接使用；c 为默认的，表明 c 只能够被同一个包中的类使用；d 为 private，表明 d 在类外不能够被直接访问。以上的访问控制对方法也同样适用。

11.3.4　继承

继承是面向对象技术的一块基石，Java 中继承是单根继承。运用继承可以创建一个通用类，它定义了一系列类的共性，该类可以被具体的类继承，每个具体的类都可增加一些自己的特性，从而实现重用。被继承的类叫做基类、父类或超类（Super Class），继承超类的类叫做子类（Sub Class）。子类继承了超类定义的所有非私有的变量和方法。

【例 11-7】　使用继承的一个简单例子。

```
public class ExtExample {
    public static void main(String []args){
        SubClass s = new SubClass();
        System.out.println(s.getiValue());
        System.out.println(s.getjValue());
    }
}
class SuperClass{
    int i = 5;
    public int getiValue(){
        return i;
    }
}
class SubClass extends SuperClass{
    int j = –3;
    public int getjValue(){
        return j;
    }
}
```

运行结果为：

5
–3

虽然 SubClass 中没有定义变量 i 以及方法 getiValue，但是由于 SubClass 继承了 SuperClass，因此它自动获得了变量 i 和方法 getiValue。

需要注意的是，因为继承体现"是一种"关系，超类变量可以引用子类对象，所以语句"SuperClass s = new SubClass();"是合法的，这里 SubClass 自动向上转型为 SuperClass，因此，可以把所有的子类对象当作超类对象来处理。在程序中，变量的类型决定了可以调用什么样的方法和访问哪些变量，而不是由对象的类型来决定。但是，存在继承并且有方法覆盖的情况应除外。

子类中可以通过 super 来明确调用超类的构造方法，或者访问超类中的成员变量和方法。调用构造方法的形式为"super()"，并且必须是子类的构造方法中的第一条语句。访问成员变量和方法的形式分别为"super.variable"和"super.method(arguments)"。如果子类没有明确调用 super，那么编译器会自动调用超类的默认构造方法。

子类可以定义一个与超类方法完全相同的方法，即方法名、参数、返回值类型相同，访问控制的限制不比超类方法更严格。这种情况下，子类方法将覆盖超类的方法，也就是说，如果超类的引用变量引用了子类对象，那么调用方法时将调用子类中的这个方法。

在下面的例 11-8 中，子类的方法 getValue 覆盖超类中的相同方法。第一次调用 getValue() 时，虽然引用变量的类型是 SuperClass，但是由于 s 引用的对象是 SubClass，所以调用的方法是子类中的 getValue 方法；第二次调用 getValue() 时，s 引用的是 SuperClass 对象，调用的就是 SuperClass 中的方法。

【例 11-8】 子类覆盖父类方法。

```java
public class ExtExample {
    public static void main(String []args){
        SuperClass s = new SubClass();          //自动向上转型
        System.out.println(s.getValue());

        s = new SuperClass();
        System.out.println(s.getValue());
    }
}
class SuperClass{
    int i = 5;
    public int getValue(){
        return i;
    }
}
class SubClass extends SuperClass{
    int j;
    public SubClass(){
        this(-3);
    }
    public SubClass(int i){this.j = i;}
    @override
    public int getValue(){
        return j;
    }
}
```

运行结果为：

–3

5

注解@override 表示子类 getValue()是覆盖了父类的 getValue()，如果程序员不小心拼写错误，或者方法签名对不上被覆盖的方法，编译器就会给出错误提示。

调用覆盖的方法的哪个版本由引用的对象来决定，这种行为被称为多态，即多种形态。在 Java 中，多态是在继承的保证下，由向上转型（Upcasting）和动态绑定（Dynamic Binding）机制完成的。向上转型即子类对象可以赋值给父类对象（如例 11-8 中第 3 行），这种转型是安全的，这是由继承机制保证的。动态绑定即程序在运行期由 JVM 根据对象的类型自动判断应该调用哪个方法。因此，多态能够使采用超类的引用变量操纵子类的对象，并且调用子类对象中的方法。要实现多态，必须满足下面几个条件。

（1）必须是继承关系下的类。

（2）首先要把子类对象向上转型为父类类型，然后用超类的引用变量调用超类中也有的同名方法，并且满足：①子类与超类中方法的名称、参数、返回值必须相同，②子类中此方法的访问控制不能比超类更严格。

（3）对象的使用者只保持与父类接口通信。

使用继承时，如果超类的某个方法不希望被子类覆盖，那么仅需要在超类中此方法前面加上 final 修饰符号，表明这个方法是最终的方法，不能够被其他类覆盖。

类的前面加上 final 修饰符号后，表明此类不能够被继承。

Java 的多态机制也导致了声明的变量类型和实际引用的类型存在二义性，同类型的两个引用变量调用一个方法时也可能会有不同的行为。为了更准确地判定一个对象的真正类型，可以使用 instanceof 关键字进行判断，例如：

objectA instanceof SubClass

如果为真值则为 true，否则为 false。

11.3.5　抽象类与接口

1．抽象类

定义一个超类时，可以不给出其方法的具体实现，而由子类负责去实现该方法，由多态保证进行正确调用方法的实现。将没有给出方法实现部分的超类称为抽象类。抽象类不能生成相应的对象，没有给出实现的方法称为抽象方法。关键字 abstract 用于表明抽象类和抽象方法，

abstract 方法不能用 private 修饰，这是因为子类不能够继承 private 方法。

当某子类继承其超类的时候，如果没有将其超类中的所有抽象方法都实现，那么该子类也只能是抽象类。

【例 11-9】 抽象类的定义与使用。

```
public class ExtExample {
    public static void main(String []args){
        SuperClass s = new SubClass();        //自动向上转型为 SuperClass 类型
        System.out.println(s.getValue());
        System.out.println(s.getSum());
      }
}
abstract class SuperClass{
    int i = 5;
    public int getValue(){
        return i;
    }
    public abstract int getSum();
}
class SubClass extends SuperClass{
    int j;
    public SubClass(){
        this(–3);
    }
    public SubClass(int i){this.j = i;}
    public int getValue(){
        return j;
    }
    public int getSum(){
        return i + j;
    }
}
```

运行结果为：

–3

2

抽象类不能用 final 修饰，这是因为 final 所修饰的类不能被继承，而定义抽象类的目的就是要子类继承它并对其中的抽象方法进行覆盖。

2．接口

接口也是实现代码重用的一种方式，Java 不支持多重继承，接口是顺应多重继承的需要而产生的，以另一种方式实现多重继承。接口实际上是一组抽象方法和常量的集合，规定实现其的类必须提供的方法，而不提供实现，体现了规范和实现分离的设计思想，让系统的各模块之间面向接口耦合，是一种松耦合的设计，增强系统的可扩展性和可维护性。

接口本身的访问控制只能是 public 和默认的，不能是 private 和 protected。因为接口的目的就是让其他的类来实现其中的方法或使用其中的常量，因此，接口中的方法永远是 public 和 abstract 的，而接口中的常量永远是 public、final 和 static 的。为接口定义方法和常量时，不需要加任何修饰符。

接口的定义和类的定义相似，但使用的关键字是 interface 而不是 class。定义了接口也就定义了类型，可以和类一样作为类型使用，也由多态性保证正确的实现类的方法调用。例如：

```
public interface MyInterface {
    int i = 0;
    int getValue();
    void doSomething();
}
```

一旦定义好一个接口，就可以在程序中使用此接口，即实现该接口。类在实现一个接口时，采用关键字 implements，该类将会获得接口中定义的常量、方法等，并且应该实现接口中声明的所有方法；否则这个类只能是抽象类，应该加上 abstract 关键字，并且要在未实现的方法前加上 public abstract 关键字。例如，实现上述 MyInterface：

```
public class MyClass implements MyInterface {
    public int getValue() { /*代码略*/ }
    public void doSomething() { /*代码略*/}
}
```

或者：

```
public abstract class MyClass implements MyInterface {
    public abstract int getValue() ;      //接口中定义而不实现，必须加上 public abstract
    public void doSomething() { /*代码略*/}
}
```

接口也可以继承，并且可以实现多重继承，即一个接口继承多个接口，如下列代码所示，其中接口 MyInterface 继承了 Interface1 和 Interface2。MyInterface 中将有 Interface1 和 Interface2 两个接口中的常量和方法。如果 Interface1 和 Interface2 中存在名称相同、参数相同的方法，那么在返回值上也必须相同，即在继承多个接口时，不能产生重载冲突。

```
public interface Interface1 {
        void method1();
}
public interface Interface2 {
        void method2();
}
public interface MyInterface extends Interface1, Interface2{
        void myMethod();
         //此处代码省略
}
```

要实现多个接口时，在 implements 关键字后面加上每个接口名，用逗号分隔，在实现类中实现所有接口中声明的方法。

```
public class MyClass implements Interface 1, Interface2 {
        public void method1() {/* 实现代码 */}
        public void method2() { /* 实现代码 */ }
}
```

注意，在实现多个接口时，不同接口中定义的方法不能产生重载冲突；在继承抽象类并实现接口时，其中的方法也不能产生重载冲突。

为了适应接口版本的更新而不至于影响整个实现类，Java SE 8 在接口中引入有实现的默认方法（default 关键字修饰）和静态方法（static 关键字修饰）。默认方法不能使用接口直接调用，需要通过接口的实现类的实例来调用。如果一个类实现多个接口中有相同默认方法定义（有各自的实现），那么此类中必须重新定义同样的方法，其中可以调用所实现接口中的默认方法，即接口名.super.方法。静态方法使用接口类型直接调用。

3. 抽象类和接口的比较

抽象类除了有抽象方法，还可以带有实现的一般方法，而接口只能有抽象方法（Java SE 8 中引入 default 和 static 方法也有实现，但是需要有关键字修饰）。抽象类和接口在其他方面具有一定的相似性，都含有抽象方法，看起来功能相似，有时可以实现同样的效果。

【例 11-10】 以下程序的功能是计算三角形、矩形和正方形的面积并输出。

【抽象类实现】程序由 5 个类组成：AreaTest 是主类，类 Triangle、Rectangle 和 Square 分

别表示三角形、矩形和正方形，抽象类 Figure 提供了一个计算面积的抽象方法。

```java
public class AreaTest{
    public static void main(String args[]) {
        Figure[] figures={                 //自动向上转型为抽象类 Figure 类型
            new Triangle(2,3,3),
            new Rectangle(5,8),
            new Square(5)
        };
        for (int i=0; i<figures.length;i++) {
            System.out.println(figures[i]+"area="+figures[i].getArea());
        }
    }
}

public abstract class Figure {            //抽象类
    public abstract double    getArea();  //抽象方法
}

public class Rectangle extends Figure {
    double  height;
    double width;
    public Rectangle(double height, double width){
        this.height=height;
        this.width=width;
    }
    public String toString(){
        return "Rectangle:height="+height+",width="+width+":";
    }
    public double getArea(){
        return height * width;
    }
}

public class Square extends Rectangle {
    public Square(double width) {
        super(width, width);
    }
}
```

```
    public String toString() {
        return "Square:width="+width+":";
    }
}


public class Triangle extends Figure {
    double la;
    double lb;
    double lc;
    public Triangle(double la,double lb,double lc) {
        this.la=la;    this.lb=lb;    this.lc=lc;
    }
    public String toString(){
        return "Triangle:sides="+la+","+lb+","+lc+":";
    }
    public double getArea() {
        double s=(la+lb+lc)/2.0;
        return Math.sqrt(s*(s–la)*(s–lb)*(s–lc));
    }
}
```

【接口实现 1】程序由 4 个类和 1 个接口组成：AreaTest 是主类，类 Triangle、Rectangle 和 Square 分别表示三角形、矩形和正方形，接口 Figure 提供了一个计算面积的方法声明。

```
public class AreaTest{
    public static void main(String args[]) {
        Figure[] figures={                    //自动向上转型为接口 Figure 类型
            new Triangle(2,3,3),
            new Rectangle(5,8),
            new Square(5)
        };
        for (int i=0; i<figures.length;i++) {
            System.out.println(figures[i]+"area="+figures[i].getArea());
        }
    }
}


public interface Figure {                 //接口
```

```
        double getArea();                     //默认 public
}

public class Rectangle implements Figure {
        //同【抽象类实现】
}

public class Square extends Rectangle { //同【抽象类实现】
}

public class Triangle implements Figure {
        //同【抽象类实现】
}
```

【接口实现 2】在接口实现 1 的基础上，现在 Figure 中增加一默认方法 done，在不改变所有实现类的情况下，在测试程序 AreaTest 中加以调用。

```
public class AreaTest{
        public static void main(String args[]) {
                Figure[] figures={                     //自动向上转型为接口 Figure 类型
                    new Triangle(2,3,3),
                    new Rectangle(5,8),
                    new Square(5)
                };
                for (int i=0; i<figures.length;i++) {
                    System.out.println(figures[i]+"area="+figures[i].getArea());
                    figures[i].done();
                }
        }
}

public interface Figure {                     //接口
        double getArea();                     //默认 public
        default void done() {
          System.out.println("done");
        }
}
//其他类同【接口实现 1】
```

需要注意的是，公共类和公共接口的代码要放在不同的文件中。

11.4 异常

程序中的错误可以分为 3 类：语法错误、逻辑错误、运行时错误，经过编译和测试后，语法和逻辑错误基本可以排除，但是运行时仍然可能发生一些预料不到的情况，如数据库服务器连接不上、访问的文件不存在等，这种运行时出现的意外错误称为异常。Java 中使用异常类及其子类，对程序中出现的各种异常事件给出了一个统一的、简单的抛出异常和处理异常的机制。当程序出现非正常情况时，系统就会创建异常类的一个对象。当一个异常对象产生后，程序中使 try…catch 块中的 catch 语句捕捉这个异常对象，并做出相应的处理。

Java 中异常的处理机制包括抛出异常对象和处理异常。

11.4.1 异常的处理

异常分为两种：Error（错误）和 Exception（异常），它们均继承自继承 Throwable 类。Error 一般指与虚拟机相关的问题，如系统崩溃、虚拟机错误、动态链接失败等，这些错误无法恢复或捕获。Exception 是因程序错误或外在因素导致的能够被系统捕获并进行处理的问题，编写程序时应该考虑异常的产生和处理。通常，程序不需要处理 Error 类型的异常，但是应关注 Exception 类型的异常。Exception 从编程的角度又可分为如下两种。

（1）非检查型异常。是指编译器不要求强制处理的异常，这种异常是因编写代码或设计不当而导致的，如数组下标越界异常（ArrayIndexOutOfBoundsException）、空指针访问异常（NullPointerException）等，是可以避免的，RuntimeException 及其所有子类都属于非检查型异常。

（2）检查型异常。是指编译器要求必须处理的异常，这种异常是程序运行时因外界因素而导致的，如数据库访问异常（SQLException）、文件输入输出异常（IOException）等，Exception 及其子类（RuntimeException 及其子类除外）都属于检查型异常。

如果方法的代码中可能产生异常，而编程时又不知道如何处理它，那么可以简单地抛出异常，留给那些调用此方法的代码部分去处理。

指明一个方法可以抛出异常的方式为：在方法定义的后面加上 throws 关键字，把要抛出的异常类型写上，如下所示：

```
int method1() throws EOFException, FileNotfoundException{
        //代码省略

}
```

上述代码表明方法 method1 将抛出异常 EOFException 和 FileNotfoundException，而不对这些异常进行处理。

处理异常必须紧跟在 try 代码块之后，用关键字 catch。编码时把可能产生异常的代码放在 try 代码块中，对不同类型的异常处理的代码放在 catch 中，这样，当异常产生时，程序会自动执行对应的 catch 块。

【例 11-11】　捕获异常。

```java
public class TryException {
    public static void main(String[] args) {
        int i = 1;
        int j = 0;
        try {
            System.out.println("在 Try 语句块中：" + "i = "+ i + " j = "+j);
            System.out.println(i/j);              //产生一个除 0 的算术运算例外
            System.out.println("Try 语句块的最后一句");
        } catch(ArithmeticException e) {        //捕获算术运算异常
            System.out.println("算术运算异常被捕获");
            System.out.println("catch 语句块中最后一句");
        }
        System.out.println("try 或者 catch 语句块后！");
    }
}
```

运行结果为：

在 Try 语句块中：i = 1 j = 0
算术运算异常被捕获
catch 语句块中最后一句
try 或者 catch 语句块后！

从例 11-11 可以看出，由于产生了一个算术运算异常，try 语句部分的"System.out.println("Try 语句块的最后一句");"没有执行，而直接执行了 catch 语句块，这种方式能够将错误处理单独放到 catch 块中进行处理。如果没有抛出异常，那么 try 语句块将完整地执行，而 catch 语句块中的语句将不被执行。

有时需要使用嵌套的 try 与 catch 语句块，在嵌套的 try 与 catch 语句块中，遇到匹配的 catch 块则执行，否则将检查外部的 catch 块。不建议使用超过两层的嵌套。

try 与 catch 语句块是一个完整的整体，中间不能加入除注释以外的其他语句。一个 try 语句后可以跟多个 catch 语句，每个 catch 语句处理一种异常类型，从前到后进行匹配。需要注意的是，如果异常的类型之间存在继承关系，那么最底层子类型应该在最前面的 catch 语句中，而最高层的超类型应该在最后面的 catch 语句中。

当异常出现时，try 语句块中的其余语句就会被跳过，这可能导致一些问题，如资源释放，为此可以采用 finally 子句。finally 子句是和 try 语句相配套的，如果 try 语句块执行了，那么 finally 子句必定会执行，因此可以在 finally 子句中写上那些必须被执行的代码。一个 try 语句必须至少有一个 catch 子句或者 finally 子句。

即便是对异常进行了处理，也可以重新抛出此异常，如下所示：

```
try{
        //可能产生异常的代码
} catch(ArithmeticException e) {
        throw e;                          //异常再次被抛出
}
```

从 Java SE 7 开始，为了避免在 finally 语句中放关闭资源代码的烦琐，增强了 try 语句的功能，允许 try 关键字后紧跟一对小括号中声明、初始化一个或多个资源，当 try 语句结束时会自动关闭这些资源。如下所示：

```
try(FileInputStream fis = new FileInputStream("cxy.txt")) {
        //可能产生异常的对文件的操作代码
} catch(IOException e) {
        System.out.println(e.getMessage());
}
//包含了隐式的 finally 块，fis.close()关闭资源
```

11.4.2 自定义异常

前面处理的异常都是 Java 中预定义好的，程序员也可以自定义异常类。例如：

```
public class DreadfulProblemException extends Exception {
        public DreadfulProblemException(){ }         //默认的构造方法
        public DreadfulProblemException(String s) {
                super(s);
        }
}
```

通常情况下，需要通过继承 Exception 类来定义一个异常，不推荐直接继承 Throwable 类。

Exception 类是由 Throwable 类继承而来的。当生成自定义的异常类对象时，超类 Exception 会把异常类的类名存储起来，可以给出一些额外的信息并加在类名后形成最后的异常信息。

一旦定义了自己的异常类，就可以在程序代码中使用了。与类的使用一样，首先应该生成一个异常类的对象，然后抛出该对象，如下所示：

```
DreadfulProblemException e = new DreadfulProblemException();
throw e;
```

或者

```
throw new DreadfulProblemException();
```

【例 11-12】　自定义异常 ZeroDivideException 及其使用示例。

```java
import java.io.IOException;
public class TryBlockTest {
    public static void main(String[] args) {
        int[] x = {10, 5, 0};
        try {
            System.out.println("进入 main 方法中的 try 语句块 ！ ");
            System.out.println("结果为：" + divide(x,0));    //正确语句
            x[1] = 0;
            System.out.println("结果为：" + divide(x,0));    //导致运算除 0 异常
            x[1] = 1;
            System.out.println("结果为：" + divide(x,1));    //导致数组越界
        } catch(ZeroDivideException e)    {
            int index = e.getIndex();                      //获取出错索引
            if(index > 0) {
                x[index] = 1;
                x[index + 1] = x[index-1];                 //得到正确的结果
                System.out.println("修正后的结果：" + x[index]);
            }
        } catch(ArithmeticException e)    {
            System.out.println("捕获 main 中算术运算错误 ！ ");
        } catch(ArrayIndexOutOfBoundsException e)    {
            System.out.println("捕获 main 中数组越界错误 ！ ");
        }
        System.out.println("try 语句块之外 ");
    }
```

```
public static int divide(int[] array, int index) throws ZeroDivideException {
    try {
        System.out.println("\n 进入 divide 方法 try 语句块");
        array[index + 2] = array[index]/array[index + 1];
        return array[index + 2];
    } catch(ArithmeticException e) {
        System.out.println("算术运算异常被捕获 ！ ");
        throw new ZeroDivideException(index +1);//抛出一个自定义异常
    } catch(ArrayIndexOutOfBoundsException e) {
        System.out.println("数组越界异常被捕获 ！ ");
    } finally {
        System.out.println("finally 语句块被执行 ！ ");
    }

    System.out.println("Executing code after try block in divide()");
    return array[index + 2];
    }
}

class ZeroDivideException extends Exception {
    private int index = –1; //记录导致错误的数组元素位置
    public ZeroDivideException(){ }
    public ZeroDivideException(String s) {
        super(s);
    }
    public ZeroDivideException(int index) {
        super("除 0 错误");
        this.index = index;
    }
    public int getIndex() {
        return index;//返回导致错误的数组元素位置
    }
}
```

运行结果为：

进入 main 方法中的 try 语句块 ！

进入 divide 方法 try 语句块

finally 语句块被执行！
结果为：2

进入 divide 方法 try 语句块
算术运算异常被捕获！
finally 语句块被执行！
修正后的结果：1
try 语句块之外

例 11-12 说明了一个自定义异常 ZeroDivideException 的使用，当出现算术异常后，再次抛出一个自定义异常，然后由 main 方法对此异常进行处理。

11.5　输入、输出和流

Java 语言提供了比较完善的处理输入/输出数据的功能，实现 I/O 操作的类和接口都在 java.io 包中。Java 中所有的数据都用流来输入和输出。一个流是一个输入设备或输出设备的抽象表示，一般分为字符流和字节流。

无论使用字节流还是字符流，其过程是相同的：首先创建与流相关的对象，然后调用此相关对象的方法，最后关闭流对象。

11.5.1　字节流

字节流处理单元为 8 位的字节，数据源中如果含有非字符数据的二进制数据，如音频、图片、歌曲文件等，就用字节流来处理输入/输出。所有的字节流都是抽象基类 InputStream 或者 OutputSream 的子类。这两个类是抽象的，不能直接创建其对象来创建一个流，而要通过它们的子类来创建一个流。例如，通过 FileInputStream 和 FileOutputStream 对文件等进行操作。

文件输入流可以用 FileInputStream(String)来创建，String 参数应该是文件的名称，名称中可以包含路径。

创建一个和文件 D:\tmp\myfile.dat 相关联的输入流的代码为：

FileInputStream inFile = new FileInputStream("D:\\tmp\\myfile.dat");

一旦创建成功，就可以调用 read()方法从流中以逐个字节的方式读入数据，字节值为 0～255，数据流末尾用–1 标识。

【例 11-13】　输入流的使用示例。

import java.io.FileInputStream;

```java
import java.io.FileNotFoundException;
import java.io.IOException;

public class ReadFileByte {
    public static void main(String []args){
        try {
            FileInputStream inFile = new FileInputStream("D:\\myfile.dat");
            int byteCount = 0;
            boolean endOfFile = false;
            while(!endOfFile){
                int input = inFile.read();              //读入一个字节
                if(input != -1)
                    byteCount++;                        //字节个数加一
                else
                    endOfFile = true;                   //文件结束
                System.out.print(input + " ");          //输出读入的字节
            }
        }
        catch (FileNotFoundException e) {
            e.printStackTrace();
        }
        catch (IOException e) {
            e.printStackTrace();
        }

    }
}
```

运行结果为：

202 254 186 190 0 0 0 49 0 79 1 0 12 82 101 97 1 0 77 0 0 0 2 0 78 –1

文件输出流使用方法 write()。

缓冲流可以提高输入/输出的效率，BufferedInputStream 和 BufferedOutputStream 可以创建缓冲输入/输出流。缓冲流需要和一个具体的输入/输出流相关联，如上面的文件输入/输出流。如果输入/输出的数据不能用字节表示，可以使用数据输入/输出流，此时可以直接输入/输出boolean、byte 等类型的数据。

【例 11-14】　文件流和缓冲流的使用示例。

```java
import java.io.BufferedOutputStream;
import java.io.DataInputStream;
import java.io.DataOutputStream;
import java.io.EOFException;
import java.io.FileInputStream;
import java.io.FileOutputStream;
import java.io.IOException;

public class TestOut {
    public static void main(String []args){
        try{
            FileOutputStream file = new FileOutputStream("D:\\int.dat");
            BufferedOutputStream bufferedOut =
                            new BufferedOutputStream(file);
            DataOutputStream dataOut = new DataOutputStream(bufferedOut);

            int []intArray = { 1,2,3,-5,6};
            for(int loop = 0; loop < intArray.length; loop++){
                dataOut.writeInt(intArray[loop]);
            }
            dataOut.close();
        }
        catch(IOException e){
            e.printStackTrace();
        }

        FileInputStream inFile;
        DataInputStream dataIn;
        try{
            inFile = new FileInputStream("D:\\int.dat");
            dataIn = new DataInputStream(inFile);
            while(true){
                    int input = dataIn.readInt();
                    System.out.println(input + " ");
            }
        }
```

```
        catch(EOFException e){
            System.out.println("End");
        }
        catch(IOException e){
            e.printStackTrace();
        }
    }
```

运行结果为：

```
1
2
3
–5
6
End
```

例 11-14 中将一个整型数组直接输出到文件中，读取的时候也采用整型进行读取，而不是采用字节的形式。

11.5.2 字符流

Java 平台采用 Unicode 存储字符，字符流输入/输出自动将 Unicode 格式转换为输入或输出的本地字符集，其处理单元为 16 位的 Unicode 字符。典型的字符流是纯文本文件、HTML 文档、XML 文档和 Java 源文件。用于输入和输出纯文本流的类都是抽象类 Reader 和 Writer 的子类。字符流使用字节流来完成物理输入/输出，字符流处理字符和字节之间的转换。如 FileReader 和 FileWriter 是从文件中读取字符流时用到的主要类，它们分别从 InputStreamReader 和 OutputStreamWriter 继承而来。字符输入/输出经常处理更大的单元，常见的是按行处理。

相应的缓冲字符流为 BufferedReader 和 BufferedWriter 两个类。

【例 11-15】 读取一个文本文件并输出。

```java
import java.io.BufferedReader;
import java.io.FileReader;
import java.io.IOException;

public class TextReader {
    public static void    main(String []args) throws IOException{
        FileReader fr = new FileReader("TextReader.java");
        BufferedReader bfr = new BufferedReader(fr);
```

```
            boolean eof = false;
            while(!eof){
                String line = bfr.readLine();        //读取一行
                if(line == null)
                    eof = true;
                else
                    System.out.println(line);
            }
            bfr.close();
        }
    }
```

例 11-15 中程序的输出就是此源代码本身。字符流的使用和字节流类似，只不过是以字符为单位进行输入/输出。

11.5.3　标准输入/输出流

标准输入/输出流位于 java.lang.System 类中。标准数据流主要分为 3 种：标准的输入（System.in）、标准的输出（System.out）和标准的错误输出（System.err）。in、out 和 err 是 System 的静态数据成员。

System.in 作为字节输入流类 InputStream 的对象，代表标准输入流。其中有 read()方法从键盘接收数据。这个流已经自动打开，默认状态对应于键盘输入。System.out 作为输出流 PrintStream 的对象，代表标准输出流。其中有 print()和 println()两个方法支持 Java 的任意基本类型作为参数。默认状态对应于屏幕输出。System.err 与 System.out 相同，是 PrintStream 类的对象，代表标准错误信息输出流，默认状态对应于屏幕输出。

1. System.in

【例 11-16】 一个典型的从键盘输入信息并在屏幕上显示的程序。

完成这个操作需要调用 System.in、InputStreamReader、BufferedReader。当有键盘输入时，首先调用 System.in 实现标准输入，然后执行 InputStreamReader(System.in) 创 建 一 个 InputStreamReader 将 System.in 读取的字节转换为字符形式，最后执行 BufferedReader 将 InputStreamReader 处理过的字符进一步缓冲以提高输入效率。

```
import java.io.*;
class Input {
    public static void main(String[] args)    throws IOException {
        BufferedReader in = new BufferedReader(
```

```
                        new InputStreamReader(System.in));
            String str;
            while ((str = in.readLine()).length() != 0)
            {
                    System.out.println(str);
            }
        }
    }
```

注意：这种键盘输入方式一定要捕获 I/O 异常，如本例中 main 方法后的 throws IOException。

2. java.util.Scanner

java.util.Scanner 类能够包装处理字符数据源，对字符串和基本数据类型的数据进行分析。采用 java.util.Scanner 类实现从键盘输入时，首先使用该类创建一个对象，然后可以调用一系列 nextXXX() 方法，抽取所读字符，并将其解释为对应的类型，同时也可以对输入的数据进行验证。Scanner 提供了一个可以接收 InputStream 输入流类型的构造方法，只要是字节输入流的子类都可以通过 Scanner 类进行读取。例如：

```
Scanner sc = new Scanner(System.in);
System.out.println("请输入整数：");
if (sc.hasNextInt())            //判断输入的是否为整数
        int i = sc.nextInt();   //接收键盘输入的整数
```

3. java.io.Console

java.io.Console 类专门用于访问基于与当前 JVM 关联字符的控制台设备，除了具有标准流提供的大部分特性外，还特别适用于安全密码的输入。它提供了一系列方法。例如：flush() 为刷新控制台，并强制立即写入所有缓冲数据；format(String format, Object…args) 使用指定格式字符串和参数将格式化字符写入此控制台输出流中；printf(String format, Object…args) 使用指定格式串和参数将格式化字符写入此控制台输出流的便捷方法；readPassword() 从控制台读取密码，readPassword(String format, Object…args) 提供格式化提示，然后从控制台读取密码，禁止回显，等等。例如：

```
int year = 2014;
System.out.printf("This year is : %d\n", year);
System.out.printf("Pi is %7.3f\n", Math.PI);
```

4．java.util.Formatter

java.util.Formatter 类提供了详细的格式化输出功能，支持 printf 风格的字符串格式，以及对布局对象和排列的支持，对数值、字符串和日期时间数据格式和特殊语言环境输出的支持。如 Byte、BigDecimal 和 Calendar 等。例如：

```
System.out.println(String.format("%1$tB %1$te, %1$tY", java.util.Calendar.getInstance()));
```

输出结果为：

二月 28, 2017

11.6　Java 类库的使用

Java 的许多功能都是通过类库实现的，使用类库是编写 Java 程序的关键。应通过研究 Java 中的包装类了解使用类库的基本方法。

11.6.1　基本类型的包装类型

在 Java 中，基本类型不作为对象使用。Java 同时提供了简便的方法将基本类型包装成对象。如表 11-1 所示。

表 11-1　数据类型的类名

基本数据类型	long	int	short	byte	float	double	char	boolean
数据类型类	Long	Integer	Short	Byte	Float	Double	Character	Boolean

包装类提供构造方法、常量和处理不同类型的转换方法，所有这些包装类都存放在 java.lang 包里，它们的继承关系如图 11-1 所示。

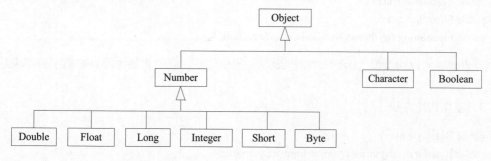

图 11-1　Number 类是 Double、Float、Long、Integer、Short 和 Byte 类的抽象父类

下面简要说明这些数据类型类的常量、构造方法和方法。

1．常量

通过类名可直接引用的主要常量。

- MAX_VALUE：对应基本类型的最大值。
- MIN_VALUE：对于 Byte、Short、Integer 和 Long，MIN_VALUE 表示最小值；对于 Float 和 Double 类，MIN_VALVE 表示最小正值。
- SIZE：对于 Byte、Short、Character、Integer、Long、Float 和 Double，SIZE 表示所占二进制位数。
- TYPE：通过类名可直接引用，得到该类对应的基本数据类型的关键字。
- TRUE 和 FALSE：布尔常量。

2．构造方法

1）浮点（Double）构造方法

public Double(double num)；
public Double(String str) throws NumberFormatException；

除字符串末尾可有字符 f 或 d 外，只能包含负号、点(.)或数字字符，否则会抛出数字格式异常（NumberFormatException）。

例如：

Double d1 = new Double(3.14159);　　　　//创建一个值为 3.141 59 的 double 对象
Double d2 = new Double("314159E–5");　　//创建一个值为 3.141 59 的 double 对象

2）浮点（Float）构造方法

public Float(double num)；
public Float(float num)；
public Float(String str) throws NumberFormatException；

浮点对象可以由类型 float 或类型 double 的值创建。它们也能由浮点数的字符串表达式创建。

3）整型构造方法

public Byte(byte num)；
public Byte(String str) throws NumberFormatException；
public Short(short num)；

public Short(String str) throws NumberFormatException;

public Integer(int num);

public Integer(String str) throws NumberFormatException;

public Long(long num);

public Long(String str) throws NumberFormatException;

4）字符（Character）构造方法

public Character(char ch);// ch 指定了被创建的字符对象所包装的字符

5）布尔（Boolean）构造方法

public Boolean(boolean boolValue) // boolValue 的值为 true 或 false

public Boolean(String boolString)

对于 Boolean(String boolString)，如果在 boolString 中包含了字符串"true"（无论是大写形式还是小写形式），则新的布尔对象将为真，否则为假。

3．常用方法

（1）public double doubleValue()；

返回 Double 对象的 double 值。

类似的方法有 floatValue()、byteValue()、intValue()、longValue()、shortValue()和 charValue()等。

（2）public static double parseDouble(String s) throws NumberFormatException;

将数字字符串转化为 double 数，可能抛出数字格式异常 NumberFormatException。

类似的方法有 parseByte()、parseShort()、parseInt()、parseLong()和 parseFloat ()。

（3）public static double valueOf(String s) throws NumberFormatException;

创建一个新的 double 对象，并将它初始化为指定字符串表示的值，可能抛出数字格式异常 NumberFormatException。

例如：

Double doubleObject = Double.valueOf("13.34");

（4）public String toString()；

将 Double 对象转换为字符串。

【例 11-17】 下面的代码说明了 parseInt()方法。该程序完成对用户输入的一系列整数的求和。在程序中通过使用 readLine()方法读取整数，使用 parseInt()方法将这些字符串转换成与之相应的整型（Int）值。

```
import java.io.*;
public class ParseDemo {
    public static void main(String args[])    throws IOException {
            //用 System.in 创建一个 BufferedReader
        BufferedReader br = new
            BufferedReader(new InputStreamReader(System.in));
        String str;
        int i;
        int sum=0;

        System.out.println("Enter numbers, 0 to quit.");
        do {
            str = br.readLine();
            try {
                i = Integer.parseInt(str);
            } catch(NumberFormatException e) {
                System.out.println("Invalid format");
                i = 0;
            }
            sum += i;
            System.out.println("Current sum is: " + sum);
        } while(i != 0);
    }
}
```

Integer 和 Long 类还同时提供了 toBinaryString()、toHexString()和 toOctalString()方法，可以分别将一个值转换成二进制、十六进制和八进制字符串。

【例 11-18】字符（Character）包括几个静态方法，这些方法将字符分类并改变它们的大小写。

```
public class IsDemo {
    public static void main(String args[]) {
        char a[] = {'a', 'b', '5', '?', 'A', ' '};
        for(int i=0; i<a.length; i++) {
            if (Character.isDigit(a[i]))
                System.out.println(a[i] + " is a digit.");
            if(Character.isLetter(a[i]))
                System.out.println(a[i] + " is a letter.");
            if(Character.isWhitespace(a[i]))
                System.out.println(a[i] + " is whitespace.");
            if(Character.isUpperCase(a[i]))
                System.out.println(a[i] + " is uppercase.");
            if(Character.isLowerCase(a[i]))
```

```
                System.out.println(a[i] + " is lowercase.");
            }
        }
    }
```

运行结果：

a is a letter.

a is lowercase.

b is a letter.

b is lowercase.

5 is a digit.

A is a letter.

A is uppercase.

　is whitespace.

11.6.2　泛型和集合类

1．泛型

Java SE 5 引入了"参数化类型（Parameterized Type）"的概念，即泛型（Generic）。将数据类型参数化，即在编程时将数据类型定义为参数，这些类型在使用之前再进行指明。泛型使得程序在编译期会对类型进行检查，捕捉类型不匹配错误，以避免 ClassCastException 异常；不需要进行强制转换，数据类型均自动转换。泛型提高了代码的重用性、灵活性、安全性，并使代码更简洁。

泛型经常使用在类、接口和方法的定义中。例如，定义泛型类：

```
class Node<T> {
    private T data;
    public Node<T> next;
    ......
}
```

其中，尖括号中是类型参数列表，可以由多个类型参数组成，多个类型参数之间使用逗号隔开；类型参数只是占位符，一般使用大写的 T、U、V 等。在实例化泛型类时，需要指定类类型参数的具体类型，不能是基本类型（可以传基本类型的值进行自动打包为包装类型），如 Integer、String 或自定义的类等。例如：

Node<String> myNode = new Node<String>();

不同版本的泛型类的实例是不兼容的，如 Node<String>与 Node<Integer>的实例是不兼容的。Java 7 起支持泛型类实例化只给出一堆尖括号，其中的泛型信息可以推断，并在 Java 8 中进一步改进。例如：

Node<String> myNode = new Node< >();

泛型中，使用通配符"?"来表示一个未知类型，解决泛型对类型的限制，并能使其动态根据实例进行确定，除非类型是通配符，否则不能实例化泛型数组；使用 extends 关键字声明类型的上界，限制此类型参数必须继承自指定的父类或父类本身；使用 super 关键字声明类型参数的下界，限制此类型参数必须是指定类型本身或其父类，直至 Object 类。泛型类不能继承 Throwable 及其子类，即不能是异常类，不能抛出也不能捕获泛型类的异常对象。

2．集合

Java 提供了容纳对象（或者对象的句柄）的多种方式，以设计好的类库形式提供了对数据进行有效管理的数据结构和算法，如链表、二叉树、栈和散列表（哈希表）等。其中内建的类型是数组，但是数组一旦被创建，其长度就固定不变，因此，在使用数组时需要知道或估算数据的规模，以便创建长度合适的数组，若估计的长度比实际需要的长度大，则会浪费存储空间；若比实际长度小，则处理数据时会遇到麻烦。Java 的工具库（java.util 包中）提供了一套集合框架，用于存储和管理对象。集合框架由一组操作对象的接口组成，这些接口定义了不同的数据结构类型。这些数据结构的基本功能相似，都定义了关于插入、删除等操作的联系方法，具体实现不同。

需要注意的是，在集合框架中使用泛型后，可避免在集合中添加对象时丢失了原有类型信息的安全隐患。

Java 集合框架分为集合与映射两组，分别从两个基本接口继承而来：Collection 和 Map，它们是相互独立的，包含了常用的数据结构。各类数据结构用于持有若干类型的对象，也称为"容器"。Collection 有 4 种基本数据结构：List（链表）、Set（集合）、Queue（队列）和 Deque（双端队列）；Map 主要有两种数据结构：Map（映射）和 SortedMap（有序映射），用于存储键值元素对。这些集合类具有形形色色的特征，都能自动改变自身的大小。

Java 开发中，从 List、Set、Queue、Deque 和 Map 选择合适的类型，然后再根据性能和其他必要的特性，选用其中的具体实现来完成对数据的存储和处理。

1）Collection 接口

Java 类库中用于集合类的基本接口是 Collection 接口，该接口提供了数据结构的一些通用操作，如增加、删除和查询，这些抽象方法由具体类 ArrayList、HashSet、LinkedList 和 Stack 中会以不同的方式实现。

```
public interface Collection<E>   extends Iterable<E>
{
    boolean add(E element);        //向集合中添加指定类型的对象元素
    boolean remove(Object o);      //移除指定元素
    Iterator<E> iterator();        //返回此集合中的元素的迭代器
    ......
}
```

其中，add 方法用于向集合中添加元素。如果添加元素后，该集合确实发生了改变，那么 add 方法将返回 true；如果该集合无任何变化，则返回 false。例如，若将一个 set 中已经存在的元素添加到该 set 中，那么 add 请求将无任何效果，因为 set 拒绝纳入重复的元素。iterator 方法用于返回一个实现了迭代器（Iterator）接口的对象。程序中可以用 iterator 方法所返回的对象逐个访问集合的各个元素。

Iterator 接口具有 next、hasNext 和 remove 3 个方法。

```
public interface Iterator<E>
{
    E next();
    boolean hasNext();
    void remove();
}
```

通过反复调用 next 方法，可以逐个访问集合中的各个元素。如果到了集合的尾部，next 方法将抛出一个 NoSuchElementException 异常。因此，必须在调用 next 方法之前调用 hasNext 方法。如果 iterator 对象仍然拥有可以访问的元素，那么 hasNext 方法返回 true。若想要查看集合中的所有元素，可以先请求一个迭代器，然后在 hasNext 方法返回 true 时反复调用 next 方法。Java SE 5 增加了 Iterable 接口，该接口是 Collection 接口的父接口，因此实现了 Iterable 接口的集合类都是可迭代的，都能够采用 foreach 循环遍历集合中的部分或全部元素的目的。Java SE 8 在 Iterable 接口中新增了 forEach()方法，该方法所需的参数是 Lambda 表达式，更加简化了集合的迭代操作。

List 接口是编程中较常用的接口，在 Collection 的基础上又增加了一些基本的数据访问方法，如 get()和 set()等。List 可以包含重复元素，且元素是有顺序的，可以通过每个元素的 index 值来放置和查找元素。实现 List 接口的类有 AbstractList、ArrayList、LinkedList、RoleList、Stack

和 Vector 等，其中具体类有 Vector、ArrayList、Stack 和 LinkedList，Vector 和 Stack 是 Java1.0/1.1 遗留下来的类，一般情况下常使用的是 ArrayList 和 LinkedList。

Set 接口扩展了 Collection，适用于不允许出现重复元素的情况。实现 Set 接口的 3 个主要实现类为：HashSet 使用哈希表结构存储元素，可以随机访问，通常用于快速检索；TreeSet 使用树结构存储元素，支持自然排序和定制排序两种排序方式，保证排序后的 Set 中的元素处于排序状态，比 HashSet 检索速度慢；LinkedHashSet 具有可预知迭代顺序的 Set 接口的哈希表和链接链表实现，维护着一个运行于所有条目的双重链接链表，定义了迭代顺序。

SortedSet 接口继承了 Set 接口，是一种保证迭代器按照元素增加顺序遍历的集合，可以按照元素的自然顺序进行排序，或者按照创建有序集合时提供的比较进行排序。SortedSet 除了有 Collection 和 Set 的方法接口外，还增加了 comparator()、first()、last()、subset()、tailSet()和 headSet() 方法接口。

Queue 接口扩展了 Collection，提供 FIFO 容器的操作，提供了有关队列的操作。例如，offer() 将一个元素插入队尾；peek()和 element()都将在不移除的情况下返回队头；poll()和 remove()方法将移除并返回队头。PriorityQueue 是 Queue 的实现类，基于优先级的无界队列，按照其自然顺序或者定制排序。

Deque 接口扩展了 Collection，同时提供 FIFO 和 LIFO 的操作，所有元素的插入、获取和移除操作都可以在队列的两端进行。例如 addFirst()、offerFirst()插入对头操作，addLast()、offerLast()插入队尾操作；peekFirst()和 getFirst()返回队头元素，peekLast()和 getLast()返回队尾元素；removeFirst()、pollFirst 移除对头元素，removeLast()、pollLast()移除队尾元素。ArrayDeque 和 LinkedList 是 Deque 的实现类。其中，ArrayDeque 用于堆栈时快于 Stack，用作队列时快于 LinkedList。

2）LinkedList 类

LinkedList 是一种由双向链表实现的一种 List，实现了 List 接口，适用于在链表中间频繁进行插入和删除操作，包括插入某个元素或获取、删除、更改和查询元素，随机访问速度相对较慢。在 List 中查询元素可以从链表的头部或尾部开始，如果找到元素，可以显示出该元素的当前所在位置。

LinkedList 在实现 Collection、List、Queue 和 Deque 接口的方法，提供了 addFirst()、addLast()、getLast()、removeFirst()和 removeLast()等方法，这些方法适用于对具体类 Stack 的操作。

创建 LinkedList 对象的默认方法为：

LinkedList llist = new LinkedList (); //创建一个空链表

或用如下方式构造一个包含指定集合中元素的链表：

LinkedList llist = new LinkedList(Collection<? extends E> c);

使用 LinkedList 时，常用的方法如下。

（1）add(E e)在链表末尾添加一个元素；add(int index, E element)在链表的指定位置插入指定元素。

（2）addFirst(E e)和 addLast(E e)分别在链表的头部和尾部添加指定类型的元素。

（3）getFirst()、get(int index)和 getLast()分别获取链表的头部、指定位置和尾部元素。

（4）remove()获取并移除队首元素；remove(int index)移除指定位置的元素；removeFirst()和 removeLast()分别删除并返回链表第一个和最后一个元素；removeFirstOccurrence(Object o)和 removeLastOccurrence(Object o)分别删除链表中第一次出现的指定元素和删除链表中最后一次出现的指定元素。

（5）pop()弹出链表所表示的栈顶元素；push(E e)向链表所表示的栈中压入指定元素。

LinkedList 还提供了 peekFirst()、peekLast()、pollFirst()、pollLast()、set()、size()等操作。通过这些灵活性的操作可以很方便地使用 LinkedList 实现栈、队列等数据结构。

LinkedList 不支持线程同步，如果多个线程同时访问该列表，至少有一个要进行修改时，必须在其外部进行同步，可以对封装此列表的对象进行同步，或者使用 Collections 工具类中的 synchronizedList()方法对一个 LinkedList 列表进行同步，使其变成线程安全的。

3）ArrayList 类

ArrayList 和 LinkedList 一样实现了 List 接口。ArrayList 是基于数组实现的一种链表，其随机访问速度极快，但是向链表中插入和删除元素的速度很慢。可以把它理解为一种没有固定大小限制的数组，适合于随机访问速度要求高，而插入和删除不多的情况。ArrayList 的创建方式为：

```
ArrayList alist = new ArrayList();                          //初始化一个容量为 10 的链表
ArrayList alist = new ArrayList(int initialCapacity);       //初始化容量为 initialCapacity 的一个链表
ArrayList alist = new ArrayList(Collection<? extends E> c); //以参数 c 中元素进行初始化
```

ArrayList 实现了 List、AbstractList 和 Collection 的方法，本身新增的方法不多。其中 ensureCapacity(int minCapacity)用于增加 ArrayList 的容量；trimToSize()用于调整 ArrayList 的容量。

Vector 和 ArrayList 均是 List 接口的典型实现类，用法相似。Vector 称为向量，也是基于数组实现的列表集合，并且是动态的、长度可变的、运行在分配的数组，但其方法名较长，如 addElement()。Vector 和 ArrayList 之间有本质的区别。

（1）ArrayList 是非线程安全的，多个线程访问同一个 ArrayList 集合时，如果同时修改其中元素，则程序必须手动保证该集合的同步性。可以对封装此列表的对象进行同步，或者使用 Collections 工具类中 synchronizedList()方法将一个 ArrayList 同步，使其变成线程安全的。

（2）Vector 是线程安全的。Vector 的线程安全特性使得性能比 ArrayList 低。

4）Map

Map 接口提供了一种更通用的元素存储方法，用于存储元素对（键值对），其中每个键映射到一个值，而且不能有重复键，每个键最多能够映射到一个值。例如：身份证号码和姓名。Map 不是 Collection 的子接口，不过运行以键集、值集和键值映射关系集的形式查看某个映射的内容。常用的方法有：

- size()返回映射中包含的映射个数。
- isEmpty()判断映射中是否有键值对（若是则为 true）。
- put(K key, V value)将映射中一个值和键关联起来。
- get(Object key)获得与某个键对应的值。
- remove(Object Key)用于从映射中删除"键/值"对。
- keySet()返回映射中键的 Set 视图；而 values()返回映射中的值的 Collection 视图。
- hashCode()返回映射的哈希值。

SortedMap 接口继承了 Map 接口，是一种特殊的 Map，其键值按升序排列，通常用于词典和电话目录的大量数据的存储。常用的方法有：

- comparator()返回此映射中的键进行排序的比较器，如果此映射采用键的自然顺序，则返回 null。
- firstKey()返回此映射中当前第一个（最低）键。
- lastKey()返回此映射中当前最后一个（最高）键。
- headMap(K toKey)返回此映射的部分视图，其键值严格小于 toKey。
- subMap(K fromKey, K toKey)返回此映射中键值在 fromKey（包含）到 toKey 之间的元素。
- tailMap(K fromKey)返回此映射中键值大于等于 fromKey 的部分视图。

方法 subMap、tailMap、headMap 返回的都仍然是 SortedMap。SortedMap 中还包含 entrySet()和 values()，分别返回包含的映射的 Set 视图和值的 Collection 视图。

标准 Java 库包含 Map 的 3 种实现：HashMap、TreeMap 和 LinkedHashMap。Hashtable（散列表）也实现了 Map。散列表的优点是可以避免冗长的线性搜索技术来查找一个键，它是使用一个特殊的值（称为"散列码"）。散列码可以获取对象中的信息，然后将其转换成那个对象"相对唯一"的整数（Int）。所有对象都有一个散列码，而 hashCode()是根类 Object 的一个方法，用它获取对象的散列码，然后用散列码快速查找键。这样可使查找性能得到大幅度提升。

Map 和 Hashtable 的不同点如下。

（1）Map 提供了 Collection 视图，而非通过 Enumeration 对象进行直接迭代支持。

（2）Map 使用户能够对键、值或键/值对进行迭代，而 Hashtable 不支持键/值对迭代。

（3）Map 提供了安全从迭代中间删除元素的方式，而 Hashtable 没有。

5）集合转换

Map 集合可以转化为 Collection 集合，其 entrySet()可以得到包含 Map 中元素的集合，每个元素都包括键和值；keySet()可以得到 Map 中所有键的集合；values()可以得到 Map 中所有值的集合。